Klaus-Jürgen Schmidt (Hrsg.)

Logistik

Grundlagen,
Konzepte,
Realisierung

Mit 185 Abbildungen

Die Deutsche Bibliothek – CIP-Einheitsaufnahme

Logistik: Grundlagen, Konzepte, Realisierung /
Klaus-Jürgen Schmidt (Hrsg.). – Braunschweig;
Wiesbaden: Vieweg, 1993
ISBN 3-528-06425-0

NE: Schmidt, Klaus-Jürgen [Hrsg.]

Der Herausgeber:
Prof. Dr. Klaus-Jürgen Schmidt, Leiter des Instituts für Technologietransfer an der Hochschule für Technik und Wirtschaft, Saarbrücken

Die Autoren:
Prof. Dr. Klaus-Jürgen Schmidt, Leiter des Instituts für Technologietransfer an der Hochschule für Technik und Wirtschaft, Saarbrücken
Dr. Klaus Schützdeller, Wermelskirchen
Dr. Lothar Gröner, Pfaff, Saarbrücken
Dipl.-Ing. Markus Venitz, IPL, Saarbrücken
Dipl.-Ing. Peter Zeilinger, BMW AG, München
Gerhard Skrowronek, BMW AG, München
Dipl.-Ing. Klaus Böttcher, Siemens AG München, Zentralabteilung Produktion und Logistik
Prof. Dr. Heinz-Jürgen Klepzig, FH Augsburg

Der Verlag Vieweg ist ein Unternehmen der Verlagsgruppe Bertelsmann International.

Umschlaggestaltung: Klaus Birk, Wiesbaden
Druck und buchbinderische Verarbeitung: Wilhelm & Adam, Heusenstamm
Gedruckt auf säurefreiem Papier
Printed in Germany

ISBN 3-528-06425-0

Vorwort

Daß logistisches Denken mehr und mehr in fast allen Strategie- und Arbeitsebenen wirtschaftlich geführter Unternehmen Einzug hält, liegt vor allem in der Erkenntnis, daß Strukturen und Prozesse nur dann noch weiter verbessert werden können, wenn sie ganzheitlich betrachtet werden. Im Vordergrund stehen dann die in und zwischen den Unternehmen ausgetauschten Leistungsobjekte als Roh-, Hilfs-, Betriebsstoff, als Baugruppe, Komponente, Fertigprodukt oder sonstige Austauschleistung und die zugehörigen notwendigen Informationen, Informationsstrukturen und Informationsabläufe. Die Logistik ist dann keine isolierte eigenständige Leistung, sondern eine Dienstleistung für die im Unternehmen und zwischen den Unternehmen festgelegten Leistungsvereinbarungen.

Jahrelang waren logistische Betrachtungen auf konkrete physische Materialflüsse beschränkt. Hier galt es die für den Transport, die Weitergabe und die Lagerung erforderlichen Arbeiten so auszuführen, daß die jeweiligen Beschaffungs-, Produktions- und Absatzprozesse in sich optimal abgewickelt werden konnten. Eine Nutzung der Logistik für eine gesamtheitliche Abstimmung der Leistungserstellungs- und -verwertungsprozesse war nicht oder nur untergeordnet vorgesehen.

Erst mit den gestiegenen Anforderungen an Durchlaufzeiten für Material und Information, an die Flexibilität und Qualität der Austauschprozesse und die Produktivität und Wirtschaftlichkeit wurde der Logistik eine wachsende Aufmerksamkeit zuteil. Bis heute ist es jedoch noch nicht gelungen, die verschiedensten Ansätze und Sichtweisen in der Logistik so zu systematisieren, daß in allen praktischen Anwendungsfällen eine einheitliche Logistiksprache genutzt werden kann.

Das vorliegende Buch bereitet logistische Grundlagen und Anwendungen so auf, daß die wesentlichen Fälle in der Theorie und Praxis behandelt werden. Es ist damit gleichermaßen geeignet, für Personen, die sich in das Fachgebiet der Logistik einarbeiten wollen und für Personen, die sich mit den aktuellen Fragestellungen und Anwendungen in der Logistik auseinandersetzen.

Als wesentliche Gebiete der Logistik wurden die Bereiche Logistikgrundlagen und -strategien, Beschaffungslogistik, Produktionslogistik, Distributionslogistik, Lager-/Materialflußlogistik und Logistikcontrolling ausgewählt. Zu diesen und weiteren Gebieten sind Beitrage von entsprechenden Industrieexperten und Wissenschaftlern so zusammengefaßt worden, daß auch für den Einsteiger sehr schnell Grundlagen, aktuelle Problemstellungen und Trends transparent werden. Das Ziel der Transparenz von Logistik-Know how und -Anwendung ist deshalb Hauptschwerpunkt des Buches.

Saarbrücken, im Juni 1993 *Klaus-Jürgen Schmidt*

Inhaltsverzeichnis

1 Logistik im Unternehmen

Klaus-Jürgen Schmidt

1.1 Die Anfänge der Logistik

Seitdem die Menschen Objekte zwischen verschiedenen Orten weitergeben und hierzu die erforderlichen physischen und informatorischen Schritte durchführen, beschäftigen sie sich mit Logistik. Wenngleich der Begriff „Logistik" in diesem Zusammenhang erst sehr spät verwendet wurde, so sollte doch anerkannt werden, daß überall dort, wo in der Entwicklungsgeschichte der Menschheit große Objektmengen von einem Ort zu einem anderen Ort bewegt werden mußten, die hierzu erforderliche „Logistik" eine besondere Rolle spielte:

- Organisierte Völkerbewegungen,
- Bewegung von Militärtruppen auf dem Lande,
- Handelsreisen im frühen Mittelalter,
- Durchführung von Entdeckungs- und Eroberungsreisen,
- Erstellung von Großbauten (Pyramiden, Schlösser, Burgen, usw.).

Gleich war all diesen Weitergabeprozessen, daß unabhängig von der Objektart (Mensch, Verpflegung, Waffen, Handelsware, Rohstoff) für diese Objekte eine Raum- und Zeitüberbrückung organisiert werden mußte. Die Zielsetzungen, unter denen diese Organisation stand, waren bereits in den Anfängen geprägt von dem Wunsch nach höchster Flexibilität, kürzesten Durchführungszeiten und minimalem Aufwand für Mensch und Hilfsmittel.

Auf Basis dieser Ursprünge läßt sich Logistik definieren als

1. Aufgabenschwerpunkt zur Weitergabe von Objekten, mit dem Ziel, diese auf Anforderung dem Verwender direkt und unmittelbar zur Verfügung zu stellen.
2. Lehre von den Strukturen, Systemen, Abläufen und Prozessen für die effiziente und flexible Weitergabe von Objekten an den Verwender.

Diese Definitionen sind zwar sehr weit von den aktuell üblichen speziellen Begriffen der Logistik entfernt, sie sollen durch ihre allgemeine Formulierung jedoch unmittelbar auf den Kern der Logistik aufmerksam machen. Die Logistik ist dann auch sehr leicht von der Produktion abgrenzbar, die sich im Gegensatz zur Logistik ganz auf die Leistungserstellung konzentriert und alle vor- und nachgeschalteten Prozesse als Dienstleistungsprozesse betrachten kann.

Logistisches Denken heißt dann „Denken in Objekt-, Raum- und Zeitzusammenhängen" und beinhaltet folgende Voraussetzungen:

- Vorgabe für die sach- und zeitliche Nutzung der Objekte,
- Wissen über die unterschiedlichen sach- und zeitlichen Objektursprünge,
- Wissen über die Mittel und Methoden für die Objektweitergabe,
- Wissen über geeignete Planungs- und Steuerungsinstrumente

Konkretisieren lassen sich diese generellen Aussagen und Anforderungen an konkreten Anwendungen der Praxis, so z.B. auf die Prozesse der Auslösung und Durchführung der Anlieferung von Montagematerial vom Entstehungsort beim Lieferanten bis an die Verbrauchsorte in den Montagewerken der Automobilindustrie.

1.2 Die Anwendungsschwerpunkte der Logistik

Bei einer Ausrichtung der Logistiksicht auf das Material in Beschaffungs-, Herstell- und Absatzprozessen nimmt die Logistik eine konkretere Form an. Hier beschäftigt sich die Logistik dann mit

- der Übernahme,
- der Zusammenstellung,
- der Vereinzelung,
- dem Transport,
- der Lagerung
- der Übergabe und
- der Bereitstellung

von Roh-, Hilfs-, Betriebsstoffen, Einbauteilen, Baugruppen, Komponenten, und Fertigwaren von der herstellenden bzw. bereitstellenden Quelle bis zur verbrauchenden bzw. weiterverarbeitenden Senke.

Bei einer umfassenden Betrachtung der Logistik soll eine möglichst hohe Wirtschaftlichkeit auf ökologisch und sozial vertretbare Weise erreicht werden. Dies erfordert die Gestaltung einer ganzheitlichen Logistik. Diese berücksichtigt die Objekte und Elemente in der ganzen Logistikkette:

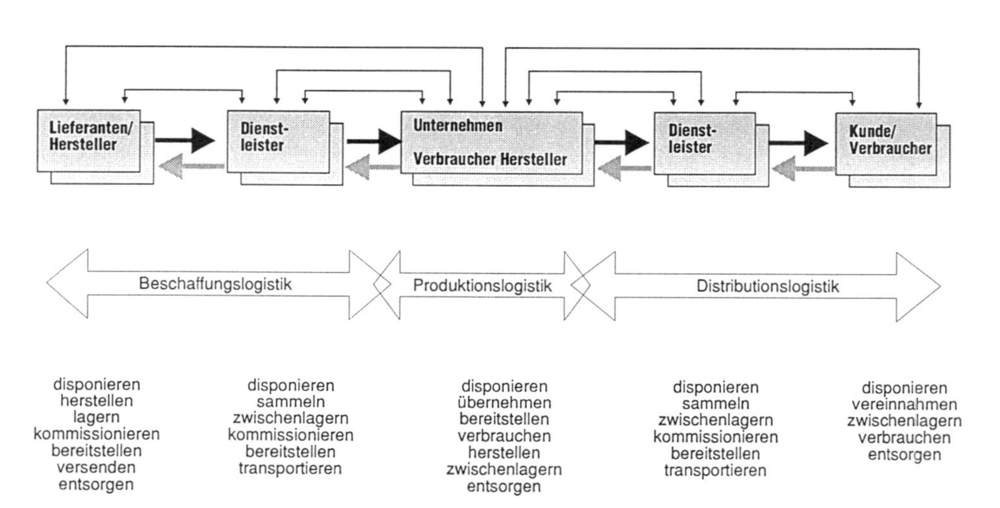

Bild 1-1 Logistikkette und Aufgabeninhalte

- die eigentlichen Leistungsobjekte, z.B. Einbaumotore für die Montage,
- die Hilfsobjekte, z.B. die Transport-/Bereitstellverpackung,
- den Fluß bis zum Verwendungsort des Leistungsobjektes,
- den Rückfluß der Hilfsgüter,
- die Informationen für die Auslösung und Überwachung des Leistungsflusses,
- die Informationen für Auslösung und Überwachung des Hilfsgüterflusses.

Logistik	Zielausrichtung
Beschaffungslogistik	Optimierung der Kette zwischen der Übernahme der Materialien vom Hersteller (Lieferant) bis zur Übernahme in den Eigentumsbereich des Verbrauchers (Kunde)
Produktionslogistik	Optimierung der Kette zwischen der Übernahme der Materialien aus der Beschaffungslogistik für die Leistungserstellung bis zur Übergabe der fertigen Produkte an die Distributionslogistik
Distributionslogistik	Optimierung der Kette zwischen der Übernahme der fertigen Produkte aus der Produktionslogistik und der Übergabe an die Verbraucher in der Absatzkette
Verpackungslogistik	Optimierung der Verpackung hinsichtlich Identifizierungs-, Schutz-, Transport-, Lagerungs- und Bereitstell-/Entnahmefunktion, Beschaffung, Verwaltung und Entsorgung der Verpackung
Transportlogistik	Optimierung des Transportes hinsichtlich Auslösung, Identifizierung, Beladung, Aufteilung/Verteilung, Transportwege, Entladung, Übergabe
Lagerlogistik	Optimierung der Kette von der Vereinnahmung, Lagerung und Auslagerung über alle Lagerorte hinsichtlich Lagertechnik und Lagerorganisation
Ersatzteillogistik	Optimierung der Logistikkette für das Ersatzteilwesen zwischen der Auslösung der Anforderungen bis zur Übergabe der Ersatzteile an den Verwender hinsichtlich Servicegrad und Logistikaufwand
JIT-Logistik	Gesamtabstimmung aller Funktions- und Prozeßketten zwischen Lieferant und Hersteller für kürzere Vorlaufzeiten, minimale Puffer und verbrauchssynchrone Bereitstellung/ Produktion
Informations- und Kommunikationslogistik	Optimierung des Informations- und Kommunikationsflusses zwischen Logistikpartnern hinsichtlich Schnelligkeit, Informationsqualität und Informationseffizienz
Weitere Speziallogistiken	Bereitstellogistik, Entsorgungslogistik, Montagelogistik, Verkehrslogistik, Reiselogistik u.a.m.
Häufig genannte spezielle Branchenlogistiken mit der Zielausrichtung auf branchenbezogene Problemstellungen	Automobillogistik, Zuliefererlogistik, Speditionslogistik, Krankenhauslogistik, Brauereilogistik, u.a.m.

Bild 2-2 Logistikausprägungen

In diese Kette sind die Hersteller, die Verbraucher und die Dienstleister intensiv eingebunden und nehmen aufeinander abgestimmte Aufgaben wahr. In diesem Zusammenhang läßt sich dann auch eine erste Unterscheidung der Logistik in Beschaffungs-, Produktions- und Distributionslogistik durchführen (vgl. Bild 1-1).

Neben dieser grundlegenden Unterscheidung der Logistik nach der Wertschöpfungsstufe haben sich in den letzten Jahren eine Reihe weiterer Logistikschwerpunkte gebildet, die jeweils unterschiedliche Ansatzpunkte für ihre Zielausrichtung beinhalten (vgl. Bild 1-2).

1.3 Die Inhalte und Ziele

Aus der Sichtweise der Logistik-Anwendungsbereiche lassen sich weitere Verfeinerungen hinsichtlich des jeweils betrachteten Logistik-Objektes durchführen. Sie alle führen zu weiteren Spezialisierungen mit dem Ziel der Optimierung der eigentlichen Leistungserstellung für die Kunden in der gesamten Logistikkette. Optimierbarkeit setzt Ziele voraus, die klar formuliert sind und mit den Zielen des Unternehmens und der anderen Funktionen abgestimmt sind. In den Unternehmen, in denen diese Ziele aus einer gelebten Unternehmensvison ableitbar sind, lassen sich in diesem Zusammenhang unterscheiden:

Logistikphilosophie

Werte und Überzeugungen, die die Handlungsweise im Unternehmen von Grund auf bestimmen (z.B. „Unsere Kompetenz, dem Kunden und der Leistungserstellung zu dienen, sehen wir als unsere höchste Aufgabe") und *Logistikzweck* im Unternehmen (z.B. „Wir sind mit einer Aufgabe beschäftigt, bei der es darum geht, alle Leistungserstellungs- und -austauschprozesse so zu unterstützen, daß diese insgesamt zu immer höherer Effizienz und Qualität führen.")

Logistikleitbild

Mit der *Mission* als Vorgabe für die nähere Zukunft (z.B. „Wir werden bis zum Jahr 2000 zu den 10 Unternehmen in unserer Branche mit den besten Logistikwerten gehören") und konkreten *lebbaren Darstellungen* (z.B. „Wir werden Logistiklösungen realisieren, die zu weniger Verschwendung innerhalb und außerhalb unseres Unternehmens führen und die einen ständig verbesserten Lieferservice gegenüber unseren Kunden garantieren").

Aufbauend auf solchermaßen gefestigten Grundanschauungen über die Rolle und Bedeutung der Logistik und deren Einbindung in das Gesamtunternehmen, lassen sich weitere Handlungsinhalte/Gesichtspunkte unterscheiden.

Strategische Handlungsinhalte

Langfristige Ausrichtung der Logistik auf die strategischen Ziele des Unternehmens und deren Abstimmung im Rahmen der langfristigen Absatz-/Entwicklungs-/Produktions-/Beschaffungspläne, der erforderlichen Personalentwicklungs-/Investitions-/Finanzierungspläne und der Möglichkeiten und Erfordernisse für instrumentelle Unterstützungen.

- Logistikpartnermix
- Logistikstrukturen
- Logistiksysteme
- Logistikabläufe
- Logistikinstrumente

Taktische Handlungsinhalte

Kurz- und mittelfristige Ausrichtung der Logistik auf die markt- und wettbewerbsspezifischen Erfordernisse. Dies sind dann in erster Linie Maßnahmen zur Logistikanpassung.

- Verträge mit Logistikpartnern
- Systemplanungen
- Systemeinstellungen
- Aufgabenverteilung innerhalb der Logistik
- Umsetzung von Logistikplänen

Operative Handlungsinhalte

Alle Aktivitäten und Maßnahmen zur Umsetzung der kurz- und mittelfristigen Anforderungen seitens der internen und externen Kunden in der Logistik-Leistungskette.

- alle adminstrativen Aufgaben wie Auftrags-/Bedarfsübernahme, Bedarfsermittlungen,/ -rechnungen, Auftrags-/Abrufgenerierung, auswerten, überwachen, usw.,
- alle physischen Aufgaben wie identifizieren, entnehmen, lagern, transportieren, kommissionieren, vereinzeln, sortieren, beladen, übergeben, bereitstellen, umfüllen, codieren, usw.

Die gedankliche Trennung der Handlungsinhalte darf nicht bedeuten, daß auch die Tätigkeiten getrennt durchgeführt werden müssen. Vielmehr geht es darum einen möglichst hohen Integrationsgrad dieser Arbeitsinhalte zu erreichen.

1.4 Die Trends

Die Jahre bis Anfang des neuen Jahrhunderts werden von Zielsetzungen geprägt sein, die eindeutig auf die Kernleistungen der Unternehmen ausgerichtet sind. Auf diesem Feld gilt es dann die

- *Qualitätsfähigkeit,*
- *Produktivitätsfähigkeit und*
- *Innovationsfähigkeit*

kontinuierlich und so zu verbessern, daß die Ergebnisfähigkeit des Unternehmens nachhaltig gestärkt wird. In diesem Zusammenhang stehen die Zielsetzungen für schlankere Unternehmen im Vordergrund und so werden sich alle Logistikstrategien daran messen lassen müssen, wie dieses Ziel unterstützt werden kann. Logistik nimmt als ganzheitliche Logistik (vgl. Bild 1-3) dann die Koordinationsfunktion für die Abstimmung der Leistungsprozesse in Entwicklung, Beschaffung, Produktion und Absatz wahr.

Bild 1-3
Ganzheitliche Logistik für schlanke Leistungsprozesse

Bei den hier in den Unternehmen bereits heute beobachtbaren Umstrukturierungen ist auch die Rolle der Logistik in Struktur und Integration neu zu bewerten (vgl. Bild 1-4). Dies kann soweit gehen, daß auch der in einigen Unternehmen der Großindustrie (z.B. in der Automobilindustrie) in den Logistikzentralen erreichte hohe Logistikstandard durch die laufenden Umstrukturierungen auf neue funktionale Zuordnungen verteilt wird.

Zeitraum	Hauptansatz	Logistikfunktionen	Logistikprozesse
bis 1980	Optimierung der Produktleistung	• untergeordnet • Hilfsleistung • kein Kostenfaktor	• nicht erkennbar
bis 1990	Optimierung der Einzelfunktionen/-leistungen	• eigenständiger Kostenfaktor • zentrale Ausrichtung • Trennung von Planung und Ausführung	• eigenständige Optimierung • JIT-Logistik • Optimierte JIT-Ketten bis zum Zulieferer • Basisstandards
ab 1990	Optimierung der Gesamtleistung	• Servicefaktor • Selektion von Kern- und Nebengeschäften • Ergänzungen, z.B. um Entsorgungslogistik • zentrale/dezentrale Integration • Lean Management	• Gesamtleistungsfaktor • Geschäftsfeldbezogen • Durchgängigkeit der Prozesse • MoB

Bild 1-4 Die Veränderung der Logistikschwerpunkte

Merkmale, die für die Beurteilung der Trends in der Logistik herangezogen werden können müssen Aussagen über Struktur, Prozesse und Systeme beinhalten – sie müssen die Ableitung von Strategien und konkreten Maßnahmen erlauben.

Mögliche Kriterien sind

- Komplexität des Umfeldes und der Logistikanforderungen
- Kompliziertheit der Lösungen für die Entscheider und Anwender
- Veränderung der Ergebnisfähigkeit aufgrund neuer Leistungsstrukturierung
- Flexibilität der Ressourcen für die Leistungserstellung
- Leistungsorientiertheit der Leistungen entlang der Logistikkette
- Potential für externe und interne Leistungsabstimmung/-verschiebung
- Physische Orientierung der Logistik (Verbraucher/Hersteller)
- Basis-Systematiken für Planung/Steuerung der Leistungs-/Logistikflüsse
- Abstimmungbereitschaft für Logistik im Entwicklungs-/Herstellprozeß der Produkte

Zu allen Kriterien lassen sich bereits heute Istzustände branchenübergreifend feststellen, lassen sich die Ursachen für die Entwicklungen sowie die möglichen und aktuell erkennbaren Einflußrichtungen ermitteln (vgl. Bild 1-5).

Die Alternativen, die sich innerhalb dieser generellen Trends ergeben, sind vielfältig und nutzen die gesamten technischen Möglichkeiten.

- für die generelle Planung von Logistikstrukturen und -abläufen hinsichtlich der Vernetzung der Aufgaben und der Materialströme zwischen den Logistikpartnern,
- für die Feinplanung und Auslegung von Logistiksystemen wie Gebäude-, Lager-, Transportsystem-, Verpackungs-, Layoutplanung und deren Informationssysteme,
- für die Information und Kommunikation zwischen den Logistik- und Leistungsfunktionen und den Logistikpartnern wie DFÜ-Verbindungen, Message-Plattformen.

Welche Alternativen für den konkreten Anwendungsfall in Frage kommen, läßt sich erst dann klären, wenn Eindeutigkeit hinsichtlich einer notwendigen Aufteilung der Logistik erfolgt ist. Diese Aufteilung muß so erfolgen, daß

- einerseits die Komplexität/Kompliziertheit der Leistungssysteme gering bleibt (z.B. durch die Verlagerung der vormals zentralen Materialbeschaffung in die dezentralen Verbraucherorte in den Werken),
- andererseits jedoch die Vereinfachung nicht soweit geht, daß auftretende Besonderheiten nicht mehr systematisch und effizient behandelt werden können (z.B. Änderungen, die an einem Standort auftreten und behandelt werden, diese jedoch in anderen dezentralen Standorten zu einem erhöhten Abstimmungsaufwand führen).

Worauf es letztendlich ankommt ist die gezielte Abstimmung konkreter logistischer Problemstellungen auf konkrete Geschäftsfeldanforderungen. Dies kann dazu führen, daß in einem Unternehmen für unterschiedliche Anforderungen auch unterschiedliche Logistikstrukturen eingerichtet und unterschiedliche Logistiksysteme angewendet werden müssen.

Ein Hilfsmittel zur Systematisierung der Logistkanforderungen für die Neuausrichtung von Logistikstrukturen ist der *Logistik-Masterplan*. Er ordnet die Material- und Informationsströme nach standort-, markt-, produkt-, auftrags- und ressourcenbezogenen Merkmalen.

Merkmal Ist und Ziel	Ursache für Ist-Entwickl.	Mögl. Einflußnahme	Erkennb. Einflußnahme
Komplexität niedrig hoch Ist: □→ Ziel: ← □	Käuferverhalten wird komplexer, Wettbewerbsverhalten wird aggresiver	weitgespannte Kooperation, intensive Information	vereinz. Joint Venture mit japan. Unternehmen, unausgenutztes Koop.-Potential in Autoindustrie
Kompliziertheit niedrig hoch Ist: □ → Ziel: ← □	Hohe Teilevielfalt, hohe Vernetzung, wenig Kommunikation, Auseinanderfallen von Vorgabe, Ausführung und Kontrolle	Segmentierung der Geschäfte und Dienstleistungen, Transparenz von Leistung und Verantwortung	Visual Management, Interne und Externe Kommunikation, fehlende Leistungs-ausrichtung, weniger Partner
Ergebnisfähigkeit niedrig hoch Ist: ← □ Ziel: □ →	Fehlende Geschäftsaus-richtung, fehlender Zwang zur kontinuierl Verbesserung, Vernachlässigung der Humanreserven	Dienstleistungen an Kernleistung ausrichten, Forcieren von Produkt-/Verfahrensinnovationen, Koordinationsinstrumente für Humanreserven	Leistungsverdichtung, Leistungsschwächung, MoB, "Abspecken", d.h. fehlende Gesamtleis-tungsstärkung
Ressourcen-Flexibilität niedrig hoch Ist: □ Ziel: □ →	Handelsbeschränkungen Hohe Beschäftigung, Hohe tarifliche und gesetzliche Auflagen, Qualifiz.-Bereitschaft	Global Sourcing, Intensive Kapital-Nutzung, Qualifizierung	Nutzung Ostländer, Erweiterte Arbeitszeit-Modelle, Skill-Transparenz, Team-Konzepte
Leistungs-Orientierheit Aufgabe Prozeß Ist: □ Ziel: → □	Spezialisierung, Stabsorientierung, Prozeßferne Führungskräfte	Leistungsstrukturierung entlang den Prozessen, Monitoring	Installation dezentraler Prozeßlogistiken, dezentrale Leistungs-zusammenführung, oft nur zentr. Monitoring
Make-or-Buy Orientiertheit histor. Zukunft Ist: □ Ziel: □→	Bestehendes Besch.-/Fert.-Know How, Fehl. MoB-Know how, Mangelnde Markt-übersicht Soziale Verbindlichkeit	Konzentration auf Produktion/Verkauf von Kernleistungen, Konsequentes, lang-fristiges MoB-Management	Systemlieferanten, Logistikintegration beim Zulieferer, Drittpartner für Logistikleistung
Anliefer-/Bereitstell-Logistik Anlief. Verbr. Ist: □ Ziel → □	Losgrößenbestimmtheit, Fehlende Kenntnis über Gesamtoptimierung im Fert.-/Montageprozeß,	Materialausrichtung auf direkte Operationen, Handl.-Opt. Bereitst., Reduzierte Vor-Ort-Bestände	Synchron. Bereitstell., KLT-Behälter, Durchlaufregale, Bestand nur für den unmittelbaren Bedarf
Orientierung der Informations-Logistik Planung Ist Ist: □ Ziel: → □	Sytemgläubigkeit, Zentrale PPS-Systeme, Batch-Orientierung, Systemkosten für Vor-Ort-Systeme	Orientierung am phys. Materialfluß, Vor-Ort-Steuerung,	Pull-Systematiken, Integrierte Steuerung, Symbolic Management,
Orientierung der Logistikkette lokal global Ist: □ □ Ziel: →□←	Orientierung an bereichsbezogenen Zielsetzungen, Festhalten an ursprüngl. Entscheidungen, geringe Umweltauflagen	Logistik-/produktions-orientierte Entwicklung, Integrierte Entsorgungs-Logistik, Standards	Verpackungs-Vorschriften, Logistik-Design, Wertschöpfungspartner-schaften

Bild 1-5 Merkmale für die Neuausrichtung der Logistik

Der Masterplan erlaubt nach einer Zuordnung konkreter Unternehmenszielsetzungen und -situationen dann auch die Zuordnung geeigneter Logistiksysteme und -hilfsmittel.

Masterplan zur Bewertung und Ausrichtung der Logistiken								
Produktions-standorte	**Beschaffungs-regionen**	**Absatz-regionen**	**Endprodukt-typen**	**Produkt-komplexität**	**Bedarfs-schwer-punkte**	**Bedarfs-identität**	**Bedarfs-stabilität**	**Leistungs-struktur**
1	lokale	nationale	Standard	Baureihen Modelle	Hauptpro-duktions-bedarf	Kunden-bezug	ABCxx	Human-reserven
2	nationale	EG-weite	Indivi-duelle	Aggre-gate	Ersatzteil-bedarf	Auftrags-bezug	XYZ	Technik-reserven
n	inter-nationale	weltweite	Nischen	Ausstat-tungen	CKD-Bedarf	anonym	nn	Investitions-reserven

Bild 1-6 Grundstruktur eines Logistik-Masterplans (hier Schwerpunkt Automobilindustrie)

Als Einführung in das logistische Systemdenken kommt es in diesem Beitrag nicht darauf an, einen möglichst umfassenden Überblick über die Einzelgebiete der Logistik zu geben – dies erfolgt exemplarisch in den folgenden Beiträgen. Vielmehr soll der Leser angeregt werden, eine Betrachtungsweise der Logistik zu üben, die offen ist für die ständig höheren Anforderungen an die Leistungsprozesse im Unternehmen. Die Logistik ist damit Voraussetzung für effizientes Handeln in allen Unternehmensbereichen und gewinnt damit einen neuen Stellenwert.

2 Beschaffungslogistik[1)]

Klaus Schützdeller

1) auszugsweise in Anlehnung an: Schützdeller, 1990

Die Forderungen des Marktes zielen auf ein gesteigertes Maß an Flexibilität bzgl. der Mengen wie auch der Varianten unter restriktivem Kostendruck ab. Das klassische Optimierungsproblem der Produktion zwischen den teilweise divergierenden Zielgrößen

- Gesamtkostenoptimierung,
- Termineinhaltung und
- maximale Kapazitätsauslastung

erfährt dadurch eine neue Gewichtung zugunsten kurzer Reaktionszeiten, insbesondere auch der Wiederbeschaffungszeiten von Rohmaterial und Zukaufteilen.

Die zentrale Aufgabe der Beschaffung insgesamt, Lieferkapazitäten dauerhaft und unternehmungszielkonform bereitzustellen, gliedert sich in ein komplexes Netz einzelner Funktionen, die in einer optimierten Organisation der Funktionsträger einzubetten sind.

Verbunden mit der Erkenntnis, daß der Materialanteil an den Herstellkosten stetig steigt, wird die Bedeutung der Beschaffungslogistik in diesem Umfeld anschaulich. Ihre Integration in die gesamte logistische Kette ist unerläßlich. Sie kann aber genauso wenig ohne die eigentliche Einkaufsfunktion betrachtet werden, da zahlreiche Schnittstellen zwischen beiden Funktionen bestehen.

Im Hinblick auf deren Integration sind die spezifischen Ziele, Aufgaben und Einflußgrößen zu analysieren. Dies kann in Anlehnung an die Bereichsabgrenzung

- Beschaffungslogistik (Beschaffungsoperating) und
- Einkauf (Beschaffungsmarketing)

erfolgen (vgl. Pfohl, 1985, S. 62; Berg, 1981, S. 11).

Logistik-Systeme betrachten die Summe der Funktionen der Raumüberwindung und Zeitüberbrückung als Voraussetzung zur Erreichung eines ganzheitlichen Optimums. Dies bedingt die kooperative Zusammenarbeit aller Beteiligten. Die Beschaffungslogistik als Teilsystem der Gesamtlogistik ist ein in sich geschlossenes System des integrierten Material- und Informationsflusses zwischen dem Hersteller (Abnehmer) und dem durch Güter- und Warenabgabe mit dem Unternehmen verbundenen Lieferanten (vgl. Pfohl, 1985, S. 62 f). Der Materialfluß dieser Einsatzgüter beginnt beim Lieferanten, setzt sich fort über den Wareneingang, die innerbetriebliche Beförderung, die Lagerung und endet mit der Bereitstellung beim Bedarfsträger im Unternehmen. Parallel und entgegengesetzt zum Materialfluß verlaufen die Informationsströme der Planung, Steuerung und Kontrolle sowie der Lagerdisposition und -verwaltung. Erst durch das Erstellen und Weiterleiten von Informationen können die physischen Abläufe realisiert werden (vgl. Fricke, 1981, S. 9 ff.).

Ziel der Beschaffungslogistik ist es, Empfangspunkte bedarfsgerecht nach Art, Menge, Zeit, Qualität und Ort zu optimalen Kosten zu versorgen. Operationalisieren läßt sich dieses Ziel eines Logistiksystems der Beschaffung anhand von Lieferfähigkeit, Liefertreue, Informationsfähigkeit, schneller Marktverfügbarkeit und optimierter Preisgestaltung. „Unter dem

Blickwinkel von klar definierten Zielen sind alle Abläufe möglichst nach dem Ideal des kontinuierlichen Fließens zu gestalten oder auf Schwachstellen hin zu untersuchen“ (Eidenmüller, 1986, S. 624). Hierbei sollen die Materialwirtschaftssysteme auf dezentrale Organisation, selbststeuernde Regelkreise und einheitliche Schnittstellen zu den Zentralsystemen umgestellt und Dispositionsstufen und Arbeitsstationen im Produktionsprozeß weitgehend reduziert werden. Häufig wird durch eine Synchronisation im Durchlauf zumindest partiell eine „Grüne Welle” angestrebt, die als suboptimale Lösung so zu gestalten ist, daß sie für die künftige Gesamtoptimierung ein kompatibles Modul darstellt.

Als funktionale Aufgaben der Beschaffung sind in Anlehnung an Grochla und Schönbohm alle Verrichtungen zu betrachten, die dem Management der räumlich-zeitlichen, informationellen und rechtlichen Transaktionen dienen. Diese Aktionen beruhen auf dem Austausch einer materiellen Lieferung und einer finanziellen Gegenleistung (vgl. Grochla, Schönbohn, 1980, S. 9). Insbesondere die auf den Material- und Informationsfluß bezogenen Funktionen lassen sich in die beschaffungslogistischen Subsysteme

- Auftragsabwicklung, Bestellabwicklung, Lieferabrufe und
- Bestandsmanagement im Informationsfluß, sowie
- Lagerwesen,
- Transportwesen,
- Prüfung und
- Verpackung im Materialfluß

unterteilen (vgl. Pfohl, 1985, S. 75; Bamberger, Gabele, Kirsch, Klein, 1973, S. 294; Künzer, 1978, S. 14; Hartmann, 1983, S. 13 f). Mit einer integrativen Abstimmung dieser Funktionsbereiche können Verbesserungen in der Reaktionsfähigkeit und der Plangenauigkeit der Beschaffung erreicht werden. Zeitaktuelle Bedarfs- und Bestandinformationen zielen in Verbindung mit beschleunigten Abläufen der computerunterstützten Informationsverarbeitung auf eine Verkürzung der Auftragsabwicklung und eine Reduzierung des administrativen Aufwands ab. Die standardisierte Dimensionierung von Lager-, Transport- und Verpackungseinheiten sowie der Einfluß von Materialflußtechnologien reduziert Umschlagsaufwendung und -risiken bei gleichzeitiger Erhöhung der Transparenz der Materialverfügbarkeit. Diese Mittel ermöglichen die Beeinflussung insbesondere der operativen und repetitiven Funktionen der Beschaffung.

Demgegenüber können die Hauptaufgaben des Einkaufs insbesondere in den zeitlich vorgelagerten marktstrategischen, verhandlungstechnischen und rechtlichen Belangen der Beschaffung gesehen werden. Diese Definition schließt die häufig dem Einkauf zugeordneten repetitiven Funktionen der Disposition, Bestellabwicklung und Lieferabrufe innerhalb von Rahmenverträgen aus (vgl. Arnolds, Heege, Tussing, 1980, S. 15 ff.) und vermeidet damit Überschneidungen zu den Aufgaben der Beschaffungslogistik. Die resultierenden Aufgaben des Einkaufs lassen sich nach den administrativen und den strategischen Funktionen unterscheiden. Die administrativen Tätigkeiten umfassen dabei im wesentlichen die Vertragsverhandlungen und alle zum Abschluß erforderlichen Aktivitäten. Die komplexen Ziele und Aufgaben des strategischen Einkaufs sind an den Unternehmenszielen zu orientieren. Als Einkaufsziele können insbesondere die Unternehmensrentabilität, die Qualität der Produkte, die Begrenzung der Abhängigkeit von Lieferungen und Märkten, sowie der Beitrag zur Absatzsicherung gelten. Dazu sind meist Einkaufsergebnisziele vorgegeben, die insbesondere durch die Qualifikation der Mitarbeiter und die Steigerung von Effizienz und Flexibilität erreicht werden sollen.

Strategische Aufgaben des Einkaufs konzentrieren sich auf die

- Beobachtung nationaler und internationaler Beschaffungsmärkte und Angebotseinholung
- Berücksichtigung von technischen, politischen und langfristig strategischen Aspekte und
- Aufnahme und Weitergabe von Innovationen des Marktes an das Unternehmen (vgl. Fontana, 1981, S. 8).

Die Ausschöpfung von Beschaffungsmarktpotentialen in den Lieferkonditionen erfolgt dabei weniger allein preisorientiert als durch die Optimierung des Preis-Leistungsverhältnisses. Mit der zunehmenden logistischen Verknüpfung von Weltmärkten werden die Aufgaben des internationalisierten Einkaufs insbesondere in strategischer Hinsicht umfassender. Die Bedeutung marktorientierter, innovativer Aufgaben führt im Einkauf zu Investitionen für den Aufbau von Marketingkapazitäten. Eine unternehmensspezifische empirische Studie zeigt jedoch exemplarisch auf, daß der Zeitanteil für strategische Marketingfunktionen mit 38% der Arbeitszeit des Einkäufers gegenüber dem Anteil von 62% für die Abwicklungszeit der Bedeutung nicht immer gerecht wird (vgl. Müller, 1987, S. 27). Die differenzierte Betrachtung der Beschaffungsfunktionen zielt daher auf eine Rationalisierung administrativer Funktionen zugunsten einer Schwerpunktverlagerung auf marktstrategische Aufgaben ab. Die

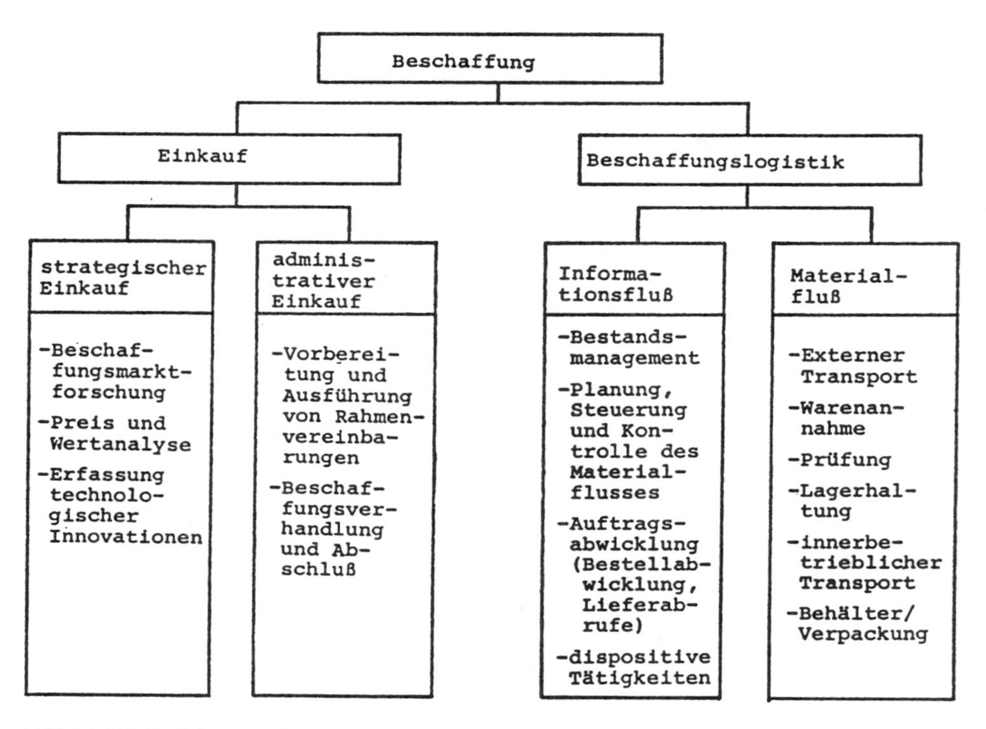

Bild 2-1 Die Funktionen in der Beschaffung

Entlastung des strategischen Einkaufs von Verwaltungs- und Routinetätigkeiten schafft einen kapazitiven Freiraum, der durch unmittelbar ergebnisbeeinflussende Aktivitäten ausgefüllt werden kann. Dies zeigt sich insbesondere in der empirischen Ermittlung eines unternehmensspezifischen Materialkostensenkungspotentials von 10% beim Einsatz aller Leistungsfaktoren des taktischen und strategischen Einkaufs gegenüber der unmittelbaren Akzeptanz marktseitiger Angebote (vgl. Müller, 1987, S. 28). Auch wenn hiermit lediglich ein exemplarischer Fall angeführt wird, läßt sich die Bedeutung einer Verlagerung von Tätigkeitsschwerpunkten in der Beschaffung erkennen. (vgl. Bild 2-1)

2.1 Trends und Probleme der Beschaffungsmärkte

Die Beschaffung strebt die Kombination von Versorgungssicherheit und Wirtschaftlichkeit durch eine kontrollierte Vorhaltung der Beschaffungsobjekte an. Unterschiedliche Versorgungsbedingungen führen zur situativ geprägten Schwerpunktbildung zwischen den Zielgrößen. Zur Bestimmung einer zielkonformen Prioritätsverteilung in der Beschaffungsdurchführung kann auf die in der Literatur vorgenommene Differenzierung nach einer

- auftragsneutralen Beschaffung und einer
- auftragsbezogenen Beschaffung

zurückgegriffen werden (vgl. Bloech, Rottenbacher, 1986, S. 32 ff.). Eine überwiegend auftragsneutrale Beschaffung wird durchgeführt, wenn die für die Versorgung erforderliche Zeitspanne die Lieferzeit zum Absatzmarkt verlängert würde. Mengen- und variantenmäßige Unsicherheiten in der Bedarfprognose zur Vermeidung einer Durchlaufzeiterhöhung werden durch Bevorratung ausgeglichen.

Gegenüber dieser kundenauftragsneutralen Auslösung der Beschaffung durch den Abnehmer kann eine hinreichend kurze Wiederbeschaffungszeit die unmittelbare Ableitung von Materialbedarfen aus dem Kundenauftrag ermöglichen. Die Vermeidung von Prognosen verschafft damit Vorteile durch eine transparente Gestaltung der Beschaffung mit reduzierter Kapitalbindung und geringerem administrativem Aufwand. Ein niedriges Bestandsniveau trägt jedoch zur Risikoausweitung bei ungeplanten Lieferverzögerungen bei. Hohe Kosten für beschaffungsfehlerbedingte Stillstände kapitalintensiver Anlagen sowie personelle Fehlerzuordnungen können zu restriktiven Verhaltensweisen in der Beschaffungsflexibilität und zur subjektiven Priorisierung der Versorgungssicherheit führen (vgl. Wildemann, 1985, S. 181 f.).

Die unternehmerische Definition von Beschaffungsstrategien muß daher auf einer objektiven Effizienzbeurteilung der Abläufe bei einer gegebenen Datenkonstellation des Absatz- und Beschaffungsmarktes basieren. Damit wird die für die Praxis relevante Frage, inwieweit bestehende Beschaffungsabläufe den aktuellen Anforderungen des Unternehmensumfeldes gerecht werden, umso dringlicher. Aktuelle Trends wie

- der Wandel vom Verkäufer – zum Käufermarkt,
- die Notwendigkeit zur Rationalisierung in der gesamten Wertschöpfungskette und
- die Nutzungsmöglichkeit des Betriebsgrößenvorteils von Zulieferunternehmen

zwingen zu einer verstärkten Kundenorientierung des Abnehmers und zu erhöhten Flexibilitätsanforderungen an Zulieferer, die sich in der zeitlichen Flexibilität (Trend zu kürzeren Lieferzeiten) und einer starken Steigerung der Variantenvielfalt widerspiegeln. (vgl. Bild 2-2)

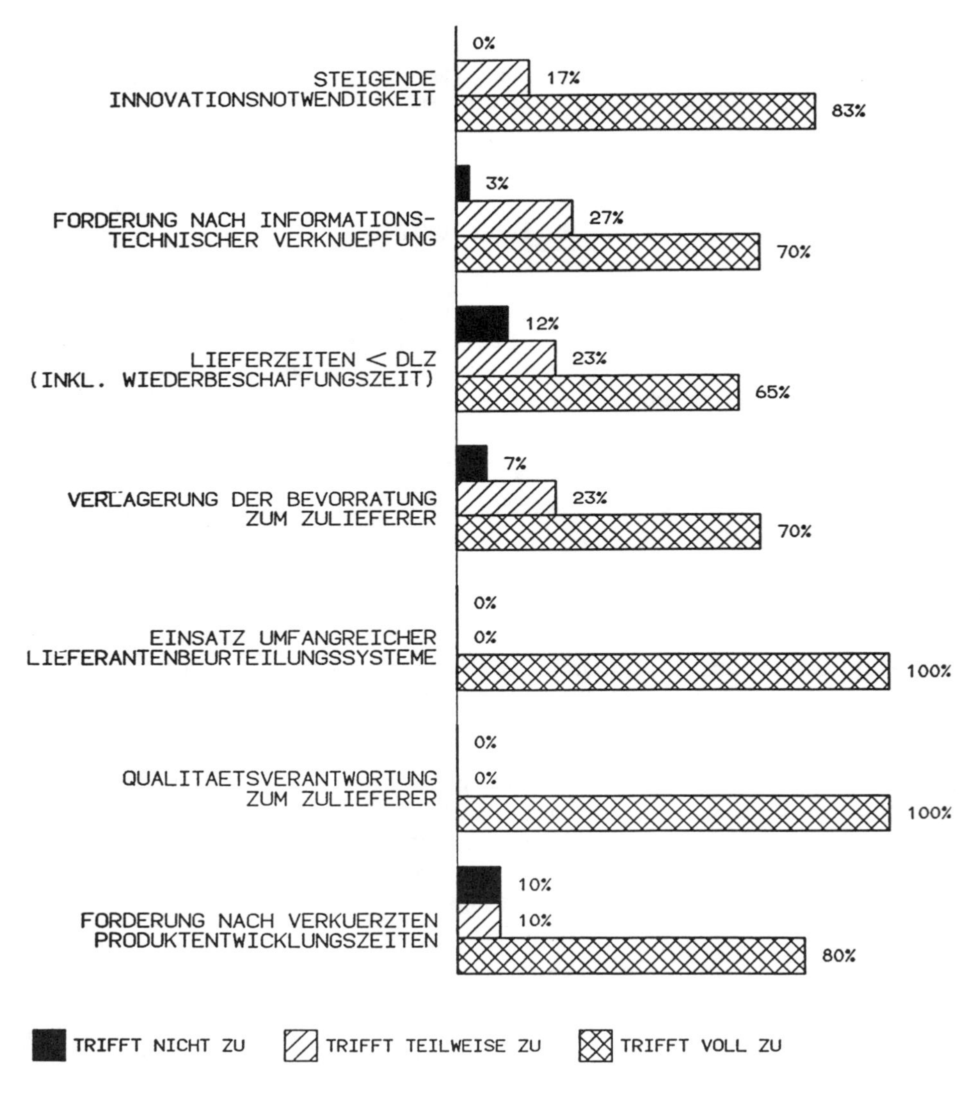

Bild 2-2 Anforderungen der Automobilhersteller an ihre Zulieferer (Ergebnisse einer Befragung von 50 Zulieferern) Quelle: Handelsblatt, 6. 3. 1989

Der zeitlichen Dimension wird zunehmend versucht, durch Just-In-Time-Produktion gerecht zu werden. Ziel einer flexiblen Just-In-Time-Produktion ist es, auftragsorientiert zu produzieren und zu liefern. Wildemann definiert Just-In-Time-Prinzipien als „... eine neue Produktionsstrategie".

Unter der Forderung der Bedarfserfüllung zum richtigen Zeitpunkt, in richtiger Qualität und Menge am richtigen Ort erfolgt eine Neuorganisation des betrieblichen Ablaufs, die sich auf den Material- als auch auf den Informationsfluß erstreckt" (Wildemann, 1988, S. 11). Durch das zeitliche Zusammenziehen von Bedarf und Versorgung wird mit JIT-Prinzipien „the objective of eliminating waste" angestrebt. „The definiton of waste is: Anything that does not add value to the product or service, whether material, equipment, space, time, energy, systems, or human activity of any sort" (Hall, 1987, S. 24).

Mit der Reduktion der Durchlaufzeiten, Rüstzeiten, Störzeiten und Informations- und Planungszyklen wird versucht, eine schnelle Anpassung der gesamten Wertschöpfungskette an die Marktgegebenheiten bei möglichst niedrigen Vorräten zu erreichen. Je kürzer infolge auftragsorganisatorischer und technologischer Maßnahmen die innerbetriebliche Reaktionszeit gestaltet werden kann, umso stärker kann die Wiederbeschaffungszeit für fremdbezogene Teilprodukte die Flexibilität des Abnehmers beeinflussen. Synchronisierte Zulieferungen erhalten in diesem Wandlungsprozess eine zunehmende Bedeutung, da Unsicherheiten des Absatzmarktes an Lieferanten kurzfristig weitergeleitet werden können (vgl. Wildemann, 1988, S. 11 und 24 f.).

Welche Effekte die Reduzierung der gesamten Auftragsdurchlaufzeit (inkl. Wiederbeschaffungszeit) hat, zeigt die in Bild 2-3 dargestellte Annahme, die Durchlaufzeit sei gleich Null. Bedarfsprognosen wären dann überflüssig, Produktionsaufträge müßten nicht geändert werden, es gäbe weder Engpässe noch Warteschlangen. Alle Aktivitäten könnten unmittelbar den Marktforderungen folgen.

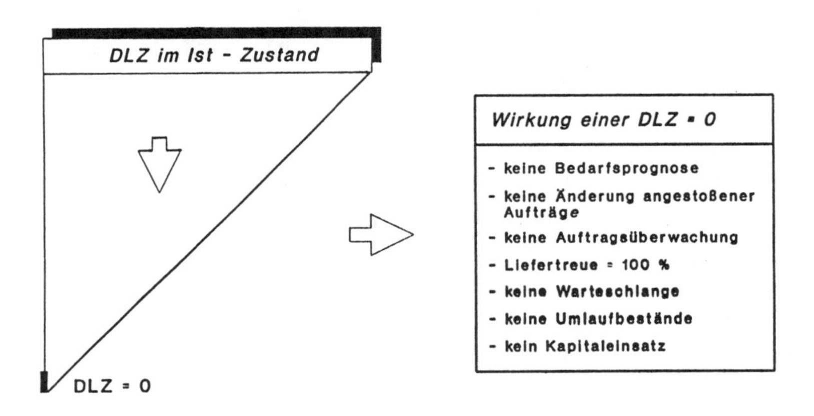

Bild 2-3 Wirkung reduzierter Durchlaufzeiten; Quelle: Müller, J.

Durch die enge Verknüpfung von Beschaffungsfunktionen mit Kundenaufträgen werden Aspekte des Einkaufs verstärkt als substantieller Bestandteil der strategischen Unternehmensführung betrachtet. In den diesbezüglichen Beiträgen der verbreiteten Literatur sind insbesondere beschaffungsmarktstrategische Aspekte von Bedeutung, die auf die Kennzeichnung von Gestaltungs- und Handlungsmöglichkeiten zur Auffindung, Erhaltung und Erweiterung von Beschaffungsquellen sowie der Koordination und Organisation der Beziehungsstrukturen abzielen (vgl. Grochla, 1977, S. 183 ff.).

Die Steigerung der nachgefragten Variantenvielfalt läßt sich an der Entwicklung der Teileanzahl in der Automobilindustrie darstellen. In den Jahren 1974 bis 1984 ist in dieser Branche die Anzahl der zu disponierenden Teile bis zu 200% gestiegen (vgl. Kummer, 1986, S.67). Dabei beinhaltet die Findung der optimalen Anzahl von Produktvarianten einen Zielkonflikt. Einerseits können Produktvarianten und individuelle Kundenlösungen zu erheblichen Wettbewerbsvorteilen führen, da Standardprodukte in der Regel einen geringeren Deckungsbeitrag leisten als Spezialanfertigungen. Andererseits steht eine Bevorratung der Variantenvielfalt zur Absicherung einer kurzfristigen Versorgungssicherheit als Vor-, Teil- oder Fertigerzeugnis neben der damit verbundenen Kapitalbindung auch eine Bindung von Fertigungskapazitäten für die Produktion der Bestände dar (vgl. Wildemann, 1988, S. 14). Die Variantenvielfalt kann Durchlaufzeitenreduzierungen auch bei leistungsfähigen Produktionsprozessen verhindern. Darüberhinaus ist eine Produktionsstrategie, die prognoseorientiert Marktbedürfnisse durch partielle Bevorratung zu befriedigen sucht, mit dem Fehlerrisiko in den Vorschaudaten behaftet und kann zur Vorhaltung nicht nachgefragter Produkte führen. Es kann daher Ziel sein, Varianten zu reduzieren bzw. sie erst gar nicht entstehen zu lassen. Die ökonomisch sinnvolle Realisierung einer Anzahl von Varianten hängt damit von der Produktionsflexibilität bezüglich Umstellung auf andere Produkte und insbesondere auch der Beschaffungsflexibilität bei den für die Varianten erforderlichen Vorerzeugnisse ab.

Der Einsatz reaktionsschneller Kommunikationstechnologien eröffnet neue Möglichkeiten des Informationsangebotes und der -nachfrage. Die damit wachsende Transparenz über das Marktgeschehen führt zu verschärften Wettbewerbsbedingungen, die dem einzelnen Unternehmen neben einer verbesserten Reaktionsfähigkeit hinsichtlich der Informationsverarbeitung und der Produkterstellung eine permanente Herstellkostenkontrolle und die Ergreifung von Realisierungsmaßnahmen in der gesamten Wertschöpfungskette abverlangt. Besondere Berücksichtigung findet dabei zunehmend die Erkenntnis, daß bestandsbildende Faktoren in entscheidendem Maß das Unternehmensergebnis durch Kapitalbindung und hohe Logistikkosten für Handling sowie Lager- und Fertigungsfläche beeinflussen. Vielfach werden Bestandskosten allein mit dem jeweils gültigen Kapitalzins bewertet. Dabei werden jedoch andere Faktoren vernachlässigt, die gleichermaßen unmittelbar von der Bestandshöhe abhängigen Kosten verursachen:

- Steuern/Versicherungen
- Gemeinkosten für das Handling der Bestände sowie Lagernebenkosten,
- Verwaltung und
- Abwertung bzw. Abwertungsrisiko.

In einem exemplarischen Fall wird nach dieser Aufstellung eine Bewertung der Bestandskosten mit bis zu 20% des Bestandswertes angegeben (vgl. Grochla, Schönbohm, 1980, S. 112 f. und S. 134 f., sowie Böning, D., 1986, S. 539). Gegenüber priorisierten Rationalisierungsaktivitäten der Personalkosten lassen sich mit dieser Betrachtungsweise z.B. Reserven durch redundante Bevorratung auffinden.

Die Bedeutung der Bestände insbesondere an Vormaterialien läßt sich mit dem Wertschöpfungsanteil des Zulieferanten zeigen. Der zunehmende Einsatz elektronischer Teilprodukte führt zu einer Wertschöpfungssteigerung insbesondere in den ersten Produktionsstufen. Hieraus resultiert eine Steigerung der Materialeinsatzwerte in Relation zur Gesamtleistung der abnehmenden Unternehmen. Im Bereich der Elektroindustrie läßt sich dieser Wandel anhand des Vergleiches von exemplarischen Werten der Materialeinsätze für mechanische und elektronische Produktionseinsatzfaktoren nachvollziehen. Eidenmüller (vgl. Eidenmüller, 1987,S. 240) gibt für den Wandel von mechanischen zu elektronischen Einsatzfaktoren eine Steigerung der Zukaufteile von 40% auf 70% der Gesamtleistung an. Betrachtet man desweiteren den Fahrzeugbau, so lassen sich Materialeinsatzwerte in Höhe von 60% bis 65% (vgl. IFB-Bilanzanalyse VW AG 1985) auffinden. Einer empirischen Analyse von Arthur Anderson zu Folge wird für die US-Automobilindustrie bis 1995 ein Beschaffungsanteil an der Wertschöpfung von 70% prognostiziert (vgl. Anderson, 1985, S. 30).

Neben den bestandsabhängigen Kosten sind die Kosten für Bestellabwicklung, Lagerhaltung, Fehlmengen sowie die Einstandspreise zu berücksichtigen. Ziel ist es, ein Gesamtoptimum dieser Kosten zu erreichen. Der Trend zum weltweiten Einkauf aufgrund verbesserter Informations- und Transportmöglichkeiten läßt die Ausschöpfung von Rationalisierungspotentialen in den Einkaufspreisen zu. Dieses Einkaufsverhalten setzt ein geringes Maß an Abhängigkeiten voraus, um Preisvorteile durch einen kurzfristigen Lieferantenwechsel erreichen zu können. Im Hinblick auf die Gesamtkosten der Beschaffung ist jedoch zu berücksichtigen, daß Lieferantenwechsel auch Kosten z.B. für erneute Materialprüfung und -freigaben mit sich bringen. Weiterhin ist die Kompensation von Preisvorteilen durch erhöhte Lagerhaltungskosten durch große Beschaffungsmengen denkbar. Eine langfristig ausgerichtete Kooperation mit Rahmenverträgen zwischen Lieferanten und Abnehmern strebt daher durch die komplexen und zeitärmeren Gestaltungsmöglichkeiten der Bestellabwicklung ebenso Rationalisierungserfolge an.

Die fortschreitende Spezialisierung der am Produkterstellungsprozeß beteiligten Unternehmen zwingt zur individuellen Überprüfung Leistungsgrenzen eigener Ressourcen. Im Vergleich zu Leistungen, die der Beschaffungsmarkt anbietet, können Defizite erkannt werden, die der klassischen Make-or-Buy Entscheidung neue Bedingungen zugrunde legen (vgl. Ihde, 1988, S. 16). So ist der Fremdbezug von Leistungen oft kostengünstiger als die Eigenfertigung, da die Vorhaltung von Entwicklungskapazitäten zunehmende Fixkosten verursacht. Bei der Zusammenarbeit mit insbesondere kleinen, flexiblen Zulieferunternehmen sind Kostendegressionseffekte zu erzielen, da diese Unternehmen mit weniger kostenintensiven Strukturen effizientere Produktionsfunktionen erfüllen können (vgl. Wildemann, 1988, S. 167).

Dies wird durch den tendenziellen Wandel von der Mechanik zur Elektronik unterstützt. Hieraus resultiert die Notwendigkeit komplexer und gleichzeitig spezialisierter Entwicklungs- und Fertigungseinrichtungen, deren wirtschaftliche Auslastung hohe Nutzungsgrade voraussetzt. Diese Nutzung kann leichter in Zulieferunternehmen mit einem breiten Absatzmarkt erreicht werden. Die Fertigungstiefe nachfragender Unternehmen nimmt mit diesen Veränderungen ab, während wechselseitige Abhängigkeiten zwischen Zulieferant und Abnehmer von der Entwicklung über die Produktionsplanung bis zur Qualitätssicherung verstärkt auftreten können (vgl. Schonberger, Gilbert, 1983, S. 62 f.). Für Zulieferunternehmen kann dabei die Wettbewerbsfähigkeit durch die primäre Orientierung an Forderungen der

Abnehmer verbessert werden. Dadurch sollen jedoch nicht Probleme auf den Lieferanten verlagert, sondern vielmehr auf der Basis einer langfristigen, partnerschaftlichen Zusammenarbeit gemeinsam gelöst werden. So können durch die Kooperationsintensivierung Marktzugangsbeschränkungen für nicht eingebundene Zulieferer entstehen, da aufwendige Anpassungsprozesse der Material- und Informationsflußtechnologien kurzfristige Änderungen bestehender Lieferbezeichnungen erschweren (vgl. Baumgartner, 1987, S. 46). Darüber hinaus kann eine Steigerung der Planungstransparenz zu einer verbesserten Kapazitätsauslastung des Zulieferers beitragen. Die Vorzüge einer partnerschaftlichen Zusammenarbeit können daher auch dem Lieferanten gleichermaßen zugute kommen (vgl. Bild 2-4). Daneben wird aber auch ein Trend zur Reduzierung der Anzahl an Lieferanten beobachtet, der das Ziel eines begrenzten Betreuungsaufwandes verfolgt (vgl. Bild 2-5).

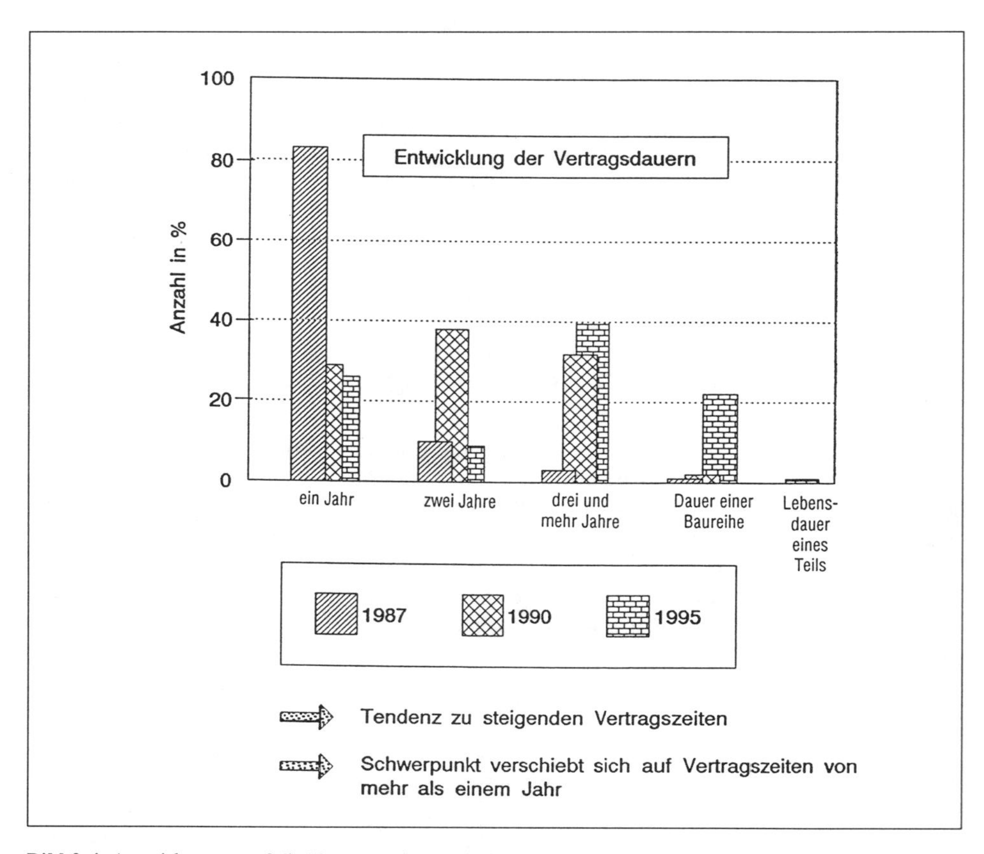

Bild 2-4 Auswirkungen auf die Vertragszeiten zwischen Fahrzeugherstellern und Zulieferern

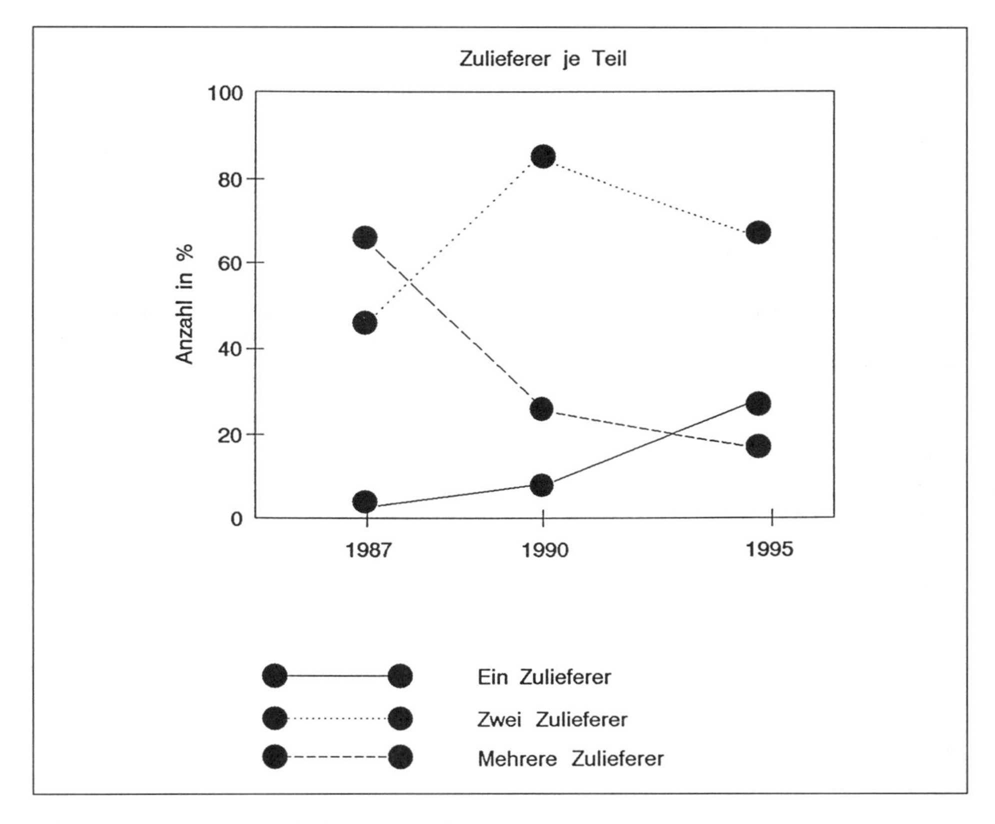

Bild 2-5 Auswirkungen auf die Zahl der Zulieferer
Quelle: Wildemann, Delphi-Studie

Um diesen so global charakterisierten Beschaffungsmärkten mit der betrieblichen Organisation gerecht zu werden, stehen die drei Versorgungsprinzipien

- Einzelbeschaffung im Bedarfsfall,
- Vorratshaltung und die
- produktionssynchrone Beschaffung

zur Verfügung. Die produktionssynchrone Beschaffung wird dabei als Methode zur Unterstützung marktnaher Reaktionen definiert. Sie grenzt sich von den beiden anderen Prinzipien durch die Nutzung existierender Periodizitäten von Einzelbedarfen und die Möglichkeit der zeitlichen und mengenmäßigen Synchronisation von Beschaffungs- und Verbrauchseinheiten ab (vgl. Grochla, Schönbohm 1980, S. 132 ff.). Die Periodizität des Beschaffungsablaufs weist idealtypisch eine hohe Frequenz insbesondere auch für repetitive Tätigkeiten auf. Damit ist die Voraussetzung für eine wirtschaftlich automatisierte Synchronisation von Planungs- und Steuerungsaktivitäten bei Abnehmer und Zulieferant gegeben. Wiederbeschaffungszeiten orientieren sich in der angestrebten langfristigen Zusammenarbeit an der Produktionsplanung des Abnehmers, um die Anlieferung der Teile einsatzsynchron zum

Zeitpunkt des Bedarfs zu ermöglichen. Im Idealfall sind die betriebliche Planung und die Produktionskapazitäten von Lieferant und Abnehmer so abgestimmt, daß eine hochfrequente und bestandslose Anlieferung durch die Übereinstimmung der Beschaffungseinheit und der Produktionseinheit beim Lieferanten realisiert werden kann (vgl. Hall, 1986, S. 929). Die produktionssynchrone Beschaffung zielt damit auf einen Ausgleich der teilweise gegenläufigen Materialwirtschaftsziele nach hoher Versorgungs- und Lieferantensicherheit, geringer Kapitalbindung durch ein begrenztes Bestandsniveau und günstigen Einstandspreisen durch große Bestellmengen ab (vgl. Stark 1985, S. 36).

In der Praxis führen absatzinduzierte Diskontinuitäten des Verbrauchs an Vormaterialien häufig zu einem geringen Periodizitätsgrad der Beschaffung, der eine Ausgleichsfunktion durch Bevorratung in individuell unterschiedlichem Maß auch in einer produktionssynchronen Beschaffung erfordert. Da die ideale Kontinuität für alle Beschaffungsteile wohl in der Praxis nicht erreicht wird, müssen zudem alle Prinzipien in einem Unternehmen parallel angewendet werden können, wenn das einzelne Teil es erfordert. Dies beeinflußt die Komplexität der Gestaltungsmöglichkeiten aus der Sicht eines Abnehmers ebenso wie die teilespezifischen Beziehungstrukturen, die auf vier typologische Grundmuster zurückgeführt werden können:

- ein Zulieferant, ein Verbraucher,
- ein Zulieferant, mehrere Verbraucher (bei einem Abnehmer),
- mehrere Zulieferanten, ein Verbraucher,
- mehrere Zulieferanten, mehrere Verbraucher (bei einem Abnehmer) (vgl. Bild 2-6).

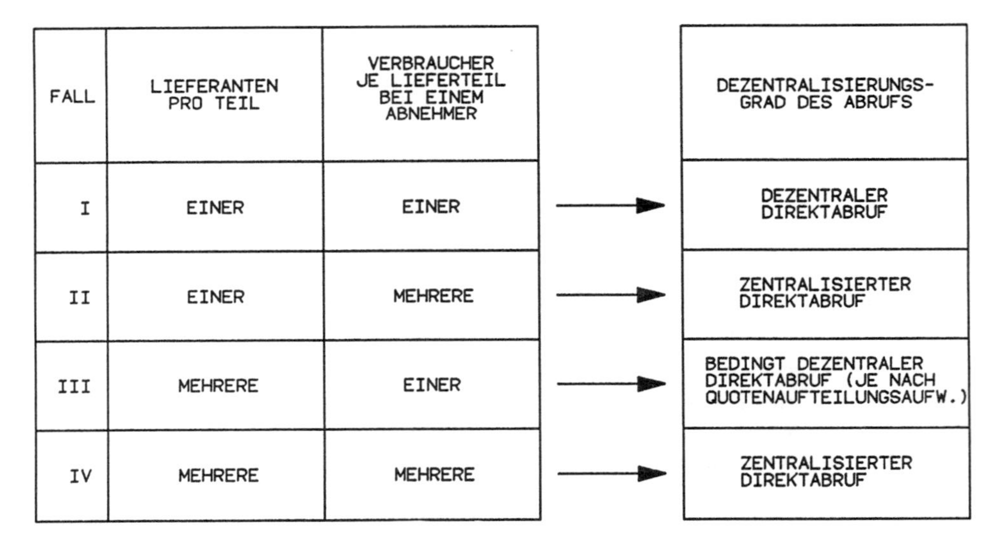

Bild 2-6 Modellvarianten der Abrufzentralisierung

Unterschiedliche Komplexitätsgrade sind hierbei in der situationsabhängigen Notwendigkeit begründet, Einzelbedarfe mehrerer Verbraucher zu kumulieren und ggf. auf mehrere Lieferanten zu verteilen. Aus der situativen Ausprägung dieser Gestaltungsvariablen läßt sich eine Vielzahl von Kooperationsformen in der Beschaffung ableiten. Diese Vielschichtigkeit der Anwendungen macht eine analytisch korrekte Definition der Beschaffungsstrategie erforderlich.

2.2 Beschaffungsstrategien

Ein Ansatz zur Auswahl einer unternehmensspezifischen Beschaffungsstrategie ist die Einkaufportfolio-Analyse, die einen Vergleich der Marktmachtverteilung zwischen Käufer und Anbieter ermöglicht. Die Analyse vollzieht sich nach Kraljic in vier Schritten (vgl. Kraljic 1985, S. 6-14).

Im 1. Schritt erfolgt eine Einordnung der Beschaffungsobjekte in die „Kategorien:

- strategisch (großer Einfluß auf das Ergebnis, hohes Beschaffungsrisiko),
- Engpaß (geringer Einfluß auf den Gewinn, hohes Beschaffungsrisiko),
- Hebelprodukt (großer Einfluß auf das Ergebnis, geringes Beschaffungsrisiko) und
- unkritisch (geringer Einfluß auf den Gewinn, geringes Beschaffungsrisiko)"

(vgl. Kraljic, 1985, S. 9 und Bild 2-7)

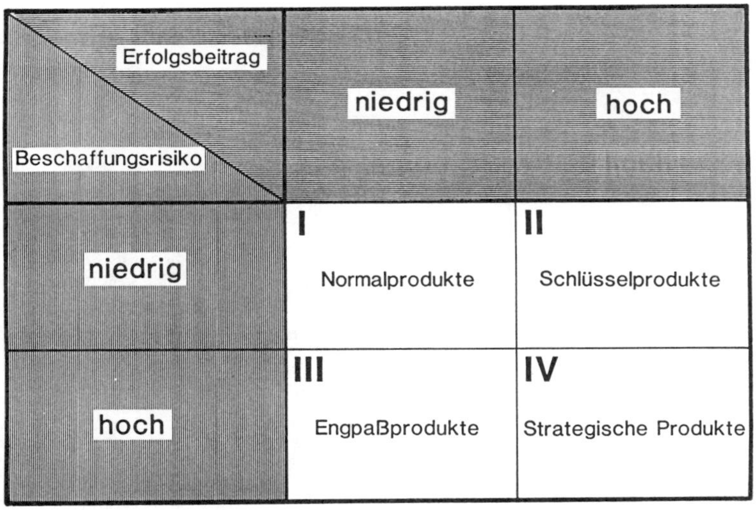

Erfolgsbeitrag / Beschaffungsrisiko	niedrig	hoch
niedrig	I Normalprodukte	II Schlüsselprodukte
hoch	III Engpaßprodukte	IV Strategische Produkte

Bild 2-7 Portfolio strategischer Inputfaktoren

Im 2. Schritt, der Marktanalyse, werden für einen Markt die Stärken des Abnehmers anhand eines Kriterienkataloges verglichen, um im 3. Schritt eine Gegenüberstellung der Verhältnisse in einer Matrix zu ermöglichen. Diese Einkaufsportfolio-Matrix läßt sich in drei Bereiche aufteilen. Jedem Bereich ist eine strategische Grundrichtung zuordbar, die mit Grundverhaltensweisen vergleichbar sind:

- Aktives Auftreten auf dem Markt („Abschöpfen"),
- Gleichgewicht halten, selektiv vorgehen („Abwägen")
- Defensives Verhalten, Alternativen suchen („Diversifizieren").

Das strategische Verhalten gegenüber dem Markt gemäß einer dieser Varianten ist von der Marktverteilung in einer Zulieferbeziehung abhängig. Dabei erfolgt ein „aktives Verhalten mit dem Ziel der Veränderung des Bedingungsrahmens für beschaffungs-politische Entscheidungen". Passives Verhalten zielt auf die „Ausschöpfung eines gegebenen Bedingungsrahmens für beschaffungspolitische Entscheidungen" ab (Hammann, Lohrberg 1986, S. 101). Da angesichts der zunehmenden Arbeitsteilung der Wirtschaft und fortschreitender technologischer Entwicklung mehrere verschiedene Beschaffungsmärkte mit unterschiedlichen Bedingungen von einem Unternehmen in Anspruch genommen werden, sind häufig marktindividuelle Strategien auf der Grundlage einer Bewertung des jeweiligen Handlungsspielraums zu definieren (vgl. Bild 2-8).

Im 4. Schritt werden den drei Grundstrategien bestimmte Handlungsempfehlungen bezüglich festzulegender Einzelelemente einer Beschaffungsstrategie zugeordnet. Diese Grobpläne sind zu detaillierten Aktionsplänen, die innerhalb eines konkreten Maßnahmenkatalogs mit Zielen und Verantwortlichkeiten zusammengefaßt werden, weiterzuentwickeln.

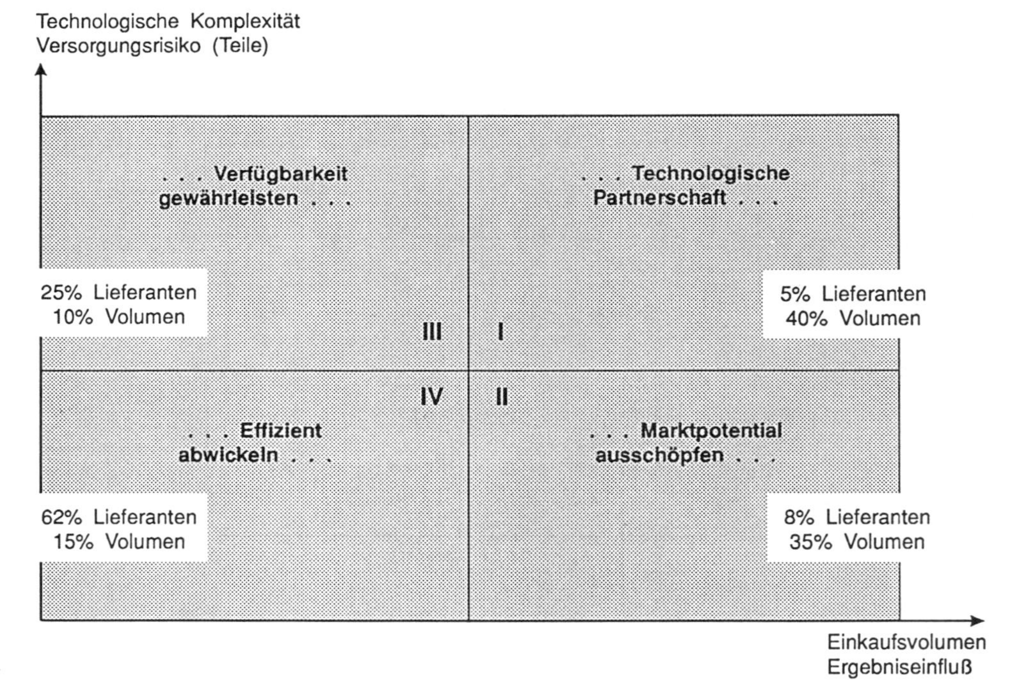

Bild 2-8 Quelle: Zentraleinkauf Siemens

Diese von Kraljic entwickelte Vorgehensweise ist auf ein analoges Prinzip zurückzuführen, das sich in der beschaffungspolitischen Literatur behauptet hat. Besonderes Augenmerk ist auf die Ausprägung der Einzelelemente in den grundsätzlichen Handlungsalternativen zu legen. Kraljic betrachtet als Elemente Mengen, Preise, vertragliche Absicherung der Versorgung, Lieferantenwechsel, Lagerhaltung, Eigenproduktion, Substitution der Produkte, Wertanalysen und Logistikkosten. Die situative Ausprägung dieser Strategiefelder zielt auf die tendenzielle Abbildung der grundsätzlichen Verhaltensweisen des Abschöpfens und des Diversifizierens ab. Für die Festschreibung der Versorgungssicherheit und des Preisbildungsfreiraumes werden die Nachfragemacht sowie die Substituierbarkeit von Teilen und Lieferanten herangezogen. Das spezifische Know-How des Lieferanten sowie die beabsichtigte Kooperationsdauer und -intensität bestimmen das Integrationsmaß der beiderseitigen Abläufe. Beschaffungsobjeke beeinflussen insbesondere aufgrund ihrer Variantenzahl, Verbrauchskontinuität und Wiederbeschaffungszeit die strategische Ausrichtung. Die in der Beschaffung besonders relevante Gestaltung der teilespezifischen Bevorratungsebenen spiegelt sich in Abhängigkeit von der Strategie in den Ausprägungen zwischen unabhängiger Lagerführung und bestandsloser Anlieferung wider. Ebenso kann die Kompetenzverteilung der Kapazitätssteuerung und -auslastung Schwerpunkte hinsichtlich einer kurzfristigen Ausnutzung des Lieferanten oder einer langfristigen Investition in die Beziehung setzen. Schließlich wird die Form der entwicklungstechnischen Zusammenarbeit als Einflußgröße betrachtet.

Ausgangspunkt für Strategieformulierung in der Beschaffung ist die Anbieter-/Nachfragemachtverteilung in der Zulieferbeziehung. Große Nachfragemacht ermöglicht die Ausnutzung kurzfristiger Chancen. Dabei sind jedoch die Kosten zu berücksichtigen, die mit einem Lieferantenwechsel verbunden sind. Aufwendungen für die Suche, Bewertung, Schulung und Prüfung der Lieferanten sowie die Unterstützung der Forschung, Entwicklung und Produktion beim Lieferanten werden zunehmend zu einem zeit- und kostenintensiven Hindernis für einen Lieferantenwechsel, der preisliche Vorteile zu bieten scheint. Daher entsteht ein Trend zur längerfristigen Bindung auch großer Abnehmer an die Lieferanten.

Für die Abschöpfungsstrategie in der Beschaffung sind langfristige Vereinbarungen in Verbindung mit einer großen Abhängigkeit des Lieferanten aufgrund z.B. maximaler Kapazitätsauslastung durch einen Abnehmer kennzeichnend. Diese Position ermöglicht die Forderung nach kurzen Wiederbeschaffungszeiten auch für variantenreiche Produkte sowie nach einer produktionssynchronen Anlieferung, unabhängig von eventuell erforderlichen Bevorratungen beim Zulieferanten. Darüberhinaus sind die Kapazitätssteuerungsimpulse des Lieferanten abnehmerinduziert. Eine entwicklungstechnische Kooperation findet nur begrenzt statt.

Weniger extreme Anbieter-/Nachfragemachtverteilungen lassen eine Investitionsstrategie auf der Basis der langfristigen Zusammenarbeit sinnvoll erscheinen. Die Versorgung wird durch Rahmenvereinbarungen und die Förderung junger Marktsegmente gesichert. Dem Zulieferer wird damit eine hohe Kapazitätsauslastung und die Verbesserung seiner Kostenstruktur ermöglicht. Dies läßt eine Flexibilitätssteigerung des Lieferanten hinsichtlich der Varianten und der Wiederbeschaffungszeiten zu. Idealtypisch wird die Produktionssynchronisation zwischen Lieferant und Abnehmer und die Direktanlieferung angestrebt. Ist dies nicht möglich, werden erforderliche Ausgleichsbevorratungen von den Partnern gemeinsam getragen. Die Steuerung von Produktion und Lieferabruf wird durch eine partielle Integration der Planungssysteme unterstützt (vgl. Wildemann, 1988, S. 11 f.).

Die langfristige und kooperative Zusammenarbeit in der Beschaffung mit einer Investitionsstrategie ermöglicht die Qualitätsverbesserung der Produkte und sichert langfristig die Versorgung. Der Austausch von Erfahrungen kann das qualitative Produktions-Know-How fördern und gegenüber konkurrierenden Unternehmen einen technischen Vorsprung bewirken, der die Absatzsituation des Abnehmers verbessert. Darüberhinaus können die kapazitiven Abstimmungen bereits frühzeitig Entscheidungshilfen für die Investitionsvorhaben des Zulieferanten geben. In einer so ausgerichteten Beziehung scheint außerdem durch eine weitgehende integrative Abstimmung der logistischen Größen von Material- und Informationsfluß ein Rationalisierungspotential in den laufenden Anwendungen zu liegen. Nachteilig wirkt sich die Konzentration auf ein partiell fixiertes Lieferantenspektrum durch die zunehmende Abhängigkeit des Abnehmers aus. Beschaffungsproblembedingte Betriebsunterbrechungen beim Abnehmer können häufiger auftreten. Der Lieferant hat darüberhinaus nicht nur Einblick in das strategische Verhalten seines Abnehmers, sondern auch in dessen Produkt- und Produktions-Know-How. Der Abschöpfungs-, als auch der Investitionsstrategie, ist dabei das Ziel geringer Bestandsreichweiten mit kurzen Reaktionszeiten des Lieferanten gemeinsam.

2.3 Gestaltungselemente der Beschaffungslogistik

Logistische Fragestellungen gehen von einem integrativen Ansatz der Querschnittsfunktion über die Fachbereiche aus. Mit der effizienten Gestaltung der Schnittstellen wird ein Gesamtkosten- und Durchlaufzeitoptimum angestrebt. Um beschaffungslogistische Elemente möglichst umfassend darzustellen, bietet es sich an, als Leitfaden dasjenige Versorgungsprinzip zu wählen, das die höchste Integration der Systeme von Abnehmer und Zulieferant erfordert. Wenn wir im folgenden also die produktionssynchrone Beschaffung als Gliederungshilfe verwenden, so wird damit die Möglichkeit gegeben, durch eine individuelle Auswahl von Elementen auch die Prinzipien „Bevorratung" und „Einzelbeschaffung" zu gestalten, ohne daß im Detail Bezug darauf genommen wird.

Wesentliches Kennzeichen der produktionssynchronen Beschaffung ist eine enge und langfristige Zusammenarbeit zwischen unabhängigen bzw. kapitalmäßig verflochtenen Zulieferanten und Abnehmern. Auf der Basis von Rahmenverträgen werden Funktionen der externen und internen Leistungserstellung mit dem Ziel koordiniert, Redundanzen zu vermeiden und durch die Erhöhung der Anlieferungsfrequenz von geringen Mengen Bestandssenkungs- und Flexibilitätssteigerungspotentiale zu erschließen. Eine über Jahre hinausgehende Kooperation mit denselben Lieferanten ermöglicht die Entwicklung abnehmerspezifischer Produkt- und Produktionskompetenzen, die eine Reduktion zeitlicher und materialmäßiger Sicherheiten zuläßt. Insbesondere durch ein hohes Qualitätsniveau der Zulieferteile kann eine enge Synchronisation der Abläufe von Zulieferant und Abnehmer erreicht werden (vgl. Wildemann, 1984, S. 89 ff., Schonberger, 1982, S. 157 ff.).

Ziel ist es, generelle Regelungen im Hinblick auf eine Mechanisierung von repetitiven Tätigkeiten zu implementieren, die eine Verbesserung der Planungstransparenz sowie die Reduzierung von Wiederbeschaffungszeiten und Beständen ermöglichen. Um die Integration der Abläufe nach der produktionssynchronen Beschaffung ebenso wie nach den alternativen Prinzipien zu ermöglichen, erscheint die zentralisierte Informationsspeicherung bei dezentralen Entscheidungskompetenzen für Informations- und Materialflüsse vorteilhaft (vgl. Wildemann, 1985, S. 181 ff.). Hierzu können die zeitintensiven und kurzzyklischen dispositiven Tätigkeiten weitgehend gemäß der hier verwendeten Definition aus der Einkaufsfunktion separiert und in den Verantwortungsbereich der Beschaffungslogistik verlagert werden. Im Kompetenzbereich des administrativen Einkaufs verbleiben die Verhandlungen mit den Lieferanten sowie Rahmenvertragsabschlüsse. Für die spezifischen Vereinbarungen einer produktionssynchronen Beschaffung ist dabei die Einbeziehung der Beschaffungslogistik sinnvoll. Die häufig wiederkehrenden Aufgaben der produktionssynchronen Versorgung werden innerhalb des optimierten Informationsflusses erfüllt. Mit dieser Funktionsteilung läßt sich eine überschneidungsfreie Integration der produktionssynchronen Beschaffung in die Versorgungsfunktionen der Unternehmen realisieren (vgl. Bild 2-9).

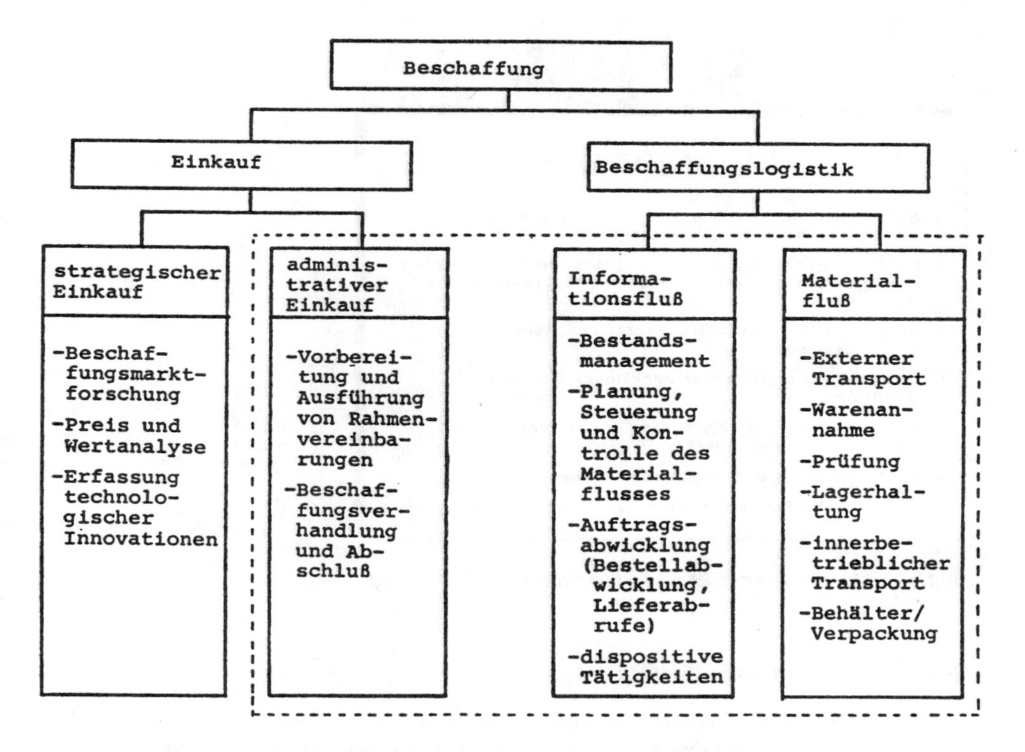

Bild 2-9 Die Funktionen der produktionssynchronen Beschaffung; Quelle: nach Fricke

Eine effiziente Gestaltung der Beschaffungslogistik setzt die differenzierte Betrachtung von Problemfeldern voraus. Es bietet sich an, die Schwerpunkte anhand einer empirischen Analyse festzulegen, deren Ziel es war, erfolgreiche Reorganisationen für ein modernes Konzept zu analysieren. Aus den untersuchten 34 Fallstudien ergeben sich die in Bild 2-10 wiedergegebenen Kernbereiche. Faßt man hierzu Komplexe zusammen, so entsteht eine für die folgenden Ausführungen geeignete Gliederung:

- Informationsflußgestaltung,
- Materialflußgestaltung,
- Einbindung von Speditionsunternehmen.

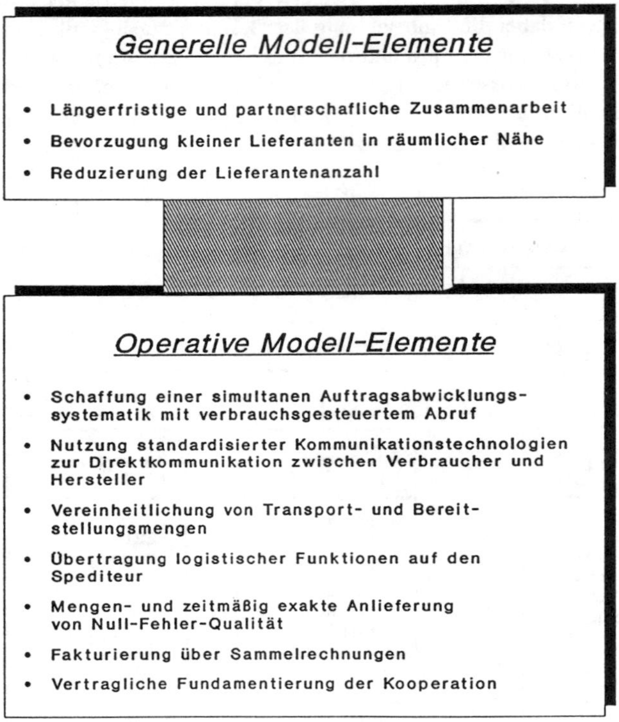

Generelle Modell-Elemente

- Längerfristige und partnerschaftliche Zusammenarbeit
- Bevorzugung kleiner Lieferanten in räumlicher Nähe
- Reduzierung der Lieferantenanzahl

Operative Modell-Elemente

- Schaffung einer simultanen Auftragsabwicklungssystematik mit verbrauchsgesteuertem Abruf
- Nutzung standardisierter Kommunikationstechnologien zur Direktkommunikation zwischen Verbraucher und Hersteller
- Vereinheitlichung von Transport- und Bereitstellungsmengen
- Übertragung logistischer Funktionen auf den Spediteur
- Mengen- und zeitmäßig exakte Anlieferung von Null-Fehler-Qualität
- Fakturierung über Sammelrechnungen
- Vertragliche Fundamentierung der Kooperation

Bild 2-10 Modell-Elemente der produktionssynchronen Beschaffung

2.3.1 Informationsflußgestaltung

Die Betrachtung der Arbeitsschritte für die Beschaffung von Teilen führt zu einer Aufgabenverteilung, bei der die beim Abnehmer zuständigen Bereiche die Funktionen von der Bedarfsermittlung bis zum Lieferabruf erfüllen. Die Aufträge werden beim Lieferanten in individuellen Systemen erfaßt und bestätigt, sowie im weiteren vom Abnehmer verfolgt. Innerhalb der PPS-Funktionen des Lieferanten muß der Auftrag alle Stufen der Bedarfs- und Produktionsplanung durchlaufen, bevor die Produktion angestoßen werden kann (vgl. Scheer, 1987, S. 177 f.). Aufgrund der zumeist unabhängig voneinander installierten und daher selten kompatiblen Funktionsweise der beiderseitigen Instrumente der Auftragsabwicklung werden gemeinsam Protokollabstimmungen vereinbart, die eine Kommunikation ermöglichen (vgl. Bild 2-11). Damit bleibt jedoch die Notwendigkeit der jeweiligen Umsetzung der Daten auf das unternehmensspezifische PPS-System bestehen.

Anwendung	Automobilhersteller	Zulieferer	Spediteur	VDA-Empfehlung
- Anfrage	———	→		4909
- Angebot	←	———		4910
- Lieferabruf	———	→		4905
- Feinabruf	———	→		4915
- Produktionsdaten**	———	→		4916
- Lieferschein- und Transportdaten	←	———		4913
- Preise	←	———		4911
- Rechnungen	←	———		4906
- Zahlungsavise	———	→		4907
- Transportverfolgungsdaten Lieferant an Spediteur*		———	→	4920
- Transportverfolgungsdaten Spediteur an Kunde*	←	- - - - - - - -	———	4921
- FTP VDA	←	→		4914 Version1
- FTP ODETTE*	←	→←	→	4914 Version2

**geplant

Bild 2-11 Die VDA-Empfehlungen für den Datenaustausch; Quelle: Bierschenk, S. 29

Diese Kooperationsform weist Redundanzen in der Auftragsabwicklung auf, deren Beseitigung sowohl ein zeitliches, als auch ein monetäres Rationalisierungspotential erschließen läßt.

Unter Berücksichtigung möglicher Unterbrechung des Auftragsdurchlaufs aus organisatorischen oder kapazitiven Gründen, werden in der Praxis Planungshierarchien und Lieferabrufsysteme eingesetzt, die eine reaktionsfähige und störungsfreie Leistungserstellung sowohl beim Lieferanten, als auch beim Abnehmer gewährleisten sollen. Daneben ermöglicht der Einsatz neuer Kommunikationstechnologien die Beschleunigung des Ablaufs einer Bestellung. Diese Maßnahme erscheint notwendig, da sich Erstellungs- und Veränderungszeiträume in der Produktion permanent verkürzen, aber für die Übermittlung von Informationen z.B. noch drei bis vier Tage benötigt werden, bzw. die gleichen Daten in der Regel zweifach, nämlich beim Besteller und beim Auftragnehmer, generiert und gespeichert werden müssen (vgl. Stamm, 1986, S. 22).

Die Reduzierung von Wiederbeschaffungszeiten durch eine ablauforganisatorische Verbesserung der Informationserstellung setzt daher die Betrachtung der informatorischen Schnittstellengestaltung in einer Lieferbeziehung voraus. Der Material- und Güterfluß wird dabei grundsätzlich von drei verschiedenartigen Informationsströmen determiniert:

- vorauseilender aber entgegengerichteter,
- zeitlicher und richtungsgleicher und
- nacheilender und richtungsgleicher oder entgegengerichteter Informationsfluß.

Der vorauseilende aber entgegengesetzt zum Materialfluß verlaufende Informationsstrom hat dabei die Aufgabe, die Erzeugung gewünschter Zustände zu ermöglichen, d.h. den Güterfluß zu planen und somit ex ante bestimmen zu können. Außerdem dient er einer rechtzeitigen Information der in den Materialfluß involvierten Stellen zur Bereitstellung eines ausreichenden Dispositions- und Planungsspielraums. Beispielhaft für diesen Informationsstrom ist bei der produktionssynchronen Beschaffung die Übermittlung von Planungs- und Dispositionsdaten zwischen dem Zulieferer, dem Abnehmer und evtl. dem Speditionsunternehmen.

Der richtungsgleich und im Idealfall auch zeitgleich zum Materialfluß verlaufende Informationsstrom bildet die Voraussetzung für eine gezielte Einflußnahme auf den Güterstrom, da durch ihn ein augenblicklicher logistischer Zustand aufgezeigt, kontrolliert und bei Bedarf durch Steuerungsinformationen korrigiert werden kann. Zudem kann ein zeitgleicher Informationsstrom den beteiligten Stellen Auskünfte über die operative Ausführung vom Transport-, Umschlag- oder Lagertätigkeiten geben, wie es z.B. bei gefährlichen oder leicht zu beschädigenden Gütern erforderlich ist. Für die produktionssynchrone Beschaffung sind vor allem Statusinformationen über Lagerbestände oder über den Auftragsfortschritt innerhalb der Transportkette von Bedeutung.

Der mit zeitlichem Abstand zum Materialfluß verlaufende Informationsstrom kann sowohl richtungsgleich als auch entgegengesetzt wirken und dient dem Abschluß bzw. der Nachbearbeitung einer logistischen Transaktion. Als Beispiel für derartige Informationsvorgänge sind der Austausch von Rechnungen, Zahlungsanweisungen oder die Zusendung von Reklamationen zu nennen (vgl. Pfohl, 1985, S. 78 f.).

Im Hinblick auf eine verbesserte Reaktionsfähigkeit der Anlieferung ist insbesondere der dem Materialfluß vorauseilende und entgegengerichtete Informationsstrom in seinen Elementen der Beschaffungs- und Bedarfsplanung und der Beschaffungsdisposition von Bedeutung. Die Planungsfunktionen haben die langfristig orientierte Aufgabe der Versorgungssicherheit, während die Beschaffungsdisposition die Steuerungsinformationen für die unmittelbare Bereitstellung der Materialien aufbereitet. Gleichwohl existieren Interdependenzen die das individuelle Planungs- und Steuerungssystem prägen. Dabei sind insbesondere auch die Aktivitäten der Disponenten zu berücksichtigen.

Infolge der arbeitsteiligen Belastung neigen Entscheidungsträger dazu, die Erfüllung von Aufgaben abzusichern. Durch die Verkettung mehrerer Dispositionsstufen kumulieren sich die individuellen Sicherheiten zu überdimensionierten Bestandsreichweiten. Hinzu kommt eine Verlängerung von Reaktionszeiten durch die erforderliche Weiterleitung über mehrere Entscheidungsstufen. In diesem Zusammenhang weist Wildemann auf die resultierenden Restriktionen für den Trend zu kurzen Lieferfristen hin: „Der Nachfrager bestellt so spät wie möglich, um bei der Disposition die Unsicherheiten zu minimieren. Gleichzeitig verengt sich der zeitliche Planungsspielraum des Anbieters. Dieses reaktive Anpassen an fremddefinierte Planwerte überträgt sich auf sämtliche vorgelagerte Dispositionsebenen und führt zu einer permanenten Überprüfung und Verschiebung abgegebener Terminzusagen oder zu Friktionen bei der Belegungsplanung der Kapazitäten" (Wildemann, 1985, S. 179). Damit ist die

Anzahl an Dispositionsebenen im Beschaffungsprozeß eine wesentliche Determinante für eine rationelle Planungs- und Abrufsystematik.

Von besonderer Bedeutung ist in der Beschaffung weiterhin die permanente aktuelle Kenntnis der Versorgungssituation. Die grundlegende Tatsache, daß die Disponenten des Abnehmers nur begrenzt Steuerungs- und Kontrolleinfluß beim Lieferanten ausüben können, behindert die Einschätzung dieser Situation. Erschwerend tritt insbesondere bei längeren Wiederbeschaffungszeiten hinzu, daß die Disposition auf Bedarfsprognosen beruht. Die Unsicherheit dieser Prognosen nimmt mit wachsender Entfernung vom zukünftigen Bedarfszeitpunkt zu. Damit ist die Wiederbeschaffungszeit eine Kenngröße für die Bewältigung von Bedarfsschwankungen, die sich in ungleichmäßiger Kapazitätsauslastung des Lieferanten oder Versorgungsengpässen beim Abnehmer niederschlagen können. Ziel einer reduzierten Wiederbeschaffungszeit ist es in erster Linie, die Abhängigkeit der Dispositionsebenen von Prognosen zu begrenzen und mit den exakteren Bedarfsvorgaben geringere Sicherheitsbestände zu ermöglichen.

Um einer flexiblen Anlieferungsstrategie gerecht zu werden, erscheint die Anwendung der rollierenden Planung auch für die unternehmensübergreifende Planung sinnvoll zu sein. Ausgangspunkt ist die Festlegung eines begrenzten, als Planungsrahmen anzusehenden Planungszeitraums (Planungshorizont). Dieser Planungszeitraum wird in gleich große Teilabschnitte (Planungsraster) aufgeteilt, wobei für den ersten dieser Teilabschnitte ein Detailplan aufgestellt wird und die restlichen Abschnitte lediglich in eine Globalplanung eingehen. Nach Ablauf eines Teilabschnittes (Planungszyklus) erfolgt eine Erweiterung des gesamten Planungszeitraumes um einen Teilabschnitt, so daß im darauffolgenden Planungsabschnitt die vorläufigen Pläne präzisiert und in einen definitiven Plan transformiert werden. Diese Methode berücksichtigt gleichermaßen die Auswertung der Vergangenheit und die Erwartungen der Zukunft. Sie ermöglicht aufgrund laufender Neuplanungen eine automatische Anpassung an Umweltveränderungen und bezieht die Dynamik der Umwelt sowie die durch sie bedingte Unsicherheit der Prognosedaten aktuell in die Planung ein (vgl. Schirmer, 1980, S. 178 ff.). Für eine Effizienzbetrachtung dieser Planungssystematik in der Beschaffung sind im wesentlichen Aspekte der Planungskosten (in Abhängigkeit von der Planungshäufigkeit), der Notwendigkeit eines definierten Detaillierungsgrades in Bezug auf die bestehenden und zukünftigen Planungsverfahren von Lieferant und Abnehmer und der strategischen Orientierung des Abnehmers hinsichtlich der Dauer und der Intensität der Zusammenarbeit einzubeziehen.

Im Hinblick auf eine maximale Flexibilität streben die Abnehmer eine weitgehende Unverbindlichkeit der übermittelten Planungsdaten an, während der Lieferant eher an einer fixen Bestellmenge interessiert ist, da er bei kurzfristigen Änderungen – und hier vor allem bei kurzfristigen Mengenerhöhungen – in der Regel mit Anpassungsproblemen rechnen muß. Es wird daher eine variable Disposition angeregt, die mit zunehmender Nähe zum geplanten Produktionszeitpunkt eine Verringerung der möglichen Abweichungen von der geplanten Beschaffungsmenge durch die Erhöhung der Informationsgenauigkeit vorsieht. Erleichtert wird dies durch eine Auftragsprogrammfixierung, die z.B. einen Monat vor Beginn der Fertigung der Zulieferteile die Bestellmenge als fixe Liefergröße festschreibt (vgl. Jünemann, 1986, S. 50).

Auf dieser Basis wird für die produktionssynchrone Beschaffung eine Unterteilung der Planungs- und Abrufsystematik in drei Ebenen empfohlen:

- Rahmenvereinbarung,
- Rahmenauftrag und
- Lieferabruf.

Hinsichtlich der längerfristigen Planungsinformationen kann man für die Rahmenvereinbarung von der für eine Planperiode aus den Absatzprognosen und den Produktions- und Zuliefererkapazitäten abgeleiteten Primärbedarfsplanung ausgehen. Aus diesem Produktionsplan ergibt sich der Gesamtbruttobedarf für eine Planperiode, der an die Beschaffung zur Beschaffungsplanung der Zulieferteile weitergeht. Auf der Basis des ermittelten Sekundärbedarfs wird zwischen dem Einkauf des Abnehmers und dem Vertrieb des Lieferanten als Globalplanung eine Rahmenvereinbarung mit z.B. 12monatiger, zunehmend auch schon mehrjähriger Laufzeit abgeschlossen. Diese Vereinbarung legt Funktion, Ausführung, Qualität, Preis, Lieferbedingungen u.a. der betreffenden Beschaffungsgüter fest. Weiterhin sind außerdem unverbindliche Abnahmemengen als Kontingente zu vereinbaren, die sich an einem prozentualen Anteil des Bedarfs über einen bestimmten Zeitraum orientieren und die in einem z.B. halbjährigen Turnus aktualisiert und fortgeschrieben werden. Der Lieferant kann damit eine längerfristige Produktionsplanung durchführen und günstiger Material von Sublieferanten beziehen.

In der 2. Ebene kann beispielsweise drei bis sechs Monate vor dem Lieferabruf als Detailplan gemäß der rollierenden Planung ein Rahmenauftrag an den Lieferanten erteilt werden, in dem eine Konkretisierung der überarbeiteten Rahmenvereinbarung vorgenommen wird. Ein solcher Rahmenauftrag kann die Freigabe für die Materialbeschaffung bei Sublieferanten und die evtl. notwendige Vorfertigung beinhalten. Die durch den Rahmenauftrag festgelegten Mengen und die damit verbundenen Fertigungskosten bzw. Materialkosten sind durch die Abnahmegarantie des Abnehmers abgesichert. Es ist jedoch zu berücksichtigen, daß diese Mengen in den nachfolgenden Lieferabrufen mit positiven oder negativen quantitativen Abweichungen revidiert werden können.

Die definitive Festlegung der Liefermenge eines bestimmten Teils sowie den Termin des Bedarfs erhält der Lieferant erst mit dem wöchentlich oder täglich rollierend eingehenden Lieferabruf. Hierbei kann auch eine weitere Unterteilung in einen Fertigungsauftrag gemäß einem taggenauen Montageplan und einem stundengenauen Versandauftrag in Anlehnung an Zählpunktsteuerungssysteme beim Abnehmer erfolgen. Voraussetzung für die Zählpunktsteuerung ist eine weitgehende exakte Abstimmung der Kapazitäten von Lieferant und Abnehmer, die die maximalen Abweichungen auf wenige Stunden begrenzt.

Während die wöchentlichen Abrufe zumeist auf dem Postweg übermittelt werden, ist bei der im Stundentakt funktionierenden Anlieferung häufig eine Integration der DV-Anlagen der Partner notwendig. Der Anstoß zur Fertigung beim Lieferanten soll bei diesem Verfahren grundsätzlich nur erfolgen, wenn echte Kundenaufträge in der Endmontage vorliegen, und nicht aufgrund von Planzahlen des prognostizierten Produktionsprogramms. Die sich daraus häufig ergebenden Diskrepanzen zwischen geplanten und realen Bedarfsmengen sind innerhalb einer vereinbarten Schwankungsbreite flexibel vom Lieferanten aufzufangen (vgl. Bild 2-12).

Lieferabruf - Systematik	*Horizont*	*Raster*	*Zyklus*	*Mengentoleranz je Endvariante*
(A) *Lieferabruf (nach VDA 4905)* 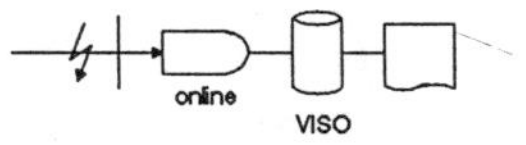 online VISO - Dispositionsfreigabe für Zukaufteile - - rechtsverbindlich -	6 Monate	8 Wochen : Tage Rest: Wochen	wöchentlich	± 20 %
(B) *Fein-Abruf (nach VDA 4915)* 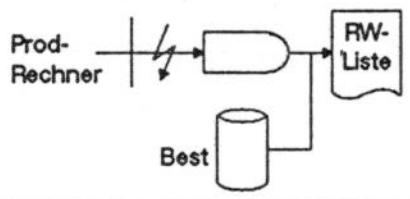 Prod-Rechner RW-Liste Best	20 AT	Tag	täglich	± 5 %
(C) *Verladungsaufruf* 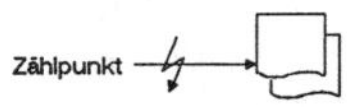 Zählpunkt	Verladung unmittelbar nach Aufruf	je Fahrzeug	kontinuierlich	± 0 %

→ (A), (B) und (C) sind integrierte Systeme, die für einen Plantag identische Werte vorgeben.

Bild 2-12 Lieferabruf – Systematik

Bestellabrufe für die Fortschreibung mengen- und terminwechselnder Bedarfssituation sind aufgrund der angestrebten Auftragsbezogenheit der Zulieferung eine zentrale Steuerungsgröße für den Zulieferanten. Eine möglichst präzise Terminierung der Mengen sowie die Überwachung der Termine und die Pflege des Lieferantenkontaktes können daher als wesentliche Aufgaben der dispositiven Zuordnung von Bedarfen zu Beschaffungsvorgängen betrachtet werden. Die Umwandlung des Bedarfs in eine Bestellung kann nach

- programmgesteuerten oder
- verbrauchsgesteuerten

Dispositionsverfahren erfolgen.

Die programmgesteuerte Disposition gliedert sich in die plan- und die auftragsgesteuerte Disposition. Bei der in einer produktionssynchronen Beschaffung idealtypisch angestrebten Auftragsdisposition entsprechen die Bestellmengen jeweils exakt den Bedarfsmengen, eventuell um einen Sicherheitszuschlag erhöht. Durch die realisierbare Konzentration des Disponenten auf die Überprüfung von Bedarfsanforderungen lassen sich sowohl überhöhte Bestandsreichweiten, als auch Fehlmengen weitgehend ausschließen. Dagegen ist in der zukunftsorientiert plangesteuerten Disposition ein höherer Aufwand für die Prognose von Bedarfsmengen aus dem Verbrauch der Vergangenheit sowie der gegenwärtigen und zukünftigen Auftragssituation zu erwarten, der aus ökonomischen Gründen nur bei einer selektiven Anwendung auf hochwertige Teile gerechtfertigt erscheint. Der Rechenaufwand ist hierbei häufig nur mit Hilfe der EDV zu bewältigen. Hierzu zentral eingesetzte MRP- (material requirement planning) Systeme basieren auf einem Konzept, das über die Primär- und Sekundärbedarfsermittlung auftrags- und planbezogene Nettobedarfe im Abgleich mit verfügbaren

Beständen errechnet. Durch die Integration der Berechnung von Lieferabrufen und der Materialverfügbarkeitskontrolle stellen diese Verfahren ein umfassendes Informationssystem für die Steuerung komplexer Versorgungsstrukturen dar (vgl. Bichler, 1984, S. 67 ff; Hartmann, 1986, S. 180 ff.).

Eine Kombination der plan- und der auftragsgesteuerten Programmdisposition findet sich im Fortschrittszahlenkonzept als Planungs- und Kontrollinstrument. Das Konzept beruht auf einer (graphischen) Gegenüberstellung von geplanten Bedarfen (Soll) und tatsächlichen Produktions- bzw. Liefermengen (Ist) in Form von über die Zeit abgetragenen kumulativen Mengen (Produktionsfortschritte). Die Steuerung des Materialflusses erfolgt über einen ständigen Vergleich von Soll- und Ist-Fortschrittzahlen. Je nach Dispositionsfrequenz können als Zeitraster z.B. Wochen oder Tage verwendet werden. Die Flexibilität des Systems wächst mit zunehmender Frequenz (vgl. Bild 2-13).

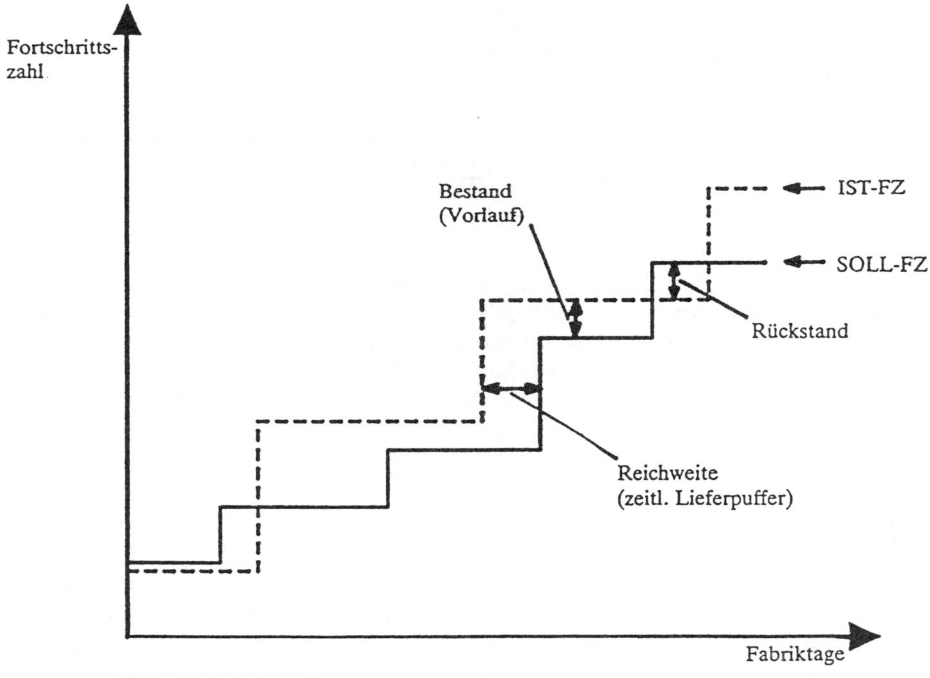

Bild 2-13 Beispiel einer Fortschrittszahlenkurve

Jedes einzelne Teil bzw. jede Baugruppe erfordert die Führung eines eigenen Fortschrittzahlen-Systems. Durch Differenzierung, z.B. nach Produktion, Wareneingang, Versand und Verbrauch einer Materialposition, finden auch Transport- und Bereitstellungszeiten Berücksichtigung. Die Führung von Soll- und Ist-Lieferplänen ermöglicht über den Vergleich der Kurven eine Beurteilung des Lieferstatus bezüglich einer Über- oder Unterlieferung. Damit können die Leistungen von Verbraucher und Lieferant innerhalb der logistischen Kette aufeinander abgestimmt werden (vgl. Heinemeyer, 1986, S. 257 f.). Merkmale des vor allem in der Automobilindustrie häufig eingesetzten Fortschrittszahlen-Systems zeigt Bild 2-14.

Merkmale	Auswirkungen in der Fertigung
Einfache Darstellung mit Soll/Ist-Betrachtungen und Vorlauf-/Rückstandsanzeigen (Tag/Stück)	Eindeutige verständliche Kommunikation mit Kunden, eigenen Stellen und Lieferanten ergibt weniger Handlingsaufwand und sichere Planungsaussagen
Einheitliches, konsistentes Bezugssystem aufeinander aufbauender Fortschrittszahlen	Abgestimmte Übersicht und Kontrolle des Materialflusses innerhalb des gesamten Unternehmens über Bereichsgrenzen hinweg mit direktem Vergleich zur Soll-Auslieferung
Dezentrale Steuerung auf den Auslieferungszeitpunkt bezogen	Flexible Fertigung mit kalkulierten Spielräumen in der Werkstatt, Reichweiten-Betrachtung
Fortschrittszahlen sind Eckwerte (Zielgrößen) die zu erreichen sind, mit kontrollierten Freiheitsgraden	Fertigungssteuerung nach dem Hol-Prinzip; Gute Voraussetzung für Just-in-Time-Produktion und Fließfertigung
Fertigungsauftragsanonyme Planung und Rückmeldung	Keine Zuordnungsproblematik in der Fertigung, da Rückmeldung invariant gegenüber Splitten, Überlappen und Überholen von Fertigungsaufträgen, keine Korrektur von Restmengen erforderlich

Bild 2-14 Merkmale von Fortschrittszahlen-Systemen; Quelle: Schneider, EDI-Kongreß, 1991

Durch die Beschränkung auf Verbrauchsdaten vergangener Perioden kann die verbrauchsgesteuerte Disposition auf fixierte Produktionsplandaten verzichten. Das Ziel der Verbrauchsdisposition liegt in der zur Wiederauffüllung des Lagers termingerechten Erteilung von Bestellungen. Dazu haben sich in der Praxis das Bestellpunkt- und das Bestellrhythmusverfahren bewährt. Wesentliche Voraussetzung dafür ist eine stets aktuelle Bestandsfortschreibung, die die Bestimmung des Bestellzeitpunktes und der Bestellmenge bzw. des Bestellrhythmusses ermöglicht. Anstelle einer Bestandsfortschreibung kann auch eine optische Kontrolle der Bestände zur Entscheidung über Nachbestellungen durchgeführt werden. Dieses Verfahren birgt das Risiko fehlerhafter Eindeckung mit Materialien in sich, wenn sich Vergangenheitsdaten nicht proportional fortsetzen. Ein Vorteil liegt jedoch in dem begrenzten dispositiven Aufwand (vgl. Hartmann, 1986, S. 260 f.).

Die ebenso verbrauchsorientierte Steuerung nach KANBAN-Prinzipien verfolgt das Ziel, eine Produktion auf Abruf mit Elementen der Automation zu kombinieren. Durch die Schaffung selbststeuernder Regelkreise wird ohne Eingriff einer zentralen Instanz der Materialbestand in der logistischen Kette auf einem nahezu konstanten Niveau eingestellt, das von Bedarfshöhe, Wiederbeschaffungszeit und Prozeßsicherheit abhängt. Das Hol-Prinzip sorgt dafür, daß Materiallieferungen im Einklang mit der Bedarfssituation erfolgen. Die verbrauchenden Stellen decken ihren Materialbedarf selbst aus dezentralen Pufferlägern, die nach erfolgter Entnahme von den erzeugenden Stellen wieder aufgefüllt werden.

Der Anstoß der Nachproduktion erfolgt mittels eines an das Material gebundenen, teilespezifischen Informationsträger, der nach Verbrauch der zugehörigen Menge innerhalb seines Regelkreises an die Materialquelle gesandt wird (vgl. Bild 2-15).

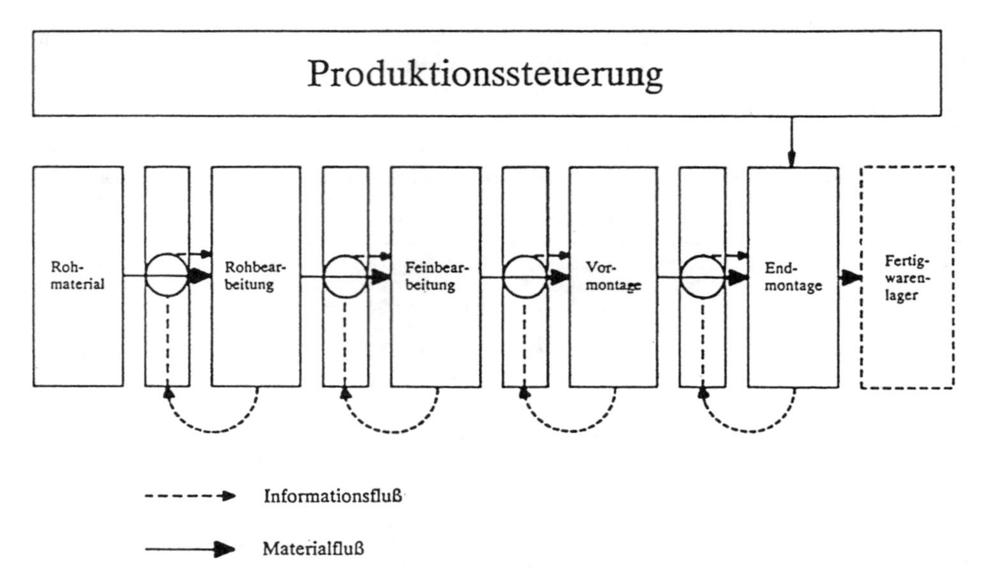

Bild 2-15 Das KANBAN-Regelkreissystem; Quelle: Wildemann, 1988

Als Informationsträger können ein

- Beleg (KANBAN-Karte),
- elektronisches Medium und
- Behälter mit Kennzeichnung der zugehörigen Teile

dienen. Bei kurzen Verbindungswegen leitet man den gleichbleibenden Informationsgehalt über die mit dem Behälter gekoppelten Pendelkarten weiter. Da hierbei die Informationsdurchlaufzeit in der Materialbereitstellung an die Transportzeit gebunden ist, kann bei größeren Transportentfernungen die Pendelkarte auch unabhängig vom Material übertragen werden.

Der Einsatz des KANBAN-Systems erscheint besonders wirtschaftlich, wenn eine wiederholte Fertigung gleicher Teile mit möglichst großer Verbrauchsstetigkeit vorliegt. Die Anwendung erfolgt daher häufig in der Großserien- und Massenfertigung. Aber auch bei der Fertigung in mittleren Seriengrößen kann die Verwendung von KANBAN vorteilhaft sein. Um eine möglichst transparente Beschaffungsdurchführung realisieren zu können, wird das KANBAN-Verfahren nur für eine begrenzte Anzahl von Teilen manuell wirtschaftlich einsetzbar sein. Eine DV-technische Unterstützung zur Steuerimpulsauslösung innerhalb der Abrufsystematik kann jedoch ein erweitertes Anwendungsfeld erschließen (vgl. Wildemann, 1984, S. 34 ff.).

Für die Beschaffung im Stunden- oder Tagesraster scheint danach das dezentrale Verbrauchssteuerungskonzept nach KANBAN-Prinzipien der idealtypischen informatorischen Direktkopplung von Quelle und Senke am nächsten zu kommen. Reduzierte Bestandsreichweiten und eine hohe Versorgungssicherheit lassen insbesondere für hochwertige Teile ein Rationalisierungspotential erwarten. Die Praxis zeigt, daß aber auch das Fortschrittszahlen-

Konzept oder rollierende Materialplanungssysteme, die auf der Basis von Kundenaufträgen zur Ermittlung der Bedarfe an Einzelteilen tägliche Auflösungen der Aufträge vornehmen, für eine effiziente Abwicklung der Beschaffung geeignet sind. Eine geringe Wertigkeit von Teilen legt den Einsatz des Bestellpunkt- oder Bestellrhythmusverfahren fest. Weniger genaue Planungsdaten können hier mit niedrigerem administrativen Aufwand gegenüber höheren Bevorratungskosten ökonomisch sinnvoller sein (vgl. Bild 2-16).

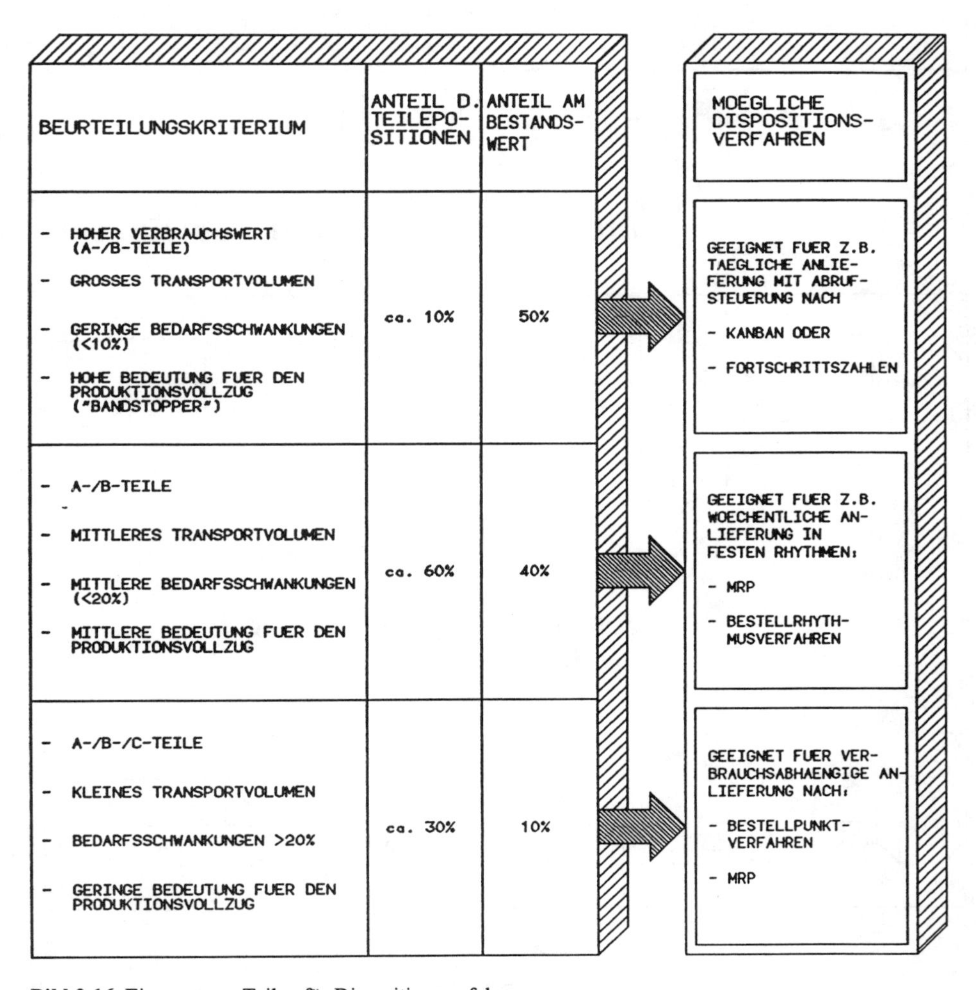

Bild 2-16 Eignung von Teilen für Dispositionsverfahren

Prozeßkette im Zugriff des Zulieferers

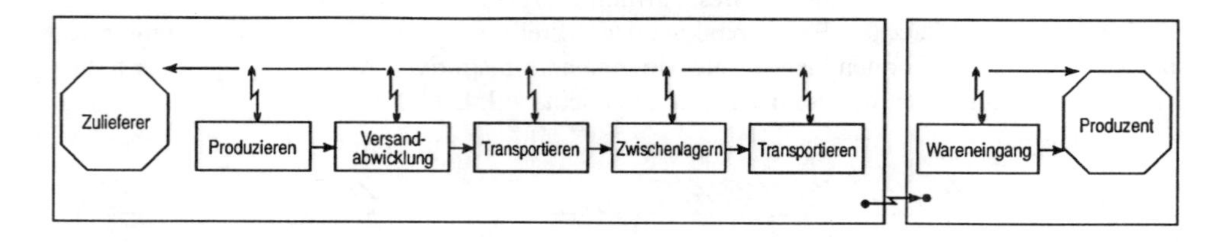

Prozeßkette im Zugriff des Kunden

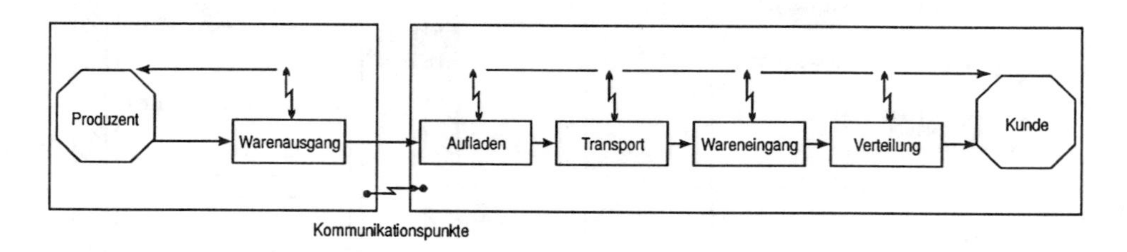

Verteilter Zugriff auf die Prozeßkettenelemente

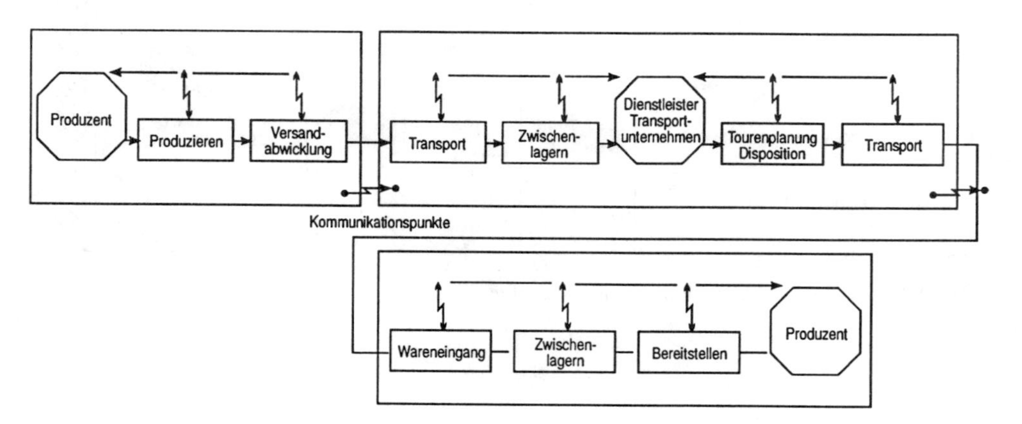

Bild 2-17 Alternative Verantwortungen im Materialfluß; Quelle: Kuhn

2.3.2 Materialflußgestaltung

Der Materialfluß zwischen Lieferant und Abnehmer ist in der Regel durch eine Vielzahl von Aktivitäten gekennzeichnet. Im Anschluß an die Produktion beim Lieferanten erfolgt eine Prüfung, bevor die Teile für die Bereitstellung verpackt werden. Dem Transport folgt die Wareneingangsprüfung sowie das Umpacken in die innerbetrieblich zu verwendenden Behälter beim Abnehmer. In dieser Form werden die Teile bis zum Abruf aus der Produktion bereitgestellt. Die Schnittstelle zwischen Lieferant und Endverbraucher ist im Idealfall so zu gestalten, daß eine Direktanlieferung ohne redundante Kontroll-, Umpack- und Lagerungsvorgänge ermöglicht wird.

Dafür notwendige Strukturen im Materialfluß bedingen zunächst die Wahl der geeigneten Bevorratungsebenen, die Gestaltung des Transportes und die Optimierung von Handling, Behältern und Leergut. Daneben erscheint eine Integration von Dienstleistungsunternehmen in das beschaffungslogistische Konzept sinnvoll, da diese zunehmend über die Transportleistung hinaus weitere logistische Funktionen wie Lagerung, Verpackung und Auftragsabwicklung anbieten. Durch die Ausführung dieser Funktionen von spezialisierten Unternehmen können organisatorische Konzepte implementiert werden, die zum einen eine Konzentration der Ressourcen im produzierenden Gewerbe auf die eigentliche Funktion und zum anderen die Unterstützung einer durchlaufzeit- und bestandsarmen Anlieferung ermöglichen.

Durch die unterschiedliche Aufteilung der Verantwortungen in den einzelnen Materialflußelementen entstehen drei Kategorien von möglichen Prozeßketten:

- Im Zugriff des Zulieferers,
- im Zugriff des Abnehmers und
- mit verteiltem Zugriff (vgl. Bild 2-17).

2.3.2.1 Bevorratungsebenen

Eine dem Idealfall entsprechende Identität von Produktionseinheit (Losgröße) beim Zulieferanten und Verbrauchseinheit (Losgröße) beim Abnehmer ist nur begrenzt realisierbar. Um notwendige Ausgleichsvorgänge in den Zwischenstufen für Bedarfsmengenabweichungen und Verbrauchszeitabweichungen ausführen zu können, ist eine definierte Lagerung der Teile notwendig.

In traditionellen Anlieferkonzepten erfolgt die Bevorratung der Teile bei Verfolgung der Strategie einer möglichst hohen Versorgungssicherheit und Unabhängigkeit vom Lieferanten in einem Lager beim Abnehmer. Gleichzeitig hält der Lieferant im Hinblick auf unsichere Bedarfsprognosen der Abnehmer und die Maximierung seines Lieferservices häufig zusätzliche Bestände der gleichen Teile vor. Die jeweiligen Bestandsreichweiten sind dabei in der Regel von einer individuellen Einzeloptimierung abhängig. In der Folge kommt es zur Bildung zweier unabhängig geplanter Sicherheitsbestände innerhalb einer Zulieferbeziehung. Um eine Gesamtbestandreduzierung zu erreichen, können auf der Basis einer kooperativen Abstimmung zwischen Lieferant und Abnehmer die Teile in nur einer Bevorratungsebene vorgehalten werden.

Alternativ ist dabei die Bevorratung:

- allein beim Zulieferer,
- allein beim Abnehmer oder
- in einem gemeinsamen Lager

denkbar. Im ersten Fall übernimmt der Lieferant vollständig die Bestandsverantwortung. Für den Abnehmer steht dem Vorteil der reduzierten Lagerkosten das Risiko einer mangelnden Versorgungssicherheit durch mögliche Unterlieferung oder Lieferunfähigkeit des Lieferanten bzw. zu späte Informationen darüber entgegen. Eine verbesserte Transparenz über die Versorgungssituation ist durch die Bevorratung beim Abnehmer zu erreichen. Dagegen zielt eine gemeinsam gesteuerte Bevorratungsebene darauf ab, die Vorteile der Versorgungstransparenz mit einer Verteilung der Lagerkosten zu kombinieren.

Die Bestimmung des Ortes und der Reichweite der Bevorratung erfolgt unter Gesichtspunkten der Transportoptimierung und der Versorgungssicherheit. Insbesondere bei mehreren dezentral angesiedelten Abnehmern eines Zulieferanten erscheint es im Hinblick auf eine distributionslogistische Optimierung sinnvoll, die Bevorratung beim Zulieferanten vorzunehmen. Dabei treten jedoch Risiken auf, die die Versorgungssicherheit des Abnehmers beeinträchtigen. So können z.B. die Qualitätsprobleme erst spät erkannt werden oder transportbedingte Unsicherheiten Versorgungsengpässe auftreten lassen. Die Einrichtung eines zusätzlichen dezentralen Lagers beim Abnehmer ermöglicht eine Verbesserung der Versorgungssicherheit, sie führt aber nicht zu einer Bestandsreduzierung. Bei der Verfolgung einer Flußoptimierungsstrategie, die auf möglichst kurze Vorlauf- und Materialdurchlaufzeiten abzielt, ist insbesondere bei der Einfachverwendung der Teile eine Bevorratung im räumlicher Nähe zum Verbraucher vorzuziehen. Damit kann auch bei niedrigen Bestandsreichweiten die Versorgungssicherheit verbessert werden. (Für die Gegenüberstellung von Vor- und Nachteilen einer zentralen oder dezentralen Lagerung vgl. Teller, 1981).

Eine Bevorratung beim Abnehmer kann

- dezentral unmittelbar in der Produktion oder
- außerhalb der Produktion in einem zentralen Lager

erfolgen. Als Entscheidungskriterien für die Alternativauswahl dienen insbesondere der erforderliche Raumbedarf für die Bevorratung und die Anzahl der Verbraucher pro Teil.

Dezentrale Bereitstellung innerhalb der Produktion

Ausgleichsvorgänge mit geringem Raumbedarf können unmittelbar an der Fertigungslinie oder am Montageband vorgenommen werden. Die Umgehung einer Bevorratungsebene zwischen der Produktion des Zulieferers und der des Abnehmers kommt damit dem Idealbild der JIT-Belieferung am nächsten. Als Einflußgrößen einer effizienten Realisierung dieser Direktanlieferung können im wesentlichen herangezogen werden:

- Verwendungshäufigkeit der Teile,
- Teilewertigkeit,
- Teilvolumen und -reichweite,
- Prognosegenauigkeit des Bedarfs und
- Ablauf der Eingangskontrolle.

Eine Einfachverwendung der Kaufteile kann als idealtypische Bedingung der Direktzulieferung gelten. Die Mehrfachverwendung bedingt zusätzliche ablauforganisatorische Maßnahmen. Die erforderliche Verteilfunktion kann dabei in einer zentralen Anlieferstelle in der Produktion oder vom Hauptverbraucher für die Nebenverbraucher ausgeführt werden. Darüberhinaus kann die Konzeption der externen Anlieferung eine zentrale Verteilfunktion vor der Bereitstellung in der Produktion erfordern. Dies ist der Fall, wenn ein Transportmittel für verschiedene Verbraucher Materialien anliefert und räumliche Gegebenheiten eine dezentrale Verteilung nicht zulassen (vgl. Pfohl, 1985, S. 5 f.).

Die idealtypische Direktanlieferung, und hier insbesondere eine montagetaktgebundene Anlieferung mit Bestandsreichweiten im Minuten- oder Stundenbereich, setzt Aufwendungen für die Abstimmung voraus, die durch Rationalisierungspotentiale gerechtfertigt werden müssen. Hierzu sind die Transportkosten für die höherfrequente Anlieferung kleinerer Mengen gegenüber den Einsparungen durch reduzierte Bestands-, Handlings- und Raumkosten sowie innerbetriebliche Transportzeiten zu bewerten. Danach erscheinen neben hochwertigen auch großvolumige Teile geeignet, die infolge der kurzen Reichweiten ein bedeutendes Raum- und Handlingspotential erschließen lassen. Dies ist insbesondere in der Automobilindustrie für z.B. Sitze und Stoßfänger realisiert.

Aufgrund der begrenzten Puffermöglichkeiten von Kaufteilen können Verbrauchsschwankungen nur bis zu einer definierten Höhe in der dezentralen Bevorratungsebene aufgefangen werden. Daher ist diese Form der Direktbelieferung vor allem bei Serienfertigung mit nahezu kontinuierlichem Bedarf der Teile einsetzbar.

Eine einschränkende Bedingung für die Direktanlieferung kann im Einzelfall durch die Vorgaben der Qualitätssicherung gegeben sein. Unproblematisch ist eine Direktanlieferung für Teile, die aufgrund von Qualitätsvereinbarungen mit den Zulieferanten keiner Wareneingangskontrolle unterliegen oder deren geringer Prüfaufwand eine dezentrale Kontrolle am Verbrauchsort erlaubt. Ebenso ist die Direktanlieferung für Teile denkbar, die nur eine Stichprobenkontrolle erforderlich machen. Die Stichproben können im Wareneingang entnommen und getrennt vom Hauptmaterialstrom zur Qualitätssicherung gelangen.

Bevorratung außerhalb der Produktion des Abnehmers

Die Vorteile einer zentralen Bevorratung können mit einer hohen Versorgungssicherheit kombiniert werden, wenn insbesondere die Kontroll-, Ein-/Auslagerungs- und Bereitstellvorgänge ablauforganisatorisch optimiert sind. Neben der traditionellen Möglichkeit einer zentralen Bevorratung in einem von Abnehmer autark betriebenen und wirtschaftlich getragenen Lager bestehen grundsätzlich zwei Varianten einer gemeinsam mit dem Zulieferer gesteuerten Bevorratungsebene, die in räumlicher Nähe zum Abnehmer liegen und in unterschiedlichem Maß Lagerfunktionen und -kosten auf externe Partner übertragen. In Abhängigkeit von einer angestrebten Kooperationsintensität und unter Berücksichtigung der mit einer engen Zusammenarbeit entstehenden Abhängigkeit beider Partner kann alternativ eine Entscheidung zwischen

- dem Konsignationslager und
- dem Vertragslager

getroffen werden.

Beim Konsignationslager untersteht die zu schaffende Bevorratungsebene der unmittelbaren Verfügungsgewalt des Abnehmers. Der Lieferant muß hierbei die Einhaltung eines bestimmten, zuvor definierten Mindestbestandes gewährleisten, so daß der Abnehmer je nach Bedarf die für die Fertigung notwendige Ware aus dem in lokaler Nähe zur Produktion befindlichen Lager entnehmen kann. Eingelagerte Materialien wurden im Kosignationslager bereits einer Qualitätsprüfung unterzogen und sind für den Abnehmer vollkommen transparent in der Bestandshöhe. Die Fakturierung erfolgt erst bei der Entnahme der Teile aus dem Lager (vgl. Sieber, 1981, S. 40) (vgl. Bild 2-18).

Abnehmer		**Zulieferant**
Vorteile	Nachteile	Vorteile
• Materialverfügbarkeit zu jeder Zeit in der benötigten Menge • Reduzierung der Transport-, Bestands- und Verwaltungskosten (z.B. durch Rechnungsstellung nur einmal im Monat und Lieferant, gleichzeitige Skontoausnutzung) • transparente und reduzierte Bestände • qualitätsgeprüfte Teile • vereinfachte Beschaffungsabwicklung	• längerfristige Bindung • Kosten für Versicherung gegen Diebstahl, Feuer, Wasser • Lagerraumkosten und -sicherung • mögliche Abnahmeverpflichtung	• Sicherung des Auftragsvolumens (Stammkunden) • Wettbewerbsvorteile durch längerfristige Kooperation • unabhängige Losgrößenfertigung • Transport- und Verpackungskostenreduzierung durch optimale Losgrößen • Einsparungen im Lagerraum und Verwaltung • vereinfachte Beschaffungsabwicklung

Bild 2-18 Die Vor- und Nachteile des Konsignationslagers; Quelle: Wildemann, 1988, JIT

Im Gegensatz zum Konsignationslager wird ein Vertragslager in räumlicher Nähe des Herstellers ein Lager erstellt, in dem die Lieferungen unterschiedlicher Zulieferunternehmen zusammenkommen, so daß eine direkte kurzfristige Belieferung an die Fertigungslinie beim Abnehmer in hoher Frequenz erfolgt. Der Lieferant kann verbrauchsentkoppelt produzieren und die gesamte Menge an das Vertragslager liefern. Die eingelagerte Ware verbleibt bis zur Anlieferung im Werk des Abnehmers im Eigentum der Zulieferer.

Da Lager- und Transportprozesse eng miteinander verknüpft sind, bietet es sich an, die Lagerfunktion dem Träger der Transportfunktion zu überantworten. Wird der Transport von Speditionsunternehmen ausgeführt, bedeutet die Übertragung der Lagerfunktion eine Verschiebung der Bestandsverantwortung auf einen dritten Partner und hat damit Konsequenzen sowohl in juristischer als auch in wirtschaftlicher Hinsicht.

Der legale Aspekt beleuchtet insbesondere die Frage nach dem Eigentumsübergang und damit nach der rechtlichen Grundlage für Zahlungsansprüche seitens des Zulieferanten. Aus ökonomischer Sicht sind in Verhandlungen vor allem Fragen nach der Verteilung der Lagerkosten und Bestandsverantwortung sowie nach der Bestimmung des Fakturierzeitpunktes zu beantworten (vgl. Bild 2-19).

Spediteur	Abnehmer	Zulieferer
★ stabile Preise - Termin - Transportvolumen	★ Reduzierte Bestände verringertes Inventurrisiko	★ Verringerung des Logistikaufwandes für Lagerung
★ enger Kontakt zwischen Abnehmer und Zulieferern	★ geregelte Rückführung von Leergut	★ einfachere Vereinbarung des Bereitstellungzeitpunktes für den Spediteur
★ Wegoptimierung	★ vereinfachter Wareneingang	★ höhere Terminpünktlichkeit
★ sichere Zahlungseingänge	★ automatisierte Datenverarbeitung	★ geregelte Rückführung von Leergut
★ verringerte Akquisitionsaufwendungen	★ einfachere Terminsteuerung	★ Verlagerung des Transportrisikos
★ festgelegte Aufgabenbereiche	★ Verlagerung von Routinefunktionen	★ optimale Fertigungslosgröße
★ Übernahme von zusätzlichen Funktionen	★ geringere Transportkosten	★ optimierte Transportkosten
★ hohe Kapazitätsauslastung	★ Verringerung des Logistikaufwandes für Lagerung und Wareneingang	★ verbesserte Wettbewerbsfähigkeit
★ verbesserte Wettbewerbsfähigkeit	★ verbesserte Teileverfügbarkeit und Transparenz	

Bild 2-19 Die Vorteile des Speditionslagerkonzeptes; Quelle: Wildemann, 1988, S. 110

2.3.2.2 Transportkonzept

Durch die Einrichtung flexibler organisatorischer Werkzeuge zur Unterstützung der Abläufe im Material- und Informationsfluß werden in der Beschaffung zunehmend kleinere Beschaffungslosgrößen definiert. Reduzierte zyklusabhängige Wiederbeschaffungszeiten sowie geringere und transparentere Bestände sind die Folge. Damit nimmt jedoch gleichzeitig das Risiko verstärkter Auswirkungen möglicher Transportzeitabweichungen von geplanten Terminen zu. Ebenso sind erhöhte Transportkosten für die häufigere Anlieferung kleinerer Mengen zu erwarten. Um zum einen geringe Transportzeiten realisieren zu können und zum anderen die Transportkosten zu begrenzen, erscheinen Lieferanten in räumlicher Nähe zum Abnehmer für die JIT-Anlieferung besser geeignet. Häufig kann das Zulieferangebot in näheren Regionen den Bedarf jedoch nicht decken, so daß größere Entfernungen zugelassen werden müssen. In diesem Fall erscheinen Kooperationskonzepte mit Speditionsunternehmen geeignet, um dennoch hochfrequente Anlieferungsformen mit ausreichender Sicherheit zu gewährleisten (vgl. Ansari, 1984, S. 51, und Hall, 1987, S. 236).

Eine optimale Kapazitätsauslastung der für jedes dieser Konzepte erforderliche Transportmittel liegt vor, wenn das Mengengerüst zwischen einen Lieferanten und einen Abnehmer Komplettladungen zuläßt. Damit sind gleichzeitig aufgrund der volumen- bzw. gewichtsmäßige Staffelung der Tarifbedingungen optimale Transportkosten erreichbar. Diese Idealkonstellation der Beschaffungssituation ist häufig nicht vorhanden. Die Anlieferung kleinerer Mengen führt zwangsläufig zu einer Erhöhung der beim Abnehmer abzufertigenden Transportmittel. Diesem Effekt ist durch eine Sammelfunktion von Teilladungen außerhalb des Werkgeländes des Abnehmers vorzubeugen. Dabei vermag die Sammlung in unmittelbare Nähe zum Abnehmer jedoch lediglich die Wareneingangsbelastung zu reduzieren. Die mit dem Transport kleinerer Mengen in höherer Frequenz verbundene Transportkostensteigerung kann dagegen mit der Lokalisierung der Sammelfunktion in der Nähe der Zulieferanten aufgefangen werden (vgl. Ihde, 1984, S. 95 und S. 220 f.).

Diese Darstellung läßt sich auf das Prinzip der „gebrochenen" Transportkette in der Kooperation zwischen Zulieferer, Spediteur und Abnehmer zurückführen, die durch eine Verknüpfung von Einzelsendungen zu Sammelsendungen zwischen Versand- und Empfangsspedition gekennzeichnet ist. Die zentral lokalisierten Versandspediteure sammeln danach im Nahverkehrsbereich das Transportaufkommen und verladen die Komplettladung (auch im kombinierten Verkehr) an die Empfangsspediteure. Diese übernehmen die Verteilung aus ihrer zentralen Lage wiederum im Nahverkehrsbereich. Den Kostenvorteilen einer verbesserten Kapazitätsauslastung für den Transportabschnitt zwischen Versand- und Empfangsspediteur (Hauptablauf) stehen jedoch schnittstellenbedingte Problemzonen gegenüber, die einer Behandlung durch die engere Zusammenarbeit von Verladern und Spediteuren bedürfen (vgl. Bretzke, 1987, S. 61, und Pfohl, 1985, S. 152 ff.)

Überträgt man die Vorgehensweise auf individuelle Anwendungen in der Beschaffung, so kann das Beschaffungsvolumen eines Abnehmers dem o.g. Transportaufkommen in einem begrenzten Gebiet entsprechen. Die Sammelfunktion kann dann, bezogen auf den Bedarf des Abnehmers, in einer definierten Region mit einer größeren Anzahl an Zulieferanten erfolgen. Die Bündelung der Einzelsendungen in diesem Gebietsspediteurkonzept zielt auf Komplettladungen für den Transport zum Abnehmer über die große Distanz ab. In Abhängigkeit vom Bedarfsvolumen pro Periode kann ein täglicher Sammeltransport durchgeführt werden. Niedrigere Frequenzen infolge geringeren Transportvolumens pro Zeiteinheit bewirken die Notwendigkeit, größere Bestandsreichweiten u.a. am Zyklus dieser Anliefererfrequenz zu orientieren. Die Einteilung von Gebietsspediteurzonen liegen industrielle Ballungszentren zugrunde. Für die Sammelfunktion innerhalb der Gebiete kann der Gebietsspediteur selbst eintreten. Ebenso können vom Zulieferanten oder vom Gebietsspediteur hierzu kleinere Speditionsunternehmen beauftragt werden (vgl. Parbel, 1981, S. 11).

2.3.2.3 Behälter-, Handling- und Leergut-Optimierung

Für die logistische Optimierung von Behältern werden in der Regel vordringlich die Funktion des Schutzes, der Lagerung, des Transportes, der Manipulation und der Information betrachtet. Aufwendungen für das Umpacken von Teilen aufgrund der Verwendung unterschiedlicher Behälter in der Transportkette werden vermieden bzw. begrenzt werden, wenn einheitliche und mehrfach verwendbare Behälter zum Einsatz kommen. Die Vorhaltung einer Mindestmenge an kapital- und raumbindendem Leergut wird reduziert. Darüberhinaus ermöglichen kleine Behälter einen manuellen Transport ohne technische Einrichtungen. Dies gilt insbesondere für die Behälter, die in der Produktion bereitgestellt werden sollen. Eine Kumulierung mehrerer kleiner Behälter (auch mit unterschiedlichen Teilen) auf einer Palette erleichtert das Handling für den außerbetrieblichen Transport (vgl. Hall, 1987, S. 239).

Der damit gleichzeitig entstehenden Entlastung des Wareneingangs (der in der Regel den obengenannten Umpackvorgang vornimmt) steht der Aufwand für die Rückführung des Leergutes an den Lieferanten zur Wiederverwendung gegenüber. Zerlegbare Behälter können zwar das Leervolumen auf ein Minimum reduzieren und damit auch den Rücktransport rentabel gestalten, bedürfen aber auch Handling für die Demontage. Darüberhinaus ermöglicht die Verwendung standardisierter Behälter, die jeweils fest definierte Mengen pro Produkt enthalten, eine vereinfachte Erfassung der Anliefermenge. Die Überprüfung einer vollständigen Auslastung des Behälters läßt in Verbindung mit der Anzahl an Behältern eine optische Bestandskontrolle zu und reduziert die Fehlerhäufigkeit bei der Erfassung. Gleichzeitig ist mit der Verwendung kleinerer Behälter eine Verbesserung ihrer Ordnungsfunktion durch z.B. eine auftragsbezogene Einlagerung möglich. Insbesondere die einheitliche Kennzeichnung der Behälterinhalte z.B. durch Barcodes erleichtert die computerunterstützte Identifizierung der Ware.

Nicht standardisierte Behälter können aus Transportsicherheitsgründen Mengen enthalten, die von der Anliefermenge abweichen. Die in der Regel aufwendige Bearbeitung solcher Über- oder Unterlieferungen kann vermieden werden, wenn die Behälter entsprechend einer minimalen Anliefermenge dimensioniert und größere Anliefermengen durch die Verwendung mehrerer Behälter bewältigt werden können. Diese detaillierte Form der Behälterabstimmung wird jedoch nur in Einzelfällen realisierbar sein.

Durch Interdependenzen der Behältersystematik zu den logistischen Funktionen Transport und Bevorratung ist bei ihrer Festlegung insbesondere auf damit zusammenhängende logistische Einzelkonzepte (z.B. Materialflußtechnologien) Bezug zu nehmen, damit eine integriertes Gesamtkonzept entsteht. Für die Gestaltung der internen Bereitstellung ist darüberhinaus die Definition fester Bereitstellflächen für die Behälter in der Produktion erforderlich. Durch Markierungen oder räumliche Begrenzungen ist eine optische Bestandskontrolle nach Mindest- und/oder Maximalbeständen realisierbar, wenn gewährleistet ist, daß jeder Behälter exakt die vorbestimmte Quantität der Teile aufnehmen kann (vgl. Ansari, 1984, S. 60 f.; Hall, 1987, S. 239 f.; Wildemann, 1988, S. 100 f.).

2.3.2.4 Qualitätssicherungsmaßnahmen

Eine unmittelbare Anlieferung von Kaufteilen an den Verbraucher setzt die organisatorische Regelung der Qualitätssicherung voraus. Die traditionelle Kontrolle der Kaufteile beim Abnehmer bedeutet einen Vorgang, der zum einen den Materialfluß behindert und zum anderen häufig zu analogen Prüfungen beim Zulieferant redundant ist. Die produktionssynchrone Beschaffung zielt insbesondere darauf ab, Qualitätssicherungsfunktionen auf den Zulieferanten zu übertragen. Damit wird die Verantwortung für die Qualität der Teile nach dem Prinzip der Selbstkontrolle an die produzierenden Einheiten verlagert (vgl. Bild 2-20). Dort können Fehler schneller erkannt und Folgeschäden frühzeitiger verhindert werden. Vorteile resultieren damit aus der schwerpunktmäßigen Reduzierung von Fehlerfolgekosten und Ausschußkosten. Häufig aufwendige Abwicklungsvorgänge für Reklamationen, Rücksendungen und Nacharbeit entfallen. Gleichzeitig ermöglicht eine auf dem Vertrauen des Abnehmers bezüglich der Einhaltung qualitativer Zustandsgrößen beruhende enge Zusammenarbeit die Umgehung der Wareneingangskontrolle (vgl. Hilken, 1986, S. 570).

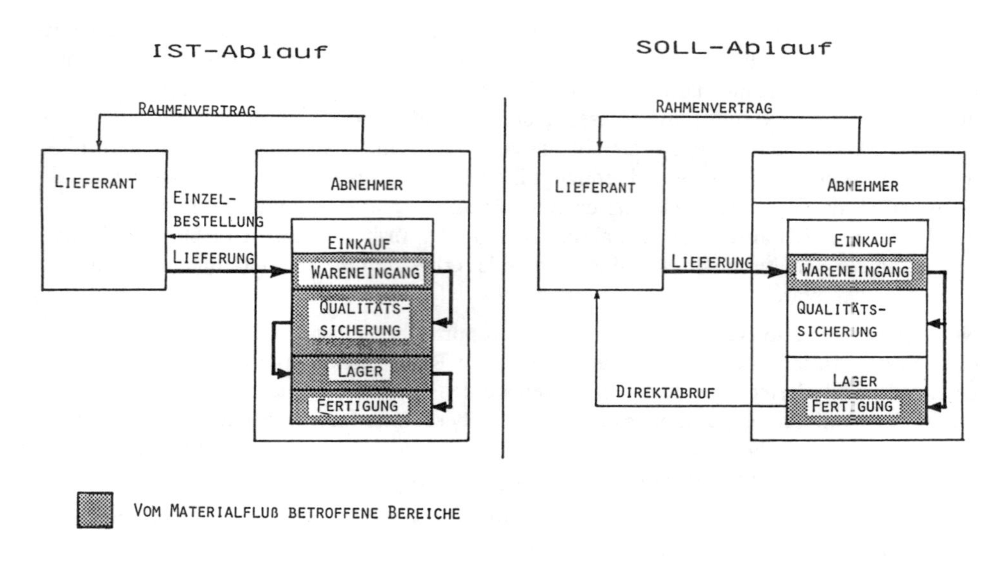

Bild 2-20 Materialfluß – Direktanlieferung

2.3.3 Einbindung von Speditionsunternehmen

Nicht nur die bereits erwähnten Lager- und Transportleistungen gehören in modernen Logistikkonzepten zum Aufgabenpaket von Speditionsunternehmen. Ihr Wandel zu Dienstleistungsunternehmen hat die für die Abnehmer vorteilhafte Lösung erschlossen, durch den Betrieb eines Vertragslagers unter ihrer Leitung mehrere dezentrale Lager des Abnehmers zu ersetzen. Ihre günstigeren Betriebskosten aufgrund geringerer Tariflöhne gegenüber beispielsweise dem Metallgewerbe ermöglicht sowohl kürzere Amortisationszeiten für Investitionen als auch das Angebot eines kostengünstigeren Dienstleistungsapparates für die Auftragsabwicklung.

Während traditionell der Spediteur als externer Erfüllungsgehilfe fungiert und eine unmittelbare Verknüpfung von Zulieferant und Abnehmer existiert, kann der „Logistik-Dienstleister" fest in den Informationsfluß integriert werden. Damit gehen Aufgabenpakete, aber auch Verantwortlichkeiten für die Versorgungssicherheit des Abnehmers zumindest partiell auf den Dienstleister über.

Grundlage für die Entscheidung über den Bezug logistischer Dienstleistungen sind Auswahlkriterien zur Beurteilung kooperationsfähiger Logistikunternehmen. Dabei unterscheidet man in der Kooperationsform nach einer horizontalen und einer vertikalen Ausrichtung. In Bezug auf Logistikleistungen anbietende Speditionsunternehmen läßt sich eine horizontale Kooperation als Zusammenschluß mehrerer Spediteure zu einem flächen- und leistungsabdeckenden Verbund mit dem Ziel der Leistungsverbesserung des Einzelnen darstellen (vgl. Bild 2-21). Diese qualitativ und quantitativ mögliche Angebotserweiterung dient der Verbesserung der vertikalen Kooperation zwischen Spediteuren und Verladern. (vgl. Pfohl, Kleer, 1986, S. 4 f.).

1. Beschränkung auf möglichst nur einen Lieferanten logistischer Dienstleistungen

2. Einbindung der Spedition in den Rahmenauftrag mit verbrauchsgesteuertem Abruf zwischen Zulieferer und Abnehmer

3. Exakte Lieferzeit- und Empfangsvorgaben

4. Direkte Information und Kommunikation zwischen Zulieferer und Spedition und der verbrauchenden Stelle

5. Höchste Verläßlichkeit hinsichtlich Qualität logistischer Leistungen

6. Vorgabe des Ablieferungszeitpunktes durch den Abnehmer

Bild 2-21 Bedingungen für einen effizienten Speditionseinsatz

Aus der Sicht von Speditionsunternehmen unterstützen marktwirtschaftliche Entwicklungstendenzen die Bereitschaft zur engeren Verknüpfung mit Verladern. Für die Gestaltung der Produktpalette im Dienstleistungsbereich resultiert die Notwendigkeit, sich weniger am Preis für die Transportleistung als vielmehr an der Serviceleistung zu orientieren. Zieht man die Wahrscheinlichkeit einer Fehlleistung und die damit entstehenden Folgekosten ins Kalkül, so lassen sich Handlungsalternativen sowohl unter dem Preis- als auch dem Zuverlässigkeitsaspekt vergleichen. Die Analyse von Fehlleistungsfolgekosten aufgrund einer unplanmäßigen Transportabwicklung oder fehlerhafter Ausführung unterstützender Funktionen ermöglicht dann die Einbeziehung von externen Materialflußstörungen in Transportkostenkalkulationen.

Die diesem Konzept zugrundeliegende Zentralisierung von Versorgungs- und Transporteinrichtungen soll gewährleisten, daß die Fixkosten individueller Systeme durch Zusammenziehen mehrerer Zulieferer und Abnehmer einen effizienten Mengendegressionseffekt erreichen können und somit per Einheit kostengünstiger sind. Die hohe Fixkostenintensität bei integrierten Individuallösungen kann jedoch insbesondere in der Einführungsphase Anlaufverluste herbeiführen, die erst mit der Sicherung eines für die Erreichung des „Break-even-point" erforderlichen Marktanteiles kompensiert werden können (vgl. Bretzke, 1987, S. 59 ff.).

So ist es denkbar, daß ein Gebietsspediteur für mehrere Zulieferunternehmen in seiner Region die Lagerhaltung übernimmt und daraus verschiedene Abnehmer mit den jeweils benötigten Materialien versorgt. Die Auslastung von Lagerkapazitäten kann das Speditionsunternehmen durch Varianz der betreuten Kundenanzahl optimieren. Dies führt bei produzierenden Unternehmen mit selten voll ausgelasteten Lagern und der nicht unternehmenszielkonformen

Lageraufgabe zu einer Entlastung. Gleichzeitig kann die Mengenausgleichsfunktion für Teile mit unregelmäßigem Verbrauch an den Spediteur übergehen. Aufgrund kurzer Entfernungen können auch für diese Teile kurze Anlieferungszeiten gewährleistet werden.

Grundlage für die stärkere Einbindung des Spediteurs in die Beschaffungsabwicklung ist die verstärkte Integration in den Informationsfluß. Damit erhält der Spediteur den Status einer Datenstation für alle für die Beschaffung erforderlichen Informationen. Um ein großes Datenvolumen für z.B. Lieferabrufe, Lieferavis, Bestände oder Abrechnungen jederzeit verfügbar machen zu können, kann zum Abnehmer hin eine datentechnische Verbindung über eine DV-Anlage wirtschaftlich realisierbar sein. Dies gilt jedoch häufig nicht für die Verbindung zwischen kleinen Zulieferanten und Abnehmern. Eine aufwendige informationstechnische Verbindung erscheint hier aufgrund einer nur sporadischen und zeitlich begrenzten Inanspruchnahme nicht gerechtfertigt. Alle statt dessen auch bei diesen Zulieferunternehmen verfügbaren Kommunikationstechnologien können vom Speditionsunternehmen wirtschaftlich parallel zu DV-technischen Systemen durch den bundesweiten Verbund mit universellen Text- und Datenkommunikationsmedien in horizontalen Kooperationsformen wie z.B. GEMID oder LOG-SPED angeboten werden. Ziel hierbei ist es, dem Speditionsunternehmen eine Erweiterung seines traditionellen Aufgabenumfangs um kommunikative Leistungen insbesondere für Versand-, Bestands- und Zustandsdaten zu ermöglichen (vgl. Pfohl, Kleer, 1986, S. 5).

Eine direkte DV-Verbindung zwischen Spediteur und Abnehmer gewährleistet die regelmäßige (z.B. tägliche) Übermittlung von Sammelbestellungen für alle in einem Gebiet ansässigen Zulieferer. Der Spediteur übernimmt die Verteilfunktion über die beim Zulieferanten verfügbaren Medien in Anlehnung an vorhandene Bestandsreichweiten und abgestimmte Vorlaufzeiten. Mit einem DFÜ-Abruf der Teile beim Spediteur läßt sich auch bei weniger kontinuierlich verbrauchten Teilen und geringerer Reaktionsfähigkeit der Lieferanten eine JIT-Anlieferung erreichen. Kürzere Informationsdurchlaufzeiten sind insbesondere durch eine zeitlich parallele Lieferabrufübertragung an Spedition und Zulieferunternehmen zu erreichen. Durch die dem Abnehmer angebotenen Informationstechnologien finden auch kleinere Zulieferunternehmen im Lieferverbund mit größeren Wettbewerbern Berücksichtigung.

Vertikale Kooperationen zwischen Abnehmern und Speditionsunternehmen können sowohl bei zentraler Bevorratung als auch dezentraler Anlieferung auftreten. Dezentrale Direktanlieferungsformen setzen in der Regel ein hohes Maß an Abstimmung des Produktionsbedarfes mit den versorgungssichernden Einheiten bei Zulieferanten und Spediteuren voraus. Dabei werden Lieferabruf- und Transportvorgänge dem häufig taktgebundenen Produktionsplan des Abnehmers unterworfen. Die Ausführung des zeitlich exakt eingeplanten Distanzausgleichs geht von einer vorwiegend lagerlosen Gestaltung der Versorgung aus. Damit verbleibt in Fällen einer dezentralen Anlieferung nur relativ geringer Gestaltungsspielraum für die Kooperationsintensität zwischen Produzierenden einerseits und Logistik-Unternehmen andererseits. In stärkerem Maß kann bei einer zentralisierten Anlieferung das Leistungsspektrum von Speditionsunternehmen genutzt werden. Neben die traditionelle Transportfunktion und die o.g. Funktion der Lagerhaltung im Speditionslager können auch die logistischen Funktionen der Bestandsführung und der Wareneingangskontrolle, der Kommissionierung und der Auftragsabwicklung (Planung und Kontrolle logistischer Aufgaben) treten (vgl. Pfohl, Krass, 1981, S. 9).

Als wesentliches Kriterium für die Darstellungen unterschiedlicher Kooperationsintensitäten gilt die Anzahl an Schnittstellen und deren Steuerung durch den Spediteur. So führt eine zentrale Bevorratung zu einer Aufspaltung des gesamten Transportes in einen Anliefertransport zwischen Zulieferer und Zentrallager sowie einem innerbetrieblichen Bereitstelltransport zwischen dem Lager und dem Verbraucher. Das Zentrallager kann hierbei die Voraussetzung der Verteilmöglichkeit für Anlieferungen nach dem Gebietsspediteurkonzept erfüllen. Analog zur Aufteilung des Transportes sind die in der Funktion der Auftragsabwicklung implizierten Steuerungsimpulse der Materialströme intern und extern zu unterscheiden.

Gemäß diesen Kriterien lassen sich fünf Stufen der Kooperationsintensität unterscheiden (vgl. Bild 2-22) (vgl. Pfohl, Krass, 1981, S. 10 ff.).

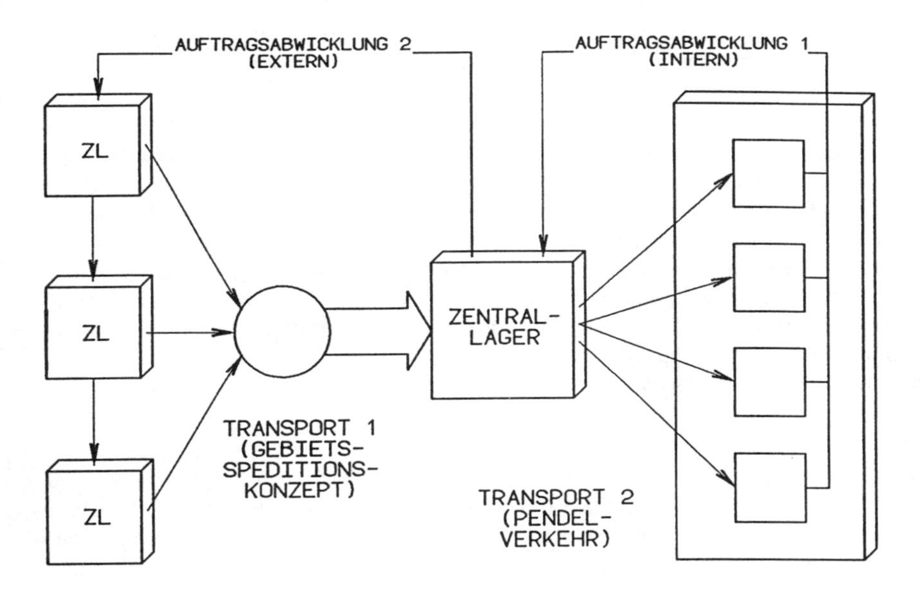

STUFE	AN DEN SPEDITEUR UEBERTRAGENE LOGISTISCHE FUNKTIONEN	KOOPERAT-TIONSIN-TENSITAET
1.	TRANSPORT1	
2.	TRANSPORT1 + AUFTRAGSABW.2	
3.	TRANSPORT1 + AUFTRAGSABW.2 + ZENTRALLAGER	
4.	TRANSPORT1 + AUFTRAGSABW.2 + ZENTRALLAGER + TRANSPORT2	
5.	TRANSPORT1 + AUFTRAGSABW.2 + ZENTRALLAGER + TRANSPORT2 + AUFTRAGSABW.1	

Bild 2-22 Kooperationsintensität zwischen Abnehmer und Spediteur

1. Stufe :

Man kann davon ausgehen, daß die Einführung des Gebietsspediteurkonzeptes nach der traditionellen Form der Zusammenarbeit, die keine verladerspezifischen Anlieferungsmechanismen vorsieht, die erste Stufe der Kooperationsintensität zwischen Abnehmern und Spediteuren darstellt. Durch die Festlegung zeitlicher Sammel- und Anlieferzyklen kann ein sich periodisch wiederholender Beschaffungsvorgang ausgelöst werden, der keinen Impuls des Abnehmers an den Spediteur erfordert. Dies ist jedoch nur bei hoher Verbrauchskontinuität eines Teilespektrums von verschiedenen Zulieferern innerhalb eines Gebietes realisierbar. Meist wird der Transportbedarf durch den Lieferabruf vom Abnehmer an den Zulieferanten bestimmt. Der Gebietsspediteur kann in diesem Fall von den Zulieferanten Informationen erhalten. Um Informationsdurchlaufzeiten reduzieren zu können, erscheint dagegen eine parallele Information des Spediteurs über die Lieferabrufe und die damit festgelegten Zeiten und Orte für Abholfahrten gegenüber der traditionellen Form sinnvoll.

2. Stufe :

In einer 2. Stufe der Kooperationsintensität ist eine Übertragung der Lieferabrufe als Sammelabruf vom Abnehmer an den Gebietsspediteur denkbar. Dieser übernimmt die Verteilfunktion der Lieferabrufe an die Zulieferer und ist damit partiell in die Auftragsabwicklung zwischen Zulieferant und Abnehmer integriert. Der Umfang der übertragbaren Aufragsabwicklungsfunktionen kann sich hierbei von der reinen Auftragsabwicklung über die Funktion der Auftragsverfolgung, der Bestätigung, der papiermäßigen Abwicklung bis hin zu Fakturierungsvorgängen erstrecken. Damit wird gleichzeitig die Übertragung von Befugnissen an den Spediteur erforderlich, die mit einer partiellen Verantwortung für die Versorgungssicherheit im Rahmen der Abwicklungsfunktion einhergeht.

3. Stufe:

Durch die zusätzliche Einrichtung eines Vertragslagers in der Verantwortung des Spediteurs kann der Abnehmer in einer 3. Stufe die Aufgaben der Warenannahme, Sichtkontrolle, Lagerung, Bestandsführung und Kommissionierung für verschiedene Verbraucher fremd vergeben. Lieferabrufe werden auch hier als Sammelabruf vom Abnehmer an den Spediteur und von dort nach Vereinzelung an die Lieferanten gesandt. Da die Lagerfunktionen im Hinblick auf die Vorteile des zentralen Speditionslagers vollständig an den Spediteur übertragen wird, sind organisatorische Regelungen für die Bereitstellung der Materialien aus dem Lager in die Produktion zu treffen.

Diese Regelungen umfassen insbesondere Modifikationen, die sich aus der Umstellung von dem bisher autark vom Abnehmer betriebenen und meist in unmittelbarer Produktionsnähe befindlichen Zentrallager in ein Speditionslager ergeben. Damit ist die Beibehaltung einfacher und übersichtlicher Verfahren des Lagerteilabrufes z.B. mit Pendelkarten anzustreben. Für die Überbrückung der Distanz zwischen Teileverbrauchsort und Speditionslager ist die Eignung bisheriger Transportmittel zu überprüfen. Dabei ist zu berücksichtigen, daß der Transport (intern) zwischen dem Speditionslager und der Produktion mit einer veränderten Sendungsstruktur gegenüber den Transport (extern) zwischen Zulieferant und Lager erfolgt.

4. Stufe:

Die Einrichtung fester Transportrhythmen (z.B. stündlich) für das in bestimmten JIT-Anbindungen hochfrequente Transportaufkommen kann zur Reduzierung der Auslagerzeit und damit der erforderlichen Sicherheitsbestände in der Produktion führen. Für die Übertragung der Lagerfunktion ist darüber hinaus zu beachten, daß Schnittstellen der Materialflußtechnologien eindeutig definiert werden. Um erhöhten Handlingsaufwand zu vermeiden, sind einheitliche Behälter zu verwenden. Zur Bereinigung der Schnittstellenprobleme geht die interne Transportfunktion ebenfalls auf den Spediteur über.

5. Stufe:

Die höchste Stufe der Kooperationsintensität wird erreicht, wenn über die bisher dargestellten Funktionsverlagerungen hinaus auch die Lieferabrufe vom Spediteur induziert werden. Durch die Integration der logistischen Funktionen zwischen dem Speditionslager und den Produktionsstätten kann ein installiertes Steuerungs- und Regelsystem zu einer sicheren und kontinuierlichen Versorgung der Produktion beitragen. Innerhalb des Lagers führt der Spediteur die Bestandsverwaltung und Bestandskontrolle aus. Der Abgleich der Bestände mit dem in der Produktion des Abnehmers auftretenden Materialbedarfs ermöglicht die Verlagerung der Dispositionsfunktion zum Spediteur. Dieser trägt damit die Verantwortung für die Verfügbarkeit der nachgefragten Mengen zu jedem Zeitpunkt.

Die hier aufgezeigten Kooperationsformen gehen von einer Übertragung logistischer Funktionen an den Spediteur aus, deren Zunahme parallel zu einer engeren Verknüpfung mit dem Produktionsgeschehen des Abnehmers verläuft. In Abweichung von diesem nur eine Intregrationsrichtung berücksichtigenden Vorgehens sind Modifikationen in der Reihenfolge der in jedem Schritt beigefügten Additive denkbar. So kann z.B. auch in der 2. Stufe zunächst die Lagerfunktion an den Spediteur übertragen werden, bevor in der dritten oder erst in der vierten Stufe Lieferabrufe vom Spediteur zu Zulieferanten weitergeleitet werden. Die Ausführung der Auftragsabwicklung durch das Speditionsunternehmen kann die Möglichkeit erschließen, auch eine Bevorratungsebene des Zulieferanten vom Spediteur führen zu lassen.

Bild 2-23 zeigt die Gestaltungsmöglichkeiten des Materialflusses in der Zusammenfassung. Auf der Basis der Zielfunktion

Produktionsmenge =

Ablieferungsmenge =

Anlieferungsmenge =

Verbrauchsmenge

werden mögliche Ungleichungen aufgestellt und einzeln in ihren Auswirkungen auf die oben beschriebenen Aspekte betrachtet.

Materialfluß - Modelle (externe Anlieferung)								
Zielfunktion: Produktionsmenge P = Ablieferungsmenge A_1 = Anlieferungsmenge A_2 = Verbrauchsmenge V								
	Primäreffekt		Sekundäreffekte					Symbolik
			Anlief.-konzept		WE - Funktion			
Funktionsrelation	Lagerungswirkung	Lagermodell	kompl.-Ladung	Gebietsspediteur	zentral	dezentral	Kooperationsintensität mit Spediteuren	Lieferant Spediteur Abnehmer
1. $P > A_1$ $A_1 > A_2$ $A_2 > V$	- Lagerung beim Zulieferer - Lagerung beim Spediteur - Lagerung beim Abnehmer	- Auslieferungslager - Umschlaglager - Zentrallager			●		Distanzausgleich	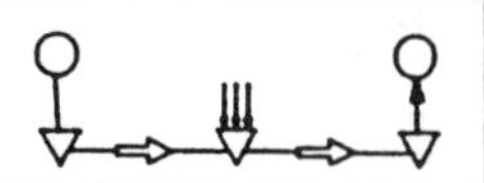
2. $P > A_1$ $A_1 = A_2$ $A_2 > V$	- Lagerung beim Zulieferer - Direktlieferung - Lagerung beim Abnehmer	- Auslieferungslager - - - Zentrallager	●		●		periodischer Streckentransport	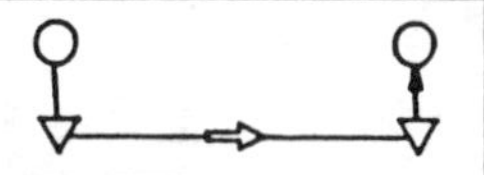
3. $P > A_1$ $A_1 > A_2$ $A_2 = V$	- Lagerung beim Zulieferer - Lagerung beim Spediteur - Direktanlieferung	- Auslieferungslager - beschränktes Speditionslager - -		●	[●]	[●]	Abnehmer - Bestandsverantwortung	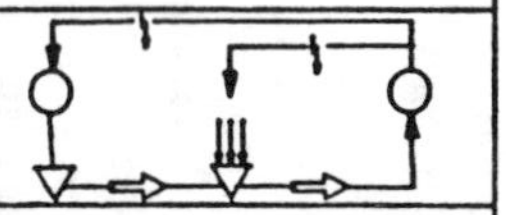
4. $P = A$ $A_1 > A_2$ $A_2 > V$	- Direktablieferung - Lagerung beim Spediteur - Lagerung beim Abnehmer	- - - Umschlaglager - Konsignationslager		●	●		gering, da Bevorratung beim Abnehmer nachgestaltet	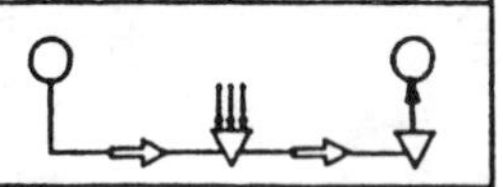
5. $P = A_1$ $A_1 = A_2$ $A_2 > V$	- Direktablieferung - Direktlieferung - Lagerung beim Abnehmer	- - - - - Konsignationslager	●		●		periodischer Streckentransport	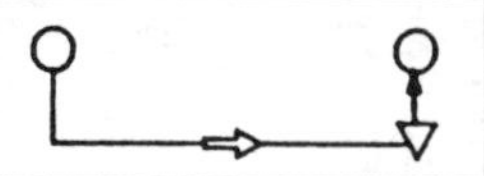
6. $P = A_1$ $A_1 > A_2$ $A_2 = V$	- Direktablieferung - Lagerung beim Spediteur - Direktanlieferung	- - - Speditionslager - -	●	●	●		Auftragsabwicklung vom Abnehmer bis zum Zulieferer. Alleinige Bestandsverantwortung beim Spediteur	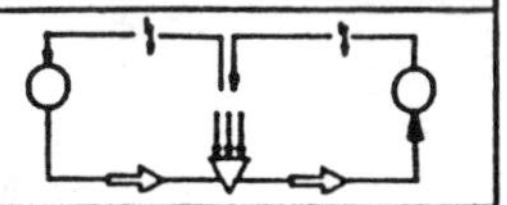
7. $P > A_1$ $A_1 = A_2$ $A_2 = V$	- Lagerung beim Zulieferanten - Direktlieferung - Direktanlieferung	- Auslieferungslager - - - -	●		[●]	[●]	periodischer Streckentransport	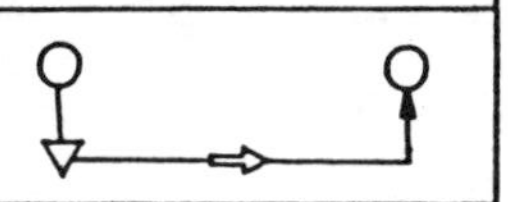
8. $P = A_1$ $A_1 = A_2$ $A_2 = V$	- Direktablieferung - Direktlieferung - Direktanlieferung	- - - - - -	●		●	●	periodischer Streckentransport	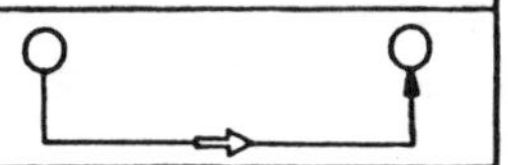

Bild 2-23 Die Modelle des Materialflusses

Literaturverzeichnis zu Kapitel 2:

Anderson, A.: Cars and Competition: Manufactoring Strategies, Chicago, Illinois, 1985.

Ansari, A.: An Empirical Examination of the Implementation of Japanese Just-In-Time Purchasing Practices and its Impact on Product Quality and Productivity in U.S. Firms, Diss., Nebraska-Lincoln, 1984

Arnold, U.: Strategische Beschaffungspolitik, Steuerung und Kontrolle strategischer Beschaffungssysteme von Unternehmen, in: Europäische Hochschulschriften, Reihe V, Volks- und Betriebswirtschaft, Bd. 380, Frankfurt a.M., 1982.

Arnold, H.; Heege, F.; Tussing, W.: Materialwirtschaft und Einkauf, 2. Aufl., Wiesbaden, 1980.

Bamberger, J.; Gabele, E.; Kirsch, W.; Klein, K.B..: Betriebswirtschaftliche Logistik, Systeme, Entscheidungen, Methoden, Wiesbaden, 1973.

Baumgartner, H.: Kriterien für eine optimale Beschaffungslogistik, in: Rupper, P. (Hrsg.): Unternehmenslogistik, Zürich, 1987, S. 35 - 54.

Berg, C.C.: Beschaffungsmarketing, Würzburg, Wien, 1981.

Bichler, K.: Beschaffungs- und Lagerwirtschaft, 2. Aufl., Wiesbaden, 1984.

Bierschenk, M.: Die Automobilindustrie hat den beleglosen Datenaustausch realisiert, in: Beschaffung aktuell, 1986, H. 6, S. 29.

Bloech, J.; Rottenbacher, S. (Hrsg.): Materialwirtschaft, Stuttgart, 1986.

Böning, D.: Der Beitrag der Beschaffung zur Optimierung des Material- und Informationsflusses aus der Sicht eines Unternehmens der Elektrotechnik, in: Wildemann, H. (Hrsg.): Just-In-Time Produktion und Zulieferung, Erfahrungsberichte, Bd. 2, Passau, 1986, S. 535–549.

Bretzke, W.-R.: Logistik in der Verkehrswirtschaft - Produktentwicklungen im Dienstbereich, in: Pfohl, H. Ch. (Hrsg.): Logistiktrends, Reihe „Fachtagungen", Bd. 2, Darmstadt, 1987, S. 52–73.

Eidmüller, B.: Auswirkungen neuer Technologien auf die Arbeitsorganisation, in: BFuP, H. 3, 1987, S. 239–248

Eidmüller, B.: Neue Planungs- und Steuerungskonzepte bei flexibler Serienfertigung – dargestellt an Beispielen aus der Elektroindustrie , in: ZfbF, H. 7/8, 1986, 38. Jg., S. 618–634.

Fontana, G.: Einkaufsinformationssysteme unter logistischen Aspekten, in: Baumgarten, H. et. al. (Hrsg.): RKW-Handbuch Logistik, Bd. 2, Berlin, 1981, Zf. 5060.

Fricke, U.: Der Material- und Warenfluß im Beschaffungswesen als logistisches Teilsystem, in: Baumgarten, H. et. al. (Hrsg.): RKW-Handbuch Logistik, Berlin, 1981, Zf. 5050.

Grochla, E.: Der Weg zu einer umfassenden betriebswirtschaftlichen Beschaffungslehre, in: DBW, Jg. 37 (1977), H. 2, S. 181–191.

Grochla, E.: Grundlage der Materialwirtschaft, 3.Aufl.,Wiesbaden, 1978.

Grochla, E.: Materialwirtschaft, in: Grochla, E. (Hrsg.): Handwörterbuch der Materialwirtschaft, 4. Aufl., Stuttgart, 1984, Sp. 2627–2645.

Grochla, E.; Schöhnbohm, P.: Beschaffung in der Unternehmung, Stuttgart, 1980.

Hall, R. W.: Attaining Manufacturing Excellence, Just-In-Time, Total Quality, Total People, Involvement, Homewood, Illinois, 1987.

Hall, R. W.: Just-In-Time-Produktion in den USA, in: Innovation, H. 2, 1986, S. 128–131.

Hammann, P.; Lohrberg, W.: Beschaffungsmarketing, Stuttgart, 1986.

Hartmann, H.: Gestaltender und verwaltender Einkauf als Voraussetzung für eine verbesserte Einkaufsleistung, in: BW, H. 1, 1983, S. 12–14.

Hartmann, H.: Materialwirtschaft – Organisation, Planung, Durchführung, Kontrolle, 3. erhebl. erw. und überar. Aufl., Gernsbach, 1986.

Heinemeyer, W.: Just-In-Time mit Fortschrittzahlen in: Wildemann, H. (Hrsg.): Just-In-Time Produktion, Erfahrungsberichte, Bd. 1, Passau, 1986, S. 257–290.

Hilken, K.H.: Qualitätssicherung bei der JIT-Beschaffung und Produktion in der Automobilindustrie, in: Wildemann, H. (Hrsg.): Just-In-Time Produktion und Zulieferung, Passau, 1986, S. 565–583.

Ihde, G. B.: Transport, Verkehr, Logistik, gesamtwirtschaftliche Aspekte und einzelwirtschaftliche Handhabung, München, 1984.

Ihde, G. B.: Die relative Betriebstiefe als strategischer Erfolgsfaktor, in ZfB, 58, Jg., 1988, H. 1, S. 13–23.

Jünemann, R. et. al.: Ergebnisbericht: Untersuchung der Auswirkung von Lieferabrufsystemen in kleinen und mittleren Zulieferunternehmen der Automobilindustrie am Beispiel stahlverarbeitender Unternehmen, Fraunhofer Institut für Transporttechnik und Warendistribution, Dortmund, 1986.

Koppelmann, U.: Strategien zur Vorbeugung beschaffungsbedingter Betriebsunterbrechungen, in: BFuP, 32. Jg.,H. 5, 1980, S. 426–444.

Kraljic, P.: Versorgungsmanagement statt Einkauf, in HAVARD manager, H. 1, 1985, S. 6–14.

Künzer, L.: Marketing – Logistik, Frankfurt a.M., 1978.

Kuhn, A.: Gestaltungsaspekte für logistische Systeme, Sammlung und Diskussion innovativer Ansätze, in: Innovation, H. 1, 1986, S. 60–67.

Kummer, J., Just-In-Time, in: Kfz-Betriebe, 100 Jahre Automobil, Sonderpublikation, Würzburg, 1986.

Müller, E.-W.: Einkaufsmarketing – eine Chance zur Steigerung des Unternehmenserfolgs, in: Siemens-Zeitschrift, (1987), H. 1, S. 260–030.

Müller, J.: JIT durch revolvierende Planung entlang der logistischen Kette in: Wildemann, H. (Hrsg.): Just-In-Time-Produktion und Zulieferung – Erfahrungsbericht, Passau, 1986, S. 850 - 880.

Parabel, J.: Gebietsspediteur-Systeme in der Beschaffungslogistik, in: Baumgarten, H. et. al. (Hrsg.): RKW-Handbuch Logistik, Berlin, 1981, 8. Lfg., 12/84, Zf. 8580

Pfohl, H. Ch.: Logistik-Systeme, Betriebswirtschaftliche Grundlagen, Berlin, Heidelberg, New York, Tokyo, 1985.

Pfohl, H. Ch.; Kleer, M.: Kooperation zwischen Transport- und Speditionsunternehmen und der verladenden Wirtschaft - Arbeitspapiere zur Logistik, Nr. 2, Darmstadt, 1986.

Pfohl, H. Ch.; Krass, R.: Kooperation zwischen Verlader und Logistikunternehmen durch Ausgliederung von Logistikaufgaben bei der Güterdistribution, in: Baumgarten, H. et. al. (Hrsg.): RKW-Handbuch Logistik, Berlin, 1981, 13. Lfg., II/84, Zf. 8520.

Scheer, A.-W.: Computer Integrated Manufacturing CIM - Der computergesteuerte Industriebetrieb, Berlin, New York, Heidelberg, 1987.

Schirmer, A.: Dynamische Produktionsplanung bei Serienfertigung, in: Ellinger, Th. (Hrsg.): Betriebswirtschaftlich-technologische Beiträge zur Theorie und Praxis des Industriebetriebes, Bd. 6, Wiesbaden, 1980.

Schmied, E.: Logistik - Angebote - Materialfluß und informationstechnische Integration von Lieferant und Abnehmer aus der Sicht eines Verkehrsbetriebes, in: Logistik, 4. Jg., 1983, H. 3, S. 81–84.

Schonberger, R. J.: Japanese Manufacturing Techniques, New York, 1982.

Schonberger, R. J.; Gilbert, J. P.: Just-In-Time Purchasing: A Challenge for US-Industry, in: California Management Review, Vol. 26, Fall 1983, H. 1, S. 54 - 68.

Schützdeller, Klaus: Modelle der produktionssynchronen Beschaffung und ihre Einsatzmöglichkeiten, 2. Aufl., Bergisch Gladbach, 1990.

Sieber, M.: Konsignationslager, um Engpässe in der Materialbeschaffung zu vermeiden, in: Beschaffung aktuell, H. 4, 1981, S. 40–44.

Stamm, P.: Just-In-Time fordert den schnelleren Austausch von Daten und Informationen, in: Beschaffung aktuell, H. 6, 1986, S. 22–24.

Stark, H.: Integrierte Zulieferung. Basis ist der Informationsfluß, in: Beschaffung aktuell, 1985, H. 3, Sonderteil Zuliefermarkt, S. 36–38.

Teller, K. J.: Logistische Funktionen Transportieren, Umschlagen, Lagern, in: Baumgarten, H. et. al. (Hrsg.): RKW-Handbuch Logistik, Berlin, 1981, Zf. 2050.

Theisen, P.: Beschaffung und Beschaffungslehre, in: Grochla, E.; Wittmann, W. (Hrsg.): Handwörterbuch der Betriebswirtschaftslehre, 4. Auflage, ungekürzte Studienausgabe, Stuttgart, 1984, Sp. 494–503.

Wildemann, Horst: Kundennahe Produktion und Zulieferung: Bestandsaufnahme in der Automobil- und Zulieferindustrie, in der Elektro- und Elektronikindustrie, der chemischen und pharmazeutischen Industrie, Hausgeräte und Konsumgüterindustrie; in Derselbe (Hrsg.): Kundennahe Produktion und Zulieferung durch Just-In-Time. Tagungsberichte, Böblingen, 1989, S. 13–114.

Wildemann, H.: Das Just-In-Time Konzept, Produktion und Zulieferung auf Abruf, Frankfurt, 1988.

Wildemann, H.: Flexible Werkstattsteuerung nach KANBAN-Prinzipien, in: Flexible Werkstattsteuerung durch Integration von KANBAN-Prinzipien, München, 1984, S. 33–99.

Wildemann, H.: Produktionssynchrone Steuerung von Zulieferungen, in: Industriebetriebslehre in Wirtschaft und Praxis, Festschrift für Th. Ellinger, Berlin, 1985, S. 179–195.

Wildemann, H.: Produktionssynchrone Beschaffung: Einführungsleitfaden, München, 1988.

3 Produktionslogistik

Lothar Gröner

3.1 Wettbewerb und Produktionslogistik

Die Unternehmen in unserem Wirtschaftsraum stehen zunehmend im Druck eines internationalen Wettbewerbs. Das Maß, in dem die Unternehmenspotentiale in den Bereichen Marketing/Vertrieb, Forschung/Entwicklung, Beschaffung und Produktion ausgeschöpft werden, bestimmen die Wettbewerbssituation in diesem internationalen Umfeld. Waren in der Vergangenheit die Rationalisierungs- und Verbesserungsbestrebungen überwiegend auf einzelne innerbetriebliche Bereiche einer Unternehmung konzentriert, so gewinnt zunehmend die Betrachtung gesamter Prozeßketten an Bedeutung. Hierbei stehen zwei wesentliche Prozeßketten im Fokus. Zum einen sind dies die mehr planerischen Aufgaben, ausgehend vom Vertrieb/Marketing über Entwicklung/Konstruktion zur Produktionsplanung und -steuerung. Zum anderen ist dies die mehr physische Kette des Warenstroms, ausgehend von der Beschaffung in das Unternehmen hinein, durch das Unternehmen hindurch und das Management der Warenströme zum Kunden. Bei der Steuerung dieser Prozeßketten gilt es, in einem Markt, der durch eine zunehmende Anzahl von Wettbewerbern, Kunden und Zulieferern gekennzeichnet ist, Wettbewerbsvorteile zu erringen. Hauptzielgrößen, die es hierbei zu beachten gilt, sind Kosten, Qualität und die Zeit, die sich zu einem entscheidenden Wettbewerbsfaktor entwickelt hat.

Als funktionsbezogenes Teilfeld eines Unternehmens, das unternehmensübergreifend entsprechend diesen Zielen Prozeßketten optimiert, hat sich die Logistik herauskristallisiert. Die Logistik hat die Aufgabe, alle benötigten Güter zum richtigen Zeitpunkt am richtigen Ort in der richtigen Menge und in der richtigen Qualität zur Verfügung zu stellen. Sie übernimmt im weitesten Sinne die Versorgung eines Unternehmens mit Ressourcen. Hierbei ist der gesamte Warenfluß, ausgehend vom Lieferanten in das Unternehmen, durch das Unternehmen hindurch bis hin zur Verteilung von gefertigten Gütern an die Kunden zu betrachten. Die Logistik koordiniert die gesamte Wertschöpfungskette, beginnend beim Lieferanten bis zum Kunden. Sie gliedert sich damit in die drei Hauptfunktionen:

- Beschaffungslogistik,
- Produktionslogistik,
- Distributionslogistik.

Um die genannten Ziele zu erfüllen, erbringt die Logistik entlang der physischen Prozeßkette Lager-, Transport- und Umschlagsleistungen. Hiervon sind Roh-, Hilfs- und Betriebsstoffe sowie Zwischen- und Endprodukte betroffen. Entlang der planerischen Kette übernimmt die Logistik die Umsetzung eines Verkaufsplans in einen Produktionsplan. Dieser bildet die Eingangsgröße für die Materialwirtschaft, die die Bedarfe zur Steuerung des Unternehmens determiniert.

Die Logistik stellt somit ein betriebswirtschaftliches Steuerungskonzept im Sinne eines effizienten Managements von Gemeinkosten dar. Untersuchungen zeigen, daß der Anteil der Gemeinkosten an der Wertschöpfung heute einen Wert von ca. 80% erreicht hat.

Für einen Produktionsbetrieb spielt die Produktionslogistik eine entscheidende Rolle in der Planung und materialflußtechnischen Anbindung der vorgelagerten Beschaffungslogistik und der nachgelagerten Distributionslogistik. Je höher die Fertigungstiefe eines Produktionsbetriebes ist, desto höher ist die Bedeutung der Produktionslogistik einzuordnen. Steht einem Unternehmen neben spanabhebender Fertigung und Umformtechnologie auch die Urformtechnologie zur Verfügung, so ergeben sich eine Vielzahl von Lager- und Transportvorgängen zwischen einzelnen betrieblichen Stellen. Je nach Anzahl von Material und Produktionslägern fallen Ein- und Auslagerungsvorgänge an. Das gesamte Materialfluß- und Transportwesen sowie die Lagerwirtschaft ist somit Zielgröße produktionslogistischer Verbesserungen.

Weitere gemeinkostentreibende Faktoren sind entlang des Planungsprozesses die Planung des Primärbedarfes, die Bedarfsplanung/Disposition, die Kapazitätswirtschaft und die Fertigungssteuerung. Diese Funktionen sind so einfach wie möglich und damit so kostengünstig wie möglich zu gestalten.

Im folgenden sollen nun Entwicklungs- und Realisierungsansätze in der Produktionslogistik diskutiert werden. Hierbei wird Wert darauf gelegt, daß ausgehend von einer Analyse der Ausgangssituation zunächst eine strategische Ausrichtung erfolgt. Danach muß unbedingt auf Einflußgrößen der Produktionslogistik eingegangen werden. Diese Einflußgrößen bestimmen letztendlich auch die Ausrichtung sowie die als Schwerpunkte zu betrachtenden Inhalte der Produktionslogistik. Es hat wenig Sinn, sich auf die klassischen Inhalte der Produktionslogistik zu beziehen und ausgehend von allgemeinen Subzielen, wie beispielsweise Vergleichswerte innerhalb einer Branche, die Prozeßketten zu optimieren.

3.2 Analyse der Ausgangssituation

Alle Prozesse eines Unternehmens beziehen sich auf die Herstellung von Produkten, denen entsprechende Aufmerksamkeit bei der Analyse logistischer Funktionen zukommen muß. Im Mittelpunkt aller logistischen Betrachtungen steht daher das Produkt (vgl. Bild 3-1). Dieses stellt auch gleichzeitig eine der hauptsächlichen Randbedingungen oder Eingangsgrößen für die Betrachtung der produktionslogistischen Abläufe dar. Dem vorliegenden Artikel liegt dabei das Produkt „Industrienähmaschine“ zugrunde. Dabei handelt es sich um ein sehr komplexes und variantenreiches Produkt. Aus ca. 30 Baureihen und etwa 200 Hauptklassen ergibt sich eine Vielfalt an Kombinationsmöglichkeiten durch konstruktive Unterklassen (KUK), mechanische Unterklassen (MUK), Nähbild-Unterklassen (NU) und weitere Anbaukomponenten.

Ein weiterer Komplexitätsgrad bewirkt der Austausch von Anbauunterklassen. Durch einen solchen Austausch oder Anbau müssen auch innerhalb einer Nähmaschine Teile ausgetauscht werden. Diese Komplexität reicht zum Teil bis in das Urformen, d. h. innerhalb einer Baureihe ergeben sich auch unterschiedliche „Urformkomponenten“.

Marktseitig zeigt sich ein zunehmender Konkurrenzdruck durch japanische Nähmaschinenhersteller, die mit der Öffnung des europäischen Marktes eine breite Angriffsfläche erhalten. So werden durch diese Öffnung auch letzte restriktive Märkte, wie beispielsweise Italien, geöffnet. Diese Konkurrenzsituation ist um so bedeutender, da der europäische Binnenmarkt bisher Hauptabsatzmarkt für den Nähmaschinenhersteller ist.

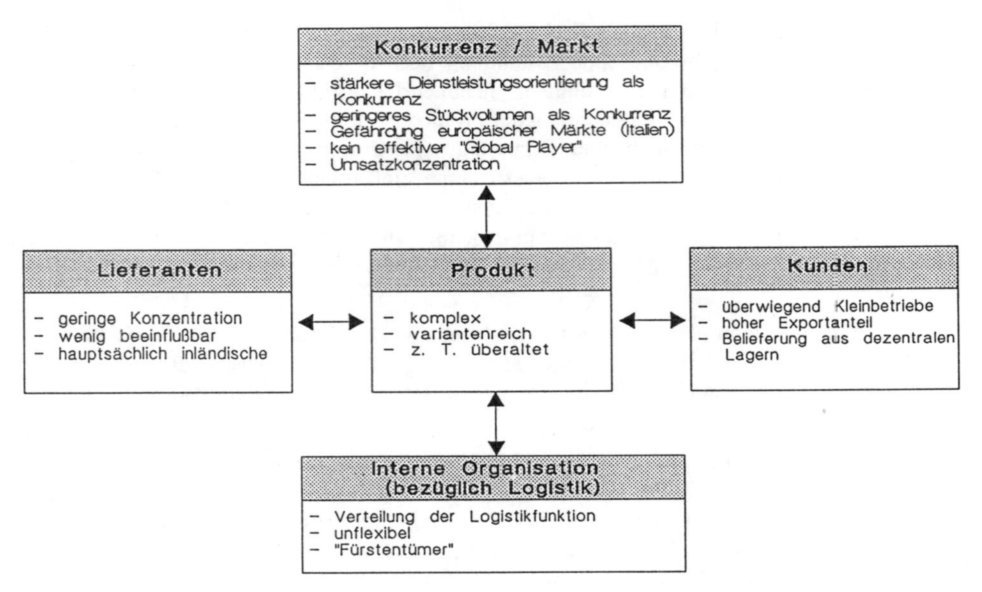

Bild 3-1 Allgemeine Situation – Überblick

Auf die Beschaffungsseite ist insofern einzugehen, als sich durch komplexe Produktstruktur und Variantenreichtum geringe Stückzahlen für die Beschaffung von Komponenten ergeben. Dies erschwert beispielsweise Just-in-time-Konzeptionen, die direkte Schnittstellen zu der Produktionslogistik bedeuten.

Kundenseitig sind überwiegend mittelgroße und kleinere Betriebe mit Nähmaschinen zu versorgen. Dies hat gleichzeitig mit der Produktvarianz zur Folge, daß auch die Versandlosgrößen entsprechend klein sind. Die Produktionslogistik hat in Sicht auf den Kunden die Lieferbereitschaft und hohe Liefertreue auch bei geringen Stückzahlen bis hin zur Losgröße 1 sicherzustellen.

Hinsichtlich der betriebsinternen Organisation ist zunächst zu prüfen, inwiefern logistisches Denken punktuell oder übergreifend vorhanden ist. In der Regel erweisen sich über viele Jahre gewachsene Unternehmensstrukturen hinsichtlich eines modernen logistischen Denkens im Sinne einer bereichsübergreifenden Prozeßketten-Optimierung als wenig flexibel. Von großer Wichtigkeit hinsichtlich der Ausrichtung der Produktionslogistik sind auch die Ausprägungen betriebsspezifischer Merkmale.

Erzeugnisspektrum

Das Erzeugnisspektrum teilt sich in Standarderzeugnisse mit Varianten und in typisierte Erzeugnisse mit kundenspezifischen Varianten. Aus mehreren Tausend gefertigten Erzeugnisvarianten ergeben sich ca. 100.000 Teilestammsätze, wovon etwa 45.000 von einem Jahresabsatzprogramm angesprochen werden.

Erzeugnisstruktur

Es handelt sich bei der Industrienähmaschine um mehrteilige Erzeugnisse mit komplexer Erzeugnisstruktur. Die Zahl der Stücklistenstufen reicht im Mittel von 7 bis 11 Stufen.

Fertigungsstruktur

Die Fertigungsstruktur zeichnet sich durch eine hohe Fertigungstiefe aus. Die Fertigungstiefe liegt bei wertmäßiger Betrachtung bei 66% (mengenmäßig sogar bei 75%).

Dispositionsart

Sie ist als „quasi deterministisch" zu bezeichnen. Durchlaufzeiten (Wiederbeschaffungszeiten) einzelner Komponenten reichen oftmals über den Dispositionszeitpunkt hinaus in die Vergangenheit. Auf jeder Stücklistenstufe erfolgt eine manuelle Disposition.

Fertigungsart

Es finden sich sowohl Einzelfertigung, Kleinserienfertigung als auch die Fertigung mittelgroßer Serien. Das Hauptgewicht liegt aber dabei auf Einzel- und Kleinserienfertigung.

Fertigungsorganisation

In der Teilefertigung kommen die Werkstattfertigung und die Inselfertigung zur Anwendung. In der Montage wird an Einzelplätzen gefertigt und gleichfalls erfolgt die Montage an Bändern.

Eine besondere Herausforderung für die Produktionslogistik ergibt sich durch die Vielzahl von Fertigungsverfahren ausgehend vom Urformen über das Umformen bis zur spanabhebenden Fertigung. Die Rüstzeiten einzelner Verfahren stehen in direktem Zusammenhang zu einer kostengünstig zu fertigenden Losgröße. Die Optimierungsparameter verhalten sich bei unterschiedlichen Fertigungsverfahren ganz unterschiedlich. Hierin liegen planerische, steuerungstechnische und auch materialflußtechnische Verbesserungspotentiale. Heute sind die einzelnen Bereiche über Läger miteinander gekoppelt. Planerische und steuerungstechnische Mängel drücken sich dadurch in entsprechend hohen Umlaufbeständen aus.

3.3 Strategische Bedeutung

Strategische Bedeutung erhält die Produktionslogistik als integrierter Bestandteil in der gesamten Logistikkette von Beschaffung über die Produktion hin zur Distribution. Innerhalb dieser Logistikkette kommt der Produktionslogistik die Aufgabe zu, alle innerbetrieblichen Prozesse zu planen und zu steuern, sowie daraus Ableitungen für Materialfluß, Lagerwirtschaft und innerbetrieblichen Transport zu treffen. Die Ausrichtung der Strategie in der Produktionslogistik erfolgt ausgehend von der Wettbewerbsstrategie des Unternehmens. Im vorliegenden Fall gestaltet das Unternehmen über eine Differenzierungsstrategie die Wettbewerbsvorteile am Markt. Die Differenzierungsaspekte des Unternehmens beziehen sich auf Produkt und Produktnebenleistungen.

Dies sind nunmehr die beiden Inhaltspunkte, für die die strategischen Ziele der Produktionslogistik zu definieren sind. Zielgrößen, die die Produktionslogistik hinsichtlich einer Differenzierung beeinflussen kann, sind:

- Lieferbereitschaft,
- Kunden-Service (Ersatzteile),
- marktgerechte Produkte ermöglichen (Bewältigung regionaler Varianten),
- Flexibilität.

Die zeitlich orientierten Größen Lieferbereitschaft und Flexibilität bedeuten, daß nach Möglichkeit alle Kundenwünsche zum gewünschten Termin zu erfüllen sind. Die qualitative Leistung und die Produktivität der Produktionssysteme dürfen darunter nicht leiden.

Kundenservice im Sinne einer Ersatzteilversorgung bedeutet eine möglichst hohe Verfügbarkeit von Ersatzteilen im Markt. Bei der Industrienähmaschine handelt es sich um ein Investitionsgut, das beim Aufsteller nach Möglichkeit keinen Produktionsausfall haben darf. Die Zielgröße Kundenservice besteht aus einer Kombination aus Zeit und Qualität.

'Marktgerechte Produkte ermöglichen' im Sinne von Bewältigung von regionalen Varianten bedeutet, daß in einem Differenzierungsmarkt der Kundenwunsch dominiert. Das Spektrum der Produkte des Industrienähmaschinenherstellers reicht dabei von einfachen Nähmaschinenköpfen bis zu hochkomplexen Anlagen mit automatischen Zuführ- und Entsorgungssystemen. Eine entsprechend hohe Anzahl von Teilen und daraus resultierenden unterschiedlichen Fertigungsoperationen komplizieren produktionslogistische Planungsabläufe und Materialflüsse.

Die Pfaff-Produktionslogistik hat in einer individuellen und zeitnahen Bedienung der Kundenwünsche ihren Fokus. Ausgehend von einer schnellen Angebotsbearbeitung muß über eine schnelle Auftragsbearbeitung eine termingerechte Kundenbelieferung ohne größere Fertigwarenbestände realisiert werden können. Man erkennt hier auch Schnittstellen zu anderen Bereichen, denen bei einer Optimierung Rechnung zu tragen ist.

Da es sich bei den planerischen Funktionen der Produktionslogistik:

- Produktionsprogrammplanung,
- Bedarfsplanung/Disposition,
- Kapazitätswirtschaft,
- Auftragsfreigabe,
- Fertigungssteuerung,
- Lagerwirtschaft/Transport

um Funktionen handelt, die durchgängig Gemeinkosten für ein Unternehmen bedeuten, steht eine kostenoptimale Gestaltung im Vordergrund.

3.4 Ziele

Im wesentlichen sind alle strategischen Ziele jeweils auf Zeit-, Kosten- und Qualitätsoptimierung zurückzuführen. So lassen sich aus den strategischen Zielgrößen operative Zielgrößen formulieren (vgl. Bild 3-2). Diese sind zu quantifizieren und ergeben so kontrollierbare Vorgaben.

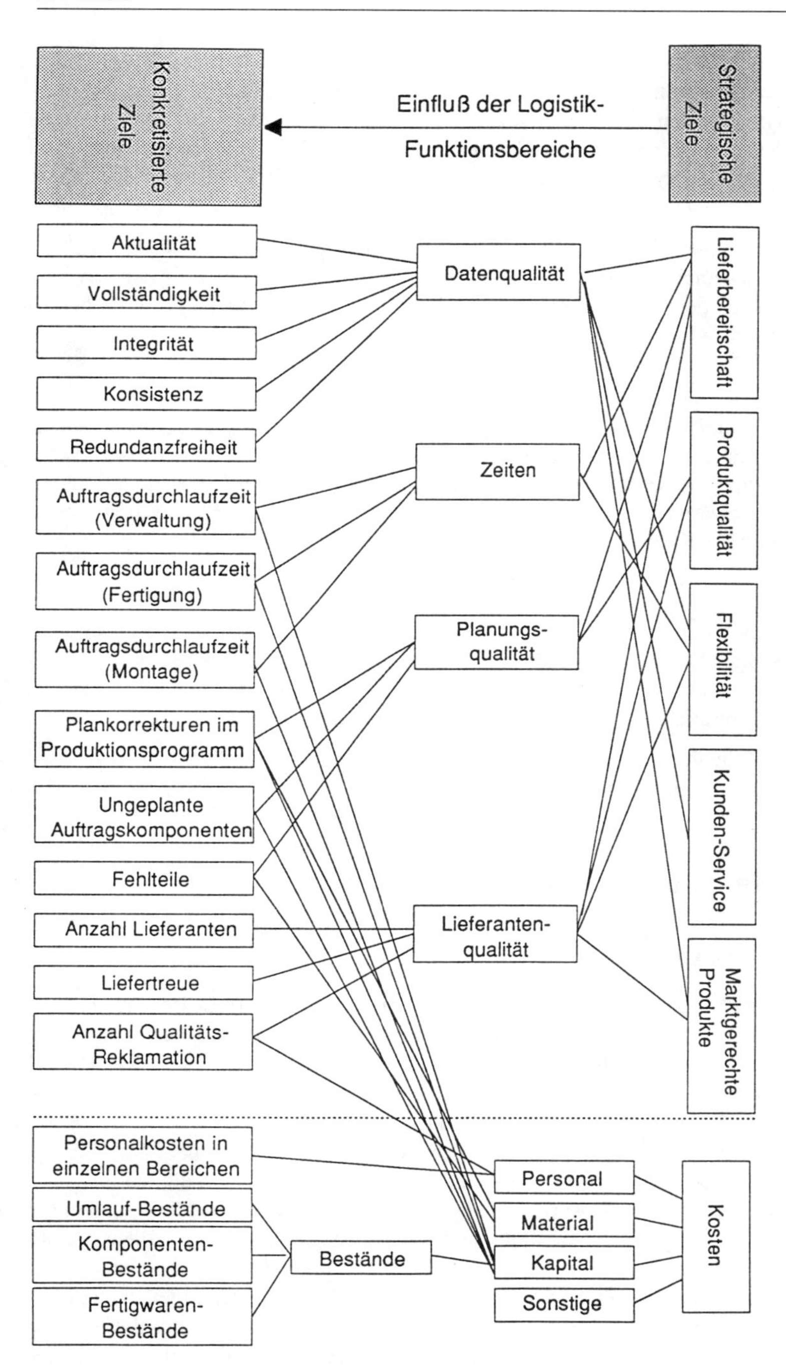

Bild 3-2 Konkretisierung der strategischen Zielgrößen

Zeitziele

Gemessen an der Ist-Situation müssen Angebots- und Auftragsdurchlaufzeiten in der Verwaltung stark gesenkt werden. Als weiteres Ziel sind die Auftragsdurchlaufzeiten in Fertigung und Montage zu verkürzen. Hauptsächlich für die Montagedurchlaufzeiten, aber auch für den Fertigungsdurchlauf spielen Planungsungenauigkeiten, die Fehlteile zur Folge haben, eine große Rolle.

Arbeitsorganisatorische und materialflußtechnische Gegebenheiten wirken sich stark auf die Durchlaufzeiten aus. Randbedingungen hierzu finden sich in der baulichen Substanz der Fertigungsgebäude, die aus der Jahrhundertwende herrührt. Beispiele für negative Randbedingungen sind Deckentragfähigkeit und Säulenabstände.

Kostenziele

Mit der Lösung von Zeitzielen muß/kann das Erreichen von Kostenzielen einhergehen. Diese liegen hauptsächlich in der derzeitigen Bestandsituation. Reduzierbare Bestände gibt es bei Komponenten in Form von Umlaufbeständen und Beständen in der Materialverwaltung sowie in Form von Fertigwaren. Die kostenoptimale Gestaltung der Planungs- und Steuerungsfunktionen bedingt ebenfalls eine Reduzierung der logistischen Gemeinkosten.

Qualitätsziele

Nutzenpotentiale bezüglich der Qualität im Bereich der Produktionslogistik liegen in einer durchgängigen Planung und Beauftragung der Fertigung und Montage. Trotz einer möglichst geringen Anzahl von Plankorrekturen müssen ungeplante Auftragskomponenten vermieden werden. Hierdurch wird auch eine starke Reduktion von Fehlteilen erreicht.

Als unterstützende Maßnahme zur Zielerreichung in der Produktionslogistik ist die Aufbereitung der Grunddaten vorzunehmen.

3.5 Einflußgrößen der Produktionslogistik

3.5.1 Produktsortiment

Eine große Bedeutung bei der Ableitung von produktionslogistischen Verbesserungspotentialen hat das Produktsortiment. Es gilt zu analysieren, welchen Anteil welches Produkt am Gesamtumsatz hat. Die anschaulichste Methode hierzu ist eine ABC-Analyse. Das Bild 3-3 zeigt beispielhaft, daß mit ca. 50% der Produkte ca. 5% Umsatz erzielt wird. Einfachheit im Kernprogramm heißt, die sogenannten „Wenig-“ oder „Nulldreher“ systematisch zu eliminieren. Solche Produkte bedeuten für die Produktion eine erhebliche Komplexität. Wird mit einer Vielzahl von Produkten nur ein geringer Umsatz erzielt, so sind auch die daraus durch die Materialwirtschaft generierten Losgrößen sehr klein. Dies wiederum bedeutet, daß in der Fertigung häufig Umrüstvorgänge notwendig sind, um die Vielzahl unterschiedlicher Komponenten zu fertigen. Ebenso muß jedes unterschiedliche Teil einen bestimmten Sicherheitsbestand in den Lägern haben. Möglicherweise sind auch spezielle Vorrichtungen zu erstellen und vorzuhalten und letztendlich müssen ausgehend von der Konstruktion über die Arbeitsvorbereitung bis hinein in die Fertigung Änderungsstände gepflegt und verwaltet werden. Somit fallen eine ganze Reihe gemeinkostentreibender Faktoren an. Eine besondere Bedeutung hat eine solche Sortimentskomplexität in dem Fall, in dem die einzelnen Produkte nicht baukastengerecht aufeinander aufbauen. Gemeint ist damit, daß jedes einzelne Produkt in sich eine geschlossene, weitestgehend alleinstehende Einheit darstellt. Die Produkte weisen dann kaum wiederverwendbare Teile über Produktklassen hinweg auf, bis auf einige wenige Massenverbrauchsteile, wie Schrauben oder Unterlagsscheiben.

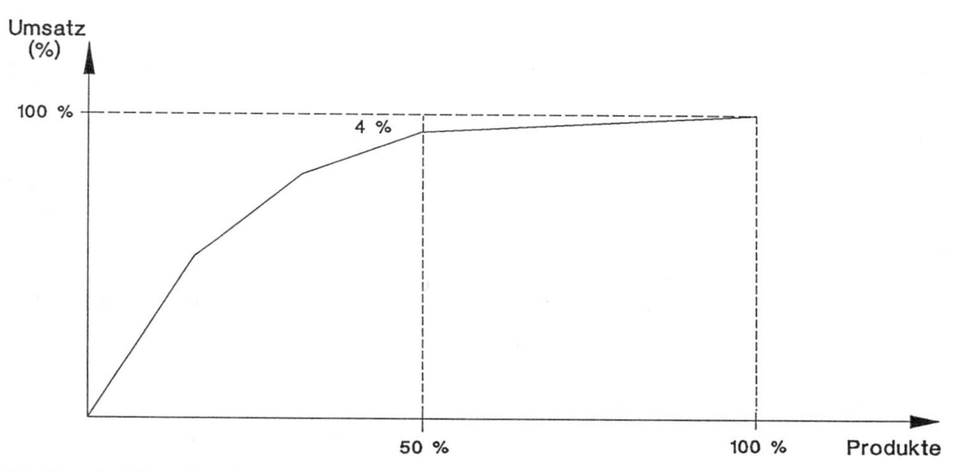

Bild 3-3 ABC-Produktanalyse

3.5.2 Produktvereinheitlichung

Auch diese Maßnahme hat zum Ziel, die Einflußgröße „Produkt" auf die logistischen Anforderungen hin zu beeinflussen. Grundsätzlich gilt dasselbe wie im vorangegangenen Abschnitt. Produkte können eine Vielzahl von ähnlichen Teilen enthalten, ohne daß diese fertigungstechnisch gleich sind. Hier geht es nun darum zu prüfen, inwiefern Teile mit gleicher Funktion aber unterschiedlicher technischer Ausführung vereinheitlichbar sind. Es ist hier sehr sorgfältig vorzugehen, da es bei solchen Vereinheitlichungen sehr oft der Fall ist, daß dasjenige Teil mit der umfassendsten Funktionalität auch das teuerste ist. Will man nun in anderen Baugruppen oder Produkten dasselbe Teil implementieren, so verteuert dies zunächst das Produkt. Gleichfalls können aber auch Teile entfallen, was wiederum positiv auf den Produktpreis wirkt. Zur Entscheidungsfindung sind deshalb in jedem Fall:

- die Anzahl entfallender Teilenummern,
- die Stückzahlerwartung pro Jahr,
- HK alt zu HK neu,
- Kapitalbindungskosten,
- die mittleren jährlichen Aufwendungen pro Teilenummer heranzuziehen.

Der letzte Punkt ist deshalb eine sehr interessante Größe, weil sie praktisch in keiner betriebswirtschaftlichen oder Controlling-Organisation vorliegt. Aber gerade die Größe „Aufwand je Teilenummer“ zeigt die Kosten, die durch eine erhöhte Komplexität in einem Unternehmen entstehen.

Zur Aufnahme dieser Größe ist in teileabhängige und in teileunabhängige Kosten zu unterscheiden. Ein weiteres Unterscheidungsmerkmal sind dann jährliche oder einmalige Kosten, die mit herangezogen werden müssen. Das Bild 3-4 zeigt die Matrix der zu ermittelnden Größen. Die im Unternehmen anfallenden Gemeinkosten werden hierdurch in einem ersten Schritt gleichmäßig auf jede Teilenummer umgelegt.

Besondere Aufmerksamkeit muß auch der Punkt „Aufwand je Los“ erhalten. Hier muß darauf geachtet werden, daß nicht die Standardwerte, die in Arbeitsplänen hinterlegt sind, kritiklos übernommen werden. Die Erfahrung hat gezeigt, daß bei kleinerwerdenden Losgrößen diese nicht immer in den Plänen nachgepflegt werden.

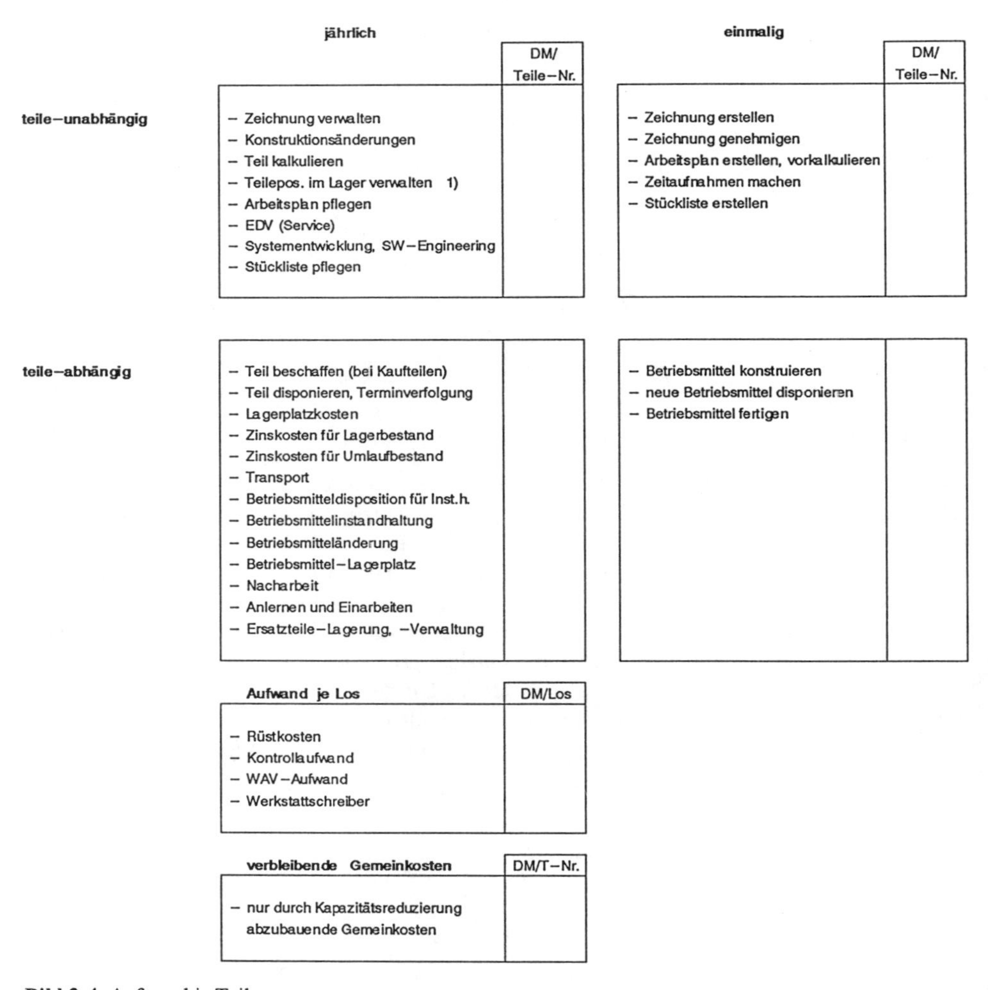

Bild 3-4 Aufwand je Teilenummer

Der Rüstkostenanteil pro gefertigtem Teil steigt aber an. Eine Nachkalkulation kann dies nur nachvollziehen und transparent machen, wenn die Rüstzeiten zurückgemeldet werden. Erfolgt dies nicht oder ungenau, führt dies zu erhöhten Gemeinkosten, die nicht nachvollziehbar sind. Es kann auch vorkommen, daß diese Zeiten in Akkorddurchschnittslöhnen verschwinden.

In einem zweiten Schritt ist dann eine Gewichtung der in den Gemeinkostenstellen anfallenden Kosten vorzunehmen. Nicht jede Gemeinkostenstelle, wie beispielsweise der Bereich Logistik, arbeitet für alle Produkte gleichermaßen intensiv. Ein Beispiel hierfür sind Änderungshäufigkeiten bei bestimmten Produkten. In dem Fall, in dem viele konstruktive Änderungen innerhalb eines Produktes vorgenommen werden, steigt auch der logistische Aufwand, angefangen vom Änderungsdienst bis hin zu Bevorratungs- und Bereitstellungsaufwendungen. Das Bild 3-5 zeigt beispielhaft die Aufteilung des Bereiches Logistik auf unterschiedliche Baureihen.

Kostenträgergruppen		BL		PL		DL			
	GDS [%]	EKF [%]	WEA [%]	BED [%]	MAV/MFT [%]	PPL [%]	VSD [%]	VZL [%]	Zoll [%]
BR 1	12	10	10	5	5	6	3		5
BR..	6	10	5	7	2	4	3		6
BR..	9	20	21	11	33	18	10		14
BR..	15	20	21	18	44	35	15		4
BR..	7	5	3	5			5		4
BR..	10	5	5	13	2	3	6		3
BR..	11			12	2	2	6	5	5
BR..	14	15	10	5	2		10		7
BR..	4	5	5	17	1		5	15	20
BR..	3	3	10	7	8		15		6
BR..	4	5	5			20	10	75	10
BR..	3	2	5			12	10	5	15
BR n	2			1			2		1
Summe	100	100	100	100	100	100	100	100	100

Bild 3-5 Fixkostenzuordnung zu den Kostenträgergruppen

In einem weiteren Schritt werden die so erarbeiteten Daten, Komplexitätskosten und Kostenverteilungsstruktur gekoppelt und es entstehen Gemeinkostenprofile je Produkt oder Produktklasse.

Dieser Aufwand je Teilenummer ist deshalb sehr wichtig, da dadurch eine andere Kostenzuordnung erfolgt als sie in klassischen Kalkulationen vorgenommen wird.

Das Ziel der Produktvereinheitlichung ist es, Aggregate, Bauteile bis hin zu Verbindungselementen zu vereinheitlichen. Die Auswirkungen sind vielfacher Natur. Zum einen ergibt sich eine Verringerung der Teilevielfalt durch Steigerung des Dauerverbrauchsteile-Volumens

(Gleichteile) innerhalb einzelner Baureihen sowie ggf. baureihenübergreifend. Des weiteren ergibt sich eine Optimierung der Unternehmenslogistik hinsichtlich der

- Grunddaten,
- Programmplanung,
- Bedarfsplanung/Dispiosition,
- Fertigungssteuerung,
- Vorratswesen,
- Beschaffung.

Die Grunddaten werden minimiert, und es sind deshalb weniger Daten zu pflegen. Die Programmplanung vereinfacht sich, weil bestimmte Varianten nicht mehr vorhanden sind. In der Bedarfsplanung/Disposition macht sich das verminderte Grunddatengerüst durch einen verminderten Dispositionsaufwand bemerkbar. Das gleiche gilt für die Fertigungssteuerung. Durch Verringerung der Anzahl unterschiedlicher Komponenten vereinfachen sich Steuerungsabläufe. Durch größere Losgrößen entfällt ein Rüstkostenanteil pro Teilenummer, was sich direkt auf die Kosten auswirkt. Im Vorratswesen wird Lagerplatz frei, da eine verminderte Anzahl Teilenummern auch verminderte Sicherheitsbestände bedeutet. Dadurch wird eine Verminderung der Kapitalbindung erzielt. Durch die Vereinfachung der Abläufe und die Möglichkeit, Prozesse übersichtlicher zu gestalten, erhöht sich auch die Lieferfähigkeit. Es kommt zu weitaus weniger Fehlteilen, die meist in der Endmontage erst erkannt werden.

Weiterhin ergibt sich eine Vereinfachung durch Verringerung von Konstruktions- und Arbeitsplanungstätigkeiten. Dies zeigt sich sehr stark in dem Aufwand für Änderungen. Nimmt die Teilevielfalt überhand, ergeben sich schnell für die Änderungskonstruktion Anteile von bis zu 70% und mehr an dem gesamten Konstruktionsaufwand im Unternehmen.

Durch das Entfallen von Rüstzeiten erhöht sich die Betriebsmittelnutzung. Ebenso wird die Werkzeugvielfalt für die Produktion verringert.

Eine nicht zu unterschätzende Auswirkung hat diese Arbeit auf das Ersatzteilewesen. Weniger Teile heißt gleichfalls weniger Ersatzteil-Vorhaltung und damit einen geringeren Bestand und entsprechend geringere Kapitalbindung durch das Ersatzteillager.

Eine hohe Teilevielfalt beeinflußt die Beschaffung, indem der Fremdbezug deutlich erschwert wird. In der eigenen Fertigung ist eine höhere Flexibilität erforderlich, die durch die planerischen und steuernden Aktivitäten in der Produktionslogistik zielgerichtet bearbeitet werden muß. Vertriebsseitig ergibt sich eine Vielzahl von Kundenwünschen, die möglichst kurz vor Auslieferung noch änderbar sein müssen. Dies hat ebenfalls Auswirkungen auf die Planungsaktivitäten und auf die Bevorratung von Teilen, um eine erhöhte Flexibilität zu erhalten.

Anhand dieser Auswirkungen wird noch einmal die Bedeutung der beteiligten Stellen an der Produktstruktur deutlich. Durch enge Zusammenarbeit zwischen

- Produktmanagement (Marketing/Vertrieb) und der Entwicklung/Konstruktion und
- Entwicklung/Konstruktion und der Fertigung (oder mit dem Lieferanten)

kann dem Variantenreichtum begegnet werden.

Es wird an dieser Stelle deutlich, daß die erörterten Punkte wesentliche Fragestellungen darstellen, die im Vorfeld der produktionslogistischen Aktivitäten zu stellen sind. Es hat wenig

Sinn, die Produktkomplexität nachzuvollziehen, ohne diese in Frage gestellt zu haben. Logistik ist eine Funktion, die entlang der Wertschöpfungskette alle nichtwertschöpfende Tätigkeiten optimieren muß. Extrem betrachtet, sollen nichtwertschöpfende Tätigkeiten letztendlich entfallen können.

3.6 Realisierungskonzepte zur Produktionslogistik

Die für eine zielorientierte Gestaltung der Produktionslogistik eingesetzten Konzepte können in die mehr planerischen Systeme und in die mehr organisatorischen Systeme/Maßnahmen unterteilt werden.

3.6.1 Organisatorische Konzepte

3.6.1.1 Just-in-time

Das Just-in-time (Jit)-Konzept ist ein unternehmensweites und unternehmensübergreifendes Logistikkonzept. Es dient der Reduzierung der Material-, Halbfertig- und Fertigwarenbestände, indem die erforderlichen Einsatzstoffe oder Waren möglichst zum Bedarfszeitpunkt bereitgestellt werden.

Hierdurch werden Eingangsläger vermieden. Die Ware benötigt allenfalls geringen Zwischenpufferplatz am Einsatzort. Der Puffer ist so bemessen, daß kein Produktionsausfall für einen definierten Zeitraum auftritt. Dies hat auch Auswirkungen auf die Wareneingangskontrolle, die nicht mehr wie herkömmlich im Wareneingang stattfinden kann.

Jit läßt sich somit in der Beschaffungslogistik, der Produktionslogistik und in der Distributionslogistik anwenden. Eine enge Schnittstelle haben dabei die Beschaffung und die Produktion. Der Lieferant liefert direkt an einen Arbeitsplatz und muß nach Möglichkeit geprüfte Ware bereitstellen.

An der Warenausgangsseite des Unternehmens bedeutet dies für die Produktionslogistik eine exakte Bereitstellung eines Produktes zu einem von der Distribution geforderten Termin. Somit können von der Distributionslogistik die unterschiedlichen Kundenbedarfe zeitgerecht bedient werden.

Unternehmensintern muß der Warenstrom so optimiert werden, daß über die Fertigungsstufen und die Vor- und Endmontage hinweg die Produktion bei minimalen Beständen optimal ausgelastet ist. Für die Produktionslogistik ist daher ein zum Materialfluß synchroner Informationsfluß zu realisieren. Eine hohe Vorhersagegenauigkeit der Lieferbedarfe ist bei kurzem Dispositionszeitraum gefordert.

Seine Grenzen findet das Jit-Konzept in dem Variantenreichtum der Bedarfe (Produkte). So muß auch vor Planung eines solchen Konzeptes eine Analyse von Erzeugnisspektrum und Erzeugnisstruktur erfolgen.

Im vorliegenden Fall soll ausgehend von Montagebedarfen für geeignete Komponenten der Jit-Gedanke realisiert werden.

In das Endprodukt Nähmaschine geht je nach Kundenwunsch ein Elektromotor mit Steuerung, Grundplatte und Anbaukomponenten ein. Bei der im vorigen Abschnitt beschriebenen

Analyse der Produktkomplexität zeigte sich, daß von einem Zulieferer 13 Typen von Motoren als Komplettantriebe bezogen wurden. Aufgrund der Durchlaufzeiten von mindestens 2 Monaten beim Zulieferanten, mußte ein Sicherheitsbestand im eigenen Unternehmen vorgehalten werden. Dies war notwendig, da aufgrund kurzfristiger Kundenwünsche eine exakte Vorausdisposition der Bedarfe über einen Zeitraum von 2 Monaten nicht möglich war. Die Produktanalyse hat ergeben, daß der Komplettmotor aus:

- Motor,
- Steuerung,
- Sollwertgeber,
- Positionsgeber,
- Netzmodul,
- Bedienfeld,
- Bedienfeldbefestigung und
- Riemenschutz

besteht. Dabei kommen 2 Komponenten jeweils mit 6 und 3 Varianten vor. Die restlichen Komponenten sind einheitlich über alle Typen. Varianz entsteht aus 15 Teilenummern, wobei nicht immer alle Teile kombiniert werden müssen.

Diese Situation führte zu dem Entschluß, die Motoren nicht mehr als Komplettmotor zu lagern, sondern als einzelne Komponenten in einem Bereitstellungslager. Die kundenspezifische Konfiguration würde dann kurz vor Einbau in das Komplettaggregat erfolgen. Das durchschnittlich im Motorenlager gebundene Kapital würde sich um 50% reduzieren, da die Sicherheitsbestände der einzelnen Komponenten bei gleicher Lieferbereitschaft niedriger gehalten werden können. Diesen Einsparungen stehen allerdings eine Reihe von Aufwendungen im eigenen Unternehmen gegenüber. Für jede der Komponenten müßte jetzt eine Teilenummer eröffnet werden. Es müßten Stücklisten und Arbeitspläne angelegt werden. Durch die erhöhte Anzahl von Teilen ergibt sich ein höherer Dispositionsaufwand. Daraus resultiert wiederum ein höherer Bestellaufwand im Einkauf, der einen erhöhten Aufwand im Wareneingang nach sich zieht. Gleichfalls müßten in der eigenen Fertigung Fertigungsaufträge erstellt werden. Bei einem Vorortdruck der Fertigungsaufträge fielen auch Investitionen für einen Drucker an. Die Komponenten müßten für eine Antriebsmontage kommissioniert werden und für die Antriebsmontage selbst würde auch wiederum Aufwand anfallen (vgl. Bild 3-6).

Neben diesen Randbedingungen steht der Bezug von einzelnen Komponenten noch im Widerspruch zu der Strategie, einbaufähige Komponenten zu beziehen, um den gesamten logistischen Aufwand zu minimieren.

Da das Konzept den einbaufertigen Komplettantrieb in seinen Komponenten zu beziehen aber sinnvoll ist, wurde mit dem Lieferanten vereinbart, dieses in sein Unternehmen zu portieren. Dadurch reduzieren sich die Sicherheitsbestände beim Lieferanten in einem noch höheren Maße, da der Lieferant auch Beziehungen zu anderen Kunden unterhält. Der Lieferant erhält nun Jahresverbräuche genannt, wonach sich die Bestände der jeweiligen Komponenten orientieren. Bei einer Antriebsbestellung wird der jeweils geforderte Antrieb aus den Komponenten beim Lieferanten montiert und in einem ersten Schritt innerhalb eines Monates geliefert. Der zweite Schritt sieht vor, die Lieferfrist auf eine Woche zu reduzieren.

Neben der Senkung der Lagerbestände ergibt sich somit eine Reduzierung der Wiederbeschaffungszeit um ca. 90%.

Jit-Konzepte sind auf der Basis längerfristiger (strategischer) Abkommen aufzubauen und wirken auf operativer Ebene bis in die kurzfristige Abwicklung.

	Ist-Zustand	Alternative I	Alternative II
Bezug von:	Komplettantrieben	Komponenten	Komplettantrieben
Disposition:	AZE	BED	AZE oder BED
Lagerhaltung Kunde:	Komplettantriebe	Komponenten	nicht erforderlich
Lagerhaltung Lieferant:	Komplettantriebe	Komponenten	Komponenten
Montage Motor/Steuerung:	Lieferant	Kunde	Lieferant
Lieferzeit:	2 Monate	1 Monat, nach Test 1 Woche	1 Monat, nach Test 1 Woche
Aufwand zur Realisierung durch Kunde:		Teilenummern Stücklisten Arbeitspläne Fertigungsaufträge Drucker für Fertigungsaufträge Dispositionsaufwand Steuerungsaufwand Richtaufwand Anzahl Bestellungen Wareneingang	
Aufwand zur Realisierung durch Lieferant:		Lagerhaltung	Lagerhaltung Fertigungsablauf
Einsparung Kunde:		Kaptialbindung ca. 50% pa	Kaptialbindung ca. 60% pa
Einsparung Lieferant:		Montage Verpackung Richtaufwand	
Probleme:		Einzelmotoren Produkthaftung Verzögerung durch Richtprozeß Widerspruch zur Strategie, einbaufertige Komponenten zu beziehen	

Bild 3-6 Alternativen beim Bezug von Motoren

3.6.1.2 Kanban

Das Kanbansystem wurde von japanischen Unternehmen entwickelt und bietet die Möglichkeit, mit niedrigen Zwischenlagerbeständen auszukommen. Prinzipiell ist das System so aufgebaut, daß ein entstehender Bedarf an einem Arbeitssystem durch Abruf an dem vorgelagerten Arbeitsplatz gedeckt wird. Dies erfolgt durch Einsatz einer sogenannten Kanban-Karte, die der bereitstellenden Stelle:

- die verbrauchende Stelle,
- die Menge und
- die Zeit

bekanntgibt. Innerhalb eines Kanban-Regelkreises findet demnach das Hol-Prinzip Anwendung. Erst infolge eines Kartenabrufes stellt eine vorgelagerte Stelle dem nachfolgenden Arbeitsplatz Komponenten bereit. Kanban eignet sich sehr gut für die Belieferung der Produktion durch einen Lieferanten und innerhalb der Fertigung und Montage. Hier wirkt es im operativen Bereich der Abwicklung und kurzfristigen Steuerung.

Im vorliegenden Fall wurde zunächst für die Montage eine Teileanalyse durchgeführt. Es erfolgte eine Unterteilung der Teile nach ihrem Bedarfsverhalten:

- Dauerverbrauchsteile, die baureihenübergreifend in alle Produkte eingehen,
- Dauerverbrauchsteile, die innerhalb einer Baureihe in nahezu alle Produkte eingehen,
- Kommissionierteile, die für jedes Produkt speziell zu kommissionieren sind (dies sind ausnahmslos auch höherwertige Teile).

Es wurde für alle Dauerverbrauchsteile ein Zweibehältersystem implementiert. Dies erlaubt es, aus einem Behälter Teile zu entnehmen und zu montieren, während der zweite Behälter mit der Kanban-Karte zum Montagebereitstellungslager geht, um erneut gefüllt zu werden. Transport- und Nachfüllzeit sind so auf die Entnahmezeit am Arbeitsplatz abgestimmt, daß nur im Ausnahmefall beide Behälter am Montagearbeitsplatz stehen.

Soll dieses Konzept unternehmensübergreifend eingesetzt werden, so sind die Arbeitssysteme hinsichtlich ihrer Rüst- und Bearbeitungszeiten aufeinander abzustimmen. Dies bedingt eine gute Kapazitätsauslastung bei niedrigen Beständen und kurzen Durchlaufzeiten. Eine Schwierigkeit besteht darin, Urformtechnologien und Vergütungsprozesse mit anderen Verfahren nach vorgenannten Größen aufeinander abzustimmen.

Die oben erwähnte Teileanalyse war notwendig, da keine zu großen Bedarfsschwankungen auftreten dürfen. Ein solches Kanban-System ist relativ störanfällig und bedarf einer hohen Bereitschaft zur dezentralen Steuerung durch das Personal am Arbeitsplatz.

3.6.1.3 Fortschrittszahlensystem

Durch ein Fortschrittszahlensystem läßt sich der Auftragsfortschritt in einem Unternehmen und zwischen Unternehmen mit Lieferbeziehungen einfach planen und überwachen. Es weist täglich Unter- oder Überdeckungen im Arbeitsfortschritt aus. Die aktuelle Situation im Unternehmen kann über Differenzenbildung zwischen ausgewählten Fortschrittszahlen dargestellt werden. Beispielsweise ergibt die Subtraktion der Ausgangsfortschrittszahl (Anzahl ausgelieferter Teile) von der Eingangsfortschrittszahl (Anzahl produzierter Teile) den Fertigwarenbestand.

Der Einsatz der Fortschrittszahlen eignet sich für einen kurz- bis mittelfristigen Zeitraum für die eigene Produktion und für Unternehmen mit Lieferbeziehungen. Ähnlich Kanban bedarf es eher eines stetigen Materialflusses bei mittleren bis großen Serien. Bei einer Fertigung über mehrere Stufen bei kleineren Losgrößen verliert das System an Transparenz und Handhabbarkeit. Im vorliegenden Fall eignet es sich aus diesem Grunde nicht.

3.6.1.4 Belastungsorientierte Auftragsfreigabe

Dieses Konzept basiert auf empirischen Untersuchungen. Es optimiert auf Werkstattebene zwischen den Zielgrößen geringer Werkstattbestand, kurze Durchlaufzeit und gute Kapazitätsauslastung. Hierbei wird versucht, die Arbeitssysteme kurz vor der 100%-Auslastungsgrenze zu betreiben. Einfach ausgedrückt bedeutet dies die Simulation einer leichten Überkapazität in der Fertigung. Als Voraussetzung für die Anwendungen einer „Belastungsorientierten Auftragsfreigabe“ (BOA) gelten die Algorithmen, die ein Materialbedarfsplanungssystem bietet. Die BOA ist auf der Ebene der Fertigungssteuerungssysteme anzusiedeln und setzt neben einer Materialflußorganisation auch den Einsatz der elektronischen Datenverarbeitung voraus. Sie kann somit ebenfalls den Planungs- und Steuerungssystemen zugeordnet werden.

3.6.2 Planungssysteme

Die Optimierungsgröße aller logistischen Inhalte eines Unternehmens ist der Warenstrom, ausgehend vom Lieferanten in das Unternehmen hinein, durch das Unternehmen hindurch bis hin zur Verteilung der Waren in die Märkte. Hierunter sind zunächst Transport, Lagerungs- und Umschlagsleistungen zu verstehen. Soll aber ein logistisches System eine optimale Leistung erbringen, sind dazu entsprechend gute Vorgaben zu erarbeiten. Eine solche Disposition logistischer Leistung bieten Planungs- und Steuerungssysteme wie sie in CIM-Konzeptionen diskutiert werden (CIM = Computer Integrated Manufacturing). Dementsprechend bedeutet Logistik auch Planung, Steuerung und Kontrolle des gesamten Material- und Informationsflusses.

Dies geschieht ausgehend vom Absatzplan, der durch den Bereich Marketing/Vertrieb erstellt wird. Der Absatzplan bildet die Eingangsgröße für einen Produktionsplan, der auf der Ebene einzelner Produkte die Primärbedarfe darstellt, wie sie als Leistung von der Produktion zu erbringen sind. Da bei hoher Produktvarianz eine ausschließlich manuelle Umsetzung des Absatzplanes in einen Produktionsplan schwierig ist, können an dieser Stelle Prognosesysteme zum Einsatz kommen.

Der so ermittelte Primärbedarf bildet die Eingangsgröße für ein Materialbedarfsplanungssystem. Dieses ermittelt über eine Stücklistenauflösung die Sekundärbedarfe. Daraus entstehen entweder Bestellanforderungen für Zukaufteile oder es sind Fertigungsaufträge für die eigene Fertigung zu generieren. Anhand der Arbeitspläne werden Kapazitätsbedarfe ermittelt, die in einer Kapazitätsplanung gegen das Kapazitätsangebot der Arbeitsplätze abgeglichen werden.

Sind alle benötigten Komponenten für die Erstellung der geforderten betrieblichen Leistung vorhanden, erfolgt die Auftragsfreigabe. Hierdurch werden Fertigungsaufträge an ein Fertigungssteuerungssystem übergeben.

Im Falle eines automatisierten Materialflusses werden aus den Fertigungsaufträgen Auslagerungsaufträge für ein rechnergesteuertes Lager generiert, um Waren zur Bearbeitung bereitzustellen. Regalförderfahrzeuge übergeben die Waren an Förderstrecken, die Steuerungsinformationen benötigen, um die Teile an der richtigen Stelle zu übergeben. Über definierte Rückmeldungen an bestimmte Rückmeldepunkte kann das Fertigungssteuerungssystem den gesamten Warenstrom durch das Unternehmen bis in ein Fertigwarenlager verfolgen.

Dieser kurze Abriß einer integrierten Planungs- und Steuerungskette stellt ein Idealbild dar, das bisher in der Industrie nur in Teilen realisiert wurde.

3.6.2.1 Grunddaten

Eine der wichtigsten Grundvoraussetzungen für ein funktionierendes Planungs- und Steuerungssystem sind die Grunddaten und die Bewegungsdaten. Ohne gepflegte Grunddaten wie

- Materialstamm,
- Stücklisten,

- Arbeitsplätze,
- Arbeitspläne

ist es nicht möglich, mittels der Planungs- und Steuerungssysteme aktuelle und genaue Bewegungsdaten zu generieren. Unter Bewegungsdaten versteht man dabei

- Primärbedarfe,
- Lagerbestände,
- Bestellungen,
- Montage-/Fertigungsaufträge,
- Rückmeldungen.

Ist ein Produktionssystem durch vorwiegend manuelle Planungstätigkeiten geprägt, so kann davon ausgegangen werden, daß keine besonders gute Datenqualität hinsichtlich eines EDV-Systemeinsatzes vorliegt. Die Daten sind auf

- Aktualität und
- Vollständigkeit

zu überprüfen. Bei der Überarbeitung der Daten muß auf

- Integrität,
- Konsistenz und
- Redundanzfreiheit

geachtet werden. Dies sind gleichzeitig die fünf Merkmale, die zu erfüllen sind, um ein Planungs- und Steuerungssystem sinnvoll zu betreiben. Aufgrund dieser wichtigen Aufgabenstellung wurde zur Bewältigung der Reorganisation der innerbetrieblichen Datenstrukturen eine Grunddatenstelle eingerichtet. Die Grunddatenstelle hat zur Aufgabe, bereichs- und aufgabenübergreifend nach o. g. Kriterien für die Datenqualität zu sorgen.

3.6.2.1.1 Materialstamm

Im Materialstamm sind alle wesentlichen Daten zu einem Teil oder zu einer Komponente hinterlegt. Dies sind beispielsweise Teilenummern, Dispositionskennzeichen, Durchlaufzeiten u. a.

3.6.2.1.2 Stücklisten

Die Stücklisten zeigen im wesentlichen den Aufbau der Produkte. Man unterscheidet hauptsächlich die Konstruktions- und die Fertigungsstücklisten.

Die Konstruktionsstückliste entspricht einer Mengenstückliste, die die Anzahl Bauteile, die ein Erzeugnis enthält, in Listenform darstellt. Gleiche Bauteile werden summarisch dargestellt. Die Fertigungsstückliste gibt die Fertigungsstruktur für das Produkt wieder.

Im vorliegenden Fall wurde in Zusammenarbeit der Grunddatenstelle mit der Konstruktion bewirkt, daß künftig Konstruktionsstückliste und Fertigungsstückliste nicht mehr parallel existieren. Die Konstruktionsstückliste wurde eliminiert und der Konstrukteur erstellt heute direkt eine fertigungsgerechte Stückliste.

Bei der Vereinheitlichung der Konstruktions- und Fertigungsstückliste ergaben sich folgende Vorteile für das Unternehmen:

- Es wird nur noch eine Fertigungsstückliste erstellt.
  - Die Konstruktion wird frühzeitig auf Abweichungen zwischen Konstruktion und Fertigung hingewiesen.
  - Zeichnungen bzw. Teilenummern werden bei der Einführung schon fertigungsgerecht erstellt.
  - Unpaarigkeit, die heute wesentlich über die Kennzeichnung „Pseudoteil" behandelt wird, entsteht nicht mehr.
- Die Ablauforganisation vereinfacht sich.
  - Änderungen durch die Planung werden in einer Stückliste durchgeführt.
  - Konstruktion ändert u. U. Zeichnungen bzw. Teilenummern. Der Datenbestand ist auf aktuellstem Stand.
- Eine Terminüberwachung wurde implementiert.
  - Alle im Ablauf zur Vervollständigung von Grunddaten angesprochenen Abteilungen müssen einen verbindlichen Fertigstellungstermin einhalten.
  - Es werden alle Teile terminiert und nicht nur ein Termin für eine gesamte Änderung/Neueinführung angegeben.
  - Die Termine werden überwacht und es werden bei Terminüberschreitung Maßnahmen ergriffen.
  - In der Stückliste wird künftig ein festes Ein-/Auslaufdatum für Komponenten angegeben.
- Die Disposition kann mit eindeutigen Daten planen.
  - Eine Disposition (Materialbedarfsplanung) nach Änderungsständen erfolgt nicht mehr.
  - Es ist eine exakte Planung nach Ein-/Auslauftermin möglich.
- Die Steuerung der Fertigungsaufträge wurde eindeutig.
  - Eine Selektion nach Änderungsständen in der Fertigung ist nicht mehr möglich.
  - Exakte Steuerung nach Ein-/Auslauftermin.
  - Material-/Teilebereitstellung erfolgt nur noch nach Stückliste.
  - Material-/Teilebereitstellung erfolgt nur noch nach vorheriger Reservierung durch den Dispositionslauf.

In der Vergangenheit hat die Koexistenz zweier Datenstrukturen dazu geführt, daß die beiden Datenbestände in weiten Teilen unabhängig voneinander gepflegt wurden. Wurden Änderungsstände nicht oder zu spät gemeldet, so konnte die Arbeitsvorbereitung dieses für die Fertigung nicht entsprechend vorbereiten. Die Folge war eine Produktion auf altem Stand. Durch lange Durchlaufzeiten innerhalb der Änderungsbearbeitung kam es auch vor, daß sich Änderungsstände eingeholt oder gar überholt haben. Der Weg, ausgehend von der Entwicklung/Konstruktion über das Produktmanagement, die Zeichnungsverwaltung, die Arbeitsplanung, die Arbeitszeitermittlung, die Betriebsmittelvorbereitung mit angeschlossener Konstruktion, die Betriebsmittelfertigung bis hin zur Bedarfsplanung, wurde bei jeder Neueinführung und Änderung sequentiell durchschritten. Die Grunddatenstelle hat die Aufgabe, diesen sequentiellen Weg wo möglich zu parallelisieren und somit die Durchlaufzeiten durch die:

- Entwicklung,
- Konstruktion,
- Grunddatenstelle,
- Arbeitsplanung,
- Betriebsmittelvorbereitung,
- Betriebsmittelfertigung,
- Bedarfsplanung/Disposition

wesentlich zu verkürzen.

3.6.2.1.3 Abbau von Stücklistenstufen

Die Entwicklung/Konstruktion legt bei neuen Entwicklungen die Teile als fertige funktionsfähige Teile fest und ordnet diese in einer Stückliste entsprechend ihrer Fertigungsstufen an. Außerdem wird das Ausgangsmaterial in Form von Güte und Festigkeit festgelegt und auf der Konstruktionszeichnung festgehalten.

Die Arbeitsplanung setzt diese Anforderung in die vorhandene Fertigungstechnologie um. Dabei wird vom Arbeitsplaner untersucht, ob eine oder mehrere Fertigungsstufen notwendig sind, um das Fertigteil herzustellen. In der Stückliste ergibt sich dadurch die Stufung

- Werkstoff,
- Rohteil,
- Halbfertigteil,
- Fertigteil,
- Endprodukt.

Jede dieser Stufen enthält im vorliegenden Fall noch weitere Abstufungen, insbesondere zwischen einem Fertigteil und einem Endprodukt.

Die Stücklisten eines Unternehmens sind Grundlage für eine funktionierende Materialwirtschaft. Hierbei ist die Anzahl der Stücklistenstufen wichtig. Jede Stücklistenstufe bedeutet in der Regel auch eine Lagerstufe. Je mehr Stücklistenstufen es gibt, desto mehr Ein- und Auslagerungsvorgänge fallen an. Gleichfalls sind pro Lagerstufe Sicherheitsbestände zu definieren, die bei einer hohen Anzahl Stücklistenstufen einen hohen Sicherheitslagerbestand hervorrufen. Ebenso sind die Durchlaufzeiten durch die Fertigung durch die Ein- und Auslagerungsvorgänge stark beeinflußt. Für eine kürzere Durchlaufzeit des Gesamtproduktes ist deshalb anzustreben, die Anzahl der Fertigungsstufen so gering als möglich zu halten.

Die im Unternehmen in der Stückliste festgeschriebenen 9 – 11 Stufen werden sukzessive auf 4 bis max. 5 Stücklistenstufen reduziert. Die entsprechende Durchlaufszeitreduzierung beträgt, wie bereits in Beispielen festgestellt, bis zu 50%.

Ein einfaches Beispiel zur Reduzierung von Stücklistenstufen zeigt das Zusammenfügen einer Buchse mit einem Zahnrad. In der Vergangenheit wurden nach Fertigung des Zahnrades und der Buchse beide Komponenten in einem Zwischenlager eingelagert. Zur Montage der Lagerbuchse und des Zahnrades wurden beide Teile ausgelagert und nach dem Fügeprozeß wieder auf Lager gelegt. Dieser Prozeß konnte vollständig eliminiert werden und Zahnrad und Buchse werden zu dem Zeitpunkt montiert, zu dem beide Teile in eine Vormontagebaugruppe eingehen.

3.6.2.1.4 Arbeitspläne

Arbeitspläne beinhalten die durch ein Produkt benötigten Kapazitätsbedarfe innerhalb eines Produktionssystems. Sie werden sich durch die Veränderung der Stücklistentiefe ebenfalls verändern. Es sind sowohl die Arbeitsplan-Inhalte als auch die Zahl der Arbeitspläne hiervon betroffen. Dies zeigt die im vorangegangenen Abschnitt dargestellte Reduzierung von Stücklistenstufen. Der Arbeitsplankopf enthält Daten zu dem Teil das bearbeitet werden soll. Eine wichtige Größe ist hier die Fertigungslosgröße, für die die Werte im Arbeitsplan gelten. Die im Plan enthaltenen Arbeitsvorgangsfolgen beschreiben den Arbeitsablauf und enthalten Vorgabezeiten je Arbeitsgang.

Einer der wichtigsten Bestandteile der Arbeitspläne sind die Rüstzeiten (neben der Bearbeitungszeit). Sind die Rüstzeiten nicht gepflegt oder nicht in jedem Falle vorhanden, so hat dies Auswirkungen auf:

- Materialwirtschaft: Für eine optimale Bevorratung muß eine Abstimmung zwischen der optimalen Fertigungslosgröße und der für die Materialwirtschaft wichtigen Bestellosgrößen erfolgen. Hierzu dienen beispielsweise die mathematischen Gleichungen nach Antler oder Groft, die in vielen Planungssystemen implementiert sind.
- Kalkulation: Sie benötigt die Zeiten zur ordnungsgemäßen Vorkalkulation und Nachkalkulation.
- Kapazitätswirtschaft: In der Kapazitätsplanung werden Rüstzeiten benötigt, da dadurch Maschinenkapazität belegt wird.
- Zeitwirtschaft: Für eine Durchlaufterminierung bedeutet Rüstzeit Durchlaufzeit.

3.6.2.1.5 Arbeitsplätze

Die Arbeitsplätze repräsentieren das Kapazitätsangebot des jeweiligen Produktionssystems. Die Arbeitsgangfolgen der Arbeitspläne stehen in Beziehung zum Arbeitsplatz und zum Bauteil. Durch Veränderung der Stücklistentiefe sind auch Arbeitsplätze neu zu gestalten. In der Regel entfallen Arbeitsplatzinhalte, wodurch andere Arbeitsplätze an Inhalt gewinnen. Hier kann noch einmal das beschriebene Beispiel der Buchse und des Zahnrades angeführt werden. Der Arbeitsplatzinhalt für das Fügen der Buchse in das Zahnrad wird einem Vormontageplatz zugeordnet. Die Umgestaltung der Arbeitsplätze kann als Prozeß der stetigen Verbesserung angesehen werden. Die Arbeiten können in eine Fertigungs- und Montageneuordnung münden. Hierbei ist auch zu überlegen, welche Fertigungsorganisation zukünftig zum Tragen kommt. Dabei ist es notwendig, zwischen unterschiedlichen Betriebsbereichen zu unterscheiden. Als Möglichkeit zur Gestaltung der Fertigungsorganisation stehen folgende Prinzipien zur Verfügung:

- Bauplatzfertigung,
- Inselfertigung,
- Werkstattfertigung und
- Fließfertigung.

Die Umgestaltung von Arbeitsplätzen resultiert nicht nur aus der Forderung, möglichst wenig Stücklistentiefe zu erhalten. Auch eine technologische Veränderung kann eine solche Arbeitsplatzgestaltung bedingen. Ein Beispiel hierfür ist ein Druckverfahren, das nach Möglichkeit in einer Endmontagelinie integriert werden soll. Heute erfolgt das Bedrucken von

Baukomponenten in einer Vormontagegruppe. Es werden ausgehend von der Stückliste Vorfertigungsaufträge generiert. Eine exakte Abstimmung zwischen Endmontageeinlauf und Vorfertigung ist nicht immer gegeben und es fallen Pufferbestände zwischen den beiden Fertigungseinheiten an.

Integriert man dieses Druckverfahren technologisch in den Endmontageprozeß, so ist eine Steuerinformation für diesen Druckprozeß entsprechend der auf die Endmontagelinie laufenden Produkte zu generieren. Die logistischen Aufwendungen entfallen.

Das Bild 3-7 zeigt die Grunddaten der Produktionslogistik als Basis innerbetrieblicher Funktionen.

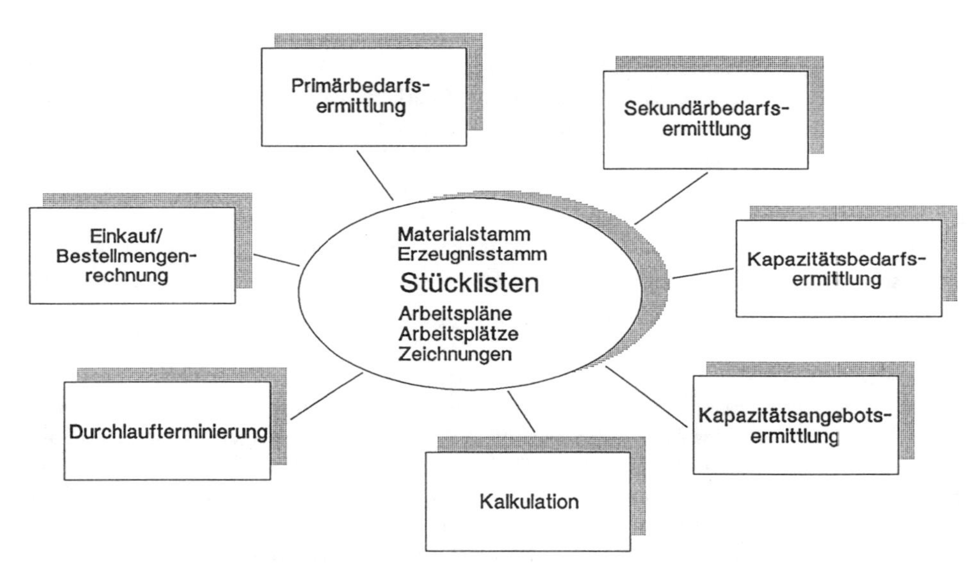

Bild 3-7 Grunddaten als Basis aller innerbetrieblichen Funktionen

3.6.2.2 Produktionsprogrammplanung

Die Produktionsprogrammplanung hat die Aufgabe, Konflikte zwischen den Wünschen des Marketing/Vertriebs und den Zielen der Produktion zu lösen. Es muß dabei ein unternehmerisches Gesamtoptimum entstehen. Hauptsächliche Zielkonflikte bestehen darin, daß der Vertrieb in der Regel eine hohe Liefertreue bei kurzer Lieferzeit wünscht.

Ziel der Produktion muß es aber sein, eine hohe und stetige Kapazitätsauslastung zu haben, um das Betriebsergebnis nicht negativ zu beeinflussen.

Ausgehend von dem Ziel der Produktionslogistik, alle benötigten Teile auf der Montageebene und auf allen Fertigungsebenen zum richtigen Zeitpunkt und in der richtigen Menge zur Verfügung zu stellen, hat die Produktionslogistik bestimmte Informationsbedarfe. Diese Informationen haben ihren Ursprung in der Geschäftsplanung. Der in der Geschäftsplanung definierte Umsatz wird vom Marketing/Vertrieb in eine Absatzplanung umgesetzt. Dies erfolgt entsprechend der Marktsegmente.

Im Absatzplan wird auf Produktgruppenebene entsprechend der Marktbedarfe und den erzielbaren und geplanten Marktanteilen geplant. Diese Größen bilden nun die Eingangsgrößen für die planerischen Abläufe der Produktionslogistik. Diese muß jetzt die Daten auf hohem Aggregationsniveau in einem Produktionsplan detaillierter darstellen, so daß ein Materialbedarfsplanungssystem diese Daten verarbeiten kann.

Zur Umwandlung von verdichteten Absatzplandaten in ein Produktionsprogramm auf Variantenebene finden Prognoserechnungsverfahren Anwendung. Als Voraussetzung für den Einsatz eines Prognoseverfahrens gilt, daß für die zu prognostizierenden Größen eine bestimmte Anzahl an Vergangenheitswerten bereitgestellt werden sollte.

Im vorliegenden Fall lagen über einige Jahre in der Vergangenheit zurück die entsprechenden Absatzzahlen auf Variantenebene vor. Allerdings war die Anzahl der Beobachtungen (Zeitpunkte) für die einzelne Variante nicht ausreichend hoch für ein sinnvolles Prognoseergebnis. Auch bestand keine Kompatibilität zwischen den Daten in der Absatzplanung und den Daten die der Produktionsplan benötigt. Daß diese Probleme wiederum vom Produkt selbst herrühren ist klar. So bedeutet Varianz im vorliegenden Fall, daß innerhalb einer Baureihe die Produkte bis hin in den Urformprozeß unterschiedlich sind.

Trotzdem gelingt es, mittels einer detaillierten Analyse, die Produktvarianten innerhalb von Produktgruppen zu strukturieren. Dabei wurde so vorgegangen, daß alle bis auf den Urformprozeß zurückzuführenden Varianten als Basiskomponente definiert wurden. Danach wurde festgelegt, bis zu welchem Punkt gleiche Grundmaschinen definierbar waren. Die so festgelegten Produktgruppen erhalten nun innerhalb einer Matrix je Produktgruppe und Baureihe weitere Anbaukomponenten zugeordnet.

Dabei spricht man von mechanischen Unterklassen (MUK), konstruktiven Unterklassen (KUK), Nähbildunterklassen (NU), Motoren, Tischplatten, Gestelle.

Innerhalb dieser Produktgruppen kann nun aufgrund der vorliegenden Vergangenheitsdaten bestimmt werden, zu wieviel % eine bestimmte Ausprägung an Kombinationen von Anbauunterklassen vorkommen. Diese Werte wurden in den Prognoserechnungsverfahren hinterlegt. Die zu planende Produktvarianz konnte somit von mehreren Tausend Varianten auf 150 zu planende Produktgruppen reduziert werden (vgl. Bild 3-8).

Produkt-Gruppenstruktur Logistik							
Produktgruppen	KUK	MUK	NU	Motoren	Gestelle	Tischplatten	TE
Schnellnäher 480							
481	731/11	900/51					
481-731/..	731/12	900/99					
481-780/..		910/..					
483		911/..					
483-731/..		918/14					
483-737/..		918/15					
483-780/..							
487							
487-703/..-733/..							
487-780/..							
487/489							
489							
481 Ausf. 3701							
483 Ausf. 3701							

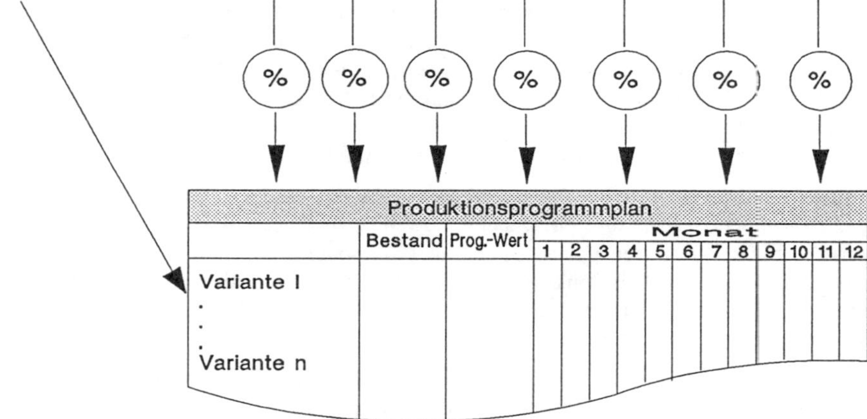

Bild 3-8 Produktionsprogrammplan und Produktgruppenstruktur

Zu beachten gilt hierbei die Schnittstelle zur Absatzplanung. Marketing/Vertrieb müssen ihren Plan auf diese 150 zu planenden Produktgruppen abstimmen. Damit wurde Klarheit und Eindeutigkeit an dieser Planungsstelle erzielt.

Bei der Auswahl des Prognoseverfahrens muß mit Sorgfalt der Nachfrageverlauf je Produktgruppe aus der Vergangenheit erarbeitet werden. Beim Nachfrageverlauf wird wie folgt unterschieden:

- konstant,
- linearer Trend,
- progressiver Trend,
- saisonal,
- saisonal mit Trend,
- sporadisch.

Das Bild 3-9 zeigt diese Verläufe schematisch. Entsprechend hängt die eingesetzte Prognosemethode von dem Nachfrageverlauf ab. Hierbei unterscheidet man zwischen:

- einfacher Mittelwertbildung,
- bleibender Mittelwertbildung,
- gewogener Mittelwertbildung,
- einfacher Regression erster Ordnung,
- multibler Regression,
- exponentieller Kettung erster, zweiter und dritter Ordnung und
- exponentieller Kettung bei saisonaler Nachfrage.

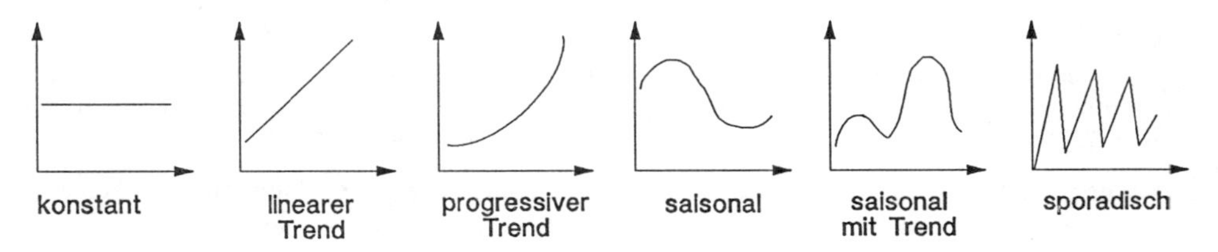

Bild 3-9 Nachfrageverlauf

Auf die einzelnen Methoden soll hier nicht eingegangen werden, da die Einsatzmöglichkeit von dem ausgewählten Informationssystem abhängen.

Im vorliegenden Fall wurde darauf wertgelegt, daß ab dem Zeitpunkt, ab dem ein Plan in einem Informationssystem abgelegt werden kann, dieses die Daten integriert verarbeitet bis hin zur Beauftragung der Montage, der Fertigung oder eines Zulieferanten. Da innerhalb eines Materialbedarfsplanungssystems für eine verbrauchsgesteuerte (stochastische) Disposition auf Teileebene Prognoseverfahren implementiert sind, werden diese Verfahren für eine Prognose auf Produktgruppenebene eingesetzt. Als Teilenummer fungiert die Nummer der Produktgruppe. Der so ermittelte Primärbedarf steht direkt und integriert dem MRP-System zur Verfügung. Datenintegrität und Datenkonsistenz sind gewährleistet.

Der Ablauf sieht nun wie folgt aus: Aus dem Absatzplan werden Werte in die Prognoserechnung übernommen, die dann die Prognosewerte errechnet. Diese bilden einen Eingang in den Produktionsplan. Da im vorliegenden Fall ein einfaches Prognosemodell gewählt wurde, bleiben die von der Vertriebsseite für das laufende Geschäftsjahr vorgesehenen Abnahmezahlen oder Sonderaktionen für verschiedene Produktgruppen unberücksichtigt. Aus Planmengen und Prognosen wird nun der Produktionsplan erstellt.

Geplante Sonderaktionen des Verkaufs, Planerhöhungen oder die Zahl bereits für die Zukunft vorliegender Kundenaufträge können manuell eingepflegt werden. Bei 150 zu planender Größen stellt dies kein Problem dar.

Ebenso zu berücksichtigen ist die vorhandene Fertigungskapazität bzw. deren möglichst optimale Ausnutzung. Es sind auch Bestände an Fertigwaren im eigenen Hause oder in Außenorganisationen mit in die Planung einzubeziehen.

Der in Abstimmung zwischen Produktion und Vertrieb verabschiedete Produktionsplan bildet die Eingangsgröße, die Primärbedarfe, für die Bedarfsplanung.

3.6.2.3 Materialbedarfsplanung

Die Materialbedarfsplanung ist eine Mengenplanung, die den Brutto- und den Netto-Materialbedarf sowie die Beschaffungsmengen plant. Sie bildet den Kern der Materialwirtschaft innerhalb der Produktionslogistik.

Der Primärbedarf bezeichnet den voraussichtlichen Bedarf an Enderzeugnissen und Ersatzteilen. Der Primärbedarf determiniert die Baugruppen, Einzelteile und Rohstoffe, die zur Erzeugung eines Produktes benötigt werden. Sie bilden den Sekundärbedarf. Der Bedarf an Hilfs- und Betriebsstoffen wird in der Literatur teilweise als Terziärbedarf angegeben.

In den Bedarfsermittlungsalgorithmen unterscheidet man den Bruttobedarf und den Nettobedarf. Der Bruttobedarf ist ein periodenbezogener Primär- und Sekundärbedarf, bei dessen Ermittlung vorhandene Lagerbestände nicht berücksichtigt werden. Bei der Ermittlung des Nettobedarfes hingegen werden die Lagerbestände berücksichtigt. Der Nettobedarf bildet sich folglich aus Bruttobedarf abzüglich der verfügbaren Lagerbestände.

Bei dem Verfahren zur Bedarfsermittlung werden plangebundene Verfahren und verbrauchsgesteuerte Verfahren unterschieden. Das plangebundene Verfahren zur Bedarfsermittlung kann auch als analytisches Verfahren bezeichnet werden, da es auf Basis einer Stücklistenauflösung aus den Primärbedarfen die Sekundärbedarfe ermittelt.

Bei dem verbrauchsgebundenen Verfahren wird die Teilenummer der zu planenden Komponente benötigt. Je nach dem, ob eine Teilenummer

- regelmäßigen Bedarfsverlauf,
- trendförmigen Bedarfsverlauf oder
- saisonalen Bedarfsverlauf

aufweist, kommen entsprechende Bedarfsprognoseverfahren zum Einsatz.

3.6.2.3.1 Analytische Bedarfsermittlung

Eine Stückliste beinhaltet alle Baugruppenteile und Rohstoffe, die zur Herstellung eines Erzeugnisses erforderlich sind. Im wesentlichen werden

- Mengenübersichtsstücklisten und
- Strukturstücklisten

unterschieden.

Die Mengenübersichtsstückliste ist eine sehr einfache Form der Stücklistendarstellung und hat keine Struktur. Es kann nicht daraus entnommen werden, wie einzelne Komponenten in ein Enderzeugnis eingehen.

Die Strukturstücklisten geben in strukturierter Form die Zusammensetzung eines Produktes wieder. Es können hier die

- Fertigungsstückliste,
- Dispositionsstückliste und
- Baukastenstückliste

unterschieden werden. Die Fertigungsstückliste (vgl. Bild 3-10a) zeigt die Zusammensetzung eines Produktes entsprechend dem fertigungstechnischen Ablauf. Diese Form der Stückliste verliert an Übersichtlichkeit, wenn ein Teil bei vielstufiger Fertigung in mehreren Fertigungsstufen vorkommt. Es resultiert daraus ein aufwendiger Änderungsdienst. Gleichfalls würden die Bedarfe von ein und denselben Materialarten auf unterschiedlichen Fertigungsstufen erfolgen.

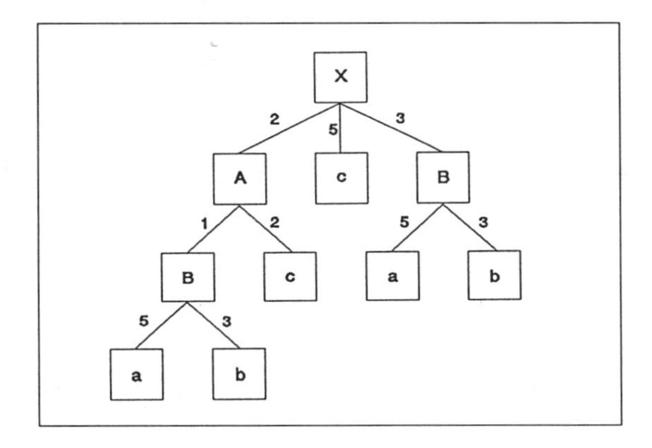

Bild 3-10a
Fertigungsstückliste

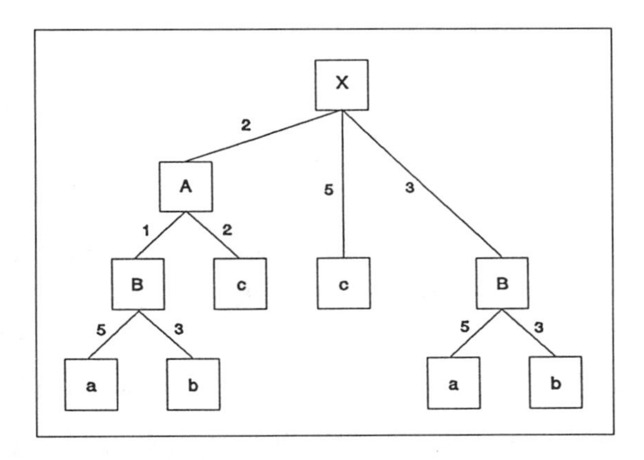

Bild 3-10b
Dispositionsstückliste

Die Dispositionsstückliste (vgl. Bild 3-10b) hingegen führt ein Teil nur auf einer Dispositionsstufe auf. Dies ist diejenige Stufe, auf der das Material zum ersten Mal auftritt. Tritt ein Bedarf nur auf einer Stufe auf, so hat dies wesentliche Vorteile bei der Zusammenfassung zu Losgrößen. Andererseits läuft man Gefahr, daß sich die Kapitalbindungskosten dadurch erhöhen. Die Lose werden für den frühesten Bedarfszeitpunkt gefertigt und die Liegezeiten der zunächst nicht benötigten Teile erhöhen sich.

Bei der Baukastenstückliste handelt es sich um eine einstufige Stückliste. Sie repräsentiert übergeordnete und untergeordnete Teile in einer Stufe. Bei mehrstufiger Fertigung besteht ein Erzeugnis somit aus mehreren einstufigen Stücklisten.

Zwischen den einzelnen Stufen einer Stückliste bestehen Mengen- und Zeitbeziehungen. Für eine Bedarfsauflösung muß nun bekanntgegeben werden, wie oft ein untergeordnetes Teil in ein übergeordnetes Teil eingeht, um den Bedarf des untergeordneten Teils zu erhalten. Zur Deckung eines übergeordneten Bedarfes muß der untergeordnete Bedarf um dessen Vorlaufzeit früher gefertigt oder bestellt werden als die übergeordnete Komponente.

Die zwischen einem Endprodukt und den dazu eingesetzten Verbrauchsfaktoren bestehenden Beziehungen stellt ein Gozinto-Graph dar (vgl. Bild 3-11). Die Knoten stehen stellvertretend für Rohstoffe, Einzelteile, Baugruppen und das Erzeugnis. Die Pfeile zwischen den Knoten sind mit Mengenangaben versehen, den sogenannten Produktionsfaktoren. Diese geben an, wie häufig ein untergeordnetes Material in ein übergeordnetes eingeht.

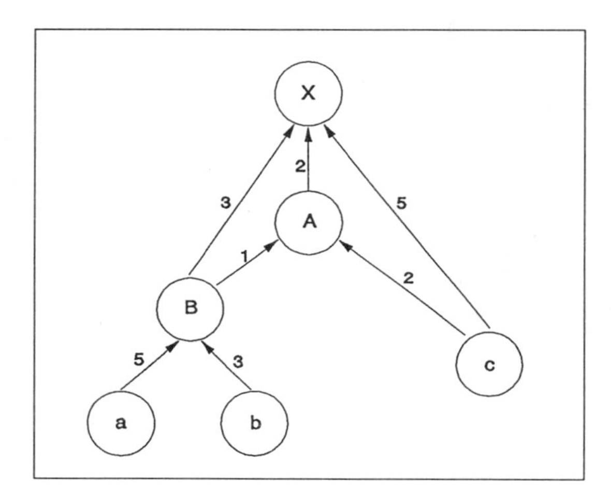

Bild 3-11
Gozinto-Graph

Eine Stücklistenauflösung erfolgt ausgehend vom Endprodukt entlang der verketteten Knoten. Durch Multiplizieren der einzelnen Produktionsfaktoren an den aufeinanderfolgenden Pfeileketten erhält man die Bedarfsmenge der jeweils untergeordneten Teile.

3.6.2.3.2 Verbrauchsgebundene Verfahren

Die stochastische oder verbrauchsgesteuerte Bedarfsermittlung wird meistens bei geringwertigen Gütern eingesetzt. Dazu zählen Hilfsstoffe, Betriebsstoffe und Verschleißwerkzeuge. Als Dispositionsbasis wird jeweils der Durchschnittsverbrauch einer Teilperiode oder eines Beobachtungszeitraumes aus der Vergangenheit betrachtet. Auf Basis gleichlanger Bezugszeiträume in der Vergangenheit werden Prognosewerte für den Verbrauch einer Materialart der Zukunft prognostiziert. Damit wird bei der stochastischen Bedarfsermittlung ein Zusammenhang zwischen dem Verbrauch in der Vergangenheit und dem in der zukünftigen Periode liegenden Bedarf vorausgesetzt.

Probleme bei dieser Art der Bedarfsermittlung entstehen dann, wenn ungeplante Bedarfe in großer Stückzahl auftreten. Ebenso kann es vorkommen, daß über mehrere Perioden in der Vergangenheit eine bestimmte Materialart nur wenig zum Einsatz kam. Steigen nun die Absatzzahlen von Produkten, in denen diese Materialart vorkommt, so erhält man durch die stochastische Bedarfsermittlung zu niedrige Bestellmengen und damit Fehlteile.

Voraussetzung für diese Art der Disposition ist die lückenlose und genaue Erfassung der Bestände. Gleichfalls müssen ungeplante Abgänge wie Schwund, Diebstahl, Qualitätsminderungen ordnungsgemäß verbucht werden.

3.6.2.3.3 Implementierung

Im vorliegenden Fall wurde die Materialbedarfsplanung gemäß der vorangegangenen Ausführung in 3 Planungsebenen eingeteilt (siehe Bild 3-12). Die erste Ebene ist die Produktgruppenebene auf der die Produktionsprogrammplanung ausgeführt wird. Die Erzeugnis-/ Montageebene bildet den Primärbedarf auf Produktvariante. Gleichzeitig handelt es sich dabei um den Steuerungskreis zur Bedarfsermittlung und Beauftragung für die Montage. Die dritte Planungsebene ist die sogenannte Teileebene, die gleichfalls den Steuerungskreis für die Teilefertigung darstellt.

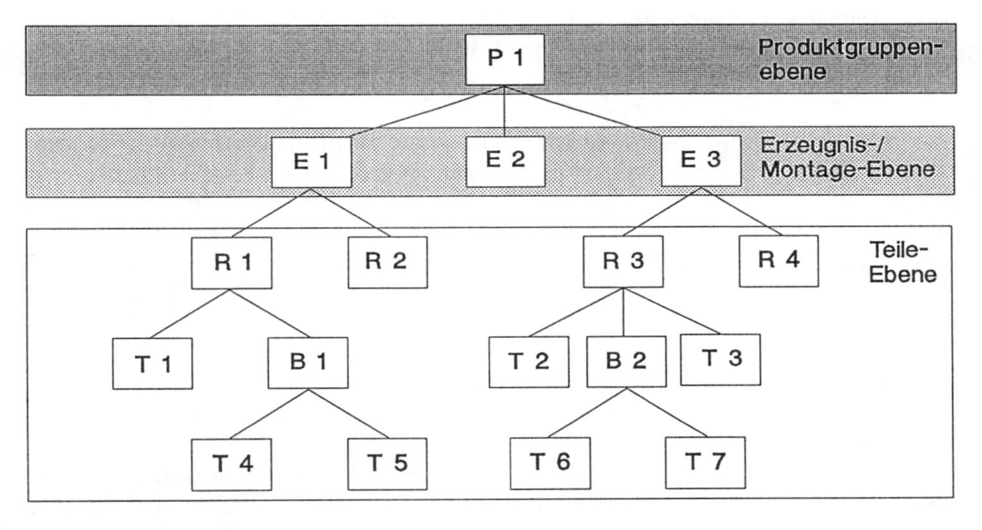

Bild 3-12 Planungs-Ebenen

Für die Bedarfsplanung wurden die Stücklisten in Form von Baukastenstücklisten für die beiden Steuerungsbereiche in einem Materialbedarfsplanungssystem hinterlegt. Aus den in den vorangegangenen Abschnitten beschriebenen Projekten wurden die in die Produkte eingehenden Teile wie folgt unterschieden:

- Dauerverbrauchsteile über alle Baureihen: Diese Teile gehen in alle Produkte der einzelnen Baureihen ein. Meistens handelt es sich dabei um sogenannte Schüttgutteile.
- Dauerverbrauchsteile innerhalb von Baureihen: Diese Teile gehen jeweils in alle Produkte einer Baureihe ein.
- Kommissionierungsteile: Diese Teile sind die Variantenteile innerhalb der verschiedenen Baureihen. Sie kommen jeweils nur in spezifischen Varianten vor.

In den Stücklisten werden nun die einzelnen Komponenten entsprechend der o. a. Einteilung gekennzeichnet.

Gemäß vieler Ausführungen (Literatur) wären nun die angeführten Dauerverbrauchsteile mittels stochastischer Bedarfsermittlung zu planen. Daraus würde für jede Teilenummer eine bestimmte Mindestbestandsgröße resultieren. Diese müßte so angelegt sein, daß in keinem Bedarfsfalle der Bestand auf Null absinkt und die Produktion dadurch zum Stehen kommt. Diese Sicherheitsbestände werden im vorliegenden Fall dadurch umgangen, daß das gesamte Produkt bis auf nur wenige Ausnahmen plangesteuert disponiert wird. Man geht dabei davon aus, daß Teile, die in alle Produktgruppen eingehen, entsprechend der gesamten Bedarfe einer Periode disponiert werden müssen. Eine plangesteuerte Disposition minimiert hier die Sicherheitsbestände.

Für die Komponenten, die innerhalb von einzelnen Produktgruppen Dauerverbrauchsteile darstellen, wird entsprechend vorgegangen. Dabei ist innerhalb einer rollierenden Planung einer eventuellen Mengenänderung zugunsten oder zuungunsten einer Produktgruppe Rechnung zu tragen. Rollierende Planung bedeutet in diesem Zusammenhang eine monatliche Überarbeitung des Produktionsprogrammes. Als Sicherheitsbestände für diese Art von Dauerverbrauchsteilen muß nur noch eventuellen Bedarfsschwankungen für die Produktgruppen Rechnung getragen werden. Dies minimiert gegenüber einer stochastischen Bedarfsermittlung ebenfalls die Sicherheitsbestände.

Das Bild 3-13 zeigt die für eine Materialbedarfsplanung und die für die Umsetzung von Planaufträgen in Montage- oder Fertigungsaufträgen benötigten Grunddaten wie Materialstamm, Stücklisten, Arbeitspläne und Arbeitsplätze. Gleichfalls können auf der Ebene des Produktionsplanes oder auf der Ebene der Bedarfsplanung bereits vorhandene Kundenaufträge die entsprechend kompatiblen Planwerte ablösen. Dies gilt bis zur Ebene der Auftragsfreigabe. Eine Auftragsfreigabe erfolgt erst dann, wenn die für einen Fertigungsauftrag benötigten Komponenten vorliegen. Diese Vorgehensweise vermindert das im Umlauf befindliche Kapital.

Die Auftragsfreigabe hat so spät wie möglich vor dem offiziellen Starttermin in Fertigung oder Montage zu erfolgen. In der Regel sollte dieser Zeitraum ein bis mehrere Tage, jedoch nicht mehr als eine Woche betragen. Damit ist gewährleistet, daß Materialien nicht über einen längeren Zeitraum logisch für einen bestimmten Plan- oder Kundenauftrag reserviert sind. Das Materialbedarfsplanungssystem erkennt die so reservierten Bedarfe und disponiert für andere Bedarfe entsprechend die Komponenten. Dadurch ergeben sich tendenziell höhere Materialbestände.

Im vorliegenden Fall kann ein Eröffnungshorizont von 8 Wochen bis auf eine Woche reduziert werden. Dadurch vermindert sich die Kapitalbindung durch Verringerung des Lagerbestandes und die Durchlaufzeiten verkürzen sich entsprechend, da die Materialien nicht mehr 8 Wochen lang reserviert bleiben.

Parallel zu einer Teileverfügbarkeit kann eine Kapazitätsverfügbarkeit für

- Fertigungs-/Montageaufträge,
- Planaufträge und
- Erzeugnis-/Teilenummern bei Kundenanfragen

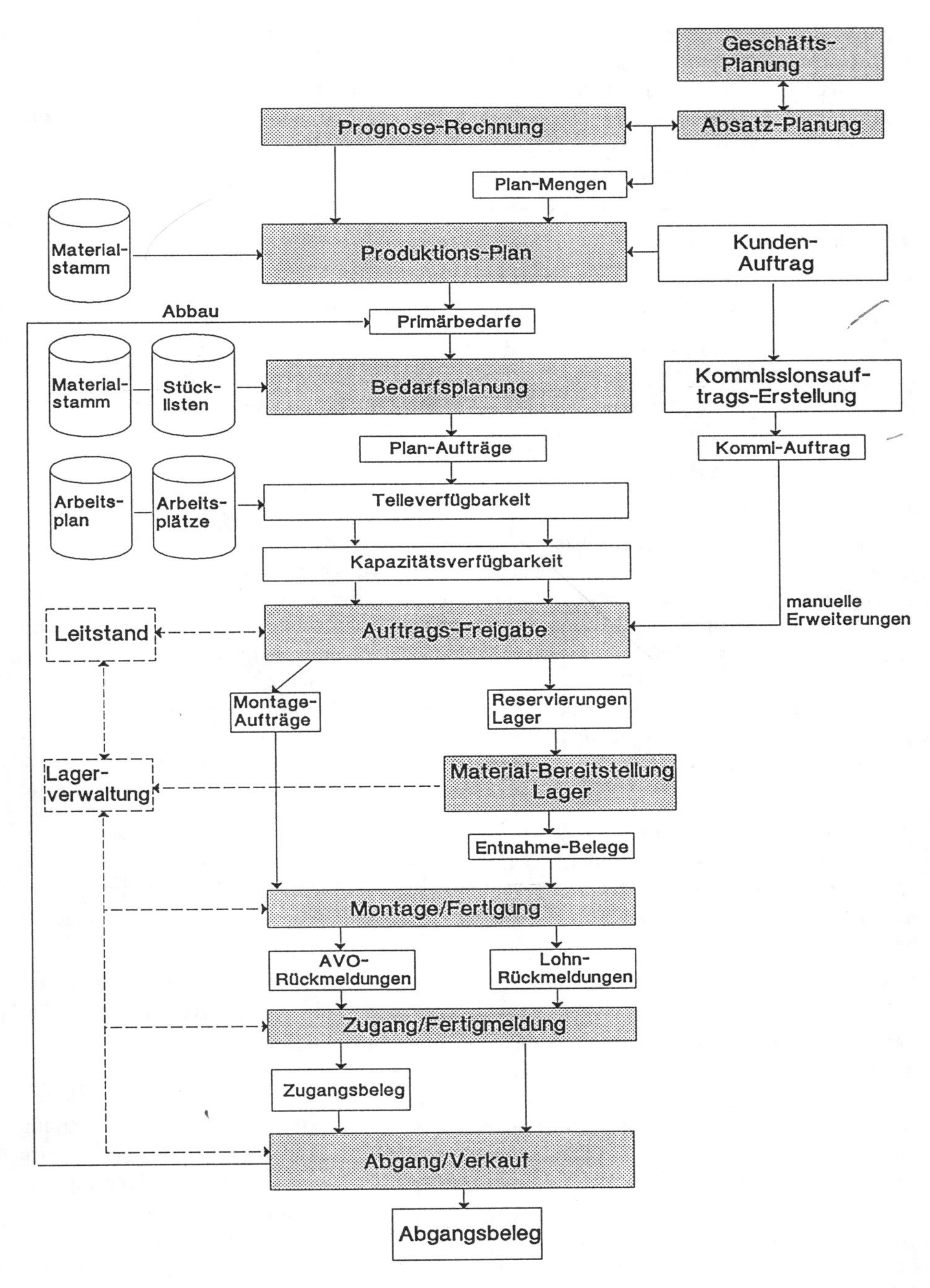

Bild 3-13 System-Gesamtzusammenhang Montageaufträge

durchgeführt werden. Die Kapazitätsverfügbarkeit wird in Form einer einfachen Grafik für jede Maschinengruppe angezeigt. Die Teileverfügbarkeitsprüfung erfolgt entweder statisch oder dynamisch. Bei der statischen Prüfung wird gegen den aktuellen verfügbaren Lagerbestand geprüft. Eine dynamische Verfügbarkeitsprüfung berücksichtigt darüber hinaus die einzelnen Bestellanforderungen, Fertigungsaufträge, Planaufträge, Primärbedarfe, Sekundärbedarfe und Reservierungen.

Die erzeugnis- oder teilenummernbezogene Verfügbarkeitsprüfung kann auch für Kundenanfragen eingesetzt werden. Es wird:

- der frühestmögliche Liefertermin und
- die Verfügbarkeitsdaten über Teile und Kapazitäten ermittelt.

Ausgehend von der Planung soll nun für den Montagesteuerungskreis noch die Schnittstelle zum Materialfluß betrachtet werden. Die Bevorratung an Komponenten für die Montage erfolgt in einem Kommissionierlager. Die für die Montage benötigten Komponenten werden nun auch für die Auslagerung nach den Arten:

- Dauerverbrauchsteile und
- Kommissionierteile

unterschieden. Die Kommissionierteile werden auftragsbezogen aus den Lägern bereitgestellt. Die Dauerverbrauchsteile werden auftragsanonym (behälterweise) den Montagearbeitsplätzen zugeführt. Dabei beträgt der Teilevorrat weniger als ein Wochenbedarf. Es kann dadurch für die meisten Teile die sogenannte Zweibehältermethode angewendet werden (vgl. Kapitel 3.6.1.2). Da dadurch eine auftragsbezogene Entnahmebuchung bei den Dauerverbrauchsteilen nicht möglich ist, kann auch nicht auf einen Kostenträger gebucht werden. Dies bedeutet, daß normalerweise nur eine verbrauchsgesteuerte Disposition in Frage kommt. Um dennoch eine bedarfsgesteuerte Disposition durchführen zu können, müssen die Dauerverbrauchsteile bestandsmäßig in der Montage geführt werden. Dies erfolgt durch sogenannte Produktionsläger.

Die Verbuchung der aus den Produktionslägern entnommenen Teile erfolgt retrograd nach Fertigstellung der einzelnen Produkte. Um eine ordnungsgemäße Buchung sicherzustellen, ist dementsprechend je Baureihe ein Produktionslager maschinell zu führen. Bei der Entnahme aus dem Kommissionierlager ist deshalb dem Materialflußsystem der genaue Ziellagerort bekanntzugeben.

Das Bild 3-13 zeigt den Verlauf für den Steuerungskreis 1, die Montage, die einzelnen Funktionen. Deutlich wird, daß ausgehend von der Auftragsfreigabe die logistischen Abläufe innerhalb des Produktionsbereiches Montage noch über einen sogenannten Leitstand gesteuert werden. Dieser Leitstand erhält von dem übergeordneten Materialbedarfsplanungssystem die Ecktermine übergeben, innerhalb derer eine Optimierung auf Montageebene erfolgt. Hiermit werden Planungsgrößen optimiert, die innerhalb einer vergleichbar größeren Bedarfsplanung und Kapazitätsplanung aus der übergeordneten Ebene nicht betrachtet werden können. Im einzelnen sind dies beispielsweise kurzfristig auftretende Kapazitätsschwankungen für Personal (auch Krankheitsfälle), Nichtverfügbarkeit von Werkzeugen oder Vorrichtungen, Nichtverfügbarkeit von Betriebsmitteln oder auch Störungen des Betriebsablaufes durch mangelnde Qualität der zur Weiterbearbeitung übergebenen Materialien. Den realisierten Funktionsumfang zeigt anschaulich das Bild 3-14.

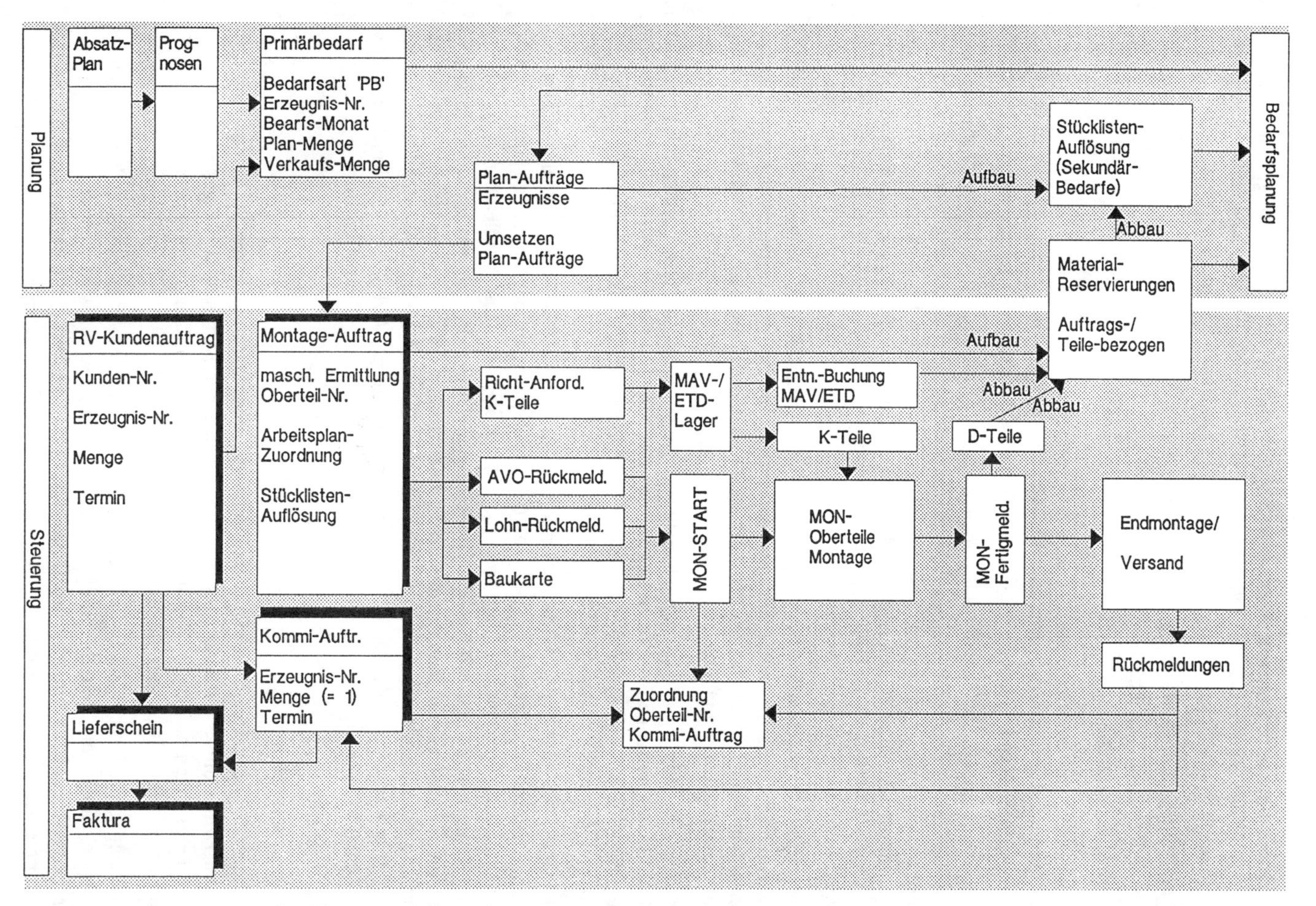

Bild 3-14 Funktionszusammenhang Oberteilmontage

3.6.2.4 Zeitwirtschaft und Kapazitätswirtschaft

Die Kapazitäts- und Zeitwirtschaft plant den zeitlichen Ablauf der Aufträge unter Berücksichtigung der zur Verfügung stehenden Kapazitäten. Termin- und Kapazitätsplanung sind aufgrund ihrer Abhängigkeit parallel durchzuführen. Dabei erfolgt:

- eine Durchlaufterminierung,
- eine Kapazitätsbedarfsrechnung,
- ein Kapazitätsabgleich und
- eine Reihenfolgeermittlung.

Die Durchlaufterminierung ermittelt für jeden Arbeitsgang die Anfangs- und Endtermine. Dabei werden Kapazitätsrestriktionen nicht berücksichtigt.

Ausgehend von einem festen Endtermin kann eine Rückwärtsterminierung erfolgen, die dann den Starttermin für einen Auftrag festlegt. Liegt dieser in der Vergangenheit, so kann eine Vorwärtsterminierung erfolgen. Dabei wird der Starttermin auf den aktuellen Zeitpunkt gelegt und die Arbeitsgänge aus den Arbeitsplänen entsprechend in die Zukunft terminiert. Durch die Addition der jeweiligen Durchlaufzeiten ermittelt dieses Verfahren dann den möglichen Endtermin.

Die Differenz zwischen frühestmöglichem und spätestmöglichem Anfangs- bzw. Endtermin einzelner Arbeitsgänge bzw. Aufträge ergibt jeweils die Pufferzeit. Innerhalb dieser Zeit lassen sich einzelne Arbeitsgänge oder Aufträge ohne Auswirkung auf den Endtermin oder den Anfangstermin verschieben.

Als weitere Möglichkeit kann noch eine Mittelpunktsterminierung durchgeführt werden. Diese erfolgt ausgehend von fixen Engpässen im Produktionsbereich. Ausgehend von diesem Engpaß wird ein Teil eines Auftrages, der über dieses Betriebsmittel läuft, vorwärtsterminiert und ein anderer Teil rückwärtsterminiert.

Die Kapazitäts- und Zeitwirtschaft hat zum einen die Aufgabe, auf der Ebene der Bedarfsplanung Vorgaben zu erarbeiten, die ein unterlagertes System auf der Steuerungsebene als Rahmenbedingungen erhält. Auf der Steuerungsebene können dann die gleichen Algorithmen zur Terminierung eingesetzt werden. Hier erfolgen weitere Maßnahmen zur Optimierung. Es handelt sich dabei in der Hauptsache um die Reduzierung der Übergangszeiten, um eine Verkürzung der eingeplanten Pufferzeiten zu erhalten. Dies erfolgt zum Ausgleich von Störungen. Eine Verkürzung der Durchlaufzeiten kann nur durch Verkürzung der Zeiten auf dem kritischen Pfad erfolgen. Von einer Durchlaufzeitverringerung betroffen sind:

- Liegezeiten und
- Transportzeiten.

Weitere Möglichkeiten in der Durchlaufzeitverkürzung bestehen durch Splittung eines Auftrages. Durch diese Methode werden die Mengen eines Fertigungsauftrages in mindestens zwei Teilmengen aufgeteilt. Die so gebildeten Teillose werden auf mehreren gleichartigen Betriebsmitteln zeitlich parallel gefertigt.

Eine Durchlaufzeitverkürzung kann ebenfalls durch die Überlappung von Arbeitsvorgängen erfolgen. Ein auf ein Betriebsmittel befindliches Fertigungslos wird nicht erst nach kompletter Fertigstellung an ein nächstes Betriebsmittel übergeben, sondern bereits nach Fertigstellung eines Teilloses erfolgt die Übergabe einer Teilmenge an das nachfolgende Betriebsmittel.

Die Verfahren zur Fertigungssteuerung und der darin enthaltenen zeit- und kapazitätswirtschaftlichen Algorithmen sind in der Literatur ausreichend beschrieben. Es sollte deshalb an dieser Stelle nicht mehr darauf eingegangen werden.

3.6.3 Zentrale-/dezentrale Arbeitsverteilung

Die Planungs- und Steuerungsalgorithmen der Produktionslogistik dienen als Grundlage für eine mengen-, zeit- und ortsgetreue Disposition aller innerbetrieblichen Abläufe. Wie wir bereits anhand der Kapazitäts- und Zeitwirtschaft gesehen haben, können die Algorithmen auch auf unterschiedlichen Ebenen des betrieblichen Geschehens eingesetzt werden. Die Algorithmen bleiben dieselben, lediglich die Dateninhalte, die innerhalb der Algorithmen bearbeitet werden, ändern sich. Diese Tatsache schafft die Grundlage dafür, verstärkt darüber nachzudenken, welche Funktionen zentral und welche Funktionen dezentral innerhalb eines Unternehmens ausgeführt werden. Ausgehend vom Absatzplan nimmt die zu bearbeitende Datenmenge über Produktionsplanung, Materialbedarfsplanung bis hin zur Fertigungssteuerung stark zu. Sind auf der Fertigungssteuerungsebene mehrere Unternehmensbereiche (Fertigungsinseln, Werkstätten, Gruppen) zu steuern, so ist dies aufgrund der Datenfülle zentral kaum noch möglich. Andererseits ist es kaum sinnvoll, eine Materialbedarfsplanung für einzelne Fertigungseinheiten zu dezentralisieren. Die Bedarfe rühren alle aus einem Absatzplan her. Aus diesen Primärbedarfen resultieren letztendlich alle innerbetrieblichen Abläufe. Die sinnvollste Schnittstelle ergibt sich hier nach der Bedarfsplanung, aus der die jeweiligen Anforderungen an die einzelnen Unternehmenseinheiten generiert werden. Zentral kann die Bedarfsermittlung und die Kapazitätsplanung erfolgen. Hieraus werden die Vorgaben für die einzelnen Unternehmenseinheiten gebildet, nach denen sie sich selbst steuern können.

3.6.4 Dezentrale Fertigungsinsel

Bei diesem Realisierungskonzept handelt es sich um einen organisatorischen Ansatz, der aber nur wirkungsvoll eingesetzt werden kann, wenn auch die Anbindung an ein Planungssystem realisiert ist.

Auf die in den Abschnitten 3.5.2 und 3.6.2.2 beschriebene Produktanalyse und auf die darauffolgende Zerlegung der Erzeugnisse in planbare Komponenten erfolgte eine nähere Betrachtung der Baugruppen hinsichtlich ihrer Plan- und Steuerbarkeit. Dabei zeigte sich, daß die Nähbild-Unterklassen (NU) ein Produkt am Produkt darstellen.

Nähbildunterklassen oder Nähwerkzeuge weisen sowohl kundenspezifischen als auch anwendungsspezifischen Charakter auf. Sie fixieren und transportieren das Nähgut. Die kundenspezifische Nachfragestruktur ist dabei von der augenblicklichen Mode geprägt und zeichnet sich durch eine große Anzahl an Nähwerkzeug-Varianten aus. Dies bedeutet, daß eine schnelle Reaktionsfähigkeit auf die jeweiligen Kundenwünsche gefordert ist. Daraus resultiert die Forderung nach kurzen Durchlaufzeiten und hoher Flexibilität in der Fertigung.

Das Prinzip einer Fertigungsinsel besteht darin, arbeitsteilig ausgeführte Operationen innerhalb einer Arbeitsgruppe so zusammenzuführen, daß ein Bauteil möglichst komplett bearbeitet wird. Ein weiteres wesentliches Merkmal einer Fertigungsinsel ist die Gruppierung von planerischen und dispositiven Aufgaben in die Insel. Die Funktionen Disposition, Arbeitsplanung, NC-Programmierung, Termin- und Kapazitätssteuerung und Werkzeugwesen sind in der Insel konzentriert. Es ergibt sich somit ein sich selbststeuernder Regelkreis, der auftragsseitig eine Anbindung an ein vorgelagertes Produktionsplanungs- und Steuerungssystem benötigt. Da auch ausgehend von verschiedenen Standardwerkzeugen kundenspezifische Varianten konstruiert, geplant und gefertigt werden müssen, war es notwendig, die entsprechende Konstruktionsgruppe dieser Fertigungsinsel zuzuordnen. Es entstand somit ein Betrieb im Betrieb, der innerhalb vorgegebener Grenzen aus dem vorgelagerten Planungssystem die Arbeitsabläufe optimiert.

Durch Änderung der Arbeitsablauforganisation und Einsatz moderner Betriebsmittel (NC-, CNC-, DNC-Technologien) anstelle herkömmlicher Technologien konnte die Anzahl der Arbeitsgänge von vormals 52 auf 20 reduziert werden. Durch die Verminderung der Steuerbereichswechsel um ca. 90% reduzierte sich die Gesamtdurchlaufzeit um 75%. Steuerbereichswechsel waren dabei Stellen, an denen jeweils ein Aus- und Einlagerungsvorgang anfiel. Der Einsatz moderner Betriebsmittel hatte zur Folge, daß die Rüstzeiten um 80% reduziert werden konnten. Die zur Insel gehörenden Umlaufbestände konnten von ca. 70.000,- DM auf ca. 5.000,- DM reduziert werden.

3.7 Schlußbetrachtung

Die vorliegende Darstellung zeigt die Produktionslogistik als Instrument ablauforganisatorischer Optimierungen. Das Ziel ist die Eliminierung von nicht wertschöpfenden Tätigkeiten und ein effizientes Management der verbleibenden Gemeinkosten in diesem Arbeitsfeld.

Keiner der heute gängigen organisatorischen Ansätze oder die Produktionsplanungs- und Steuerungssysteme bilden für sich genommen ein Instrumentarium, das eine optimale Lösung der produktionslogistischen Problemstellungen bietet. Die Methoden und Hilfsmittel sind entsprechend der vorliegenden Bedingungen zu kombinieren. Zweifelsohne sind aber PPS-Systeme bis auf eine geringe Zahl der Anwendungsfälle heute aus keinem Unternehmen mehr wegzudenken. Sie bilden den dispositiven Kern der logistischen Maßnahmen und bieten durch parallele Betrachtung von Mengen- und Wertefluß die Anbindung an betriebswirtschaftliche Abläufe.

Um die Vorteile der im Markt gängigen Methoden und Hilfsmittel gänzlich nutzen zu können, müssen alle Randbedingungen mit in ein logistisches Konzept einfließen. Hierin besitzt die „Querschnittsfunktion“ Logistik ihre Hauptaufgabe. Sie hat die funktionsbereichsübergreifenden Zusammenhänge zusammen mit den operativen Stammfunktionen

- Marketing/Vertrieb
- Entwicklung/Konstruktion
- Produktion

zu verbessern. Hierbei steht die Produktionslogistik im Mittelpunkt zwischen Markt und Entwicklung. Es sind neben kurzen Entwicklungszeiten („simultaneous engineering“) in der Fertigung kurze Durchlaufzeiten und kurze Reaktionszeiten auf Kundenwünsche zu realisieren.

Dies kann in erster Linie durch ein logistikgerechtes Produkt geschehen. Dabei können auch bei vorhandenen Produkten durch entsprechend strukturiertes Vorgehen erhebliche Erfolge erzielt werden.

Die 80er Jahre brachten der Schnittstelle zwischen Konstruktion und Produktion durch das „design to manufacture“ Verbesserungen dahingehend, daß die Konstruktion fertigungsgerechte Produkte/Bauteile entwarf. Die frühzeitige Berücksichtigung fertigungstechnischer Möglichkeiten stand im Vordergrund.

Die kommenden Jahre müssen davon geprägt sein, logistikgerechte Produkte zu entwickeln. Es steht dabei eine späte Variantenbildung für Endprodukte im Produktionsprozeß im Vordergrund. In der Zusammenarbeit zwischen Produktmanagement und Entwicklung muß dieser Gedanke bereits im Produktkonzept berücksichtigt werden. Ausgehend von Basismaschinen müssen Varianten spät im Fertigungsprozeß realisiert werden können. Für die 90er Jahre heißt dies „design to logistics“.

4 Lager-, Puffer-, Bereitstellungsstrategien und Systeme

Markus Venitz

4.1 Einführung

Lager-, Puffer- und Bereitstellungsstrategien bilden einen wesentlichen Bestandteil im innerbetrieblichen, aber auch in allen außerbetrieblichen Materialflußbetrachtungen.

Mit umfassenden Verbesserungen und Rationalisierungen in den direkten Produktionsbereichen, der Optimierung der Montage- und Fertigungsabläufe, wächst die Bedeutung und Notwendigkeit zur weiteren Erhöhung der Effizienz bei der Lagerung bzw. Pufferung und Bereitstellung von Teilen und Produkten.

Hier soll ein grundsätzlicher Überblick gegeben werden, welche unterschiedlichen Lager- und Puffermöglichkeiten und Systeme bestehen:

- bei der Anordnung
- bei der Integration
- beim Aufbau und der technischen Gestaltung
- bei der Abgrenzung hinsichtlich des Lagergutes
- bei der wirtschaftlichen Auslegung

Bei der Darstellung von Lager- und Puffersystematiken wurde bewußt auf eine durchgängige Unterscheidung des Puffer- und Lagerbegriffes Wert gelegt.

Neben diesen Fragestellungen erfordern neue logistische Strukturen in und zwischen den Unternehmen und Begriffe wie Just-in-Time, CIM und PPS die Beantwortung der Fragen, wann und warum überhaupt Läger und Puffer notwendig sind. Im Rahmen der vorliegenden Themenstellung werden hierzu in den jeweiligen Kapiteln grundlegende Entscheidungsmerkmale und Kriterien dargestellt.

Die Leistungsfähigkeit von Materialflußsystemen und den Komponenten ist wesentlich von dem Ablauf und der Ausgestaltung der Teile- und Produktbereitstellung abhängig. In dem Kapitel Bereitstellungsstrategien wird ein Überblick über mögliche Abläufe und Verfahrensweisen bei der Bereitstellung gegeben.

Mit der Betrachtung der Lager-, Puffer-, Bereitstellungsstrategien und Systeme soll neben der überblickmäßigen Darstellung eine Entscheidungshilfe zur Verbesserung des Materialflusses und der logistischen Abläufe gegeben werden.

4.2 Voraussetzungen und Rahmenbedingungen

4.2.1 Lagerung, Pufferung und Bereitstellung als aktuelle Logistikelemente

Verschärfte Wettbewerbssituationen, einhergehend mit ständig wachsenden Anforderungen hinsichtlich steigender Teile- und Produktkomplexität, verbunden mit einer zunehmenden Anzahl und Vielfalt an Sach- und Teilenummern, die es in den Unternehmen zu handeln gilt, verringerte Produktlebenszyklen und ein wachsender Anteil an kundenindividuellen Lösungen führen zu neuen Aufgabenstellungen in Industrie und Handel.

Dabei verschärft sich die Anforderungssituation zusätzlich durch übergreifende/länderübergreifende Entwicklungen und Strukturen [1]:

- Sättigung der Absatzmärkte in den Industrieländern führt zu verschärftem Branchenzyklus und verursacht Schwankungen bei der Auslastung in den Unternehmen und den verbundenen Zulieferern
- Steigende Kosten im Vorleistungsbereich, Kosten für Roh-, Hilfs- und Betriebsstoffe
- Innovationen in der Produkt- und Fertigungstechnologie
- Allgemeine kosteninflationäre Tendenzen
- Erhöhung grenzüberschreitender Kapital- und Güterströme infolge der Ausdehnung internationaler Verbundfertigung

Die industrielle Produktion erfährt dadurch eine Veränderung in den produktionswirtschaftlichen und logistischen Zielsetzungen [1,2]:

- Senkung der Durchlaufzeiten
- Verringerung der Kapitalbindungskosten und Gemeinkosten, einschließlich der Steuerungs- und Informationskosten
- Verbesserung des Lieferservices
- die Ver- und Entsorgung des Unternehmens

Bei der veränderten logistischen Zielsetzung steht dabei eine Abstimmung der Kosten- und Leistungsbereiche sowie die Berücksichtigung der logistischen Gesamtleistung an Stelle der isolierten Betrachtung der logistischen Einzelleistungen [1].

Aus den genannten Zielsetzungen ergeben sich neue Anforderungen an Lagersysteme, verbundene Konzeptionen und an die Bereitstellung.

Bei weiteren Rationalisierungen sind Überlegungen gefordert, die das Lager bzw. die Notwendigkeit der Lagerung und Bevorratung von Teilen und Produkten (Vor-, Teil- und Fertigerzeugnisse) in Frage stellen, hinsichtlich:

- Lagermengen und Reichweiten
- Notwendigkeit der Lagerung/Zwischenlagerung überhaupt
- Bereitstellungs- und Kommissioniersystematik
- Steuerung und Verwaltung des Lagers

Bei der Ableitung neuer logistischer Anforderungen sind das Lager, aber auch leistungsfähige Puffer- und Bereitstellungssysteme von zentraler Bedeutung [2].

Unter der Berücksichtigung von JIT- und CIM-Strategien ist einerseits die Lagerung von Materialien und Teilen in Frage zu stellen, aber andererseits bleibt das Lager wesentliches Element der logistischen Systeme, „und zwar nicht mehr als Materialhäufungsstätte, aus der über hohe Bestände ein großes Maß an Flexibilität abgeleitet werden kann“, sondern vielmehr als ein integriertes Materialfluß- und Logistikelement [2, S.1].

Angepaßten Puffer- und Bereitstellungssystemen kommen neben dem Lager als wesentlichem, integriertem Element der Unternehmenslogistik wachsende Bedeutung zu, sowohl als Ergänzung zum Lager aber auch in der Funktion vollwertiger Ersatzssysteme/Lösungen.

Bei der Betrachtung der Logistikkosten in einem Unternehmen wird die Bedeutung von Verbesserungen bei Lagerung aber auch bei der Bereitstellung deutlich. Die technische Auslegung, aber auch der Standort der Läger sowohl inner- als auch außerbetrieblich wirken sich zusätzlich auch auf die Höhe der anfallenden Transport- und Bereitstellungskosten aus. Der Vergleich der Kostenkomponenten in der Logistik zeigt, daß der Hauptanteil der Kosten von dem Transport und der Lagerhaltung in Anspruch genommen wird.

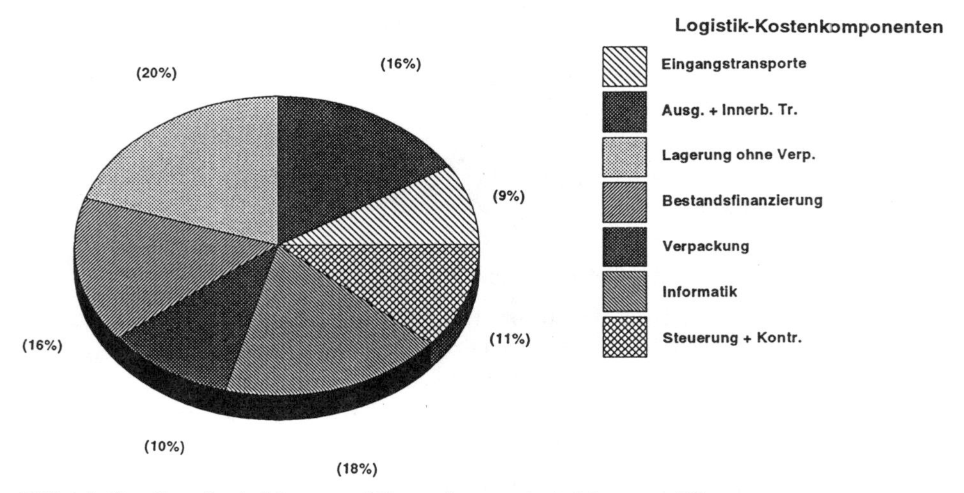

Bild 4-1 Verteilung Logistikkosten und Kostenelemente, in Anlehnung an [3]

Eine Optimierung bei der Lagerung, Pufferung und Bereitstellung erfordert die Berücksichtigung von Einzelzielsetzungen in den Unternehmensbereichen. Hierbei ist die Bewertung der dort vorhanden konkurrierenden Zielsetzungen letztlich entscheidend für die Umsetzung und das vorhandene Potential zur Optimierung und Verbesserung bei:

- der Anzahl, Art und Ort der Läger
- den Reichweiten
- dem Aufbau und Gestaltung von Puffern

- der Reduzierung der Läger zugunsten von Puffern
- der Reduzierung der Puffer zugunsten einer direkten Bereitstellung
- der Verbesserung der Bereitstellungssystematik im Lager und im Pufferbereich bzw. als selbständige, unabhängige Systematik

Die Optimierung im Sinne einer Bestandssenkung erfordert die Lösung von Zielkonflikten in den Unternehmensbereichen und den verbundenen Funktionszielen:

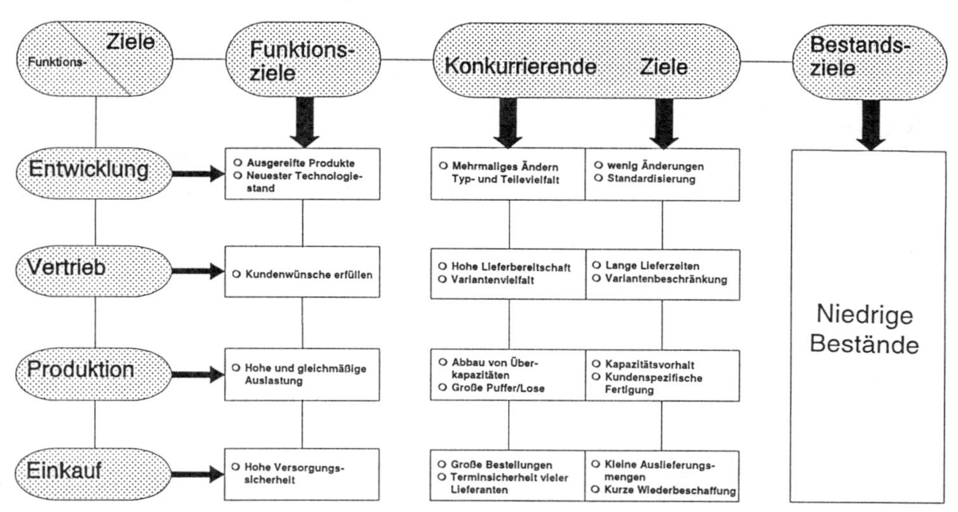

Bild 4-2 Logistik und Bestandssenkung – Zielkonflikte in Anlehnung an [1]

Eine gesamtheitliche Betrachtungsweise erfordert ein umfassendes und vernetztes Denken in allen Richtungen und Stufen:

- bei der Beschaffung
- in allen Fertigungs- und Montagebereichen
- bei der Distribution

Eine solche Betrachtungsweise führt zu neuen Zielsetzungen und Rahmenbedingungen [4]:

Beschaffung:

- weniger Lieferanten
- internationale Lieferanten (Global Sourcing)
- Weitere Reduzierung der Kapitalbindung
- Ersetzen der Bestände durch vebesserte Information
- Verstärkung und Verbesserung des Datenaustauschs mit den Lieferanten

Produktion:

- Reduzierungen von Lager-und Umschlagstiefe
- Veränderung der Fertigungs- und Arbeitszeitstrukturen

- Harmonisierung der Anlagenkonzeptionen bei Lager- und Fördersystemen
- Harmonisierung der Maschinen und Arbeitsgänge
- Schaffung von gemeinsamen Bestandsführungssystemen

Distribution:

- Loslösen von nationalen Märkten
- Aufbau von Vertriebszentren z.B. für die Ersatzteilversorgung
- Direktsteuerung der Vertriebszentren/Kunden
- Direktbelieferung der Vertriebszentren/Kunden

Kerngedanke bei allen Verbesserungsansätzen muß eine Ausrichtung auf den aktuellen Marktbedarf, sprich den Kunden, sein. Nur, was der Kunde braucht und will, kann ich verkaufen, produzieren und einkaufen.

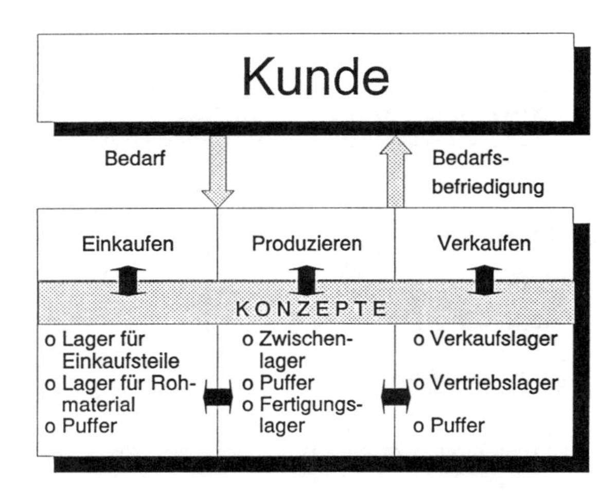

Bild 4-3
Der Einfluß des Kunden auf das Lager- und Pufferkonzept

Die erreichbare Optimierung der Lager-, Puffer- und Bereitstellungssysteme hängt direkt von dem in den Unternehmen vorliegenden Strukturen und Anforderungen ab. Die Lösung muß individuell und eigens für jedes Unternehmen und seine Produkte und damit verbundenen Rahmen- und Technologiebedingungen wirtschaftlich entschieden und gelöst werden.

Unabhängig von der angestrebten/realisierten Lösung bzw. der Zielsetzung des Unternehmens gilt, daß mit den wachsenden Anforderungen, wie z.B. bei der Reduzierung der Bestände im Unternehmen, die Anforderungen an die Lagerung, Pufferung und Bereitstellung steigen. Im Falle der Bestandsbetrachtung gilt auf jeden Fall die Aussage, daß, je niedriger das erreichte Bestandsniveau bzw. die Reichweite in einem Unternehmen ist, die Anforderungen an die Organisation steigen [5, S3].

4.2.2 Begriffsabgrenzung – Lagerung, Pufferung, Bereitstellung

Die Begriffe der Lagerung, Pufferung und Bereitstellung sind sehr eng miteinander verzahnt und werden in der betrieblichen Praxis oftmals nicht voneinander getrennt. Da jedoch erhebliche Unterschiede sowohl in der Ausprägung, den damit verbundenen Abläufen, aber auch in der Zielsetzung und Auswirkung bestehen, wird an dieser Stelle bewußt eine klare Trennung vollzogen.

Bei der Definition des Begriffes Lager kann in einer gesamtheitlichen Betrachtungsweise nur ein prozeßorientierter Ansatz sinnvoll sein. Ein Lager ist die Sammlung, Aufbewahrung, Bevorratung, oder wie man es auch immer nennen mag (die Begriffsvielfalt ist in der Praxis nahezu unbegrenzt aber auch gleichzeitig völlig unerheblich für die Aussage bzw. die Definition) von Material oder Teilen infolge eines diskontinuierlichen, nicht aufeinander abgestimmten Materialflusses, bei dem der Zustrom des Materials oder der Teile nicht mit dem Abfluß übereinstimmt [6, S.78]. Die Menge des Materials, der Teile erfordert ein Lagersystem, das in seiner Anordnung und Auslegung nicht auf einen schnellen Materialdurchlauf ausgelegt ist und keine direkte Zuordnung der Materialien und Teile zu ihrem Einsatzort/ Verbauort zuläßt. Die Komplexität des Lagers erfordert eine gezielt leistungsfähige Lagerverwaltung.

Im klassischen Produktionsunternehmen lassen sich unterscheiden [6, S.79]:

Materiallager
- Lagerung von Rohstoffen, Hilfsstoffen, Kaufteilen und Abfall wie z.B. Metalle, Profile, Rohre, Glas, Verpackungsmaterial

Teilelager
- Lagerung von Zwischenprodukten, wie z.B. Kunststoff-Spritzteile, die vor der Weiterverarbeitung auskühlen müssen

Fertigprodukte/-lager
- Lagerung von fertigen, versandfertigen Produkten also neben den direkten Fertigerzeugnissen auch veräußerliche Halbfabrikate

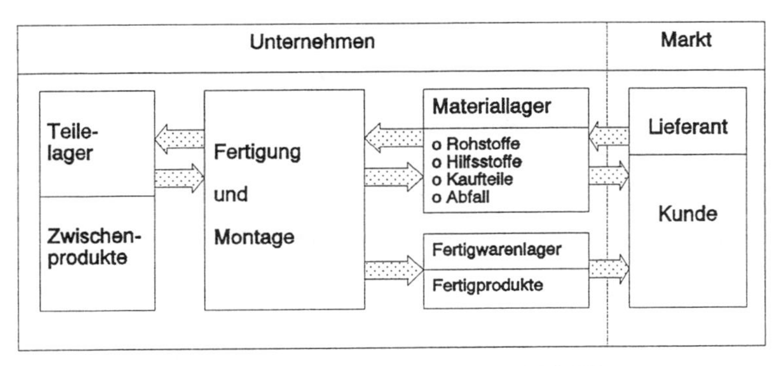

Bild 4-4 Läger im Produktionsablauf, in Anlehnung an [6, S. 79]

Die Läger werden je nach Betriebs-, Produktstruktur, Aufbau und Ablauf in der Fertigung durch die Motive verursacht:

- zeit- und mengenmäßiger Ausgleich infolge unterschiedlicher Beschaffungs-, Produktions- und Absatzzyklen
- Aufrechterhaltung und Sicherung des Produktionsablaufes bei unvorhersehbaren oder zufälligen Störungen
- Anpassung und Festlegung der Einkaufsmengen auf dem Hintergrund von möglichen Preis- und Kostenveränderungen
- Anpassung und Festlegung der Einkaufsmengen auf dem Hintergrund von möglichen Veränderungen in der Angebotsstruktur
- Prozeßbedingtes Gewährleisten von Aushärte-, Ablagerungs-und Reifezeiten usw. [6, S.78]

Der Begriff des Puffers wird in der Literatur und in der Praxis sehr unterschiedlich interpretiert. Häufig wird die Bildung von Puffern als eine Alternative zu stärkerer Koordination bzw. genauerer Planung der betrieblichen Abläufen gesehen [7, S.99].

Auf die Fertigung bzw. Abläufe in einem Industrieunternehmen übertragen, ergeben sich Puffer als Planspielräume zwischen den Ressourcen einzelner Produktionsbereiche bzw. zwischen den Produktionsbereichen und den vor- und nachgelagerten Bereichen.

Puffer werden hier definiert als die Sammlung von Teilen oder Materialien, die in Folge von Spielräumen bzw. nicht abgestimmter Kapazitäten im Materialfluß entstehen, bei dem der Zufluß nicht mit dem Abfluß der Teile und Materialien übereinstimmt. Der Puffer ist dabei z.B. direkt der Fertigung also der Verwendung/Verbauort des Teils oder Materials zugeordnet und dient ausschließlich zur Abdeckung nicht exakt einplanbarer oder zuteilbarer Ressourcen in dem direkten Anwendungsbereich. Der Puffer zielt auf eine kurze Verweildauer/ Liegezeit des Materials/der Teile ab und erfordert von seiner Größe und Komplexität kein eigenes Steuerungs- und Verwaltungssystem.

In diesem Zusammenhang sei noch darauf hingewiesen, daß bei Puffern, wie sie hier verstanden werden, auf jeden Fall die Planmäßigkeit bei Einrichtung und Betrieb der Puffer vorausgesetzt wird. Die Puffer sind damit begrifflich von ungeplanten Lagerstätten zu trennen.

Ausgehend von einer prozeßorientierten Betrachtungsweise und unter der Annahme von optimal ablaufenden Prozessen, der Material- und Teilezufluß entspricht exakt dem Material- und Teileabfluß, können Puffer auch aus organisatorischer Sicht als Erscheinung zum Ausgleich einer mangelnden Koordination gesehen werden. Diese Betrachtungsweise wird in der Literatur auch unter dem Stichwort „Organizational Slack“ definiert [8].

Die Puffer sind das Ergebnis im Rahmen der Gesamtzielsetzung Materialfluß- und Bestandsoptimierung und damit verbundenen Bestrebungen zur ständigen Reduzierung der Durchlaufzeiten. Die Bestände werden auf ein innerhalb der in dem Unternehmen vorgegebenen Rahmenbedingungen optimales Maß heruntergefahren, so daß in bzw. zwischen den einzelnen Materialfluß-Stufen nur noch die notwendigen Pufferbestände übrigbleiben.

Mit der Realisierung von Puffern steigen gleichzeitig die Anforderungen an die Steuerung im Unternehmen z.B. im Bereich der Fertigungssteuerung aber auch bei der Steuerung zum Lieferanten bzw. Kunden.

Betrachtet man in diesem Zusammenhang die häufig zitierten bestehenden Lösungen im Bereich der Automobilindustrie, Automobilhersteller und seine Zulieferer, bei denen immer wieder mit Stolz darauf hingewiesen wird, daß seit Realisierung und Umsetzung von Just-In-Time-Konzepten bei den Automobilherstellern keine Läger, sondern nur noch Puffer existieren, so werden mit Sicherheit die Potentiale deutlich, die bei Umstrukturierungen von Unternehmen generell, also nicht nur bei Automobil- oder sonstigen Großunternehmen, im Hinblick auf den Materialfluß und im Besonderen auf die Vermeidung von Lägern zugunsten der Pufferung bestehen.

Am Beispiel der Automobilindustrie und ihren Zulieferern wird auch deutlich, daß mit der Realisierung der anliefer- und bestandsoptimierten Lösungen unter Verwendung von Materialpuffern gleichzeitig erhebliche Anforderungen an die Informationen und Informationskonzepte gestellt werden. Ohne Einhaltung der notwendigen Informationsabläufe und ohne die zeitgerechte Bereitstellung aller notwendigen Informationen ist eine Optimierung bei der Lagerung, Pufferung und Bereitstellung nicht möglich.

Die Bereitstellung hat innerhalb von Materialflußsystemen und Betrachtungen von ihrer Funktion einen übergreifenden Charakter. Die Bereitstellung ist die Zurverfügungstellung von Materialien und Teile, und zwar in der Form, daß sie entsprechend ihrer angedachten Verwendung und an dem dafür vorgesehen Platz ver-, weiterverarbeitet oder versandt bzw. weitertransportiert oder entnommen werden können. Die Bereitstellung ist gekennzeichnet durch:

- direkte Weiterverarbeitung/Weiterverwendung des Teiles und Materials
- Ablauf aufgrund einer Bedarfsinformation
- Zurverfügungstellung des Materials, der Teile direkt im Materialfluß
- direkter Zugriff
- Zuordnung der Teile/Ware entsprechend der vorgesehenen Weiterverwendung:
  - Entnahme
  - Kommissionierung
  - Montage
  - Fertigung
  - Transport
- direkte Verbindung zur Durchlaufzeit, die Länge des Bereitstellungsvorganges bestimmt die Länge der Durchlaufzeit

Die zentrale Bedeutung wird besonders deutlich, wenn man vom Servicecharakter der Logistik ausgeht. Die Aufgabe der Logistik besteht dann in der Befriedigung der aus den betrieblichen Aktivitäten notwendigen Kapazitäten in allen Einzelbereichen. Je nach Betrachtungsebene, Beschaffungs-, Produktions- oder Distributionslogistik, unterscheidet sich die Bereitstellungsaufgabe [9, S.51]. Die Bereitstellung erfolgt entweder nach dem Bring- oder Holprinzip bzw. dynamisch oder statisch.

Von Bereitstellung spricht man neben der eigentlichen Bereitstellung durch die Person auch bei der Bereitstellung der Teile/Ware über Transport- oder Hilfsmittel. Das Hilfs- oder Fördermittel kann dabei die eigentliche Bereitstellung darstellen [10, S. 391].

Der schnelle Material- und Teiledurchlauf bzw. die Anordnung im Materialfluß erfordert in der Regel je nach Stufe der Bereitstellungsstufe auf Verbrauch und Verwendung abgestimmte Bereitstellungseinheiten oder Fördersysteme.

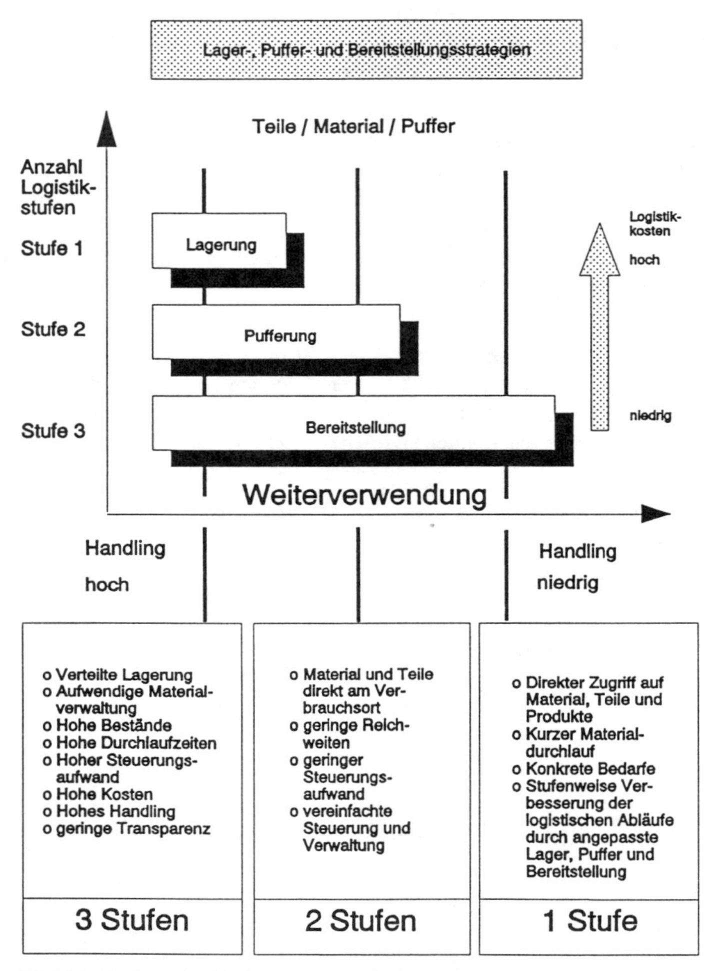

Bild 4-5 Stufenweise Verbesserung der logistischen Abläufe durch angepaßte Läger, Puffer und Bereitstellung

4.2.3 Auswirkungen von Lägern, Puffer und Bereitstellung auf den Materialfluß

Unter Materialfluß versteht man die Verkettung aller Vorgänge beim Gewinnen, Be- und Verarbeiten, sowie bei der Verteilung von stofflichen Gütern innerhalb festgelegter Bereiche [11, S.2].

Der Materialfluß wird in seiner Ausprägung im wesentlichen durch die Einzelelemte geprägt:

- Bearbeitung und Prüfarbeitsgänge
- Handhabungen
- Transport
- Bereitstellungen
- alle Pufferungen
- alle Lagerungen

Der innerbetriebliche und außerbetriebliche Materialfluß wird durch das Zusammenspiel all dieser Einzelkomponenten bestimmt. Dabei beeinflussen Bereitstellungen, Pufferungen und Lagerungen die Effizienz des Materialflusses auf verschiedenen Ebenen:

- Ebene 1: Materialfluß zwischen Lieferant und Kunden/Unternehmen
- Ebene 2: Materialfluß innerhalb des Unternehmens/zwischen verschiedenen Betriebsbereichen
- Ebene 3: Materialfluß innerhalb der einzelnen Betriebsbereiche/Abteilungen des Unternehmens
- Ebene 4: Materialfluß zwischen den einzelenen Betriebseinrichtungen in den jeweils betrachteten Betriebsbereichen/Abteilungen.

Ich möchte die Frage nach Auswirkungen der Einbeziehung von Pufferläger und Läger in den Materialfluß zusammenfassend damit beantworten: jeder Lagervorgang, jeder Materialaufenthalt, jede Bereitstellung, jeder zusätzliche Transportvorgang:

- beeinflußt die Transparenz der Abläufe
- erfordert zusätzliche Informationen
- erhöht die Bestände in- und außerhalb der Fertigung
- erhöht die Durchlaufzeit
- beeinflußt die Kapitalbindung
- stellt neue Anforderungen an Planung und Steuerung
- kostet zusätzliche meist wertvolle Produktionsfläche
- erfordete zusätzliche Investitionen bei Betriebsmitteln
- stellt zusätzliche Anforderungen an Wartung/Instandhaltung
- bindet zusätzliche Mitarbeiterkapazität

Die folgende Darstellung verdeutlicht, welche Bereiche in und außerhalb eines Unternehmens vom Materialfluß betroffen sind.

Auf allen bzw. zwischen allen Stufen des Materialflusses ergeben sich, je nach verfügbaren Rahmenbedingungen, Einsatzbereiche für Lager-, Puffer- und Bereitstellungssysteme. Material- und Teilebestände sind bei der Beurteilung der Güte des Materialflusses bzw. bei der Beurteilung der Logistikleistung Maßstäbe. Material- und Teilebestände finden wir i.d.R. besonders dort, wo

- ungenügende Anpassung der Ausbringung an den Bedarf,
- mangelnde Synchronisation der Fertigungsabläufe,

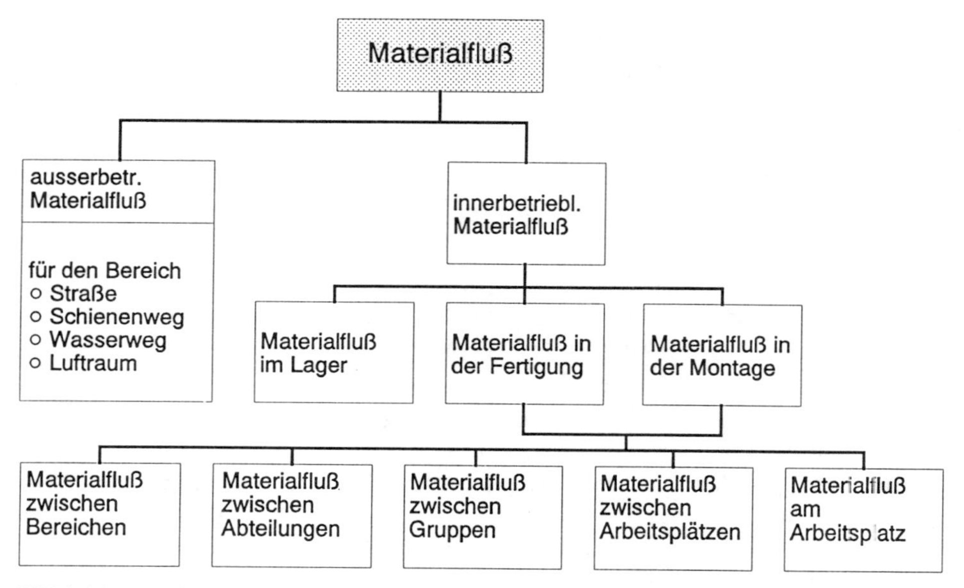

Bild 4-6 Materialflußbereiche, in Anlehnung an [12, S. 13]

- unklare Dispositions- und Steuerungsvorgaben,
- ungerechtfertigtes, kurzfristiges Bekanntwerden von Mengen-, Termin- und technischen Änderungen,
- ungenaue oder häufig fehlerhafte Zielvorgaben,
- das zu lang andauernde „sich selbst überlassen" der leistungserstellenden Einheiten (z.B. der Produktion)

charakteristisch für die Beschreibung der internen Abläufe eines Unternehmens sind [13, S.9].

Wesentliche Ursachen für die Zunahme von Beständen, neben den bereits geschilderten gesamtheitlichen Änderungen am Markt, wie z.B. die immer höher werdende Variantenvielfalt, sind Denkweisen, die die Ausnutzung vorhandener Kapazitäten, z.B. max. Maschinenauslastung, in den Vordergrund stellen.

Hier muß ein Konzept zur Verfügung gestellt und zum Einsatz gebracht werden, das auf der Basis durchgängiger Kapazitätsabstimmung und Synchronisierung eine Optimierung des Materialflusses in allen Bereichen ermöglicht.

„Neue Anforderungen an die Flexibilität des Produktionsprozesses", aber auch an die vor- und nachgelagerten Prozesse, führen bei gesamtheitlicher Betrachtungsweise zu einen gesamtheitlichen Umdenken [13, S.2].

Bei vielen Unternehmen stehen Materialflußbetrachtungen noch im Hintergrund.

Daß Handlungsbedarf besteht, wird dagegen fast ausnahmslos erkannt und die erforderlichen Maßnahmen werden zunehmend angegangen.

Im Mittelpunkt jeder Leistung eines Unternehmens, ganz unabhängig von der Art des Produktes, ist der Kunde bzw. der Markt. Der Kundenauftrag ist somit nichts anderes als eine Art Startknopf für die Produktion. Dem Kunden ist es dabei völlig gleichgültig, wie hoch die Lagerbestände oder die Maschinenauslastungen des Unternehmens sind, von dem er das Produkt beziehen möchte. Das einzige, was für ihn zählt, ist wie schnell er das gewünschte Produkt oder Teil erhalten kann. Die geforderte Qualität wird vorausgesetzt. Was zählt, ist das Ergebnis. Diese gesamtheitliche Betrachtungsweise läßt sich theoretisch auf jede Einheit im Unternehmen übertragen. Der Versand/Warenausgang ist Kunde der Montage, die Montage ist Kunde der Oberflächenbehandlung usw.

Bleibt man bei dieser Betrachtung, so ist es notwendig, daß jeder Bereich, jeder Kunde und Lieferant, aufeinander abgestimmt ist. Wenn alle Kapazitäten aufeinander abgestimmt sind, entsteht ein durchgängiger Fluß, der Materialfluß ist sichergestellt, es wird kein Lager benötigt. Das Material wird zügig bearbeitet und ohne Stau für den nächsten Bereich oder Arbeitsgang bereitgestellt. Jedes Lager ist Kennzeichen für einen gestörten Materialfluß und damit auch für den Kapitalfluß. „Das beste Lager ist kein Lager“ [14, S.13].

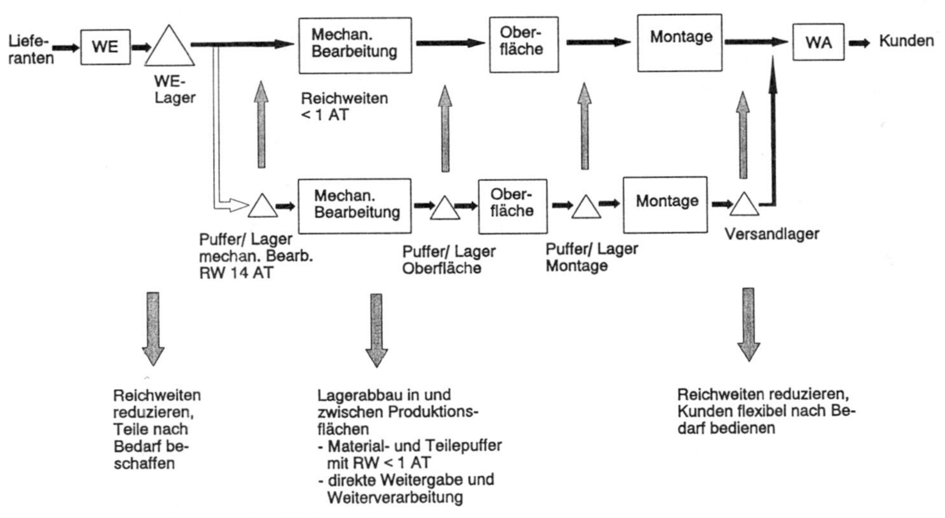

Bild 4-7 Materialflußgerechte Werksstrukturen

Ziel muß es sein, den Materialfluß so zu gestalten und durchzuplanen, daß keinerlei Stau entstehen kann. Bei solch einem Materialfluß gibt es zumindest theoretisch keine Läger oder Puffer mehr. Ein so organisierter Materialfluß bietet gleichzeitig den Vorteil, daß eine Feinsteuerung der Prozesse nicht mehr notwendig ist. Genau dieses Prinzip liegt auch dem KANBAN-Gedanken zugrunde. Beim KANBAN wird von der vorgelagerten Einheit/ Bereich Material oder Teil „gezogen“, wenn ein Bedarf entsteht, wenn z.B. das aktuelle Bearbeitungsteil fertig montiert ist und die notwendigen Einsatzmaterialien verbraucht sind. In der Praxis entstehen allerdings zwischen einzelnen Produktions- oder Lagerstätten häufig Puffer. Die Puffer decken in erster Linie Unsicherheiten zwischen den einzelnen Bereichen ab, beeinflussen die Durchlaufzeit nur wenig und können je nach Auslegung gleichzeitig die

Bereitstellung unterstützen bzw. übernehmen. Durch die geringen Materialmengen, die gepuffert werden (gepufferte Menge entspricht Unsicherheit), kann der Puffer direkt in den Verbrauchsbereich im Materialfluß integriert werden. Bei der Lagerung dagegen fallen durch Ausdehnung und Größe des Lagers zusätzlicher Verwaltungsaufwand, Transport und Bereitstellung an, so daß auch hier oftmals zusätzlich Material- und Teilepufferung in den Verbrauchsbereich, aber auch vor und nach den Einlagerungsbereichen anfallen. Der Materialfluß und Kapitalfluß wird erheblich gestört.

Einfluß von Puffer auf den Materialfluß:

- Vermeidung von zusätzlichen Transport- und Bereitstellwegen
- geringe Durchlaufzeiten
- Integration in den Materialfluß
- Transparenz
- Bestandsreduzierung/Vermeidung von wilden Beständen
- Optimale Bereitstellung

Einfluß von Lägern auf den Materialfluß:

- Zusätzliche Transport- und Bereitstellvorgänge
- Hoher organisatorischer Aufwand
- Lager-/Materialdurchlauf
- Mangelnde Transparenz
- Durch räumliche Anforderung oftmals Verzweigungen im Materialfluß
- Hoher Flächenbedarf auch durch zusätzliche Bereitstell- und Ablieferzonen im Lagerbereich bzw. in den vor- und nachgelagerten Bereichen – wertvolle Produktionsfläche entfällt als Manövrierfläche z.B. für Gabelstapler
- Oftmals zusätzliche Pufferbereiche/Pufferläger

Der Gedanke einer synchronen, lagerfreien Produktion läßt sich am einfachsten bei der klassischen Serienfertigung bewältigen. Es ergeben sich allerdings auch erhebliche Potentiale bei „Nicht-Serienfertigung". Hier bedarf es dann allerdings umfangreichen Analysen, bei denen in erster Linie als Zielsetzung die Herausarbeitung und Festlegung von geeigneten Teilen und Produkten, aber auch von geeigneten Fertigungseinrichtungen und -prinzipien für eine solche synchronisierte, lagerfreie Produktion festzuhalten sind. Oftmals sind es Anpassungen im Maschinenpark oder beim Fertigungsablauf mit geringen Investitionen, die eine Anpassung der Produktionsbereiche möglich machen.

Auch wenn es in der Produktion/Weiterverarbeitung von Teilen oder Produkten nicht gelingt, alle Produkte oder alle zu fertigende Teile zu synchronisieren, ergeben sich selbst bei Teiloptimierung erhebliche Einsparungspotentiale. Einsparungspotentiale, die nicht nur auf die Reduzierung von Beständen beschränkt sind, sondern mit der Reduzierung von Transportwegen, Verwaltungs- und Steuerungsaufwand und Bereitstellaufwand eine deutliche Verminderung der Durchlaufzeiten ermöglichen.

Bei der Bewertung der Wirtschaftlichkeit und Effizienz von Faktoren, wie z.B. verbesserte Lagerhaltung oder verkürzte Durchlaufzeiten, müssen erweiterte Wirtschaftlichkeitsuntersuchungen und Berechnungen berücksichtigt werden, die z.B. bei der Bewertung der Lagerkosten nicht nur die Zinsen und prozentuale Kosten der Lagerhaltung, sondern auch den „nicht erzielbaren Gewinn aus einer nicht finanzierbaren Investition, weil das Kapital im Materialbestand gebunden ist", berücksichtigen [15, S. 5].

Bsp. 1: Traditionelles Fertigungslayout und Materialfluß mit Mehrzweckmaschinen

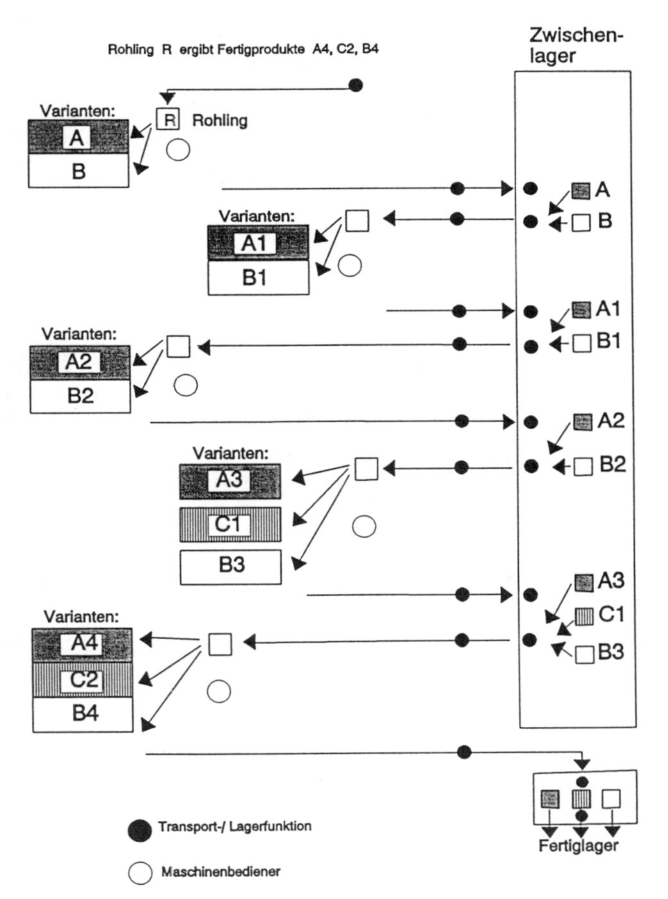

Bild 4-8 Mehrzweckmaschinen im konventionellen Fertigungsprozeß [15, S. 9]

Kennzeichen:

- Anordnung der Maschine nach Funktionsbereichen
- Lange Transportwege
- Zwischenlager

- Zusätzliche Transportwege zum Zwischenlager und zurück
- hoher Lagerbestand bei allen Zwischenprodukten
- Im Vordergrund steht Maschinenauslastung
- Losgrößenfertigung
- Mehrzweckmaschinen

Bsp. 2: Verbesserung des Materialflusses durch fertigungsintegrierte Materialpuffer

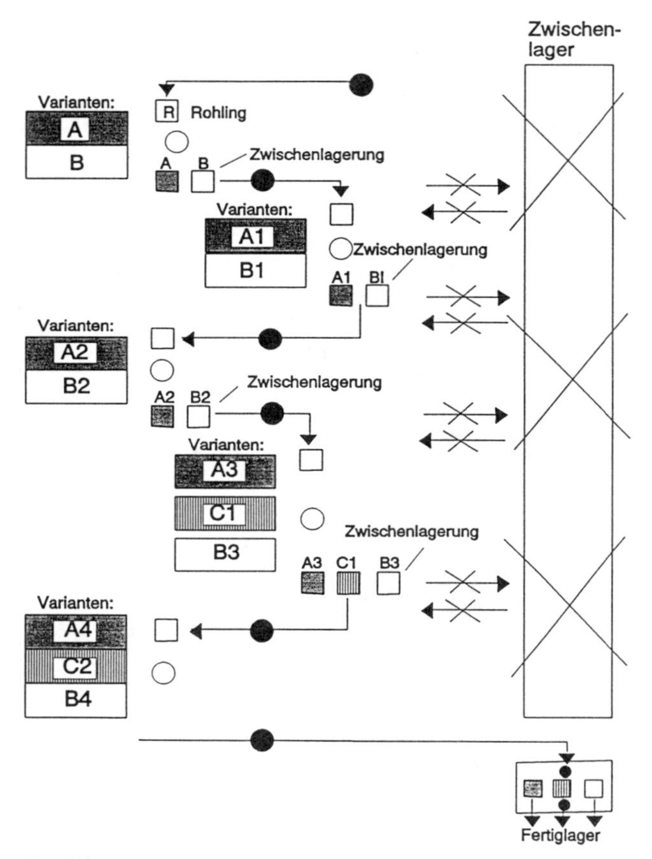

Bild 4-9 Mehrzweckmaschinen im konventionellen Fertigungsprozeß, Materiallager an den Maschinen [15, S. 10]

Kennzeichen:

- Keine aufwendigen Zwischenlager – zusätzliche Produktionsflächen
- Pufferung der Teile/Halbfertigprodukte direkt an der Fertigungseinrichtung
- Kurze Wege

- Manövrierfläche für Gabelstapler wird zur Produktionsfläche
- Losgrößenreduzierung
- Mehrzweckmaschinen

Bsp. 3: Verbesserung des Materialflusses - Fließfertigung durch Maschinenumstellung

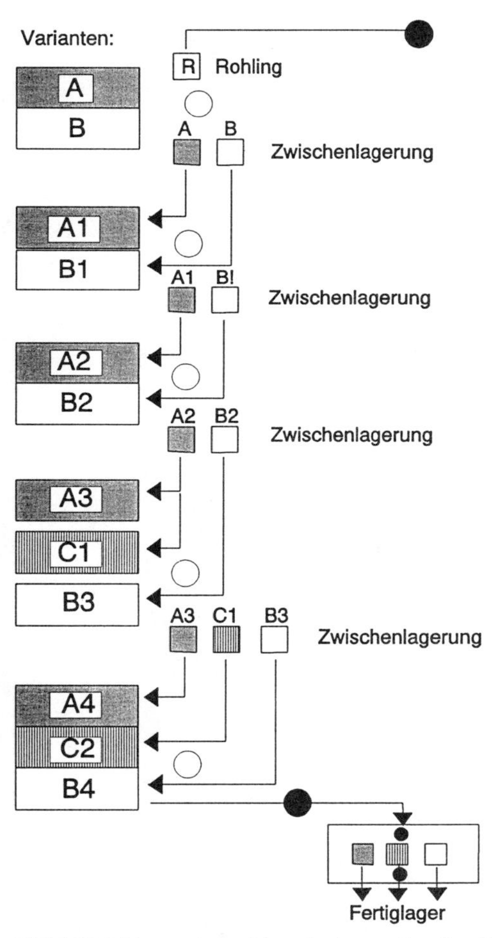

Bild 4-10 Mehrzweckmaschinen im konventionellen Fertigungsprozeß – Maschinenaufstellung im Fertigungsfluß [15, S. 12]

Kennzeichen:

- Keine aufwendigen Zwischenlager
- Pufferung der Teile/Halbfertigprodukte direkt an der Fertigungseinrichtung
- Transport zwischen den Fertigungseinrichtungen entfällt völlig

- Durchlaufzeitverkürzung durch Fertigung von der ersten bis zur letzten Fertigungsoperation
- Mehrzweckmaschinen

Bsp. 4: Verbesserung des Materialflusses – Materialbereitstellung und -Pufferung über Rollenbänder

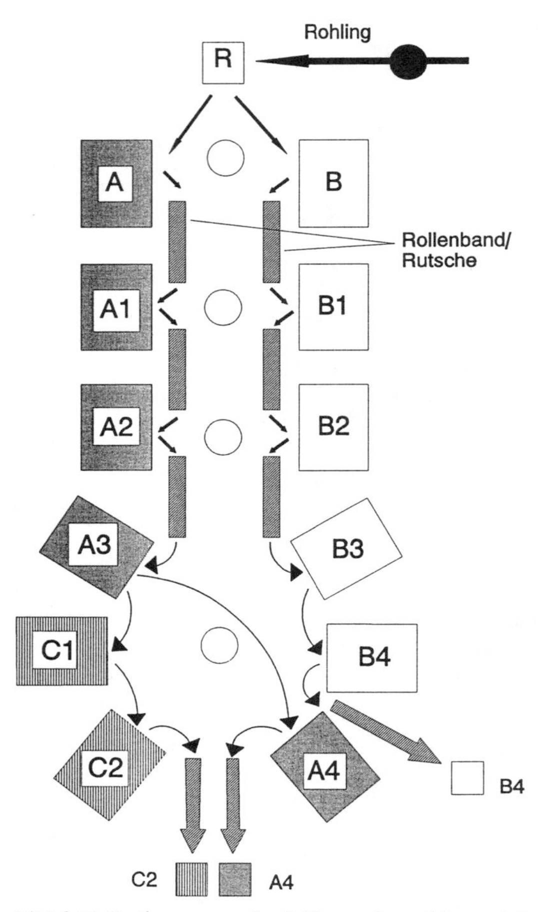

Bild 4-11 Fertigungsprozeß mit Einzweckmaschinen – integrierte Variantenfertigung [15, S. 14]

Kennzeichen:

- Transport und Bereitstellung über Rollenbänder zwischen den Fertigungseinrichtungen
- FIFO (First in first out) während der ganzen Fertigung
- Minimalbestände diktiert durch definierte Bereitstellung vorgegebener Platzbedarf
- hoher Materialdurchsatz

- keine Bindung an Fertigungslose
- Minimale Wegezeit
- im oberen Teil Fertigung im Kreis (Alternative U-Form), kein Transportbedarf/Minimalbestände durch direkte Weitergabe bzw. Bereitstellung
- in diesem Beispiel hohe Flexibilität durch Einzweckmaschinen, kein Umbau an Fertigungseinrichtungen, keine Umbausteuerung

Die Einflußgrößen bei der Gestaltung bzw. Umsetzung von Maßnahmen, die zur Optimierung der Lagerung und Bereitstellung und damit auch zur Verbesserung des Materialflusses führen, sind vielfältig und von Unternehmen zu Unternehmen sehr unterschiedlich. Die folgende Abbildung zeigt die wesentlichen Einflußgrößen und Abhängigkeiten:

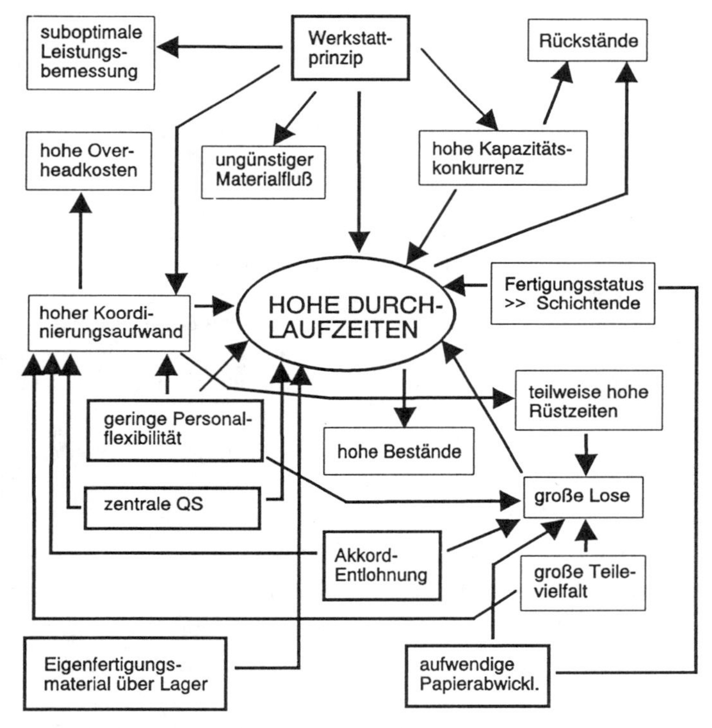

Bild 4-12 Ursachen – Wirkungsdiagramm [16]

Die Umsetzung von Maßnahmen, wie Reduzierung der Durchlaufzeit und hohem Lieferservicegrad, scheitert in erster Linie an einer Unterberechnung oder Nicht-Berücksichtigung der wirtschaftlichen Bedeutung einer flexiblen Lieferbereitschaft mit kurzen Durchlaufzeiten.

Die hier in erster Linie auf den innerbetrieblichen Materialfluß abgestellte Betrachtungsweise läßt sich direkt auch auf den Beschaffungsbereich (Anbindung des Lieferant an das Unternehmen) bzw. den Distributions-Bereich (Anbindung Kunden an das Unternehmen) übertragen.

Ein großes Problem in der Praxis stellt sich weniger, wie bereits erwähnt, in der Erkennung des Handlungsbedarfs zur Verbesserung des Materialflusses dar, sondern vielmehr in der Art und den Mitteln, mit denen häufig versucht wird, den Materialfluß durchgängiger lagerlos zu gestalten. Ansatzpunkt muß hier die Optimierung des Materialflusses, sprich die Synchronisierung und Anpassung aller am Leistungsprozeß eines Unternehmens beteiligten Bereiche sein. Es darf nicht versucht werden, durch das Aufsetzen eines idealistischen Produktionsplanungs- und Steuerungssystems auf einen gestörten Materialfluß mit entsprechender Maschinenanordnung und Lagersystemen einen staufreien, lagerlosen Durchfluß des Materials bzw. der Teile zu ersteuern.

„Zuerst ist der Materialfluß zu verbessern, dann erst ein PPS-System einzuführen“ [14, S.14].

4.2.4 Auswirkungen von JIT auf die Ausprägung und Gestaltung von Lägern und Anforderungen an die Bereitstellung

Gerade die Veränderung in der Wettbewerbssituation der einzelnen Unternehmen, hohes Qualitätsniveau und immer leistungsfähigere Produktionssysteme, führen zu neuen Schwerpunkten bei der unternehmerischen Zielsetzung. Die Logistik gewinnt immer mehr an Bedeutung, wenn es darum geht, Wettbewerbsvorteile zu realisieren und zu festigen. Ein wesentlicher Aspekt ist die Ausschöpfung von Verbesserungen im Bereich der infrastrukturellen Anbindung, insbesondere zwischen Zulieferern, Unternehmen und Kunden. Eine Verbesserung der logistischen Abläufe erfordert auch leistungsfähige Lösungen im Bereich der physischen Logistik.

Bei der Optimierung der Logistik stehen im wesentlichen folgende Zielgrößen im Vordergrund [17, S. 22 ff]:

- Papierlose Kommunikation
- direkte Umsetzung von Kundenbedarfen in Versand- und Transportaufträge
- organisatorische oder technische Verkürzung der externen Transportwege
- organisatorische oder technische Verkürzung der internen Informationsdurchlaufzeiten
- Reduzierung der Summe von indirekten und direkten Kosten im Lohn- und Gehaltsbereich
- Neuordnung der Fertigungsorganisation im Zusammenhang mit der Optimierung des innerbetrieblichen Materialflusses
- Verfügbarkeit von Planungs- und Steuerungsinstrumenten
- Aufbau von längerfristigen Lieferbeziehungen
- Nutzung von modernen Kommunikationsmittel z.B. DFÜ.

Die Versuche zur Optimierung der genannten Zielgrößen werden im wesentlichen von dem JIT-Gedanken geprüft und vorangetrieben. Es entsteht eine Logistikkette:

- das richtige Material
- die richtigen Teile
- das richtige Produkt
- die richtige Leistung
- in der richtigen Menge und
- in der geforderten Qualität
- am richtigen Ort.

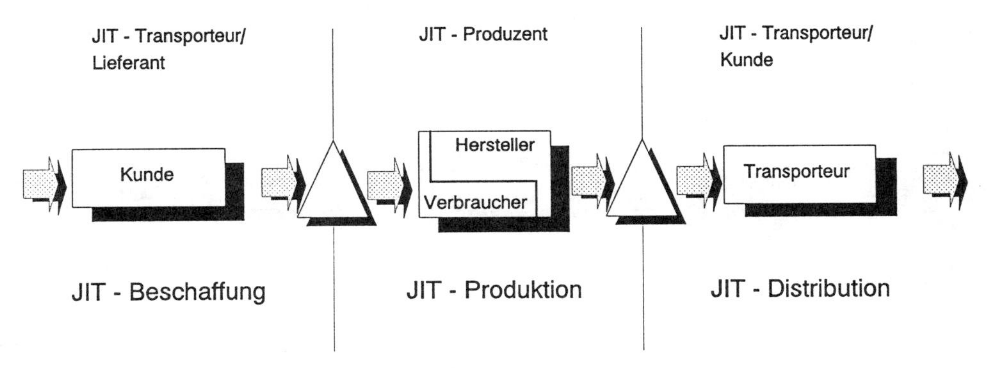

Bild 4-13 Just-in-time – Anwendungsbereiche [17]

Die Auswirkungen und Ausprägungen des JIT-Gedankens sind allerdings, richtig betrachtet, viel tiefgreifender und vor allen Dingen viel universeller als sie vielfach gesehen werden. JIT für die extreme Belastung der Straßen oder für zu hohe Lagerbestände bei den Zulieferanten verantwortlich zu machen, ist mit Sicherheit der falsche Ansatzpunkt. Vielmehr werden durch JIT die eigentlichen Schwachstellen und Brüche in der Logistikkette verdeutlicht. JIT richtig angewandt und betrachtet, bedeutet bei vielen Unternehmen, trotz vergleichbarer Produkte und Strukturen bei immer kürzeren Know-how-Vorsprüngen in Vertrieb, Beschaffung und Produktion mit deutlichen Wettbewerbsvorteilen durch ein Optimum in den Abläufen agieren zu können.

JIT ist nicht etwa nur eine verbesserte Anlieferung zu Kunden, Bsp. Zulieferant und Automobilindustrie, sondern „eine Methodensammlung mit dem Ziel einer exakten, auf den Bedarf abgestimmten Belieferung, Fertigung und Beschaffung“ [18].

Unter dieser Betrachtungsweise kann man von einem externen oder Markt-JIT und von einem Inhouse-JIT sprechen. Beim Markt-JIT wird eine abgestimmte externe Belieferung oder Beschaffung realisiert. Hier entsteht oftmals ein Bruch in den Abläufen, wenn diese Markt-Flexibilität intern mit hohen Beständen und übergroßen Lägern in- und außerhalb der Produktionsbereiche abgefangen wird. Oftmals wird den Potentialen einer innerbetrieblichen Optimierung, in Form eines Inhouse-JIT, in Form entsprechender Materialfluß- und Info-Konzepte zu wenig Beachtung geschenkt. Inhouse-JIT erfordert, ähnlich wie bei den externen Anlieferungs- und Beschaffungsvorgängen, leistungsfähige Materialflußsysteme mit der Zielsetzung einer direkten Materialbereitstellung an dem jeweiligen Einsatzort:

- Just-in-time-Anlieferung; d.h. Bereitstellung und Übernahme der Teile mit minimalem Handling, Steuerungsaufwand und Bestand [17, S.25]
- Just-in-time-Distribution; d.h. JIT-Anlieferung zum Verbraucher.
- Just-in-time-Produktion; d.h. beim internen Produktionsprozeß wird über alle Stufen die Bereitstellung der Teile und des Materials optimiert und die Produktion mit geringstem Aufwand an Lager und Puffer realisiert.

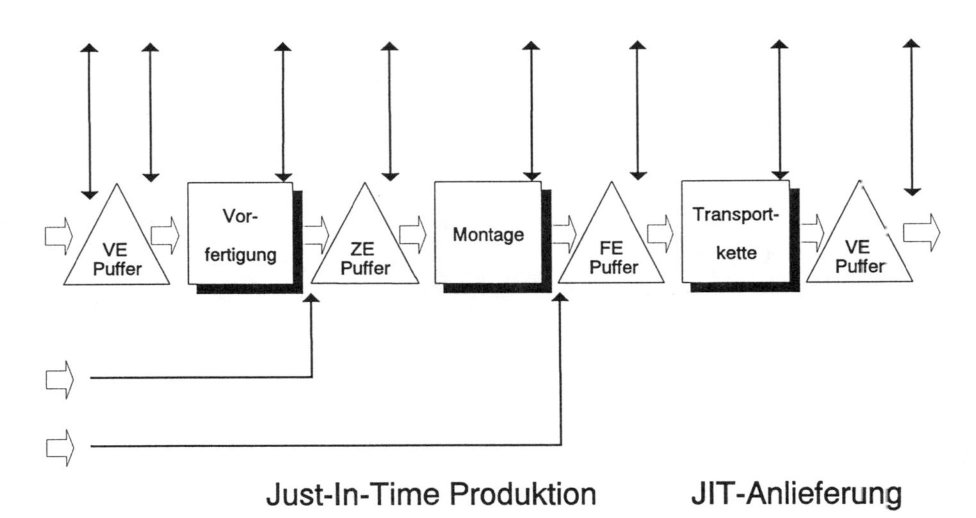

Bild 4-14 Abstimmung und Synchronisierung aller Teilprozesse vom Kunden bis zum Lieferanten [18]

JIT in der erweiterten Betrachtung und Definition muß verstanden werden als eine Strategie mit der Zielsetzung, die Logistikkette so zu gestalten, daß in allen erforderlichen externen und internen Abläufen ein Minimum an Handling bei Produkten und Teilen realisiert wird.

Ein wesentlicher Schritt bei der Lagersystematik ist oftmals die Auslegung der Läger und Reichweiten nach einer vorgegebenen Teileklassifikation in Verbindung mit definierten Reichweiten, die den jeweiligen Randbedingungen, wie z.B. Unsicherheit bei der Beschaffung, in sinnvollem Umfang Rechnung tragen.

Eine Realisierung und Integration von Just-in-time für Logistik und Produktion erfordert „entsprechend genaue und zuverlässige Informationsfluß-, Produktions- und Materialflußsysteme." [17, S.25]

Allerdings bedeutet die Realisierung von JIT-Konzepten nicht gleichzeitig den Abbau sämtlicher Läger bzw. des gesamten Lagers. Ein Abbau von Lägern ist immer nur dann realisierbar, wenn es möglich ist, alle Abläufe von der Anlieferung bis zur Ablieferung zu synchroni-

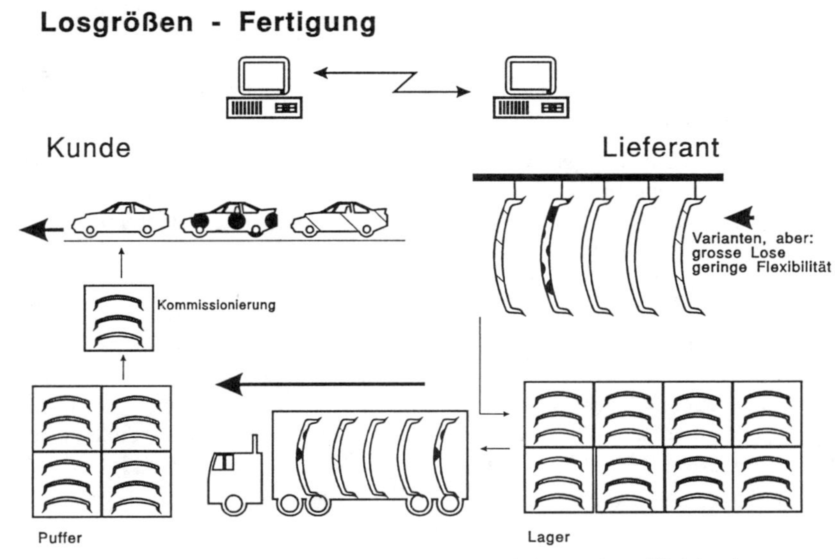

Bild 4-15a) Losgrößenfertigung, geringe Flexibilität, hohe Bestände und Reichweiten

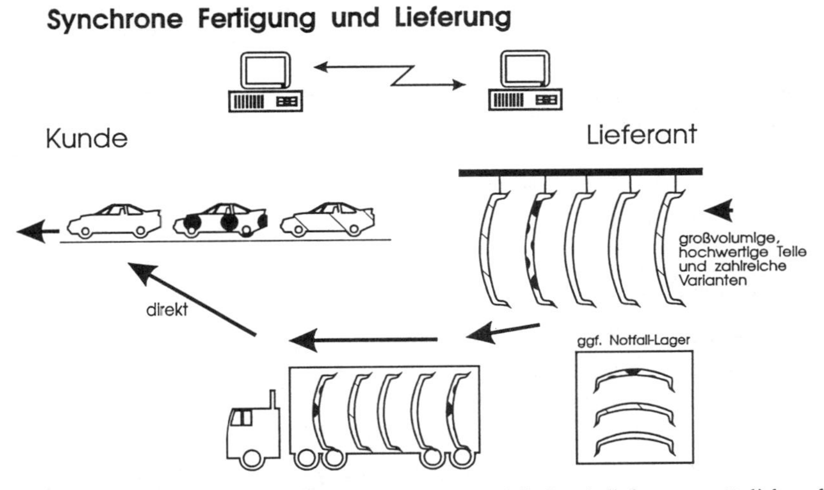

Bild 4-15b) Lagerabbau durch synchrone Fertigung und direkte Anlieferung, zusätzlich nach Flexibilität und Abweichung Unterstützung durch Notfall-Lager/-Puffer

Bild 4-15 Lagerabbau und Reduzierung der Logistikstufen durch JIT-Fertigung [20, S. 16, 19]

sieren und stabil zu halten. Die gegenseitigen Anlieferungs- bzw. Produktionslosgrößen müssen den geeigneten Bedarfslosgrößen entsprechen. Unter Umständen kann es nach JIT-Fähigkeit der Teile, Beurteilungskriterien sind hier z.B. Wert oder Volumen, zu Teilungen im Lagerwesen kommen. Aufteilung des Lagers bzw. Teilebehandlung und Materialfluß richten sich nach der ermittelten JIT-Fähigkeit.

Insgesamt führt JIT durch die erhöhten Anforderungen an die Flexibilität bei möglichst bedarfsgenauer Fertigung zu einer Beschleunigung der gesamten Abläufe in der logistischen Kette. Diese Flexibilität und hohe Anforderungen an die Verfügbarkeit erfordern kleine, flexible, leistungsfähige, dezentrale Lagereinheiten bzw. Puffersysteme, die eine schnelle transparente Bereitstellung der Bedarfsteile ermöglichen. JIT erfordert außerdem den Aufbau von leistungsfähigen Transportsystemen bzw. Fördersystemen [13, S.11].

Die Notwendigkeit von JIT wird in den Unternehmen bzw. der Industrie mit unterschiedlicher Priorität gesehen. Allerdings wird unter Berücksichtigung ständig wachsender Produktkomplexität, kürzerer Produktlebenszyklen und ständig steigender Anforderungen an die Flexibiliät der Marktpartner die JIT-Anforderungen insgesamt bzw. in den Teilbereichen Beschaffung, Distribution und besonders auch in der Produktion weiter steigen [17, S.25].

Wesentlich ist hierbei auch der Aufbau eines Finanz- und Rechnungswesens, mit dessen Hilfe es möglich ist:

- Lager- und Transportleistung zu ermitteln und darzustellen
- Produktionsfaktoren, die Lager- und Transportprozesse und die Abhängigkeit von den zu der Erbringung von Lager- und Transportleistung erforderlichen Lager- und Transportprozessen zu ermitteln bzw. abzubilden und
- die Trennung von leistungsabhängigen und fixen Bestandsdaten sicherzustellen und
- zielgerichtete Kostenstellen einzurichten [19, S. 26].

Damit werden Kosten für die Logistikleistung insbesondere aber Anforderungen für Lager-, Puffer- und Bereitstellsysteme transparent. Kosten für lange Teile- und Produktdurchläufe werden transparent.

4.3 Lagerstrategien und Systeme

4.3.1 Begriff und Bedeutung des Lagers

Unter Lagern versteht man nach VDI 2411 jedes gesperrte Liegen von Arbeitsgegenständen im Materialfluß. Dabei ist das Lager ein Raum oder eine Fläche, die der Aufbewahrung der unterschiedlichen Teile, Produkte und Roh-, Hilfs- und Betriebsstoffe dient, die eine geordnete Verwaltung, einer mengen- und/oder wertmäßigen Erfassung unterliegen [10, S.143].

In der Praxis stößt man im Zusammenhang mit Lägern bzw. Lagerung auf eine Vielzahl von Begriffen, wie z.B. Magazin, Zwischenlager, Ablage, Greiflager, Hochraumlager oder Archiv. Allein durch die verschiedenen begrifflichen Ausprägungen wird die Vielzahl der unterschiedlichen Lagerfunktionen, Lagersysteme aber auch die Vielzahl der Bereiche, in denen Lagerung von Bedeutung ist, deutlich. Wie schon gesagt, ist das beste Lager, wirtschaftlich gesehen, überhaupt kein Lager. Diese Zielsetzung ist auf jeden Fall wünschenswert, aber auch gleichzeitig ein Idealfall, der praktisch aus Unzulänglichkeiten bzw. Unsicherheiten in der logistischen Kette in der Praxis oftmals nicht oder nicht vollständig umzusetzen ist. Das Lager und die Ausprägung des Lagers wird durch folgende Abläufe beeinflußt [21, S.8]:

- Teileversorgung „Nachschub“
- Teiletransport
- Zeitlich begrenzte Waren im Lager (Kommissionierung u. Bereitstellung)
- Teileverbrauch

Der wesentliche Faktor für die Ausprägung des Lagers und selbstverständlich auch für die Höhe der Bestände und damit für die Wirtschaftlichkeit ist die Organisation des Lagers.

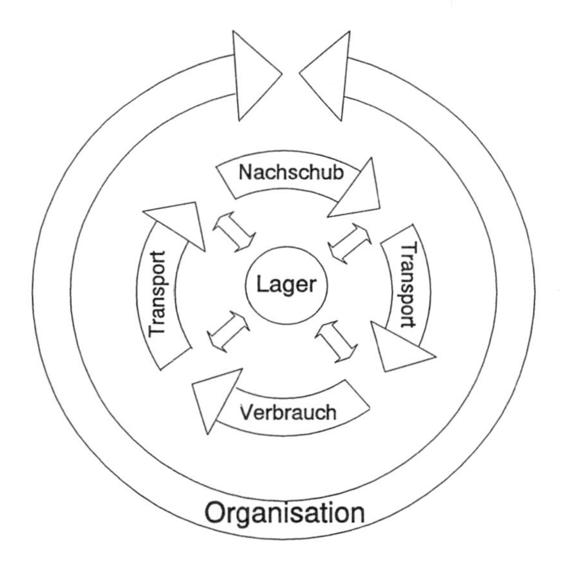

Bild 4-16
Die Organisation ist maßgeblich für die Effizienz des Lagers [21, S. 9]

Ziel eines modernen Lagers, und damit für seine Organisation, muß eine Verlagerung der Funktion von der ursprünglichen Materialhäufungsstätte, d.h. Flexibilität über hohe Bestände, zu einem leistungsfähigen, integrierten Element in der Gesamtlogistik eines Unternehmens sein. In der praktischen Umsetzung heißt das, daß das Lager eine andere Stellung in seiner Entwicklung und Integration erhalten muß. Im Rahmen der Umorganisation von Unternehmen und ihren Produktionseinheiten wurden bereits vielfach, ausgelöst von dem enormen Wettbewerbsdruck, neue Techniken und Automatisierungen im direkten Fertigungs- und Montagebetrieb realisiert.

Die Anpassung im Lagerbereich blieb weitgehend aus. Das Lager muß das gleiche Niveau wie das bereits weitgehend realisierte Umfeld, insbesondere in den Schnittstellenbereichen und bei den Servicefunktionen für die Produktion, erhalten. Zu den Servicefunktionen gehören u.a. die Kommissionierung, die Bereitstellung, der Transport, die Pufferung und die Verkettung [22, S.4.].

Die Wandlung des Lagerbegriffs gilt ebenso wie für die Industrieunternehmen auch für den Handel. Durch den sich verschärfenden Wettbewerb stehen hier im wesentlichen folgende Ziele im Vordergrund [22, S.4]:

- Reduzierung der Logistikkosten
- Erhöhung des Servicegrades und
- Minimierung der Bestände

Zur Realisierung und somit zur Beschreibung der Lagersysteme sind folgende Fragen bzw. Angaben erforderlich [vgl. 22, S.4]:

- *Lagerbetrieb*, das Lager übernimmt eine Verbindungsfunktion zwischen Zulieferant und Unternehmen. Dabei wird zunehmend die Verantwortung vom Unternehmen an den Zulieferanten sowohl für die Versorgung als auch die Qualität übertragen. Zusätzlich übernehmen Dienstleister/Lieferant Distributionfunktionen bis hin zum Kunden.
- *Standort*, die Standortfrage rückt mehr in den Mittelpunkt u.a. aktuell durch europ. Binnenmarkt aber auch durch strategischen, weltweiten Einkauf, Global sourcing.
- *Lagerstruktur*, die Lagerstruktur ist wesentlich für die Leistungsfähigkeit und Wirtschaftlichkeit des Lagers. Die Flexibilität und die Wirtschaftlichkeit hängt im wesentlichen von der Übereinstimmung der Lagerstruktur mit den übrigen Logistikdaten des Unternehmens ab.
- *Kapazitäten*, gerade die Wirtschaftlichkeit, sprich die Kosten, machen es erforderlich, die Kapazitäten auf einem möglichst niedrigen Niveau zu halten und zu planen.
- *Grenzleistung*, Zielsetzung und gleichzeitig Kennzahl für die Wirtschaftlichkeit eines jeden Lagers ist der Lagerumschlag. „Die maximale Leistung (Einlagerung, Auslagerung, Umlagerung) muß entsprechend hoch ausgelegt sein.“ [22, S.9].
- *Automatisierungsgrad*, ein Schritt zur weiteren Reduzierung der Kosten ist die Anpassung des Lagers auf das vielfach hohe Automatisierungsniveau in den Produktionsbereichen. Allerdings bringt eine automatisierte Lösung oftmals nicht den gewünschten Erfolg, insbesondere dann, wenn versucht wird, andere logistische Schwachstellen, z.B. hinsichtlich der Steuerung oder des Materialflusses, durch ein automatisches Lager glattzubügeln.
- *Integrationsgrad*, jedes Lager erfordert die Einbindung in ein logistisches Gesamtkonzept, sowohl in physischer als auch hinsichtlich der informationstechnischen Anbindung.

Bei der Optimierung des Lagers wird ein wesentlicher Schritt die lückenlose Einbindung des Lagers in das jeweils zugehörige Umfeld sein. Die Integration eines Lagers umfaßt „neben Flurfördermitteln, Regalförderzeugen, Kranen, Stetigförderern, Regalen und Paletten auch die Einrichtungen zum Steuern solcher komplexen Anlagen“, wie z.B. entsprechende leistungsfähige Rechnersysteme [23, S. 23].

Dadurch, daß den Lägern in zunehmendem Maße Überbrückungsfunktionen, d.h. Ausgleich von Kapazitäts- bzw. Leistungsunterschieden für aufeinanderfolgende Bearbeitungs- bzw. Materialflußschritte übertragen werden, werden erhöhte Anforderungen an die Bereitstellung und Transportsysteme, aber auch an die eigentliche Lagerhaltung gestellt. Das Lager nimmt eine Entwicklung vom zentralen, schwerfälligen Materialspeicher zum dezentralen, kleinen, flexiblen Materialflußelement.

4.3.2 Lageraufgaben und Funktionen

Ganz spezifisch von dem jeweiligen Anwendungsfall bzw. Einsatzart eines Lagers ergeben sich unterschiedliche Lageraufgaben. Eine Unterscheidung der Aufgaben ergibt sich im wesentlichen durch:

- die Regelmäßigkeit der Zu- und Abgänge
- die Größe des Zeitfensters zwischen Zu- und Abgang
- Zusammensetzung, d.h. Gleichartigkeit bzw. Veränderung der Struktur der Zu- und Abgänge

Nach dieser Aufgabenzuordnung ergibt sich eine Unterscheidung in Vorratsläger, Pufferläger und Verteilläger.

Vorratsläger übernehmen Überbrückungsfunktionen zwischen unterschiedlichen Ab- und Zugängen. Die Vorratsfunktion ergibt sich dabei aus einem Materialvorrat, der eine Vielzahl

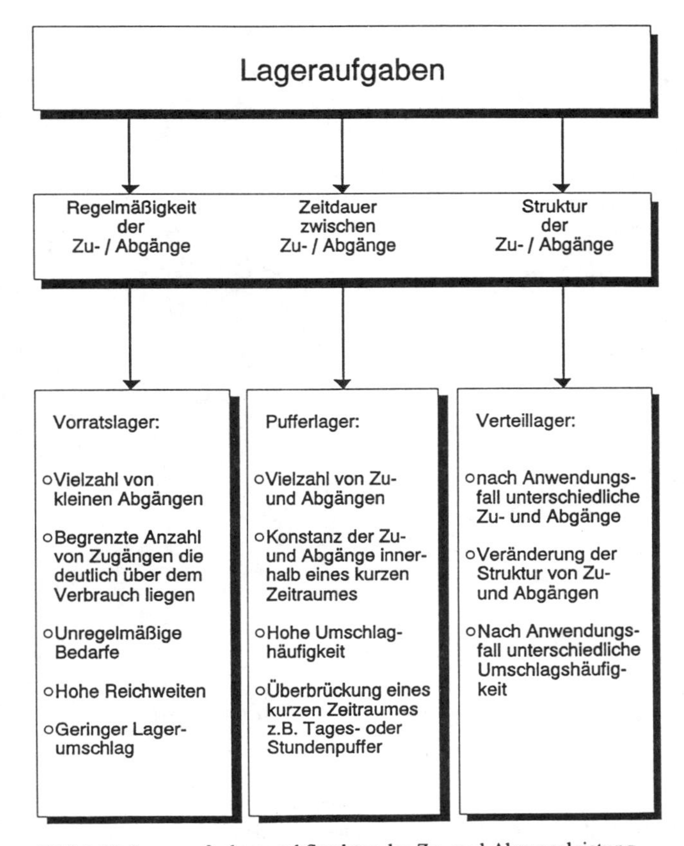

Bild 4-17 Lageraufgaben und Struktur der Zu- und Abgangsleistung

von Materialabgängen/Materialentnahmen ermöglicht, ohne daß ein Materialzugang erfolgt. Dabei erfolgen die Ein- und Auslagerungen oftmals unregelmäßig.

Pufferläger übernehmen eine Ausgleichsfunktion zwischen Zu- und Abgängen über einen kurzen Zeitraum. Hierbei unterscheiden sich die Anzahl der Zu- und Abgänge innerhalb eines Zeitfensters nur gering. Die Umschlaghäufigkeit liegt sehr hoch (vgl. auch Kapitel 4.4).

Verteilläger übernehmen neben der eigentlichen Lagerfunktion eine zusätzliche Aufgabe. Dabei erhalten ausgehende Einheiten entsprechend der jeweiligen Erfordernisse eine andere Struktur als sie beim Zugang oder Lagerung haben. Beispiel hierfür ist ein Versandlager, das von der Montage große Gebinde z.B. eines Produkttyps auf Ladungsträgern übernimmt, und zu Kunden eine einzelne Produkteinheit versendet bzw. eine Zusammenstellung verschiedener Produkttypen in unterschiedlicher Anzahl auf einer kundenspezifischen Transport- oder Verpackungseinheit übernimmt und weiterleitet.

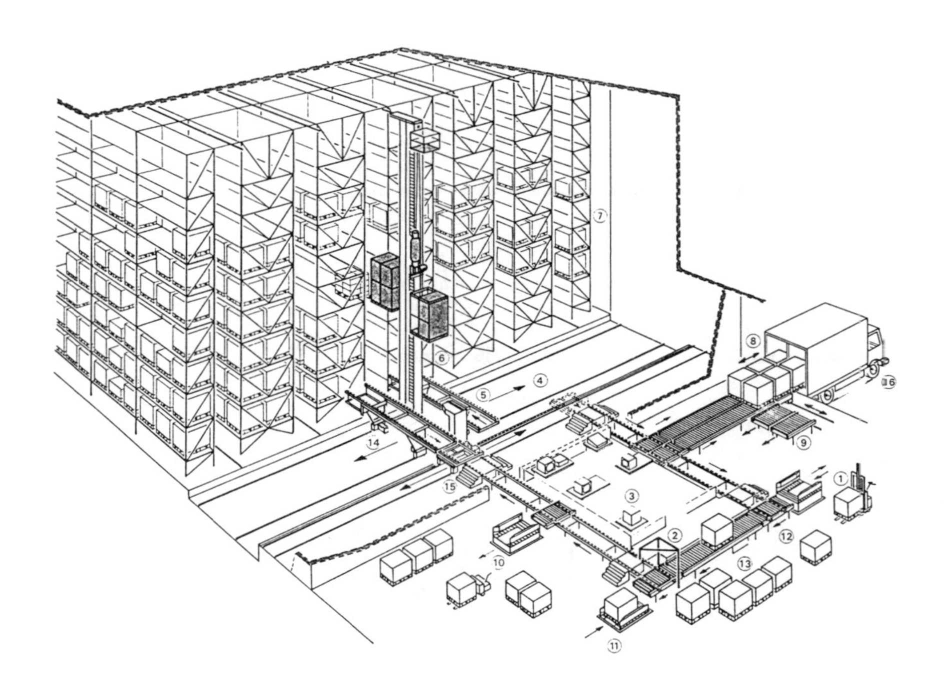

① Palettten-Auf- und -Abgabe
② Palettenprüfeinrichtung
③ Identifikationspunkt
④ Einlagerungsebene
⑤ Umsetzbrücke
⑥ Regalbediengerät
⑦ Hochregallager
⑧ Automatische LKW-Be- und -Entladung
⑨ Stauplätze für LKW-Ladung
⑩ Ausschleusung Fehlerpaletten
⑪ Palettenaufgabe
⑫ Rollenhubtisch
⑬ Rollenförderer
⑭ Tragkettenförderer
⑮ Verteiler
⑯ LKW mit Tragkettenförderer

Bild 4-18 Hochregallager versorgt die Produktion mit Teilprodukten und Verpackungsmaterial, Quelle: Mannesmann Demag

Die Anwendungsfälle sind in der Praxis sehr unterschiedlich, z.B. als Rohmaterial- und Zukaufteilelager oder als Versandlager in Handelsunternehmen. Je nach Anwendungsfall ergeben sich Unterschiede hinsichtlich der Zu- oder Abgänge, aber auch hinsichtlich der Umschlaghäufigkeit.

Die Funktion des Lagers bestimmt auch den Standort des Lagers, natürlich auch die Leistungsfähigeit und die Lagertechnik.

- Automatische Lkw-Be- und Entladung
- Automatischer Warentransport vom Lkw bis zum Lagerfach
- Automatische Materialdatenerfassung
- Automatische Bereitstellung zur Produktion bzw. zur Einlagerung nach Produktionsabschluß
- Verwaltung über Lagerverwaltungsrechner
- Automatische Auslagerung und Lkw-Beladung bzw. Bereitstellung zur Lkw-Beladung bei der Auslagerung Fertigprodukt, Quelle: [24]

Bild 4-19 Durchlaufregal als Produktionszwischenlager, Quelle: Bito Werksbild

Vorratslager sind meist dem Produktionsbetrieb zugeordnet. Primärer Zweck ist hier, ausreichend Kapazität zur Verfügung zu stellen. Die Bewegung/Bewegungsleistung steht im Hintergrund.

Bei Pufferlägern stehen die Bewegungen im Vordergrund. Die Teile/Produkte sollen so schnell wie möglich umgeschlagen werden. Die Lagerkapazität ist auf das für die Bereitstellung und den Weitertransport der Teile/Produkte notwendige Zeitfenster beschränkt. Pufferläger stehen direkt im Materialfluß, d.h. eine Zuordnung zum Transport oder Weiterverwendung ist vorgesehen.

Bei Verteillägern verändert sich die Struktur des Güterflusses, d.h. es werden i.d. Regel hohe Anforderungen sowohl an die Lagerkapazität als auch an die Bewegungsleistung gestellt. Dabei muß in jedem Fall die Leistung zur Änderung der Struktur bzw. abgehenden Einzelteilen, wie z.B. durch Umpackungs- oder Kommissioniervorgängen, sichergestellt sein. Die Verteillager können als Zulieferungslager oder Auslieferungslager eingesetzt werden. Das *Zulieferungslager* übernimmt die Zulieferungen der Lieferanten und verteilt sie im Unternehmen z.B. in den einzelnen Produktionsbereichen oder Betrieben. Das *Auslieferungslager* übernimmt die Verteilung der Produkte bzw. Ware aus den Unternehmen an die Kunden.

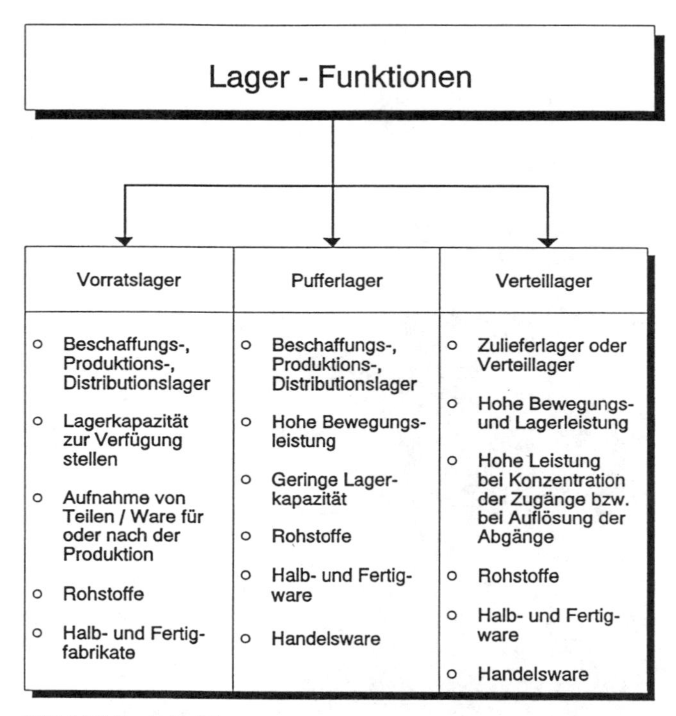

Bild 4-20 Lagerfunktionen

Der *Standort* des Lagers hängt direkt von der jeweils beabsichtigten Funktion des Lagers ab. Nach Größe und Standort des Verteillagers kann man zwischen zentralen, regionalen oder lokalen Verteillägern unterscheiden.

Der Aufbau und die Steuerung der *Produktionsläger* ist in erster Linie auf die individuellen Erfordernisse und die Struktur der in dem Unternehmen vorliegenden Produktions- und Fertigungseinrichtungen abgestimmt. Wie schon erwähnt übernimmt das Lager hier in erster Linie Ausgleichsfunktionen.

Eine ganz andere Funktion haben „*Kundenorientierte Produktionsläger*". Die Lagerung von Teilen ist hier in erster Linie strategischer Natur. Ein Beispiel hierfür ist z.B. die Einlagerung

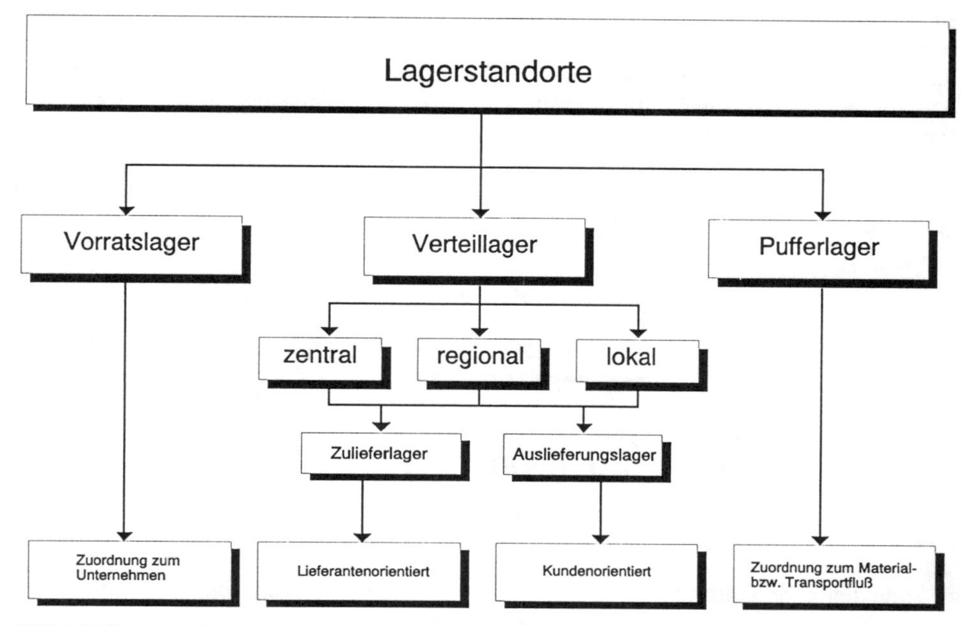

Bild 4-21 Lagerstandorte

	Ablauf u. Merkmale	Lager	Sonderformen
Direktanlieferung	 o Direktanlieferung vom Lieferant ans Werk	o Lager in unterschiedlichsten Optimierugsstufen bei Lieferant und Werk	o JIT, Bestandsreduzierung auf Tagesreichweiten o Ansiedlung Lieferant in Werksnähe
Sammelladung und Speditionszentrum	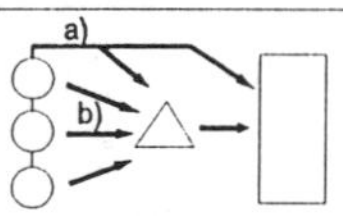 a) b) a) Spediteur sammelt Sendungen mehrerer Lieferanten und liefert über Speditionsstützpunkte oder direkt ans Werk b) Lieferant und Werk betreiben gemeinsam ein Lager/ Speditionslager	o Lager unter Umständen beim Lieferant, Speditionsstützpunkt und Werk	o durch unterschiedliche Verantwortlichkeiten bei Lagerung, Bereitstellung und Transport
Konsolidierungszentrum	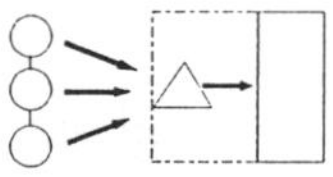 o Spediteur/ logistischer Dienstleister betreibt ein Lager in unmittelbarer Werksnähe, Abrufe vom Werk ans Konsolidierungszentrum	o Konsolidierungszentrum und Lager in unterschiedlichen Optimierungsstufen beim Lieferant	o Konsolidierungszentrum direkt auf Werksgelände, logistischer Dienstleister liefert direkt in die Produktion o Industriepark, Vor- und Montagevorgänge im Industriepark/ Konsolidierungszentrum

▭ = Werk ○ = Lieferant △ = Lager

Bild 4-22 Lager- und Anliefermodelle bestimmen die Lagerstandorte

einer Baugruppe für eine komplette Abgasanlage eines Pkws, die in unterschiedliche Fahrzeugtypen mit unterschiedlichen Rohren und Befestigungsteilen des Kunden eingeht. Erst mit Festlegung des endgültigen Fahrzeugtyps, sprich also mit Kundenabruf, wird die Baugruppe ausgelagert und mit den restlichen Rohren zur Komplettanlage verschweißt und somit einer bestimmten Sachnummer zugeordnet.

Bei kundenorientierten Produktionslägern findet ein Übergang von der Lager- zur Auftragsfertigung statt. [9, S.97]

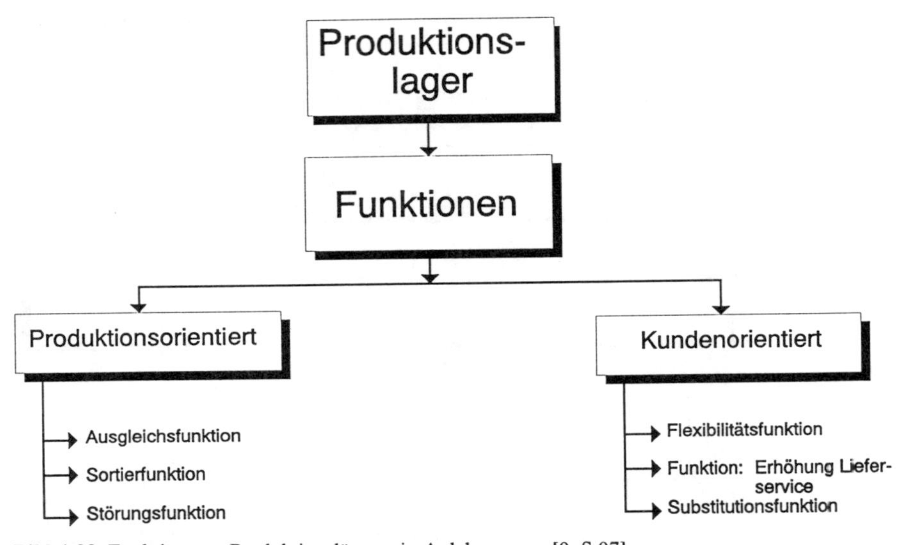

Bild 4-23 Funktion von Produktionslägern, in Anlehnung an [9, S.97]

In der Praxis finden sich die unterschiedlichsten Kombinationen aus Vorrats-, Puffer- und Verteillägern.

Ein häufiges Beispiel ist die Verbindung von Vorrats- und Pufferlägern, wenn die Zuordnung des Vorratslagers aus räumlichen Restriktionen nicht möglich ist. Im Unternehmen wird ein Pufferlager aufgebaut, das die Produktion versorgt und über ein in der Nähe des Unternehmers vorhandenes oder erstelltes Vorratslager (oder auch Verteillager) versorgt wird.

4.3.3 Lagerstrategien

Insbesondere beim Aufbau von Vorratslägern ergeben sich aus unterschiedlichen Strategien bei Beschaffung und Absatz, auch aus der Kunden- und Lieferantenstruktur, aber auch aus der Struktur des Arbeitsmarktes, unterschiedliche Ausprägung und Bestandsstruktur bei den Lägern:

- Lagerbestände aufgrund Ausnutzung von *Größendegressionen* beim Einkauf, Transport oder bei der Produktion. Beispiele hierfür sind Einkaufsläger infolge strategischer Ausnutzung von Mengenrabatten oder auch Distributionsläger, bei denen das Unternehmen durch Zusammenfassung von Transporteinheiten und Ladungen die Transport- und Speditionskosten zu optimieren versucht. Lagerbestände in der Fertigung entstehen, wenn z.B. aufgrund von aufwendigen Umrüstungen an Maschinen große Fertigungslose gefahren werden.

- Lagerbestände zum Ausgleich von *unterschiedlichen Angebots- und Nachfragestrukturen*, Einfluß von saisonalen Schwankungen. Beispiele hierfür sind typische Saisonartikel wie z.B. Gartenmöbel, die im Winter produziert und eingelagert werden, um innerhalb eines sehr kurzen Zeitraumes im Sommer bei schönem Wetter auf den Markt gebracht zu werden.
- Lagerbestände aufgrund *strategischer Einkaufs- und Distributionsverhalten*. Die Ware/ Rohstoffe werden dann eingekauft, wenn sie z.B. infolge eines Kursverfalls günstig einzukaufen sind.

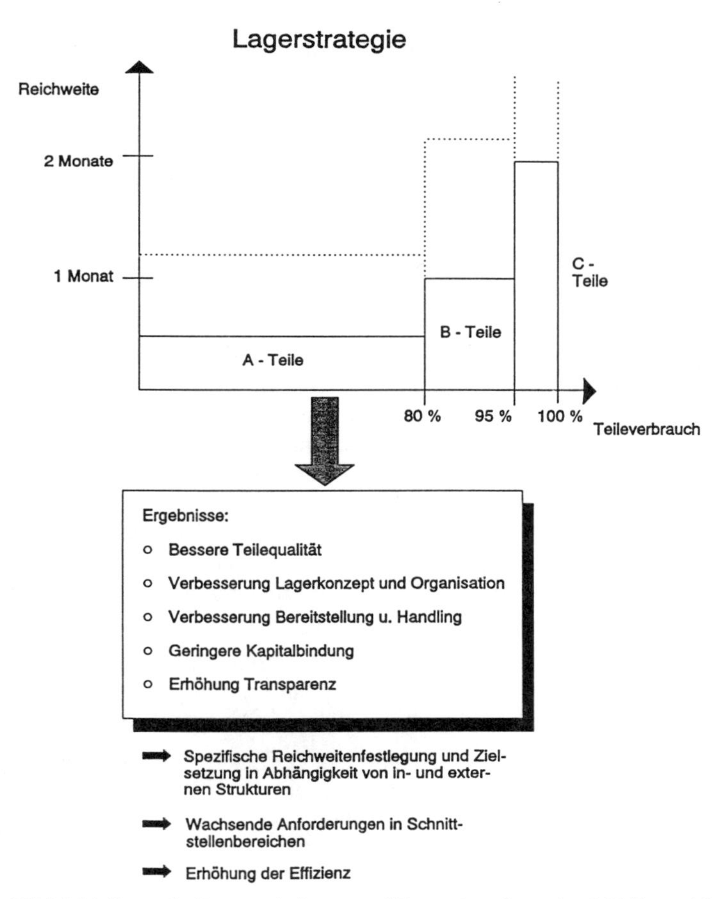

Bild 4-24 Strategie: Lageroptimierung und Bestandssenkung durch Teile- und Reichweitenklassifikation

- Lagerbestände aufgrund von *Unsicherheiten bei der Beschaffung*. Das Lager übernimmt Ausgleichsfunktion bei Versorgungsengpässen sowohl extern, der Zulieferant kann aufgrund eines Streiks nicht liefern, als auch intern, die Fertigungseinrichtung kann infolge von Unsicherheiten in dem Prozeßablauf nicht produzieren bzw. erreicht nicht die Maximalkapazität.

Wichtig bei solchen Rahmenbedingungen und Strategien ist eine genaue Bewertung der Wirtschaftlichkeit. Dabei darf nicht ein einseitiger Kostenvergleich entscheidungsbestimmend sein, wie z.B. die Festlegung der Beschaffungsmenge nach dem erzielbaren Mengenrabatt, ohne dabei die Gesamtheit und Höhe der durch die hohen Reichweiten verursachten Kosten zu bewerten.

Eine gesicherte Aussage erfordert die Einbeziehung aller relevanter Faktoren. Häufig werden wesentliche Kosten, wie z.B. Transport-, Handlings- und Kapitalbindungskosten und Kosten infolge Qualitätsverlusten durch die Lagerung nicht berücksichtigt.

Im Bereich des Einkaufs wird in vielen Unternehmen strategischen Elementen zu wenig Bedeutung beigemessen. Eine durchgängige Lösung schafft auch für Lieferanten und Kunden entscheidende Kosten- und Steuerungsvorteile, die ein effizientes Lager- bzw. Materialflußkonzept möglich machen.

4.3.4 Anordnung von Lägern

Schwerpunktmäßig soll hier die Anordnungsmöglichkeit von Lägern innerhalb des Unternehmens betrachtet werden.

Grundsätzlich lassen sich bei der Lageranordnung zentrale und dezentrale Lagereinrichtungen unterscheiden. Die Entscheidung zwischen zentralen und dezentralen Systemen muß individuell angegegangen und unterschieden werden.

Mit der Verwirklichung von JIT-Konzepten, mit hohen Leistungsanforderungenen in den Lagerbereichen und im Umfeld und der damit verbundenen Vielzahl von zeit- und ablaufkritischen Prozessen, erfüllen lange Wege vom Lager zur Fertigung oder zur Montage die Anforderungen an die Bereitstellung und an die Ver- und Entsorgung nicht mehr. Die Antwort liegt hier in dezentralisierten, leistungsfähigen, kleinen Lagereinheiten, die oftmals nur noch als Puffer fungieren. Auf der anderen Seite werden Waren/Teile so wenig wie möglich am Arbeitsplatz/in der Produktion gelagert. Sie werden zentralisiert gelagert oder aber auch gepuffert. Durch die Zentralisierung können geringere Lagerbestände realisiert werden, sofern der gleiche Artikel an vielen Stellen gelagert wird [25, S. 112]. Ein typisches Beispiel ist die zentrale Lagerung von großvolumigen Kartonagen/Verpackungsmaterial.

Bei der Zuordnung und Integration von Lägern direkt in den Materialfluß, also direkt in die Montage und Produktion, besteht auf jeden Fall die Gefahr, daß bei Mengen- und Produktionsveränderungen tiefgreifende Layoutveränderungen vorgenommen werden müssen.

Läger gehorchen meist anderen Gesetzen des Wachstums und der Erweiterung wie die übrigen Teile der Produktion. Unterschiedliche Rationalisierungstechniken, Veränderungen der Mengen und Produkte bringen unter Umständen einen ursprünglich exakt geplanten Materialfluß schnell wieder durcheinander [6, S.81f].

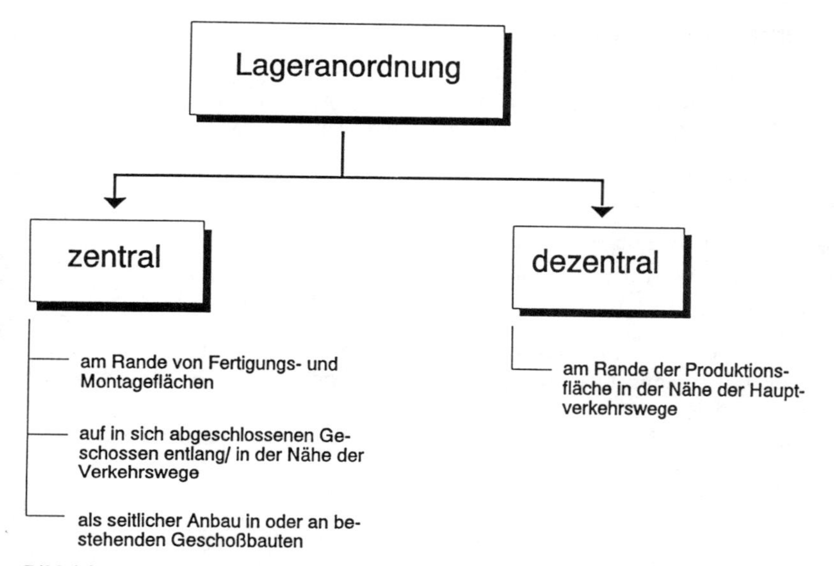

Bild 4-25 Zentrale und dezentrale Anordnung von Lagern [vgl. 6, S.82]

Vorteile von zentralem Lager sind [6, S. 83f]:

- geringer Personaleinsatz
- geringe Kapitalbindung im Vergleich zur dezentralisierten Mehrfachlagerung der Teile
- Erhöhte Transparenz
- Vereinfachte Organisation und Steuerung
- Automatisierbarkeit
- Keine Belastung von Produktions- bzw. produktionsnahen Flächen

Nachteile:

- hohe Kosten bei Neubau
- geringe Flexibilität bei Änderungen, bei starker Ausrichtung des Lagers auf Produkt, Behälter etc.
- Hohe Belastung durch Zentralisierung aller Bewegungen
- Starke Abhängigkeit der Produktion von der Funktion des Zentrallagers
- Gefahr von wilden Beständen
- Hohe Anforderung an die Bereitstellung und Lagerorganisation

Dagegen ergeben sich als *Vorteile für dezentrale Lager* im besonderen (die aus den oben genannten Punkten für zentrale Läger direkt übertragbaren Vor- und Nachteile für dezentrale Läger werden nicht mehr extra genannt) [vgl. 6, S. 84]:

- leichte Integrierbarkeit in bestehende Abläufe und Layouts
- räumlicher Zusammenhang zwischen Lager und Fertigung
- kurze Wege zum Verbrauchsort

- leichtere fördertechnische Anbindung an den Verbrauchsort
- hohe Flexibilität bei Produkt- und Materialflußänderungen
- kurze Wege, hohe Transparenz und optimales Handling bei Verbrauchs-, DIN-Teilen, Teilen mit geringem Volumen und weniger kostenintensiven Teilen

dagegen ergeben sich als *Nachteile*:
- höhere Personalkosten, wenn zusätzliche Lagerpersonen notwendig werden
- u.U. höhere Kapitalbindung bei Mehrfachlagerung
- hohe Anforderung an Disposition, Bestands- und Verfügbarkeitskontrolle
- Automatisierbarkeit bzw. Auslastung der Fördertechnik

Zentrallager eignen sich bei Fertigungsstrukturen und -prozessen, die auf geschlossenem Produktionsgelände mit zusammenhängender Grundstücks- und Produktionsfläche realisiert werden. Eine Dezentralisierung sollte auf jeden Fall bei verteilten und aufgegliederten Fertigungsprozessen oder auch auf weitläufigem Werksgelände mit einer Vielzahl von Produktionsbetrieben angestrebt werden [26, S.85].

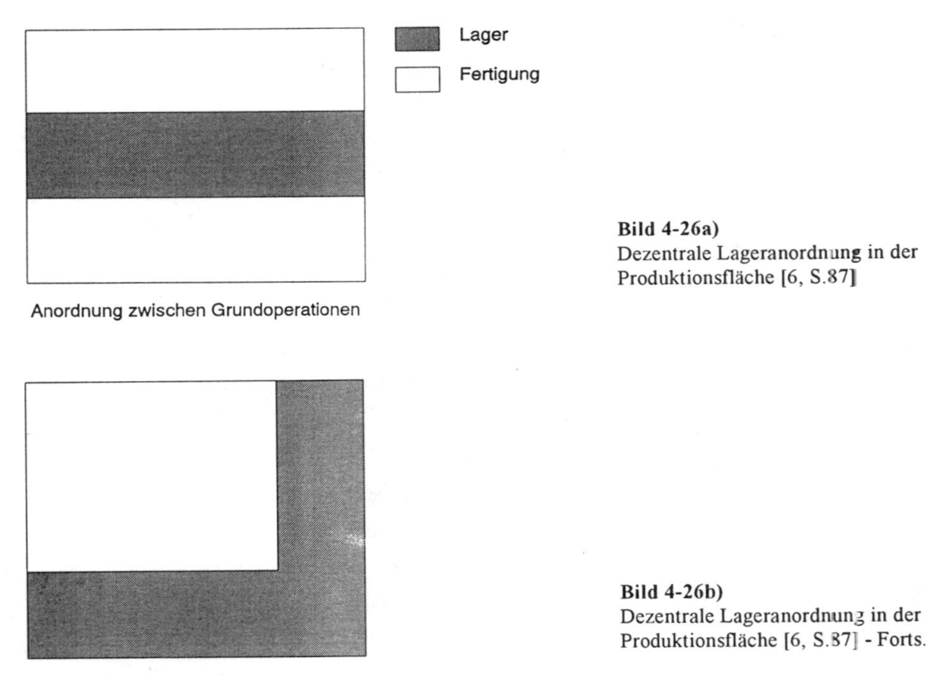

Bild 4-26a)
Dezentrale Lageranordnung in der Produktionsfläche [6, S.87]

Bild 4-26b)
Dezentrale Lageranordnung in der Produktionsfläche [6, S.87] - Forts.

Teilzentralisierte Lösungen stellen oft einen gangbaren Kompromiß bei der Entscheidung zwischen zentral und dezentral dar. Ein Kompromiß, der auf die sinnvolle Zusammenfassung von vielen dezentralen Lösungen ausgerichtet ist, so daß ein ausgeglichenes Verhältnis zwischen Zentralisierung (Lagerpersonal, Auslastung, Fördertechnik, Automatisierung) und Dezentralisierung (kurze Transporte) erzielt wird.

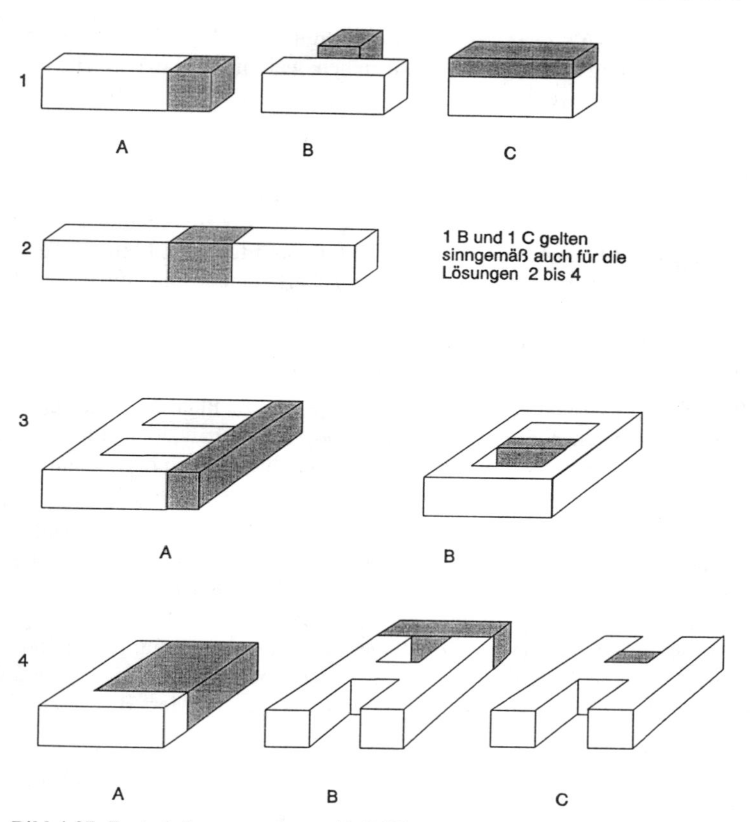

Bild 4-27 Zentrale Lageranordnung [6, S.89]

4.3.5 Lagerplanung, Strategien und Einflußgrößen

Ideallösungen gibt es natürlich auch bei Lägern nicht. Gerade bei bestehenden Lagerkonzepten, aber auch bei Neuplanungen sind erhebliche Potentiale vorhanden, die vielleicht nicht zur Ideallösung führen, aber den Weg zu einem rationell arbeitenden Lager oder Lagersystem ermöglichen.

Ich möchte an dieser Stelle nochmal mit der *Lagerplanung* beginnen, und zwar deshalb, weil hier einerseits schon ein Problem für nicht rationelle Systeme liegt und andererseits, weil zur Neukonzeptionierung oder wirtschaftlichen Umgestaltung bestehender Läger praktisch die gleichen Fragen zu stellen sind.

Ein wesentlicher Punkt der Planung ist, daß ein Lager mindestens genauso intensiv zu planen ist wie andere Materialflußelemente oder Fertigungsabläufe und nicht nur deshalb, weil das Lager Bestandteil des Ablaufes und des gesamten Materialflusses ist, sondern auch, weil mit der richtigen Planung und Entscheidung wesentlich oder überhaupt zum Erfolg des Unternehmens oder eines Kundenprojektes beigetragen wird.

Bei Schlagworten wie JIT, KANBAN oder bestandslose Fertigung machen viele Unternehmen den Fehler, eine solche Lösung nicht in Betracht zu ziehen, weil die Einsatzbereiche und auch die Ausprägung zu eng gesetzt werden.

In der Praxis heißt das, daß z.B. JIT nicht nur zwischen der Automobilindustrie und ihren Zulieferern möglich ist. Viele Unternehmen praktizieren ähnliche Lösungen durch enge und intensive Kontakte mit ihren Zulieferern. Oftmals übernimmt der Zulieferer in Eigenverantwortung die Anlieferung und Steuerung von z.B. DIN-Teilen, indem er sich regelmäßig vor Ort von aktuellen Beständen und Bedarfen überzeugt/informiert und fehlende Mengen/Teile zuliefert und einlagert. Vielfach werden bei Verbesserungsüberlegungen der Idealzustand und weitere Überlegungen, z.B. hinsichtlich einer bestandslosen Fertigung verworfen, statt individuell nach einer Lösung für das eigene Unternehmen zu suchen, die zwischen der Ist- und der Ideallösung liegt, z.B. mit dem Ergebnis, die Bestände in der Fertigung zu halbieren.

Gerade bei Lägern ist immer wieder zu beobachten, daß sie ohne große Planung eingerichtet werden bzw., wenn sie bereits bestehen, hinsichtlich einer Optimierung bzw. hinsichtlich der Auswirkung auf den Materialfluß und damit auf die Gesamtwirtschaftlichkeit der Leistungserstellung des Unternehmens, wenig Beachtung erfahren.

Die wesentliche Fragestellung sowohl bei Neuplanung von Lägern als auch bei bestehenden Lägern ist die Frage nach dem „Warum“, und zwar für jedes Lager. Warum wird oder muß überhaupt gelagert werden? Hier sollte auch nicht leichtfertig mit ja oder nein geantwortet werden, sondern mit der Frage nach dem „Warum“ sollte gleichzeitig eine differenzierte Untersuchung erfolgen, die klare Aussagen und Grundlagen zur weiteren Planung und Verbesserung liefert und die Potentiale aufzeigt, die sich etwa durch eine Veränderung der Logistik des Lagers und dem Produktionsumfeld oder der Steuerung ergeben, wie z.B.:

- geändertes Dispositionsverhalten
- Lagerung/Pufferung und Abstimmung der Kapazitäten von geringwertigen C-Teilen direkt am Arbeitsplatz
- Ausrichtung des Fertigungs- und Montagebereichs auf A-Teile und damit direkte Bereitstellung dieser Teile in der Produktion und nur noch Lagerung von B- und C-Teilen
- Auftragsbezogene Fertigung durch Fertigungsflexibilisierung
- u.U. auch “make or buy”-Entscheidungen gesamt oder z.B. in Teilbereichen bei kritischen Teilen

Das Lager sollte auf keinen Fall als Problemlösung für andere Bereiche dienen.

Erst dann, wenn zweifelsfrei beantwortet ist, daß die bestehende Aufgabe nur über ein Lager zu lösen ist, sollte die eigentliche Lagerplanung beginnen.

Hauptzielsetzung bei der Verbesserung im Bereich Lager, unabhängig ob Neuplanung oder Reorganisation, ist die *Bestandssenkung*. Durch die Analyse der Möglichkeiten zur Bestandssenkung ergibt sich zwangläufig die Berücksichtigung und Verbesserung aller verbundenen Elemente und Systeme im Unternehmen, insbesondere

- Systemelemente des Lagers; wie Lagerverwaltung, Fördertechnik, Kommissionierungstechnik und Bereitstellung
- Organisatorische Elemente, wie z.B. Fertigungssteuerung, Lagerabrufe, Disposition
- Materialflußelemente, wie innerbetrieblicher Transport, Fördertechnik
- Produktionsabläufe

In jedem Unternehmen existiert gewissermaßen ein Regelkreis: Sobald ein Element nicht richtig funktioniert, hat dies Auswirkungen auf ein anderes Element. Ein in der Praxis häufig auftretendes Beispiel soll diesen Zusammenhang verdeutlichen: Die Montagebereiche werden durch ein Zentrallager mit Zukaufteilen versorgt, die mit den Eigenfertigungsteilen aus der mechanischen Fertigung in der Montage zusammenfließen. Da das Zentrallager u.a. durch längere Wege und aufwendige Handlings von der Montage getrennt liegt und die Bereitstellung der Teile erfahrungsgemäß sehr lange dauert, disponiert der Montagebereich sehr früh und immer mehr als er zur Erfüllung der aktuellen Aufträge benötigt. Die Folgen sind u.a. Zusatzbestände in der Produktion und im Lagerbereich.

Das Beispiel zeigt auf einfachste Weise ein Wirkungsgefüge aus den unterschiedlichen Beständen bzw. Bestandsebenen und den damit verbundenen Systemelementen und Einflußgrößen.

Zur weiteren Darstellung der Abhängigkeiten und Einflußgrößen empfiehlt sich eine Differenzierung der Bestandsstrukturen.

Bestände treten auf den unterschiedlichen Stufen und in den unterschiedlichsten Bereichen auf. Typische *bereichsbezogene Bestände* sind [1]:

- Wareneingangsbestände
- Transportbestände
- Lagerbestände
- Fertigungsbestände
- Warenausgangsbestände

Hierbei sind jeweils *Vorerzeugnisbestände, Halbfertigwarenbestände und Fertigwarenbestände* zu unterscheiden.

Strukturbezogene Bestände zielen auf das jeweilige Umfeld des Unternehmens und die individuellen Besonderheiten sowohl bei Kunden und Lieferanten als auch in dem Unternehmen selbst ab. Typische strukturbezogene Bestände sind [1]:

- Saisonalbedingte Bestände, d.h. Bestandsveränderung aufgrund typischer Saisongrößen wie Weihnachtsgeschäft, Betriebsurlaub, Sommer- und Winterzyklen.
- Bestände für Sicherstellung von Terminaufträgen, Grundlagen sind hier in der Regel unternehmensindividuelle Planungsraster für die Produktionsabläufe z.B. Fertigung im Monats- oder Wochenraster oder festgelegte Fertigungsintervalle – ein bestimmtes Produkt wird in einer bestimmten Farbe nur alle 3 Monate gefertigt.
- Transport- oder Transitbestände, Einflußgrößen sind hier vor allem Anlieferungsmengen, Wartezeiten bei der Rückmeldung und Erfassung. Transport- und Transitbestände gibt es immer sowohl inner- und außerbetrieblich.
- Sicherheitsbestände für Lieferengpässe, insbesondere wenn beim Lieferanten eine Vielzahl von Unsicherheiten, beim Produkt, bei der Produktherstellung oder bei Einhaltung der Planungsparameter bestehen.
- Losgrößenabhängige Bestände, die Bestände ergeben sich hier aus vorgegebenen Losgrößen, z.B. aufgrund der Fertigungstechnik oder durch Planlosgrößen. Der Bestand und damit auch die Durchlaufzeit ist abhängig von der Intervallänge der Bearbeitungszeit für das jeweilige Los.

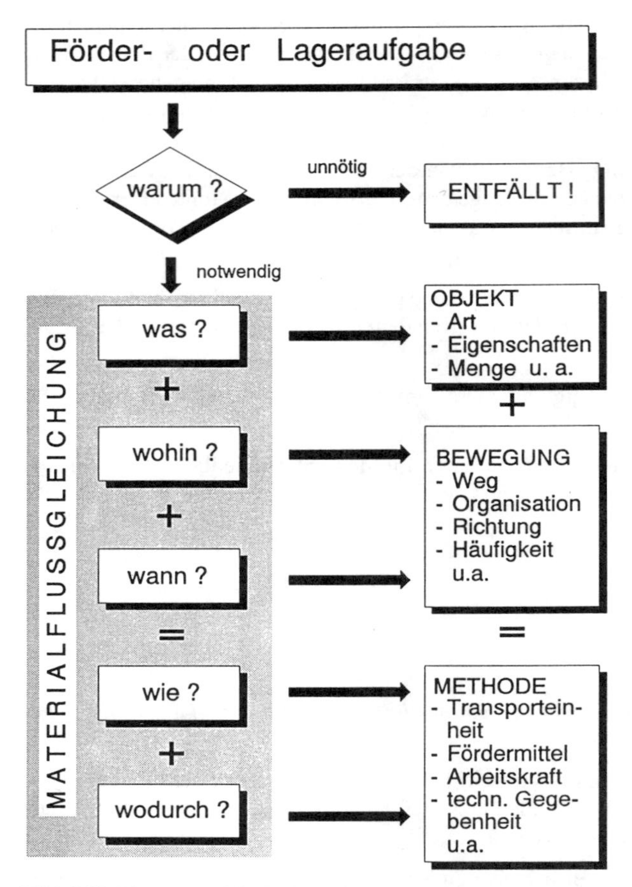

Bild 4-28 Planung und Optimierung von Läger [27, S. 2]

Um zur wirksamen Lösungsstrategie zur Verbesserung der Lagerbestände zu kommen, bedarf es einer umfassenden und vollständigen Betrachtung der Einzelelemente und ihrer Einflußgrößen.

Schmidt [1] weist in diesem Zusammenhang auf das Problem hin, daß häufig Lösungen oder Maßnahmen zur Bestandssenkung nur die Unterstützung von Teilzielen betreffen.

Eine erfolgreiche Lösung zur Lagerbestandssenkung erfordert eine gesamtheitliche Betrachtung der logistischen Einflußfaktoren, die geeignet sind, im Unternehmen eine Bestandssenkung erfolgreich durchzusetzen.

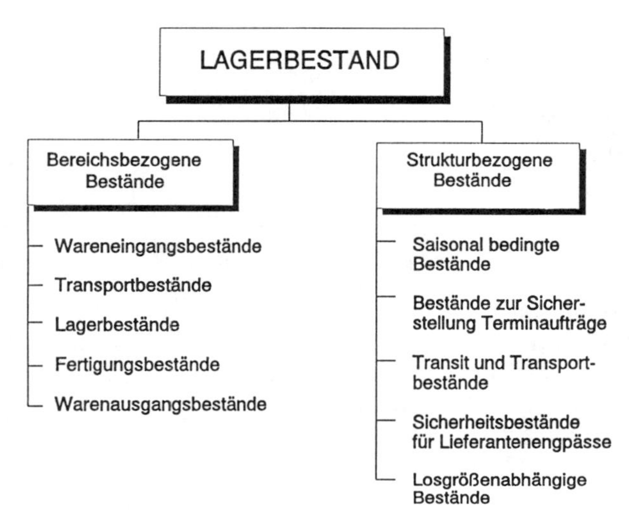

Bild 4-29 Lagerbestände aufgrund Bestandsstruktur

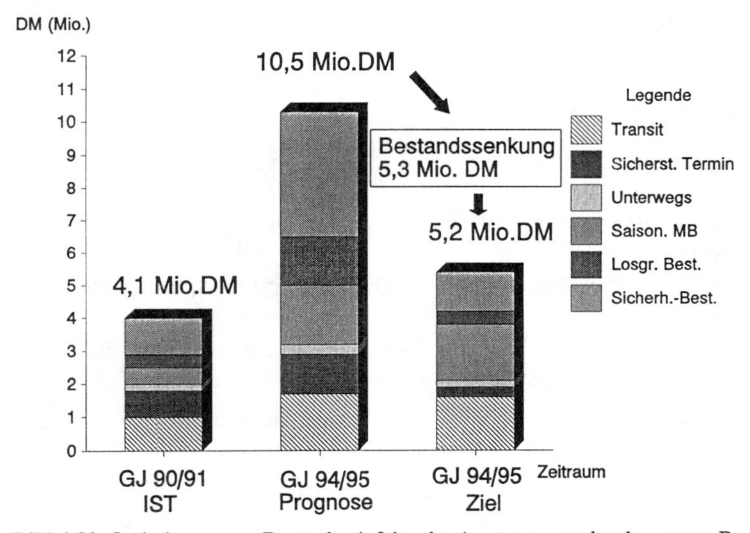

Bild 4-30 Optimierung von Beständen infolge der Anpassung strukturbezogener Bestände

Bild 4-31 Faktoren und Einflußgrößen zur Bestandssenkung in Anlehnung an [1]

Reduzierung der Dispositions- und Entscheidungsebenen

Grundsätzlich gilt, je mehr Entscheidungsebenen bzw. Dispositionsebenen bei der Auftragsabwicklung zu durchlaufen sind, um so:

- höher sind die geplanten Sicherheiten in Mengen und Terminen und die Summe der Lagermengen bzw. Lagerwerte,
- höher sind die Durchlaufzeiten in den Lagerbereichen, beim Transport, der Bearbeitung bzw. im eigentlichen Vorfeld,
- schwieriger ist die Abstimmung der Einzelentscheidungsprozesse und damit die Erreichung von Verbesserung bei der Bestandssenkung.

Ziel muß hier die Reduzierung der Dispositions- und Entscheidungsebenen sein. In der Praxis erfordert die Verfolgung eines solchen Konzeptes:

- die klare Zuordnung vom Disponent und Zuständigkeitsbereich
- die klare Abgrenzung der Aufgabenbereiche und ihrer sinnvollen Zuordnung zu Dispositionen und den verbundenen Bereichen
- die logische Zuordnung bzw. Zusammenfassung der Einzelaufgaben in bezug auf den Verantwortungsbereich der Disponenten

Die Zuordnung der Aufgabenbereiche der Disponenten kann z.B. ausgerichtet sein nach Artikelgruppen mit dem Ziel der Spezialisierung. Andererseits empfiehlt sich eine produktbezogene Dispositionsaufteilung, so daß gezielt eine Optimierung direkt in bezug auf das Endprodukt erfolgen kann.

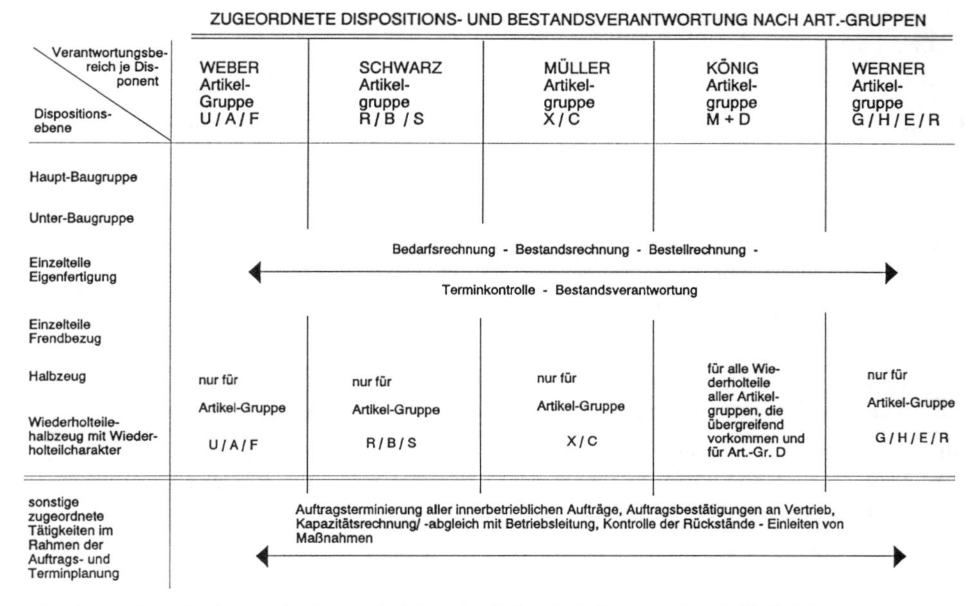

Bild 4-32 Klare Festlegung der Zuständigkeiten durch Zuständigkeitsmatrix vgl. [5, S. 23]

Bei der Abgrenzung der Aufgabenbereiche ist insbesondere eine Neueinteilung der Aufgabenfelder zwischen dem Beschaffungsbereich/Einkauf und der eigentlichen Disposition zu berücksichtigen. Die Reduzierung von Entscheidungsebenen erfordert die Erweiterung des Aufgabenfeldes Disposition, i.d.R. die Ergänzung der eigentlichen Disposition um die Beschaffungsverantwortung (Termineinteilung bzw. Terminüberwachung Lieferant). Weber [5, S. 24] weist in diesem Zusammenhang darauf hin, daß eine solche Organisationsform („Detailorganisationen innerhalb eines Tätigkeitsbereichs") in eine zweckentsprechende und insgesamt funktionsfähige Gesamtorganisation eingebettet sein muß.

Durch die Definition der Zuständigkeiten und Zuordnung wird die Transparenz wesentlich verbessert. Der Disponent hat einen genauen Überblick über

- „seine" Bestände
- Liefertermin
- Liefersituation
- Fehlteile

Mit einer solchen Zuordnung wird das Verantwortungsbewußtsein des Disponenten erhöht. Zusätzlich ist so die Bewertung der Arbeitsqualität des Disponenten eindeutig kontrollierbar [5, S.22]:

- bewertete Bestandsveränderung je Disponent
- Fehlleistungen je Disponent
- Termineinhaltung je Disponent

- Dispositionsverhalten je Disponent
- Reklamation je Disponent
- Bestandssicherheit je Disponent

Die gewonnene Transparenz erlaubt ein gezieltes Eingreifen und Agieren hinsichtlich einer wirkungsvollen und dauerhaften Bestandssenkung.

Verbessern der Prognose- und Dispositionsqualität

In der Praxis sind oftmals Bestände darauf zurückzuführen, daß einfach Rohstoff und Teile aufgrund von Prognosen disponiert werden, die sich dann als unrealistisch erweisen.

Notwendige Bestände bzw. Sicherheitsbestände können um so kleiner gehalten werden, je genauer die Prognosen getroffen werden können.

Die Höhe des jeweiligen Sicherheitsbestandes hängt also direkt von der Größe des Prognosefehlers und der Wahrscheinlichkeit seines Auftretens ab [9, S.110].

Mit der Zielsetzung einer Optimierung der Bestände ist es wesentlich, daß Abweichungen bzw. Nachfrageveränderungen erkannt werden und eine Veränderung im Dispositionsverhalten bewirken.

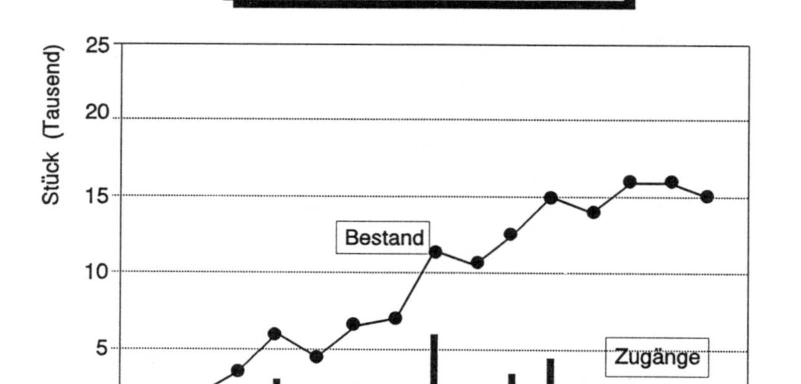

Bild 4-33 Lagerbestandserhöhung durch schlechte Dispositionsqualität

Zur Erhöhung der Dispositionsqualität trägt hier vielfach die Einhaltung bzw. Einführung von selektiven Dispositionsstrategien bei.

Mit Zunahme der Produkt- und Teilevarianten wachsen gleichzeitig die Anforderungen an das Dispositionsverhalten.

Mit einer Selektion der Dispositionsteile, z.B. nach dem ABC-Prinzip, wird vielfach eine wesentliche Bestandsreduzierung möglich.

Selektive Disposition heißt:

- Einteilung der Teile und Produkte nach dem ABC-Kriterium (A-Teile = hochwertige Teile, B-Teile = weniger wertige Teile, C-Teile = geringwertige Teile; Bewertung: Menge * Preis)
- gezielte Dispositionen und Steuerung von A und B, = mengenmäßig geringer Teile-Anteil, aber hohe Werte (Disposition nach Menge und Termin)
- Vereinfachte Dispositions-Verfahren und -verhalten für C-Teile = mengenmäßig hoher Teile-Anteil, mit geringerem Wert

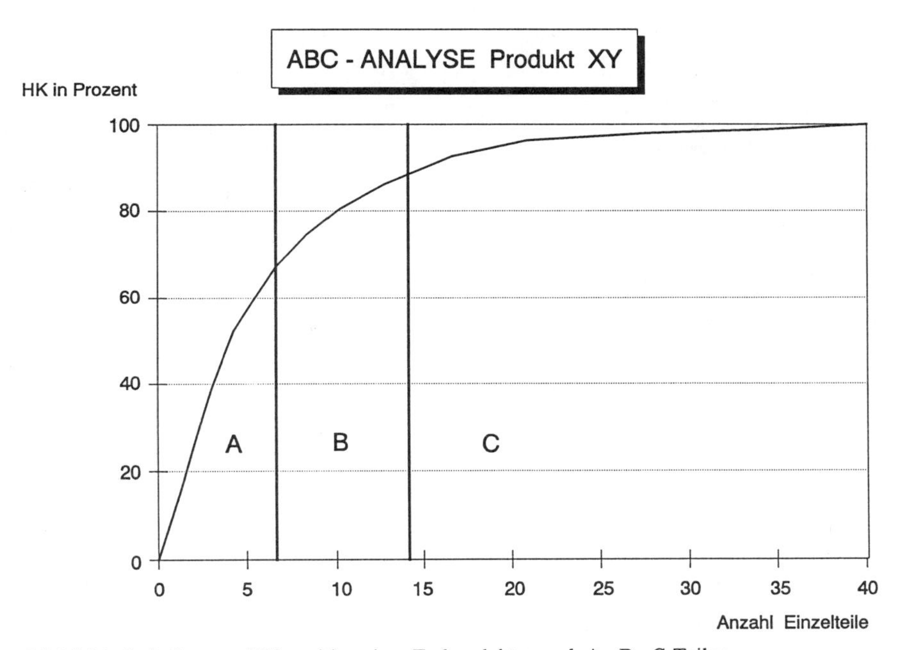

Bild 4-34 Aufteilung und Disposition eines Endproduktes nach A-, B-, C-Teilen

Die mit dieser Strategie gewonnene Transparenz vereinfacht die Teiledisposition und erlaubt, durch spezifische Maßnahmen die Dispositionsqualität zu erhöhen.

Die Disposition von C-Teilen läßt sich oftmals problemlos durch einfache Bestell- bzw. Dispositionsstrategien realisieren. Ansatzpunkte sind hier z.B. Disposition über DV-System nach festgelegten Zyklen oder Variablen (z.B. Bestellpunktverfahren) oder durch die Übertragung der Dispositionsverantwortung, insbesondere bei Standard-, DIN- und Normteilen auf geeignete Zulieferanten.

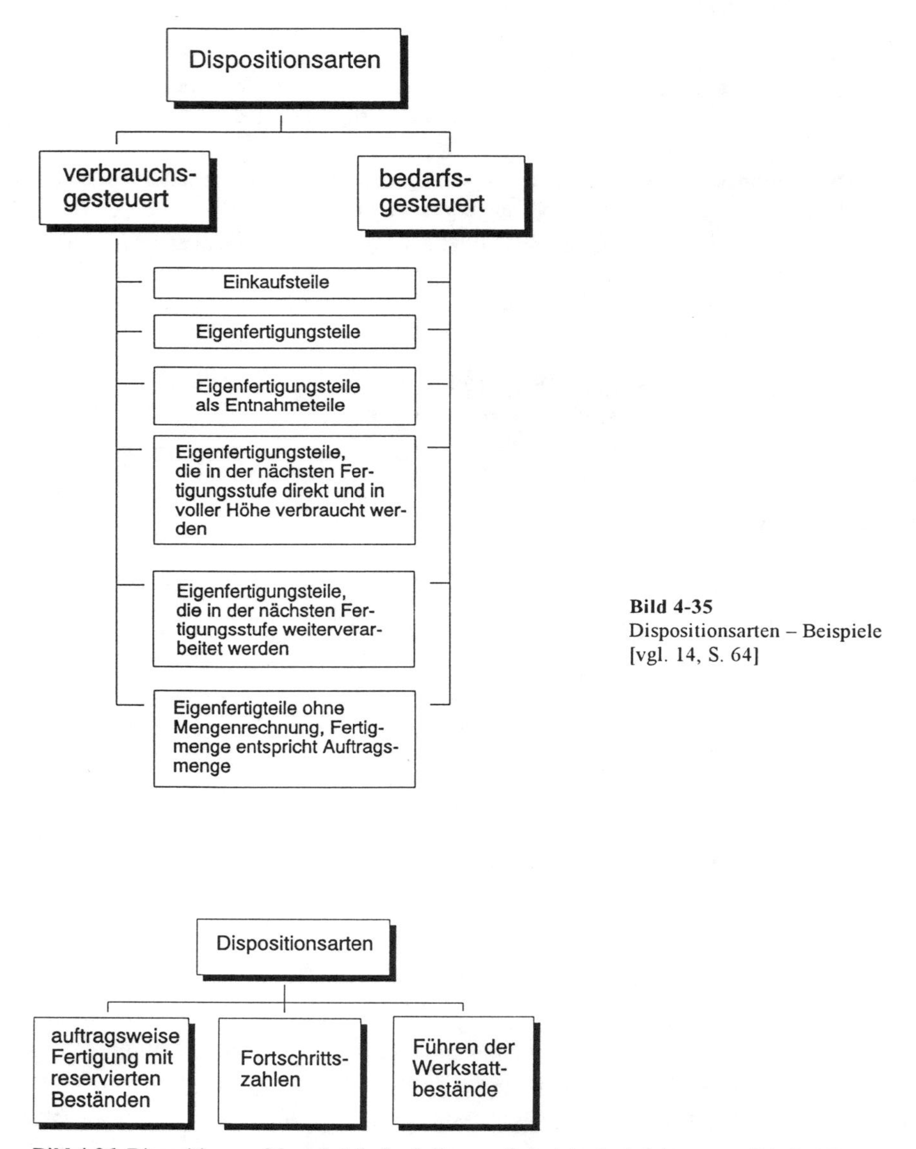

Bild 4-35
Dispositionsarten – Beispiele
[vgl. 14, S. 64]

Bild 4-36 Dispositionsverfahren bei Serienfertigung - Beispiele, in Anlehnung an [14, S. 64]

Verkürzung der Dispositionszyklen

Je größer die Planungszeiträume sind, um so höher sind auch die Unsicherheiten bei der Disposition bzw. bei den Beschaffungsmengen. Die Unsicherheiten in der Disposition werden durch entsprechende hohe Sicherheitsbestände abgedeckt. Die Sicherheitsbestände, und damit der Bestand in allen Bereichen, können durch Verkürzung der Dispositionszyklen reduziert werden. Eine solche Verkürzung hat in der Regel positive Bestandsauswirkungen auf unterschiedlichen Stufen, so reduzieren sich z.B. bei einer Planung im Fertigungsbereich im Wochenraster statt z.B. im Monatsraster die Bestände im gesamten Fertigungsbereich.

Je häufiger disponiert wird, um so

- kleiner sind die Losgrößen,
- kleiner ist das Änderungsrisiko,
- kleiner ist das Verwurfsrisiko,
- kleiner ist das Dispositionsrisiko z.B. durch Fehldisposition in der Menge,
- besser ist das Dispositionsergebnis.

[5, S. 194]

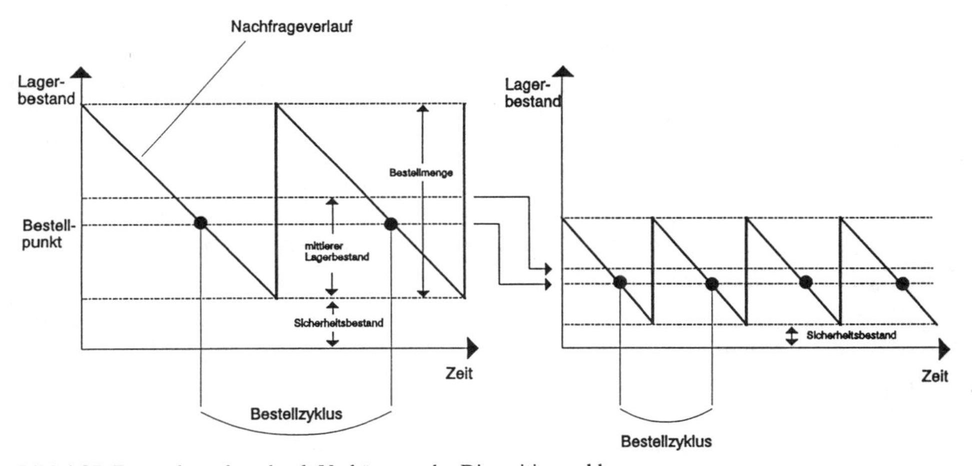

Bild 4-37 Bestände senken durch Verkürzung des Dispositionszyklus

Diese Strategie bedarf auch eines Umdenkens hinsichtlich der Bildung von Sicherheitsbeständen und Losgrößen.

Periodische Nettobedarfsrechnungen der klassischen Disposition zeigen sich mehr und mehr als Hindernis für eine zeitkritische Auftragsdurchsteuerung [14, S.58].

Aufgabe der Disposition zur Reduzierung der Dispositionszyklen muß daher sein:

- Zeitnahe Stücklisten-Auflösung (Real-Time)
- Abgleich der Bestände über alle Stufen
- Sinnvolle Festlegung von Losgrößen

- Bestimmung von Maximal- und Mindestreichweiten
- Bestimmung von sinnvollen Sicherheitsreichweiten

Bei der Umsetzung sind Regeln zu finden, die für das jeweilige Unternehmen und seine Strukturen am besten passen. Dabei ist es wichtig, daß das Unternehmen und die Auswirkungen der Einzelfestlegung gesamtheitlich betrachtet werden. Es darf sich nicht auf einzelnen Kostenarten, wie z.B. Lager- oder Rüstkosten, beschränkt werden. Wesentliche Größen müssen berücksichtigt und bewertet werden:

- Durchlaufzeiten
- Transport- und Handlingsaufwand
- Steuerungsaufwand
- Material-/Teilebestand in allen Bereichen
- Veränderungen in der Qualität

Reduzierung der Lagerstufen

Wird ein Unternehmen und seine Logistik nicht gesamtheitlich betrachtet und wird vielmehr versucht, die einzelnen Ebenen/Dispositionsebenen einzeln zu verbessern, so entsteht oftmals eine Vielzahl von Lagerstufen.

Innerhalb des Unternehmens entstehen dann Läger:

- in den unterschiedlichen Bereichen wie z.B. im eigentlichen Vorfeld der Produktion, im Werk bzw. in der Fertigung, in der Montage und im Versandbereich
- auf unterschiedlichen Ebenen für Einzelteile, Rohstoffe, Baugruppen oder Fertigerzeugnissen angearbeitete Aufträge

Durch eine Vielzahl von Lagerstufen, die in sich auch noch so optimal erscheinen, ergeben sich gesamtheitlich betrachtet u.U. erhebliche Kostenbelastungen bzw. Bestandszuwächse:

- Es wird zuviel Kapital gebunden.
- Es entstehen Bestandsabweichungen durch Differenz zwischen Systembeständen und effektiven Beständen
- Fehlende Transparenz hinsichtlich Terminen, Kapazitäten, Teile- und Baugruppenbeständen.
- Die Durchlaufzeit wird erhöht.

Das folgende Beispiel zeigt, wie durch Reduzierung der Lagerstufen Durchlaufzeit und Bestände reduziert wurden.

Bei Entscheidung über Lagerstufen sollte auf jeden Fall jeweils versucht werden, wenn überhaupt gelagert werden muß, die Teile auf der niedrigsten Wertschöpfungsstufe zu lagern. Damit beantworten sich meist auch die Fragen, nach welchem Arbeitsgang zu lagern ist. Je höher die Wertschöpfung des Teiles ist, um so höher sind die Kosten der Lagerung, um so unwirtschaftlicher ist es, überhaupt noch zu lagern.

Die Bestände können oftmals auch erheblich reduziert werden, indem gezielt eingeplante Läger oder Puffer in der Fertigung reduziert werden. Ziel hierbei muß eine Material- und Teilesteuerung sein, bei der nur Teile bzw. Material die Fertigung erreichen, die auch wirklich gebraucht werden, z.B. durch den Aufbau einer kapazitäts- und belastungsorientierten Fertigungssteuerung.

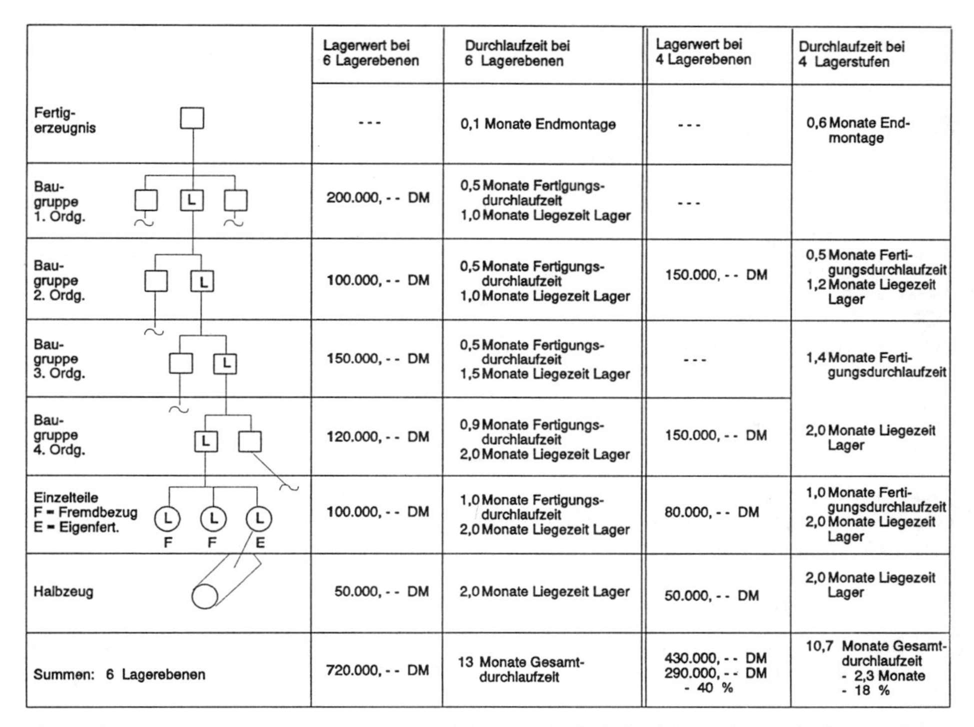

	Lagerwert bei 6 Lagerebenen	Durchlaufzeit bei 6 Lagerebenen	Lagerwert bei 4 Lagerebenen	Durchlaufzeit bei 4 Lagerstufen
Fertig-erzeugnis	---	0,1 Monate Endmontage	---	0,6 Monate End-montage
Bau-gruppe 1. Ordg.	200.000,-- DM	0,5 Monate Fertigungs-durchlaufzeit 1,0 Monate Liegezeit Lager	---	
Bau-gruppe 2. Ordg.	100.000,-- DM	0,5 Monate Fertigungs-durchlaufzeit 1,0 Monate Liegezeit Lager	150.000,-- DM	0,5 Monate Ferti-gungsdurchlaufzeit 1,2 Monate Liegezeit Lager
Bau-gruppe 3. Ordg.	150.000,-- DM	0,5 Monate Fertigungs-durchlaufzeit 1,5 Monate Liegezeit Lager	---	1,4 Monate Ferti-gungsdurchlaufzeit
Bau-gruppe 4. Ordg.	120.000,-- DM	0,9 Monate Fertigungs-durchlaufzeit 2,0 Monate Liegezeit Lager	150.000,-- DM	2,0 Monate Liegezeit Lager
Einzelteile F = Fremdbezug E = Eigenfert.	100.000,-- DM	1,0 Monate Fertigungs-durchlaufzeit 2,0 Monate Liegezeit Lager	80.000,-- DM	1,0 Monate Ferti-gungsdurchlaufzeit 2,0 Monate Liegezeit Lager
Halbzeug	50.000,-- DM	2,0 Monate Liegezeit Lager	50.000,-- DM	2,0 Monate Liegezeit Lager
Summen: 6 Lagerebenen	720.000,-- DM	13 Monate Gesamt-durchlaufzeit	430.000,-- DM 290.000,-- DM - 40 %	10,7 Monate Gesamt-durchlaufzeit - 2,3 Monate - 18 %

Bild 4-38 Reduzierung des Lagerbestandes – und der Durchlaufzeit durch Reduzierung der Lagerstufen – Beispiel [5, S.36]

Reduzierung der Varianten und Teilevielfalt

Die zunehmende Variantenvielfalt in den Unternehmen hat erheblichen Einfluß auf das Bestandsniveau. Die Zunahme der Bestände insbesondere dann, wenn auch für alle Typen und Varianten gleiche Lieferbedingung, Lieferzeiten gelten sollen. Das bedeutet, daß für alle Typen entsprechende Bestände/Sicherheitsbestände vorhanden sein müssen. Hinzu kommt, daß solche breiten Teilespektren in nahezu allen Fällen einfachen ABC-Verteilungen gehorchen, d.h., daß mit einer geringen Anzahl von Produkten/Varianten der Hauptumsatz erzielt wird („A-Produkte"). Die B- und C-Produkte sind nur gering am Umsatz und Gewinn beteiligt, erzeugen aber erhebliche Bestände und stellen gleichzeitig auch hinsichtlich der damit verbundenen Teile/Beschaffungsteile hohe Anforderungen an die Materialwirtschaft. Gleichzeitig werden durch solche Produkte auch die Fertigungsabläufe belastet, die Durchlaufzeiten in aller Regel erhöht, falls nicht durch gezielte Fertigungsstrategien hohe Flexibilität erzielt wird.

Wirkungsvolle Strategien bedürfen hier grundlegender Entscheidungen in den oberen Unternehmensebenen:

- gezielte Variantenfreigabe und Variantensteuerung
- Gesonderte Lieferstrategien und Konditionen für B- bzw. C-Teile

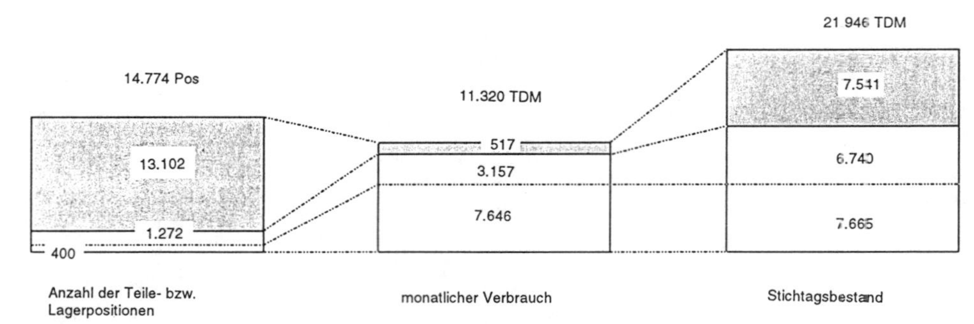

Bild 4-39 Bestände senken durch Reduzierung der Teilevielfalt, Quelle Siemens hier [1]

- Sondermaßnahmen, falls Varianten nicht zu vermeiden sind, wie z.B. preispolitische Maßnahmen, gesonderte Vertriebsstrategie, konstruktive Maßnahmen

„Dem Nachteil, daß nicht jeder Kundenwunsch bzw. jeder gewünschte Liefertermin erfüllt werden kann, stehen erheblich geringere Bestände, ein kleineres Bestandsrisiko sowie ein besseres Preis-/Leistungsverhältnis für den Kunden gegenüber“ [5, S.190].

Verkürzung der Durchlaufzeit

Die Länge der Durchlaufzeit hat erheblichen Einfluß auf die Höhe der Bestände. Je höher die Durchlaufzeit für ein Produkt ist, desto höher sind die Bestände und das gebundene Kapital.

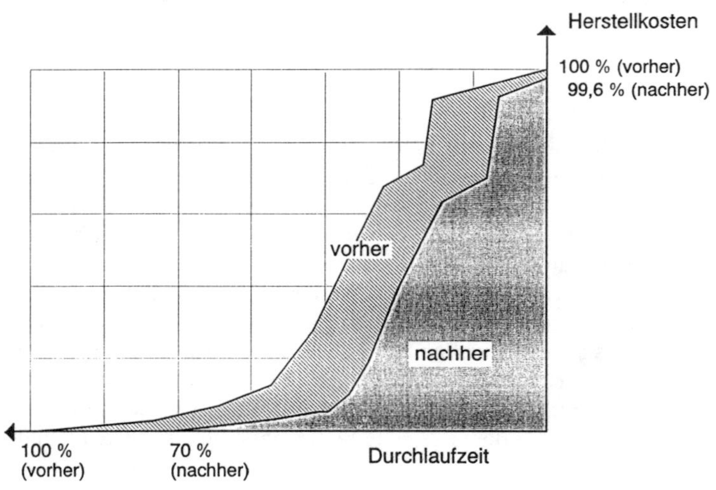

Bild 4-40 Reduzierung der Bestände durch Straffung des Materialflusses und Verkürzung der Durchlaufzeit [28, S. 173]

Eine Verkürzung der Durchlaufzeit erfordert Maßnahmen auf den unterschiedlichsten Ebenen. Im wesentlichen werden Durchlaufzeiten bestimmt durch:

- Steuerungssystematik
- die Länge der Bearbeitungszeit
- notwendige Rüstzeiten
- Handlingszeiten
- Transportzeiten
- Bereitstellzeiten
- Zeit für Prüf- und Kontrollarbeitsgänge
- Liege- und Lagerungszeiten

Die Ansatzpunkte sind vielfältig, Verkürzung der Durchlaufzeiten:

- durch *Neuorganisation der Fertigung*; Ausrichtung der Produktionsbereiche nach Fertigungsinseln, d.h. weg vom Werkstattprinzip/„Technologieinseln", hin zu „Produktinseln", in denen das Produkt komplett versandfertig produziert wird. In den Produktinseln werden alle Technologien und Arbeitsgänge realisiert, die bis zur Fertigstellung des Produktes notwendig sind. Eine Reduzierung der Durchlaufzeit ergibt sich hier allein durch eine erhebliche Steigerung der Transparenz. Unterstützend wirken die Selbststeuerungsmöglichkeiten der Mitarbeiter in den Fertigungsinseln. Eine Ausrichtung des Entlohnungssystems ermöglicht oftmals neben der Reduzierung der Durchlaufzeit, die Freisetzung von zusätzlichen Kapazitätsreserven.
- durch *Harmonisierung der Fertigungseinheiten und Anpassung von Einzelkapazitäten*; durch die Anpassung der Einzelkapazitäten bei der Fertigung, bei der Montage, beim Transport und bei der Bereitstellung wird die Durchlaufzeit im wesentlichen dadurch reduziert, daß das Material/die Teile zügig weitergegeben werden, Werkstattpuffer reduziert und ungeplante Läger nicht aufgebaut werden. Dabei kann auch ganz selektiv die Optimierung/Harmonisierung eines ganz bestimmten Produktionsbereiches angestrebt werden, mit der Zielsetzung, z.B. A-Produkte möglichst optimal, d.h. mit geringen Durchlaufzeiten/Beständen, produzieren zu können.
- durch *Bildung von kleinen Fertigungslosen und Reduzierung der Rüstzeiten*; mit kleineren Fertigungslosen, die auf die tatsächlichen Bedarfe bzw. Kundenbedürfnisse ausgerichtet sind, durchlaufen das Material und die Produkte schneller die einzelnen Produktionsstufen bis zum versandfertigen Zustand, kleinere Mengen werden zu den jeweils nachfolgenden Bearbeitungsstationen weitergegeben, so daß die Lagerung zwischen den Einzelstufen, aber auch die Lagerung von Fertigprodukten reduziert wird oder sogar entfällt. Die Umsetzung eines solchen Konzeptes in der Fertigung erfordert oftmals Maßnahmen bei Maschinen und Anlagen, die die Realisierung von kurzen Rüstzeiten zulassen.
- durch *Anpassung des Materialflusses*; unüberschaubare Materialflüsse in Unternehmen führen zur deutlichen Verlängerung der Durchlaufzeiten. Maßgebend sind hier oftmals nicht nur die umständlichen oder langen Transportwege, sondern die logische Unterbrechung im Materialdurchlauf, mit der die termingerechte Weitergabe der Teile/Produkte nicht mehr zwangsläufig erfolgen muß. Die Möglichkeit der Verfolgung und Steuerung der Aufträgen wird durch fehlende Transparenz genommen oder zumindest erschwert.

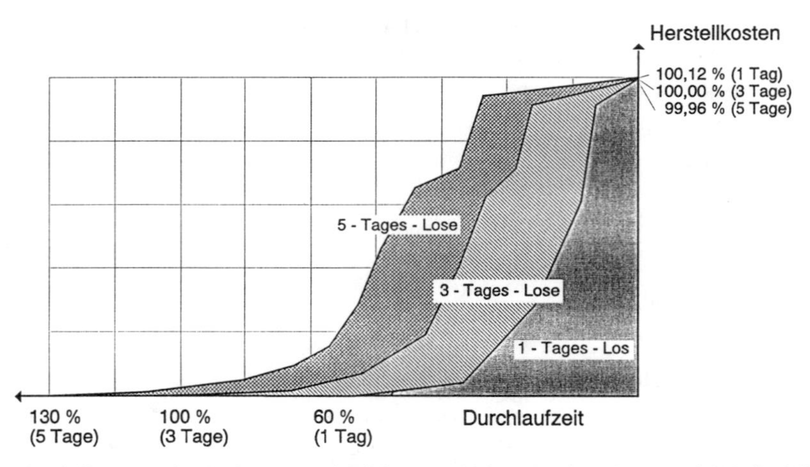

Bild 4-41 Bestandsreduzierung durch Bildung von kleinen Fertigunglosen, vgl. [28, S. 179]

- durch Verbesserung der Steuerung; die Qualität der Steuerungsmaßnahmen entscheidet maßgebend den Materialdurchlauf, z.B.:
  - sollen Aufträge nur dann in die Fertigung eingesteuert werden, wenn alle Teile und Komponenten zur Fertigstellung verfügbar sind,
  - sollen tatsächlich verfügbare Produktionskapazitäten bei der Fertigungsplanung und Steuerung berücksichtigt werden,
  - sollen Produktionsaufträge mit einem festem Starttermin, z.B. über entsprechende Rückwärtsterminierung, ausgehend vom Produktionsende, versehen werden unter Berücksichtigung der Kapazitäten und Verfügbarkeit von benötigten Roh-, Hilfs- und Betriebsstoffen.

Teile-Selektion bei der Lagerhaltung

Durch eine Differenzierung der Teile bzw. der zur Lagerung anstehenden Teile ergeben sich weitere Bestandssenkungspotentiale. Ähnlich wie bei der selektiven Disposition ist hierzu erst einmal die Aufteilung des Teilespektrums eines Unternehmens in ABC-Klassen oder auch in A-E-Klassen erforderlich. D- und E-Teile/Artikel haben nur einen sehr geringen Anteil am Umsatz, werden nur selten nachgefragt und werden nur in geringen Mengen auf Lager gehalten (D-Teile) oder überhaupt nicht gelagert bzw. nur bei Bedarf gefertigt (E-Teile). Typisch sind Ersatzteile z.B. für bereits abgelöste Modelle oder Fertigungstypen.

Abhängig von der gewählten Klassifizierung sind die Teile bei der Lagerorganisation zu handhaben. Voraussetzung für die Umsetzung ist, die Teile entsprechend ihrer Einstufung (A bis E) oder Wertigkeit zu beschaffen bzw. zu disponieren.

Z.B. werden A-Teile im 2-Wochenrhythmus disponiert, B-Teile monatlich usw. Die gezielte Beschaffung und Transparentmachung aktueller Bestände im Vergleich zu den entsprechenden Verbräuchen führt somit zur Reduzierung der Reichweiten mit Schwerpunkt auf den umsatzstarken bzw. „teuren Teilen", so daß in Summe die Kapitalbindung reduziert und der Lagerumschlag bei konsequenter Verfolgung dieser Strategie erhöht wird.

Beispiel GmbH		
Lagerort 01		
Ist - Bestand durchschn. Reichweite 37 Wochen	RW [Wochen]	Gebinde/ Stellplätze
A - Teile	5	500
B - Teile	7	150
C - Teile	25	130
Summe		780
Soll - Bestand Teileklassifizierung		
A - Teile	2	220
B - Teile	4	100
C - Teile	8	80
Summe		400
Einsparung (mind.)		DM / Jahr
Teile 380 Gebinde x 1750 DM/ Geb.		665.000
o Kapitalbindung und Handling (20 %)		133.000

Bild 4-42 Lagerbestandsreduzierung durch Teileklassifizierung und Dispositionanpassung

Die Teileselektion sollte zusätzlich bei der physischen Anordnung und Aufteilung des Lagers einfließen, so daß z.B. durch Konzentration von umsatzstarken Teilen bzw. Teilen mit hoher Bewegungsintensität oder durch Zusammenfassung zugehöriger Teile die Durchlaufzeiten durch Verkürzung der Bereitstellung reduziert werden können.

Bei Umsetzung einer selektiven Lagerhaltung können bei der *Standortfrage* folgende Strategien formuliert werden [vgl. auch 9, S.119]

- Lagerung von A-Teilen/Produkten in lokalen Lägern; ein hoher Teileumsatz rechtfertigt die Aufteilung in mehrere dezentrale Läger bzw. Auslieferpunkte, die sich an den Verbrauchswerten der Teile orientieren. Bei dezentralen Lägern bzw. einer Vielzahl von Lager- oder Ablieferorten entstehen entsprechend hohe Kosten für Transport, Personal und für das Lager selbst. Allerdings ist zu berücksichtigen, daß bei dezentralen Lagerkonzepten im Vergleich zur zentralen Lösung der Bestand/der Sicherheitsbestand höher liegt.
- Lagerung von B-Teilen/Produkten beschränkt sich auf einige wenige Läger, dem reduzierten Umsatz steht eine Reduzierung an Lagerpersonal und Transportkosten gegenüber

- Umsatzschwache Teile/Produkte werden überhaupt nicht gelagert bzw. nur zentral in einem dem Unternehmen zugeordneten Lager.

Eine solche Teile-/Lager-Aufteilung sollte allerdings auf das Unternehmen abgestimmt sein. Es macht z.B. keinen Sinn A-/ umsatzstarke Teile dezentral zu lagern und Teile mit geringem Umsatz zentral, wenn die Teile gleichzeitig gebraucht werden, also z.B. bei der Montage in das gleiche Produkt einfließen oder etwa vom Kunden gleichzeitig bestellt werden können.

In der Produktion empfiehlt es sich, z.B. C-Teile bzw. DIN- und Normteile direkt am Verbrauchsort zu lagern, da die Teile kontinuierlich in die Produkte einfließen. Die Steuerung wird wesentlich vereinfacht, und die Kapitalbindung und der Platzbedarf bei diesen Teilen ist in der Regel von untergeordneter Bedeutung.

Die Entscheidung zentral oder dezentral sollte auch immer von der Auftragsstruktur abhängig gemacht werden. Wird z.B. ein Artikel von wenigen Kunden in großen Mengen bezogen, so ist eine dezentrale Lageraufteilung selbst bei absatzstarken Teilen/Produkten nicht sinnvoll.

Neben den hier aufgezeigten Maßnahmen zur Verbesserung der Bestands- und Lagerparameter wird in Zukunft die Verfolgung und Umsetzung übergreifender Denkansätze im Hinblick auf die gesamtheitliche Erfassung der Problemstellungen und Zusammenhänge einschließlich der Einbeziehung von Lieferanten und Kunden für die Unternehmen immer wichtiger werden, insbesondere [vgl. auch 1]:

- Partnerschaftliche Zusammenarbeit mit Lieferanten und Kunden, einschließlich der Verbesserung des Bestell- und Abrechnungsverhaltens
- Verbesserung der Qualität und Lieferung von ausgereiften Produkten
- Planung im Vorfeld, wie z.B. Festlegung von Ersatzteilstrategien, bereits mit Planung des Neuproduktes
- Weg von bereichsbezogenem Denken: Pipeline-Betrachtung statt Einzellösungen, Prozeßdenken statt Denken in starren Ertragszentren
- Weg von starren Prioritäten
  - Flexibilität in der Produktion, bei der Ablieferung durch Rüstzeitenminimierung
  - Abwägen von Beständen und Servicegrad
  - Abwägen von Auslastung und Beständen
- Weg von Krisenmanagement
- Weg von Bestandsaktionen
  - Lager- und Lagerstufen reduzieren
  - Transparenz durch aktives Bestandscontrolling

Zur Umsetzung der genannten Maßnahmen mit dem Ziel der Verbesserung der Lagerung ist der wichtigste Schritt im Unternehmen, Offenheit einerseits gegenüber gesamtheitlichen Betrachtungsweisen und andererseits gegenüber dem Aufbrechen vorhandener Prioritäten, Schwerpunkten und Abläufen. Wesentliche Verbesserungen sind oftmals ohne Einsatz komplexer Steuerungssysteme zu realisieren.

4.3.6 Lagersysteme

Läger übernehmen innerhalb des Materialflusses Bevorratungs- bzw. Pufferfunktionen. Dabei sind sie gleichzeitig Knotenpunkte für die Verteilung von Teilen, Produkten und Waren. Die Effizienz eines Lagers und damit auch die Qualität des Materialflusses, hängt nicht zuletzt von der Wahl des Lagersystems ab.

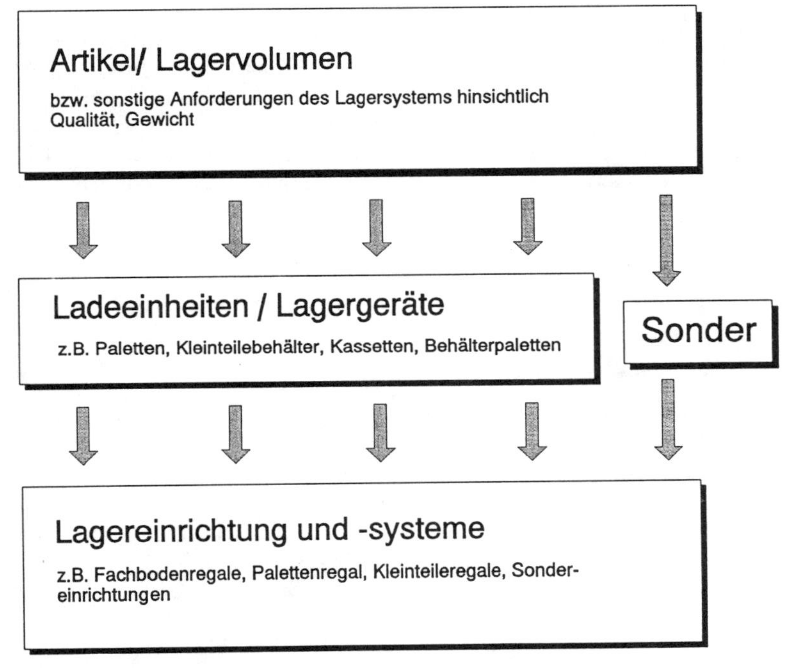

Bild 4-43 Lagersysteme und Anforderungen vgl. [21, S.9]

Die mit der Konzeption des Lagers verbundene Entscheidung über Art der Ladungsträger, d.h. in erster Linie Paletten und Behälter, ermöglicht zusätzliche Verbesserungen in den Lagerabläufen, aber auch in den Schnittstellenbereichen wie Bereitstellung, Kommissionierung sowie auf den gesamten Transportebenen. Auf diese Art und Weise lassen sich geschlossene Behälterkreisläufe intern, aber auch zu Kunden und Lieferanten, realisieren. Ergebnis sind Ladeeinheiten, die gleichzeitig zu Transport, Lagerung, Bereitstellung und zur Produktion eingesetzt werden können. Zusätzlich kann in vielen Fällen auf aufwendige Verpackung bzw. Einwegverpackungen verzichtet werden.

Eine Standardisierung der Ladungsträger unterstützt wirkungsvoll den Einsatz bzw. die Umsetzung vom Mechanisierungs- und Automatisierungsmaßnahmen.

Im Idealfall ist die Ladeeinheit

= Beschaffungseinheit
= Transporteinheit
= Fertigungseinheit
= Lagereinheit
= Verpackungseinheit
= Verkaufseinheit [29]

Die Auswahl des Lagersystems richtet sich vor allem auch nach der Art des Aggregatzustandes des zu lagernden Gutes. Flüssige oder gasförmige Stoffe erfordern zwar spezielle „Lagersysteme“ wie etwa Tanks oder Silos, die Bereitstellung bzw. Steuerung dieser Stoffe gestaltet sich oftmals dafür um so effizienter. Z.B. kann Granulat zur Herstellung von Kunststoffteilen über spezielle Versorgungssysteme direkt der Maschine zugeführt werden. Eine tiefere Betrachtung der Lagerung bei gasförmigen und flüssigen Gütern soll hier nicht erfolgen. Schwerpunkte in den meisten Unternehmen bildet die Lagerung von festen Lagergütern, insbesondere Stückgütern.

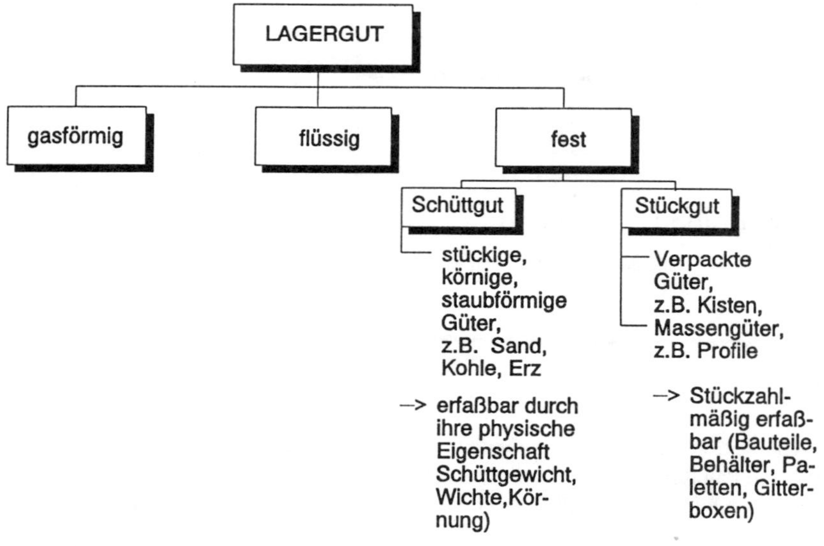

Bild 4-44 Aufteilung der Lagergüter vgl. [21, S. 14]

Die Komplexität der Stückgutlagerung spiegelt sich in der Vielzahl der unterschiedlichen Lagersystemen bzw. Systemlösungen in diesem Bereich wieder.

Lagerbauweise

Erstes Unterscheidungsmerkmal bei Lägern ist ihre Bauweise. Bei Stücklagern sind im wesentlichen folgende Lagerbauweisen vorzufinden [23]:

- das Flachlager
- das Hochflachlager
- das Stockwerkslager (Etagenlager)
- das Hochregallager

Flachlager bzw. Hochflachlager (Höhe bis ca. 7 m bzw. 12 m) sind Läger, die die Lagerkapazität aufgrund eines großen Flächenbedarfs realisieren. Dabei wird die Ware auf dem Boden gelagert (Boden- oder Blocklagerung) oder aber auch in Regalanlagen.

Stockwerks- oder Etagenlager sind Flachlager, die insbesondere auf unterschiedlichen Etagen des Gebäudes angebracht sind.

Hochregallager sind Läger, die aufgrund ihrer Höhe relativ wenig Grundfläche beanspruchen. Von Hochregallägern spricht man i.d.R. bei Lägern mit einer Höhe von über 12 m. Die Lagerung erfolgt in Regalkonstruktionen, die über Regalförderzeuge bedient werden.

Neben festen Gebäuden lassen sich auch Konstruktionen aus leichten Geweben realisieren. Die Kunststoffaußenhaut bei den sogenannten *Traglufthallen* wird über ein Gebläse zum Stehen gebracht und ermöglicht so im Inneren eine wettergeschützte Lagerung.

Witterungsunempfindliche Teile können auch in *Freilagern* gelagert werden.

Lagerungsarten und Lagerungsmöglichkeiten

Bei den Lagerungsarten lassen sich folgende Grundformen unterscheiden:

- Bodenlagerung bzw. Flächenlagerung
- Regallagerung
- Fördermittel mit Lagerfunktion

Die *Bodenlagerung* ist die einfachste Form der Lagerung. Die Ladeeinheiten werden auf einer Ebene gelagert bzw., sofern das vom Aufbau der Lagerungseinheiten möglich ist, auch übereinandergestapelt. Die Stapelfähigkeit wird oftmals durch die Verwendung von entsprechenden Paletten wie z.B. Gitterbox-Paletten oder Standardpaletten mit Aufsetzbügeln erreicht.

Der Einfachheit der Lagerung, der kompakten Lagerung, dem hohen Nutzungsgrad der Fläche (sofern in einer Ebene) stehen allerdings erhebliche Nachteile gegenüber. Der Zugriff zu einzelnen Artikeln und Ladungsträgern ist eingeschränkt, der Zugriff auf die ältesten Artikel ist nicht möglich (kein FIFO) bzw. erfordert erhebliches Handling. Bei der Lagerung in mehreren Ebenen ist auf jeden Fall ein spezielles Fördermittel erforderlich. In der Regel eignen sich zur Bedienung von Bodenlagerung Stapler oder auch spezielle Stapelkräne.

Die *Regallagerung* unterscheidet sich von der Boden- bzw. Flächenlagerung dadurch, daß grundsätzlich eine Lagerung in mehreren Ebenen mit einem Regalsystem erfolgt. Die Regallagerung bietet in der Praxis eine Fülle von spezifischen Lösungsmöglichkeiten für den jeweiligen unternehmensindividuellen Anwendungsfall. Durch die Regalkonstruktionen wird eine Unabhängigkeit von den zu lagernden Teilen und Produkten erreicht, die Lagerung bzw. Stapelung ist nicht mehr wie bei der Bodenlagerung abhängig von der Stapelfähigkeit bzw. dem Volumen der Lagerartikel bzw. den Paletten. Eine teile- bzw. produktionsspezifische Anpassung der Lagereinrichtung ist möglich. Die häufigste Form der Regallagerung ist das Palettenregal, bei dem oftmals als Lade- oder Lagerhilfsmittel die Europalette eingesetzt

Bodenlager	
Anwendungsformen	o Zeilenlager o Blocklager o Mit Lagergerät o Ohne Lagergerät o statisch
Bewertung	Vorteile: - Anpassung und Ausbauflexibilität - Geringe Investitionskosten (Regaltechnik) - Geringe Störanfälligkeit Nachteile: - Eingeschränkter Zugriff auf Artikel - Nur eingeschränkt FIFO (first-in, first-out) realisierbar - Abhängig von Artikel/ Lagervolumen - Stapelfähigkeit des Artikels bzw. der entsprechenden Ladungsträger muß gegeben sein - Gefahr von Beschädigung durch Druck (Stapelung) bzw. Handlingsvorgänge beim Umsetzen - Eingeschränkte Transparenz und Verwaltung - Nahezu keine Möglichkeiten zur Mechanisierung bzw. Automatisierung

Bild 4-45 Anwendungsformen und Bewertung von Bodenlagern

Lagerart	Nutzungsart [%]
Flächen/Bodenlagern	15
Blocklager	85
Blocklager mit Compactus 1)	85
Blocklager mit Compactus 1) für Kleinteile, Regal-Handhabung	70
Konventionelles Regal für Handbedienung	40
Lagerregal als Durchlaufregal, Aufgabe bzw. Entnahme beiderseitig mit Bediengerät	80
Lagerregal als Durchlaufregal, Stapleraufgabe, Bediengeräteentnahme	70

1) Verschiebemöglichkeit einzelner Blöcke oder Zeilen durch z.B. Rollgestelle (Erhöhung der Flächennutzung, da immer nur dort eine Gasse geschaffen wird, wo aktuell entnommen/eingelagert wird.

Bild 4-46 Erhöhung des Lagernutzungsgrades durch angepaßte Lagertechnik [5, S.264]

wird. Je nach Auslegung der Regalkonstruktion und Anwendungsfall lassen sich die angestrebten Lagerleistungen und Anforderungen nicht realisieren. Insbesondere beim Mehrplatzsystem (mehr Ladeeinheiten werden in einem Lagerfeld gelagert) bzw. bei großzügiger Auslegung der einzelnen Lagerplätzen und -felder werden Anpassungen in der Lagersystematik und -system erforderlich. Kennzeichen:

- Stapelung von mehreren bzw. unterschiedlichen Lagereinheiten
- Hoher Handlingsaufwand durch Zusatz-Lagerbewegungen infolge Stapelung bzw. Teilevermischung innerhalb eines Ladungsträgers
- Fehlende Transparenz durch fehlende und eindeutige Lagerplatz- bzw. Teile-/Produktzuordnung
- Fehlende Abstimmung und Anpassung von Lagersystemen und Lager-/Platzbedarf der Teile und Produkte
- Fehlende Abstimmung und Anpassung von Lagersystemen und Ladungsträgern
- Hoher Leeranteil innerhalb der Lagerfläche bzw. Felder

Die Effizienz bei der Lagerung erfordert daher oftmals eine individuelle Anpassung der Lagereinrichtung:

- einerseits durch unternehmensindividuelle Rahmenbedingungen wie z.B. Art der Teile und Produkte, Beispiel: Lagerung von Langgut,
- andererseits durch veränderte Parameter, die zu Veränderungen der Anforderungen bei den Lagereinrichtungen führen wie z.B. kleine Losgrößen: Anpassung der Ladungsträger und damit Anpassung der Lagereinrichtung.

Regallager bieten hier die Möglichkeit, durch eine Anpassung in der Regaltechnik zu effizienten Lagersystemen zu kommen.

Durch die Regalkonzeption ist die Realisierung eines großen Lagervolumens in bezug auf die notwendige Grundfläche möglich, wobei durch die „Vereinzelung“ der Lagereinheiten der direkte Zugriff zu den Teilen und Produkten sichergestellt werden kann, so daß bei der Regallagerung von hoher Lagersicherheit (Transparenz, Lagerverwaltung, Qualität) ausgegangen werden kann. Mit der Verfeinerung und Anpassung in den Lagertechniken kann der Nutzungsgrad wesentlich erhöht werden.

Bei den Regallagern unterscheidet man zwischen statischer und dynamischer Lagerung. Bei der statischen Lagerung bleiben die Lagereinheiten von der Einlagerung bis zur Auslagerung an einem Platz. Typisches Beispiel ist ein konventionelles Palettenregal, das über einen mannbedienten Stapler bedient wird. Bei der dynamischen Lagerung werden die Lagereinheiten zwischen der Übergabe an bzw. von der Lagereinrichtung noch bewegt:

- Bewegung der Lagereinheiten in feststehenden Regalen (Bsp. Durchlaufregal)
- Bewegung der Lagereinheiten mit den Regalen (bewegte Regale, feststehende Lagereinheiten), Bsp: Umlaufregale
- Bewegung der Lagereinheiten auf Fördermitteln mit Lagerfunktion (Bsp. Rollbahn oder Hängebahn mit Lagerfunktion) [10, S.147]

Regallager	
Anwendungsformen	o Zeilenlager o Blocklager / o Mit Lagergerät o Ohne Lagergerät / o statisch o dynamisch
Lagereinrichtung	**o Standard- und Sonderlösung, Schwerpunkte:** - Fachbodenregal - Palettenregal - Kragarmregal - automatisiertes Behälterregal - Wabenregal - Einfahr- bzw. Durchfahrregal - Verfahrbares Regal - Kanal (Tunnel-) Regale - Durchlaufregal (angetrieben bzw. Schwerkraft) - Einschubregal - Umlaufregal und Verschiebeumlaufregal
Bewertung	**o Regallagerung/ Fachbodenregale** Vorteile: - direkter Zugriff zu jedem Artikel - Flexibilität z.B. bei Strukturänderung (Ausbau und Anpassung) - Flächenausnutzung bei entsprechender Räumhöhe - Möglichkeit zur Automatisierung/ Mechanisierung - Lagersicherheit, Organisation u. Verwaltung - Transparenz - Gestaltung der Abläufe/ Kommissionierung Nachteile: - Bedienung u. Greifposition bei manueller Ein-/ Auslagerung bzw. Kommissionierung - u.U. lange Wegstrecken/ Verfahrwege - je nach Auslegung hohe Platzbedarfe und damit schlechte Raumnutzung durch Fahrwege-Bedarf (Arbeitsgangbreiten) - Reduzierung des Nutzungsgrades durch Regalkonstruktion, Ladungsträger (Paletten, Kleinteilebehälter) - Nur bedingt Einhaltung von FIFO (first-in, first-out) möglich - Ausfallrisiko und Zugriff bei Ausfall des Bediengerät insbesondere bei automatisierten Hochregallagern - eingeschränkte Automatisierung bei Kragarmregalen (Lösung: Kassettensystem; Investition !)

Bild 4-47 Anwendungsformen und Bewertung von Regallagern

<table>
<tr><th colspan="2">Regallager (Forts.)</th></tr>
<tr><td>Bewertung</td><td>
o Durchlaufregale

Vorteile:

- hohe Raumausnutzung u. hoher Füllungsgrad durch geringen Fahrweganteil und dichter Lagerung der Ladeeinheiten
- Sicherstellung FIFO (first-in, first-out)
- Umschlagleistung
- Möglichkeit zur Automatisierung bzw. Mechanisierung
- Präsenz u. Zugriff

Nachteile:

- Eingeschränkte Einsatzmöglichkeiten durch Abhängigkeit von Beschaffung des Ladungsträgers (Rollbarkeit)
- Auslegung immer nur für einen ganz bestimmten Ladungsträger- bzw. Verpackungstyp
- Anpassungsaufwand bei Struktur- bzw. Sortimentsänderung
- Begrenzung in Höhe u. Anzahl der Ladeeinheiten hintereinander, insbesondere Schwerkraftlösungen
- u.U. aufwendige Technik:
Absicherung Unfallgefahr, Sicherungsmaßnahmen, Maßnahmen zur Sicherstellung der Verfügbarkeit
- artikelreine Bahnen/ bzw. Kommissionierung
- Investitionskosten bei automatisierten/ mechanisierten Systemen

o Lagerung in beweglichen Regalen/ Umlaufsystemen

Vorteile:

- Mechanisierbarkeit bzw. Automatisierbarkeit
- Bedienung von mehreren Systemen gleichzeitig bzw. Anpassung der Umschlag-Steigerung durch entsprechende Systemanzahl, je nach Systemauslegung optimale Kommissionierung
- Sicherstellung FIFO
- Raumausnutzung
- DV-Organisation
- Wege für Ein- und Auslagerungen
- i.d.R. Schutz der Teile/ Produkte

Nachteile:

- Investitionskosten
- Wartung u. Instandhaltung
- Ausfallrisiko
- u.U. Bereitstellungszeiten
- Ausbaufähigkeit nur über Zusatzsysteme
- je nach System geringe Flexibilität (Lagergut, Umschlagsleistung, Ablauf)
</td></tr>
</table>

Bild 4-48 Anwendungsformen und Bewertung von Regallagern – Forts.

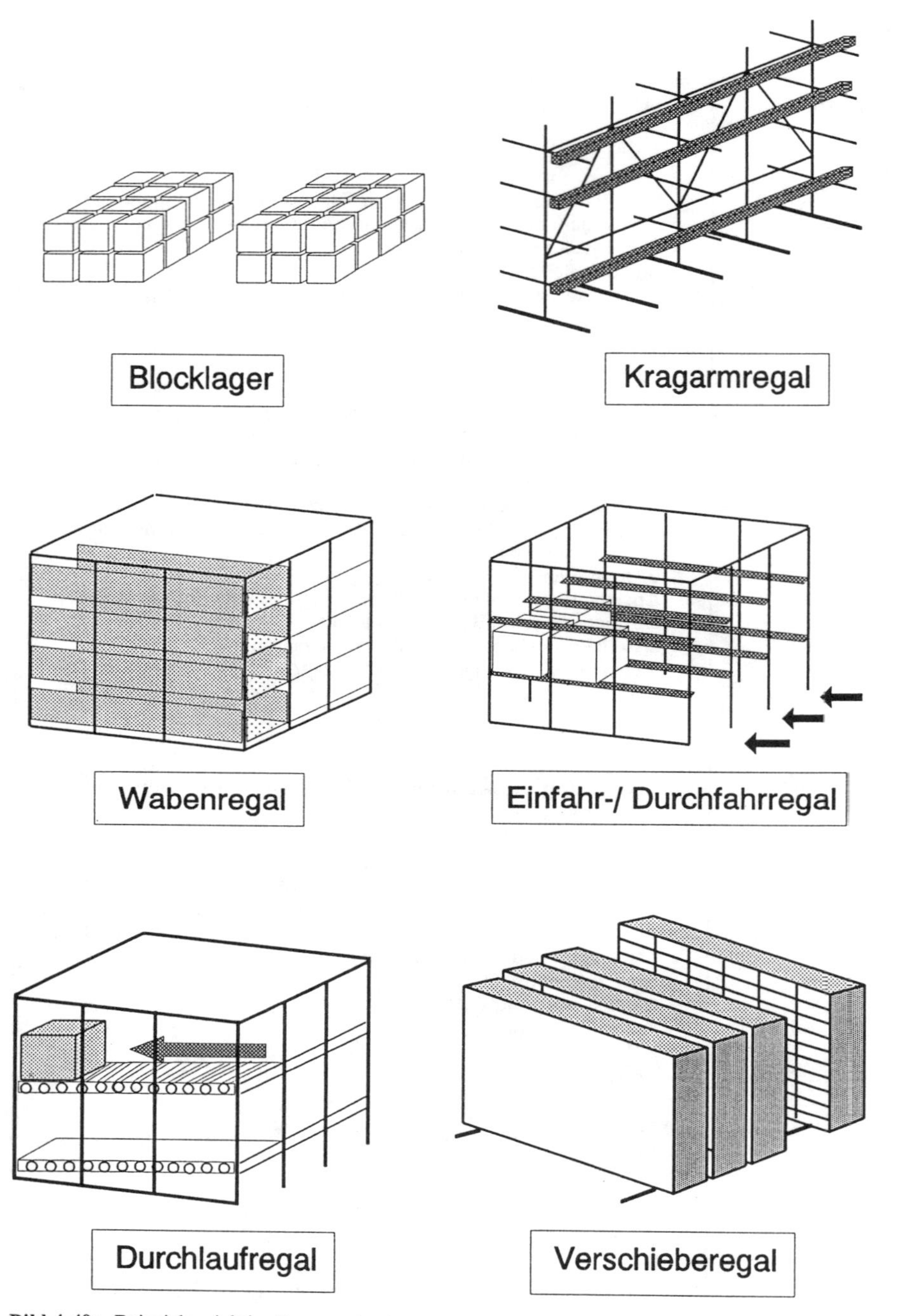

Bild 4-49a Beispiele wichtige Lagersystemtypen

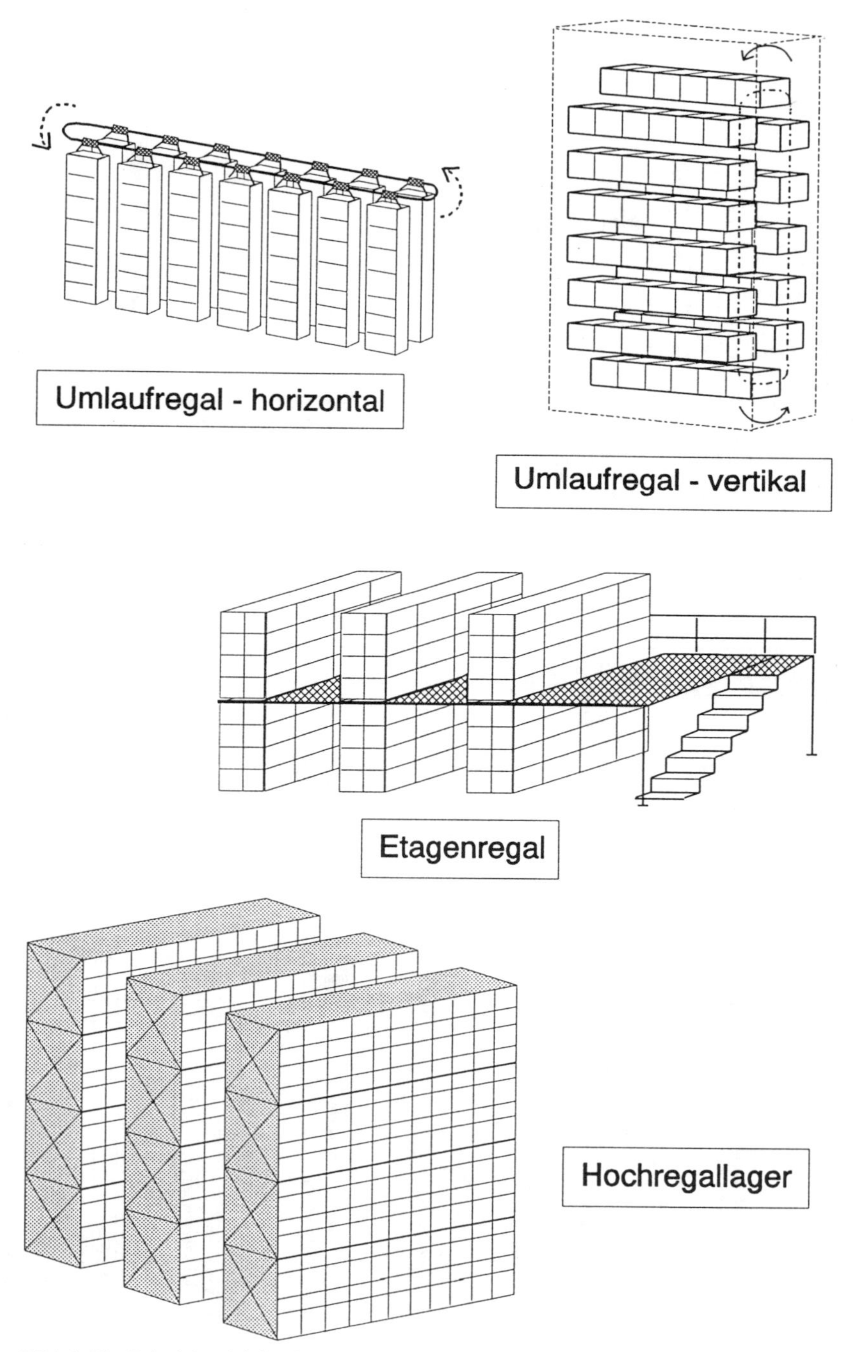

Bild 4-49b Beispiele wichtige Lagersystemtypen – Forts.

Lagerungsart			Boden				Regal																	
Lagereinrichtung / Alternativen/Varianten / Bewertungs-Kriterium			Zeile ohne Lagergerät	Block ohne Lagergerät	Zeile mit Lagergerät	Block mit Lagergerät	Fachbodenregal	Palettenregal 'Einplatzsystem'	Palettenregal 'Mehrplatzsystem'	Kragarmregal	Automatisiertes Behälterregal	Mehrgeschossiges Regal	Wabenregal	Einfahrregal	Durchfahrregal	Verfahrbares Regal	Durchlaufregal 'Schw.Kraft-Scheiben-/Tragrollen'	Durchlaufregal 'Schw.Kraft-Rolluntersatz'	Durchlaufregal 'Getr.Motor-Tragrollen/Tragkette'	Einschubregal 'Schw.Kraft-Scheiben-/Tragrollen'	Einschubregal 'Schw.Kraft-Rolluntersatz'	horizontal umlaufendes Fachbodenregal	Umlaufregal	Verschiebeumlaufregal
1	Lagergutgewicht	schwer	+++	+++	+++	+++	--	+++	++	++	--	---	+	++	++	+	+	++	+++	+	++	--	---	+
		mittel	+++	+++	+++	+++	+	+++	+++	+++	+	-	++	+++	+++	+++	++	+++	+++	++	+++	-	--	++
		leicht	+	++	+	++	+++	--	--	-	+++	++	+++	--	--	+++	+++	++	+	-	--	++	+++	--
2	Artikelanzahl	hoch	--	---	--	---	++	++	++	-	++	++	-	--	--	-	--	--	--	-	-	+	++	-
		mittel	-	--	-	--	+++	+	+	++	+	+++	+	-	-	+	-	-	-	+	+	++	+	++
		klein	++	+++	++	+++	-	-	-	+	--	-	++	+	+	++	+++	+++	+++	++	++	--	-	+
3	Menge pro Artikel	hoch	++	+++	++	+++	--	+	+	+	--	--	--	++	++	-	+	+	+	+	+	-	--	-
		mittel	+	++	+	+	+	++	++	++	-	+	-	+	+	+	++	++	+	++	++	+	+	+
		klein	--	---	--	---	++	++	++	-	++	++	+	--	--	++	+	+	-	-	-	++	++	-
4	Umschlagsleistung	hoch	--	---	-	--	-	+	+	-	++	-	--	--	-	--	+	+	+	+	+	-	-	--
		mittel	-	--	++	+	+	++	++	+	+	+	-	-	+	-	+	+	+	+	+	++	+	-
		klein	++	+	+++	++	+++	-	-	++	--	++	+	+	++	+	++	++	++	++	++	+	++	+
5	Abhängig von der Beschaffenheit von 'Ladeeinheit/-gut'		---	---	--	--	+++	---	--	--	+	+	+	---	---	+	---	+	+	--	++	+	++	+
6	Flächennutzung		+	++	+	++	--	-	+	+	+	+++	++	+	+	+++	++	++	++	++	++	+	+	++
7	Raumnutzung		--	--	--	--	--	++	++	-	+	++	++	++	++	++	+	++	+	+	++	-	+++	++
8	Flexibilität		++	+++	++	+++	++	+	++	-	---	--	-	--	--	-	--	-	+	-	+	-	--	---
9	Leistungssteigerung ?		--	---	-	--	+	+	+	+	+	+	--	--	-	-	-	-	+	-	-	+	--	--
10	Mechanisierung / Automatisierung		---	---	---	---	++	+++	+++	+	+++	+	+++	-	-	+	++	++	++	+	+	++	++	++
11	Kommissionierung		-	--	-	--	++	+++	++	++	+++	++	+	-	-	--	--	--	--	--	--	++	-	-
12	FIFO		--	---	-	--	-	++	++	-	+	-	--	--	-	+	+++	+++	+++	--	--	+	+	+
13	Übersicht und Zuordnung		+	-	+	-	+	++	++	+	++	+	+	--	-	-	-	-	-	-	-	+	+	+
14	Verwaltung mit DV und Bestands-führung		-	--	-	--	++	++	++	++	+++	++	+	-	-	+	+	+	++	+	+	+	+	+
15	Verfügbarkeit		++	+	++	+	+++	+	+	+	---	++	+	+	+	-	--	+	+	-	+	-	---	---
16	Staplerhandhabung im Lager und Beschickung der Regale		--	---	-	--	o	++	+	-	---	---	--	--	-	-	++	++	+++	++	++	o	o	-
17	Entnahmehandhabung durch Pers.		-	--	+	-	+++	+++	++	+	--	+++	+	--	-	--	-	-	-	-	-	++	+++	--
18	Wartung und Instandhaltung		++	++	+	+	++	+	+	+	--	++	+	-	-	--	--	-	--	-	-	--	--	---
19	Störanfällig		+	+	++	++	++	+	+	+	--	++	+	-	-	-	--	-	+	-	+	-	-	--
20	Investition		++	++	++	++	++	--	-	--	--	++	-	-	--	---	-	-	---	-	-	--	--	---

Bild 4-50 Lagersysteme und Bewertungskriterien vgl.[21, S.16]

Lagerzuordnung und Lagerzugriff:

Bei der Lagerordnung ist zwischen den zwei Grundvarianten zu unterscheiden:

- feste Lagerplatzordnung
- chaotische Lagerplatzordnung

Die *feste Lagerplatzordnung* ordnet den Artikeln immer den gleichen Lagerplatz zu. Dieses einfache System ist sinnvoll bei konstantem Sortiment und nahezu gleichbleibender Lagermenge. Die Verwaltung eines solchen Lagers ist einfach und ist auch bei vorhandener DV-Unterstützung programmtechnisch einfach zu realisieren. Nachteilig sind bei einem solchen Lager die geringe Flexibilität und damit oftmals die uneinheitliche Nutzung der Lagerplätze.

Die *chaotische Lagerorganisation* sieht dagegen keine feste Lagerplätze vor. Jeder Artikel kann theoretisch an jedem Platz im Lager stehen. Gelagert wird dort, wo Platz ist und wo beim aktuellen Lagervorgang der Weg kurz ist. Die Verwaltung erfordert gegenüber dem festen Lagerplatzsystem hohen Aufwand und sollte sinnvollerweise über eine DV-gestützte Lösung realisiert werden. Die Umsetzung von chaotischen Lagerplatzsystemen sollte auf jeden Fall die Vereinheitlichung von Ladungsträgern beinhalten.

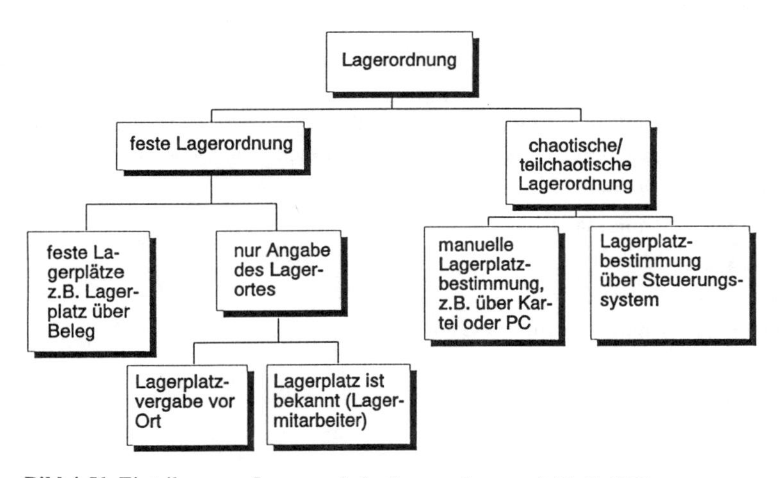

Bild 4-51 Einteilung von Lager nach der Lagerordnung vgl. [5, S. 259]

Falls bei der Einlagerung z.B. innerhalb einer Lagerebene der Lagermitarbeiter das Lagergut nach freien Plätzen bzw. Feldern einlagert bzw. zusammenfaßt, spricht man auch von sogenannten *teilchaotischen Lagerplatzsystemen.*

Innerhalb des Lagerordnungssystems bestehen weitere Potentiale, die die Leistung des Lagers wesentlich verbessern und die Zeiten für die Ein- und Auslagerung verkürzen, z.B.:

- Lagerung der Artikel bzw. Lagereinheiten entsprechend ihrer Umschlagshäufikeit (ABC-Verteilung), d.h. z.B. gezielte Plazierung von Schnelldrehern in unmittelbarer Nähe des Übergabebereichs.
- Trennung der Lagermenge eines Artikels in Reservemengen (z.B. Nachschubzone in oberem Regalbereich) und kurzfristig benötigte Mengen (z.B. Kleinmengen in Kleinteilebehältern in Greifzone im unteren Regalbereich).

- Produktbezogene Lagerung von Einzelteilen z.B. über Systempalette (auf der Palette befinden sich alle Teile zur Fertigung/Montage eines bestimmten Endproduktes) bzw. Nutzung von benachbarten Lagerplätzen für die Lagerung von Teilen, die in ein- und dasselbe Produkt fließen.
- Einlagerung von Packungsgrößen, wie sie z.B. in der Montage gebraucht oder von Kunden vorwiegend bestellt werden.

Lagerbedienung und Automatisierung

Zur Bedienung eines Lagers bzw. zur Realisierung der Ein- und Auslagerung ergeben sich unterschiedliche Möglichkeiten:

- Manuelle Lagerbedienung, das Lagergut wird manuell durch die Lagermitarbeiter ein- bzw. ausgelagert. In der Regel erfolgt die Lagerung über ein Ladehilfsmittel/Ladungsträger. Die manuelle Einlagerung eignet sich nur bei geringen Gewichten, kleinen Mengen, geringen Einlagerungshöhen.
- Lagerbedienung mit Gabelstapler, die Lagerbedienung erfolgt über einen Standardgabelstapler meist mit Hilfe von Standardladungsträgern, die Einlagerungshöhe ist begrenzt.
- Lagerbedienung mit Regalförderzeug, die Ein- bzw. Auslagerung erfolgt über ein spezielles (mannbedientes) Regalbediengerät.
- Vollautomatische Lagerbedienung, die Lagerbedienung erfolgt vollautomatisch; die Art der Ein- und Auslagerung sowie der Ablauf erfolgt hier von Lagersystem zu Lagersystem unterschiedlich, die logischen Entscheidungen erfolgen über System, so daß den Mitarbeitern nur noch Kontroll- und Überwachungsfunktion zukommen. Die Ein- und Auslagerung erfolgt oftmals von einer zentralen Stelle aus.

Hauptmotive für den Bau von automatischen Lagern sind [23, S. 580]:

- Beschleunigung des Umschlages
- Arbeitsersparnis und -erleichterung
- Reduzierung des Inventuraufwandes infolge Systemverwaltung

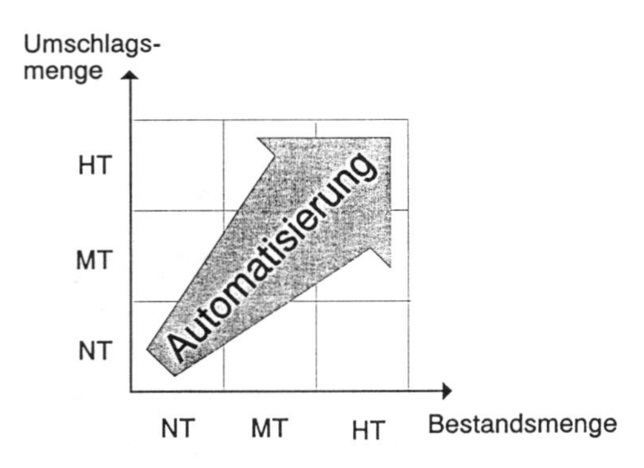

Bild 4-52
Kriterien für die Automatisierung von Lägern [6, S. 104]

Hohe wirtschaftliche Automatisierungschancen bestehen bei Lägern, in denen hohe Lagerbewegungen realisiert werden bzw. sogenannte Umschlag- und Bestandshaupttypen lagern [6, S.104].

Der Schritt zum automatisierten Lager hat schließlich auch entscheidenden Einfluß auf das Gesamtmaterialflußkonzept des Unternehmens.

Mit der Realisierung der Automatisierung ist die Möglichkeit zum Aufbau eines gesamtheitlichen automatischen Materialflußsystems gegeben bzw. ist eine Integration in automatisierte *Materialflußabläufe* möglich.

4.4 Pufferstrategien und Systeme

4.4.1 Begriff und Bedeutung von Puffern

Materialpuffer entstehen überall dort, wo

- Kapazitätsunterschiede zwischen aufeinanderfolgenden Stellen bestehen,
- die zur Verfügung gestellten Einsatzmenge größer ist als die an der Stelle verbrauchte Menge,
- eine Entkopplung, z.B. vom Arbeitstakt der Maschine, notwendig oder erwünscht ist.

Müller [7, S. 2 f.] weist in diesem Zusammenhang auf die Schwierigkeit einer Definition der Pufferbildung hin, insbesondere dann, wenn die Pufferung als Folge einer „nicht optimalen Planung" gesehen wird. Sie definiert daher Puffer „als Planspielräume auf die Ressourcenverwendung". Damit sind in dem Begriff Pufferbildung berücksichtigt:

- die *mengenmäßige* und
- die *zeitliche* Einplanung und Zuteilung.

Gerade der zeitliche Faktor hat wesentlichen Einfluß, einmal auf die Pufferbildung, aber auch auf die Durchgängigkeit der Abläufe.

Die Funktion von Puffern kann aber auch in einer gezielten Entkoppelung von logisch aufeinanderfolgenden Arbeitsgängen liegen [30, S. 671]. Den Mitarbeitern wird hier die Möglichkeit gegeben, in Eigenverantwortung:

- den Arbeitsrhythmus zu bestimmen und
- einen Teil oder ganz die Steuerungsfunktion zu übernehmen.

Diese Interpretation von Pufferung hat im Rahmen einer Arbeitserweiterung das Ziel, die Verantwortung und Qualifikation zu erhöhen und bietet gleichzeitig eine verbesserte Möglichkeit zur Erhöhung der Steuerungsflexibilität.

Eine solche Maßnahme darf allerdings nicht mit dem Aufbau von ungeplanten Fertigungspuffern verwechselt werden.

Ungeplante Fertigungspuffer, die aufgebaut werden, um vermeintlich höhere Stückzahlen produzieren zu können bzw. um eine höhere Flexibilität zu erzielen, führen zu wesentlichen Nachteilen [5, S.197]:

- Hohe Kapitalbindung
- Fehlende Transparenz
- Aufbau von Lagerhütern
- Sich einstellende Bestandsabweichungen
- Terminverschiebungen und erschwerte Auftragsterminierung durch fehlende Teile bzw. nicht aussagefähige Kapazitätswirtschaft.

Der eher klassische Fall von Pufferbildung, wie oben bereits erwähnt, resultiert allerdings aus unabgestimmten Kapazitäten; insbesondere:

- beim Transport extern und intern
- bei der Materialbereitstellung
- zwischen Maschinen und
- zwischen einzelnen Arbeitsgängen und Fertigungsabläufen.

Hier bestehen in der Praxis wesentliche Ansatzpunkte zur Straffung des Materialdurchlaufs und damit zur Reduzierung der Bestände im gesamten Unternehmensprozeß.

Aus dieser Definition/Betrachtungsweise wird auch die Abgrenzung des Pufferbegriffes von dem Begriff der Lagerung deutlich. Beim Puffern findet keine definierte Ein- und Auslagerung statt, somit ist auch keine direkte Verwaltung der Bestände beabsichtigt bzw. sinnvoll. Die Pufferung ist vielmehr ein zeitlich begrenztes Verweilen von Material, Teilen und Produkten.

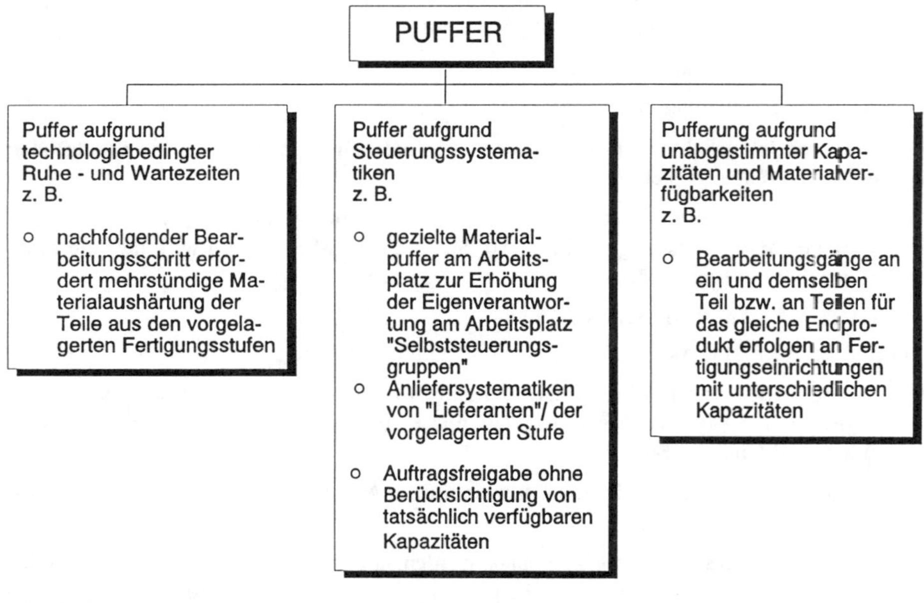

Bild 4-53 Möglichkeiten und Ursachen der Pufferbildung

Pufferung und Lagerung ergänzen sich daher in den betrieblichen Abläufen. Je nach Gestaltung der Abläufe können die Funktionen des Lagers durch Puffer ersetzt werden.

Zur Pufferung gehört z.B. auch ein zeitweises Verweilen von Montageteilen in einem Transportsystem (z.B. Stauen von Paletten auf Staurollenförderern) [30, S. 1186].

4.4.2 Pufferstrategien

Zur Optimierung von Puffer und Pufferbildung bestehen Potentiale im wesentlichen durch eine Abstimmung bzw. Harmonisierung von Kapazitäten. Das schließt die Berücksichtigung der vorhandenen und aktuell zur Verfügung stehenden Kapazitäten bei der Fertigungsauftragsbildung und Freigabe mit ein. Hierzu gehören auch:

- die Anlieferung vom Lieferanten (extern)
- die Anlieferung aus anderen Bereichen des Unternehmens
- die Bereitstellung
- der Transport
- die gesamten innerbetrieblichen Wertschöpfungsstufen
- die Ablieferung an den Kunden bzw. an die verbrauchenden Bereiche im Unternehmen

Die Strategien zur Bildung von wirtschaftlichen Puffersystemen bzw. zum Abbau von Puffern überhaupt sind, abgesehen von der reinen Hardwarelösung, im wesentlichen identisch mit der Strategie zur wirtschaftlichen Lagerhaltung bzw. den Bestandssenkungsstrategien (vgl. hierzu auch Kapitel Lagerstrategien und Systeme):

- Verkürzung der Durchlaufzeiten
- Reduzierung von Varianten und Teilevielfalt
- Reduzierung von Lagerstufen
- Verbesserung von Prognose- und Dispositionsqualität
- Reduzierung von Dispositions- und Entscheidungsebene sowie
- gezielte Selektion bei Behandlung, Pufferung, Lagerung und Steuerung von Teilen und Produkten (z.B. Berücksichtigung Umschlaghäufigkeit, Behandlung von Ersatzteilen)

Durch intelligente Pufferung ist es oftmals erst möglich, auf den Aufbau bzw. den Einsatz eines Lagersystems zu verzichten. An die Stelle eines aufwendigen Lagers, oftmals mit zusätzlichen Pufferstellen und Plätzen in vor- und nachgelagerten Bereichen, tritt ein einfacher Material-, Teile- oder Produktpuffer. Der Puffer dient oftmals nur dazu, Unsicherheiten durch Transport, Bereitstellung oder Qualität abzufangen oder auszugleichen.

4.4.3 Fertigungsintegrierte Puffersysteme

Im Gegensatz zu konventionellen Lagersystemen, bzw. mehr an der Peripherie des gesamten Materialflußsystems angeordneten Lagern, ist eine Alternative, die Lager-/Puffersysteme stärker in den Materialfluß zu integrieren.

Ein Lösungsansatz ist die Integration von Lagersystemen in der Fertigung, und zwar nicht über eine Verkettung der Abläufe einschließlich der vorhandenen Informations- und Steuerungssysteme, sondern durch eine tatsächlich physische Integration der Anlage. Ein solches zentrales Lager ermöglicht die direkte Ver- und Entsorgung der Arbeitsplätze. Die Ar-

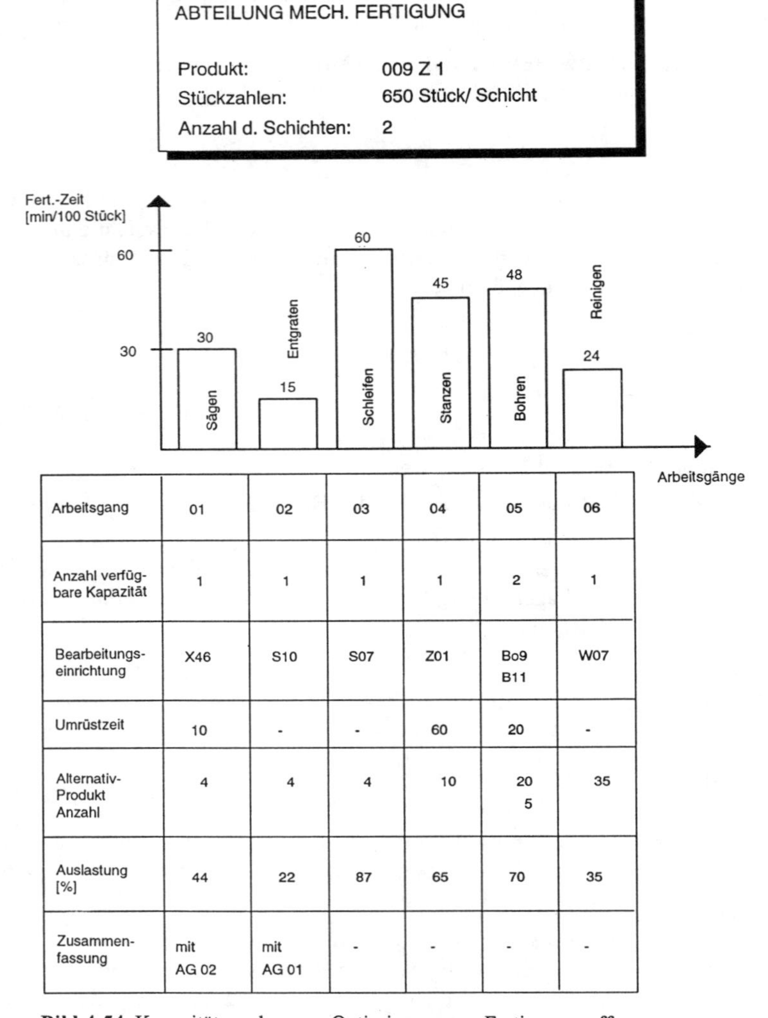

Arbeitsgang	01	02	03	04	05	06
Anzahl verfüg-bare Kapazität	1	1	1	1	2	1
Bearbeitungs-einrichtung	X46	S10	S07	Z01	Bo9 B11	W07
Umrüstzeit	10	-	-	60	20	-
Alternativ-Produkt Anzahl	4	4	4	10	20 5	35
Auslastung [%]	44	22	87	65	70	35
Zusammen-fassung	mit AG 02	mit AG 01	-	-	-	-

Bild 4-54 Kapazitätsanalyse zur Optimierung von Fertigungspuffern

beitsplätze können so beliebig angeordnet werden, so daß die Layoutgestaltung weitgehend unabhängig von der Arbeitsgangreihenfolge und der damit verbundenen Arbeitsplätze erfolgen kann. Ein solches fertigungsintegriertes Lager übernimmt gleichzeitig die Puffer- und Bereitstellfunktionen.

Durch Entwicklungen wie z.B. wachsende Teilevielfalt und kleinere Losgrößen in Verbindung mit neuen Techniken wie z.B. Barcode-System an Teilen, Behältern und Ladehilfsmitteln oder automatischer Palettierung und Handlingssystemen stehen hohe Durchsatzleistungen bei Puffersystemen im Vordergrund.

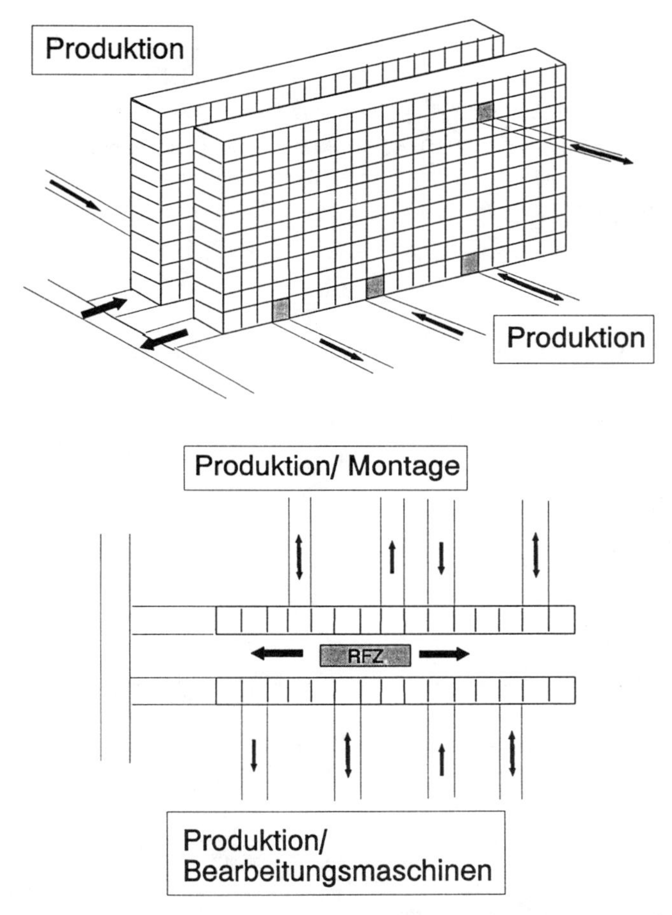

Bild 4-55 Fertigungsintegriertes Hochregallager übernimmt Lager-, Puffer- und Bereitstellungsfunktionen

Palettensysteme mit hohem Handlingsaufwand und Platzbedarf werden durch Behältersysteme mit entsprechender Peripherie ersetzt.

Mit den notwendigen hohen Leistungswerten und zeitlich kritischen Prozessen bei Transport, Bereitstellung und Kommissionierung ist die Entfernung zum Lager von großer Bedeutung. Die Folge ist Dezentralisation mit fertigungsintegrierten Puffersystemen. Örtlich eignen sich auch automatische Puffersysteme, die z.B. für spezifische Produktgruppen eingerichtet sind [25, S.112].

Scheid [25, S.112-115] weist darauf hin, daß je nach Anforderung und Anwendung, in der Praxis die unterschiedlichsten Systeme sowohl als Lager als auch als Puffer zentral, dezentral automatisch oder manuell nebeneinander existieren können bzw. auch müssen, um die notwendige Leistungsfähigkeit zu realisieren.

4.4.4 Puffersysteme

Zur Bildung von Puffern und Puffersystemen eignen sich in der Regel die gleichen Systemkomponenten wie für den Lagerbereich (vgl. Kapitel Lagerstrategien und Systeme).

Einfachste Form der Pufferung ist auch hier das Puffern von Material, z.B. am Arbeitsplatz als Block, d.h. das Abstellen des Materials in logischer Reihenfolge auf definierten Pufferflächen. Allerdings durch die Forderungen von:

- geringe Verweildauer von Teilen und Produkten
- schnelle Übergabe und Übernahme
- kompakte Abmessungen
- keine definierten Ein- und Auslagerungen und damit Transparenz und Lagersicherheit durch die physische Gestaltung des Puffers

werden in der Praxis oftmals folgende Hardware-Systeme bevorzugt:

- Durchlaufregale bzw. Kanalregale
  - in der Nähe des Arbeitsplatzes
  - leichte Übernahme und Übergabe
  - Übernahme von Steuerungsfunktionen
  - Sicherstellung von FIFO.
- Durchfahrregale
  - gleiche Systematik wie Durchlaufregale
  - Transport innerhalb des Regals nicht über Rollen, sondern z.B. über den Versorgungsförderzug bzw. Bereitstellförderzug
  - Weitergabe unabhängig von Ladeeinheiten bzw. ihrer Rollfähigkeit
- Automatisierte Fertigungspuffer als Regal mit automatischem Regalbediengerät.

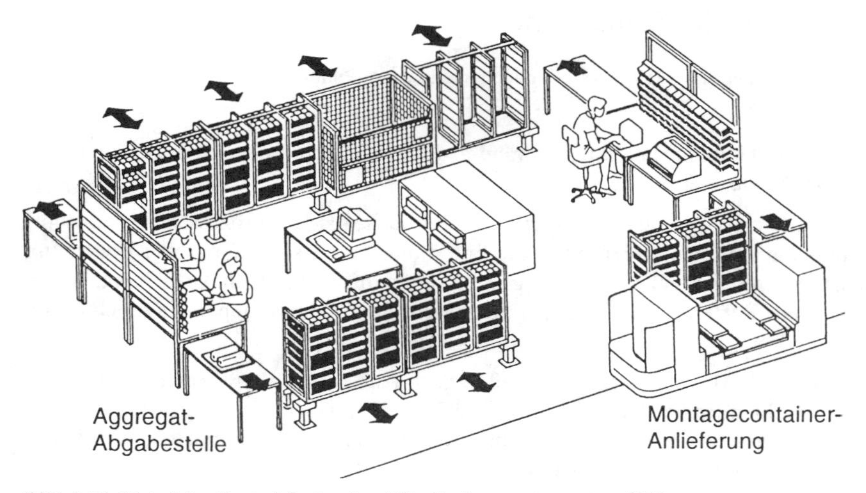

Bild 4-56 Materialpuffer in Montageinsel für die Aggregatemontage [31]

- Fördermittel übernehmen Pufferfunktion
  - durch die Auslegung der Fördermittel ist eine Materialpufferung möglich,
  - z.B. Staurollenbahnen, Staukettenförderer aber auch Anhänger und Wagen von Transportsystemen.

Beschreibung Bild 4-56:

- Transport- und Bereitstellung durch FTS
- Einsatz individueller Montagecontainer für Kleinteilebehälter/Montageteile
- Optimale Bereitstellung/Übergabe durch Höhenverstellung FTS/Montagecontainer
- Entnahme der Teile durch Montagemitarbeiter aus Montagecontainer
- Bereitstellung der fertigen Aggregate durch Montagemitarbeiter und Abtransport über FTS
- Steuerung durch 2-Behälterprinzip, Rückmeldung Leerbehälter über Lesepistole/System
- Lagerung/Bereitstellung von permanent benötigten Teilen/Kleinteilen griffgünstig am Arbeitsplatz in speziellen Kleinteilebehältern/Lagersystemen

Bild 4-57 Durchlaufregale als Produktionspuffer in der Automobilindustrie

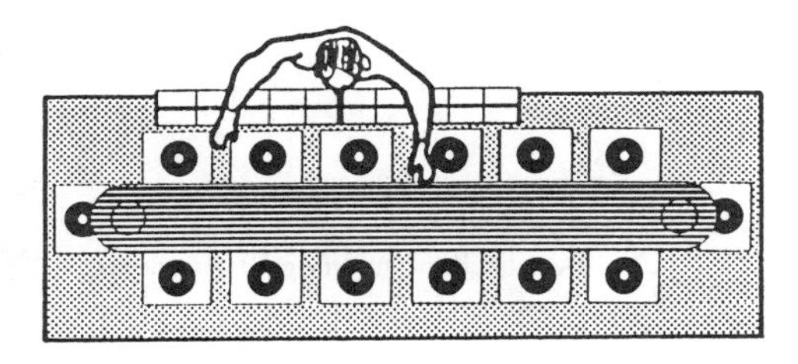

Bild 4-58
Stetigförderer übernimmt Puffer- und Bereitstellungsfunktion

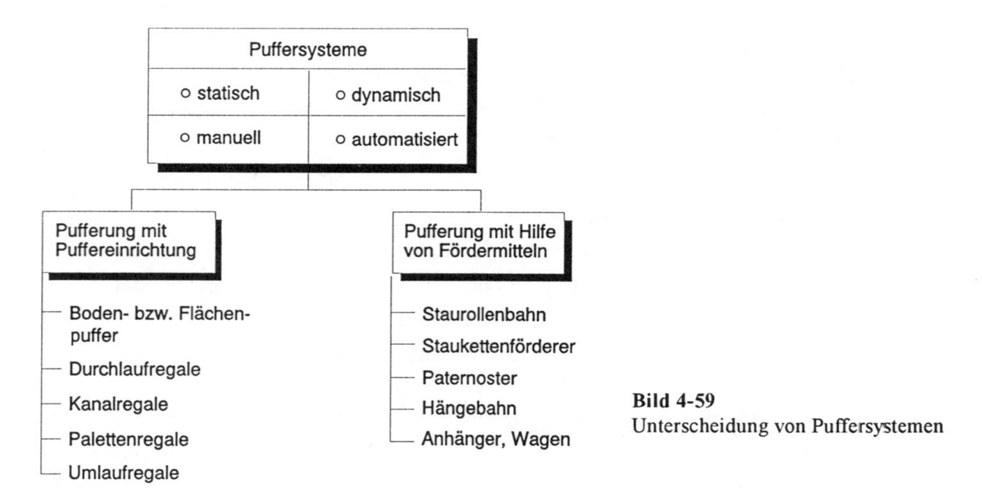

Bild 4-59
Unterscheidung von Puffersystemen

4.5 Bereitstellung

4.5.1 Begriff und Bedeutung

Die Bereitstellung kann einerseits als ein Teilbereich bzw. als weitere Servicefunktion des Lagers betrachtet werden. Die Bereitstellungsfunktion und ihre Bedeutung reichen über diese Funktion hinaus. Die Bereitstellung ist Grundfunktion eines jeden Materialflusses, die in Verbindung mit anderen Materialflußelementen realisiert ist oder aber auch als selbständiges Element zu betrachten ist. So beinhaltet z.B. die Materialbereitstellung im Unternehmen einerseits die Bereitstellung von Material und Teilen direkt vom Kunden bzw. aus dem Warenausgang und andererseits die Bereitstellung aus unterschiedlichen Lägern oder Puffern in die Fertigungsbereiche oder sonstigen Bereiche des Unternehmens.

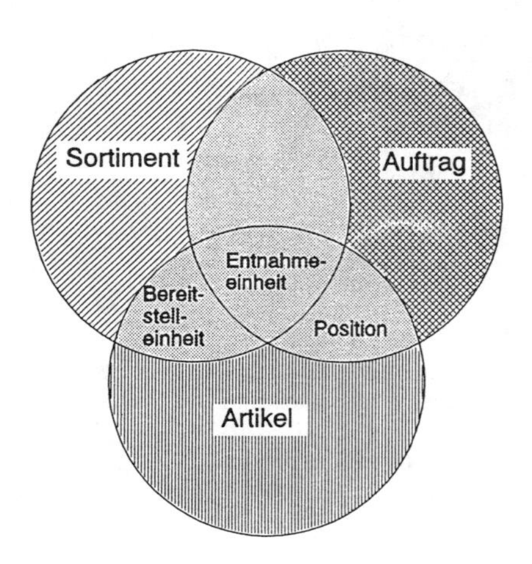

Bild 4-60
Bereitstellung und Begriffszuordnung
[32, S. 6]

Bereitstellen heißt also, die Ware, Teile oder Ladungsträger für die Entnahme bzw. für die weitere Verarbeitung oder für andere zugedachte Verwendungen in den Zugriff zu bringen.

Die Bereitstellung führt damit dazu, daß die für den jeweiligen Arbeitsschritt oder -ablauf notwendigen Teile und Materialien zum richtigen Termin in der notwendigen Menge am Verwendungsort zur Verfügung bzw. im direkten Zugriff stehen.

Die Bedeutung und Funktion der Bereitstellung geht über die Systematik hinaus, in der die Bereitstellung nur als Teilfunktion des Kommissionierens betrachtet wird. Diese erweiterte Betrachtungsweise verdeutlicht die Bedeutung der Bereitstellung bei der Optimierung der Materialflußabläufe.

Stolz [33, S. 57] spricht bei der Bereitstellfunktion von der zweitwichtigsten Funktion neben der Kommissionierfunktion im Lagersystemmodell.

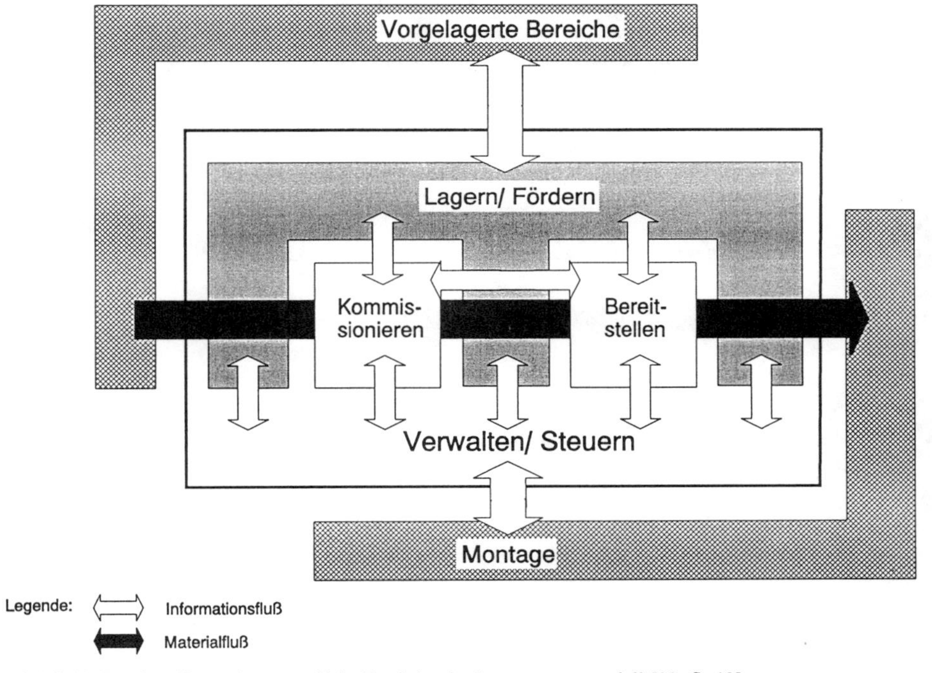

Bild 4-61 Bereitstellung als wesentliche Funktion im Lagersystemmodell [33, S. 43]

Fördern ist eine wesentliche Komponente der Bereitstellung. Zur Bereitstellung gehören allerdings noch andere Komponenten wie z.B. Auspacken, Waschen, Buchen [33, S.57].

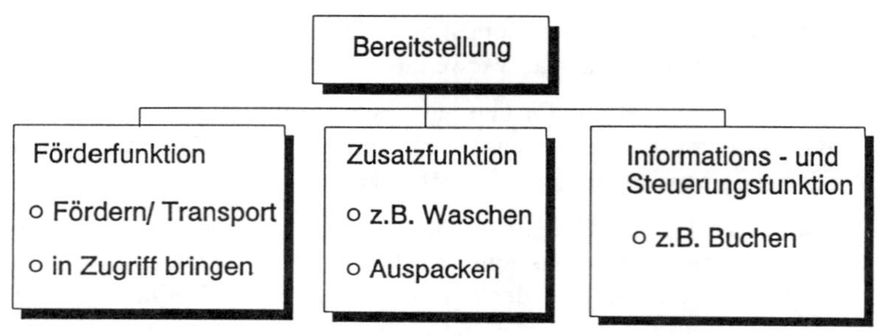

Bild 4-62 Funktionskomponenten der Bereitstellung

4.5.2 Bereitstellungsstrategien und Systeme

Der Bereitstellung kommt eine wichtige Bedeutung insbesondere bei der Realisierung von

- Reduzierung der Durchlaufzeit
- Reduzierung der Bestände in der Fertigung und Montage
- Reduzierung der Bestände in der Fertigung und Montage vor- bzw. nachgelagerten Bereichen

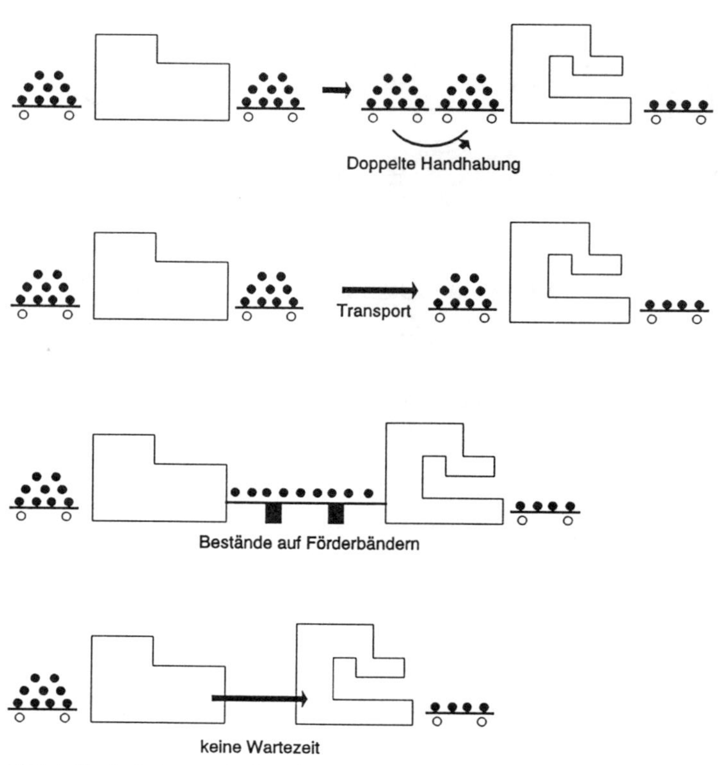

Bild 4-63 Optimierung der Bereitstellung im Fertigungsprozeß [34, S. 23]

- Layoutoptimierung durch definierte Bereitstellplätze und optimalen Materialzugriff
- Flexibilisierung in der Fertigung und Montage durch bedarfsgerechte Steuerung, Auslastung und Bereitstellung

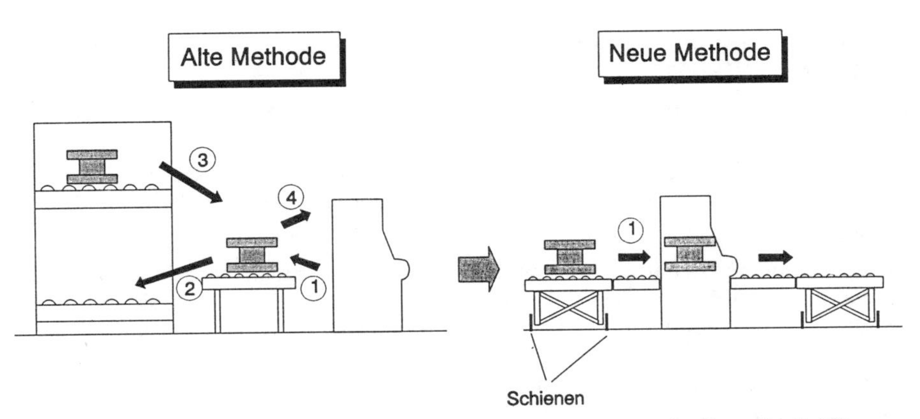

Bild 4-64 Reduzierung der Rüstzeit durch Verbesserung der Werkzeugbereitstellung [34, S. 21]

Bild 4-65 Optimierung der Bereitstellung am Arbeitsplatz:
Behälter Zu- und Abführung, Teile- und Behälteranordnung, Standardisierte Behälter- und Palettensysteme

Oftmals ist erst mit einer Verbesserung der Bereitstellung der Materialfluß, aber auch die direkten Produktionsabläufe zu optimieren. So kann z.B. der Materialfluß und die Anordnung der einzelnen zusammengehörigen Arbeitsplätze optimiert werden, wenn die Bereitstellung funktioniert, z.B.

- Bereitstellung der Teilmengen nach aktuellen Aufträgen mit Reichweiten z.B. von einem Tag.
- Bereitstellung der Teile in direkte Arbeitsplatzzuordnung, z.B. Handläger direkt am Arbeitsplatz.
- Bereitstellung der Teile in greif- und handlingsfreundlichen Behältern bzw. Ladehilfsmittel.

Ähnlich wie bei der Lagerung ist hier eine Anpassung der Bereitstellungssystematik vorzusehen. Die Bereitstellungssystematik ist abhängig z.B. vom Teilevolumen, der Umschlaghäufigkeit oder der Wertigkeit der Teile, den bereitzustellenden Materialien oder Produkten.

Die Koordination der Bereitstellfunktion erfordert daher funktionierende Informationselemente zur Steuerung. Das bedeutet nicht zwangsläufig komplexe Steuerungssysteme. Je nach Fertigung und Ablauf kann die Bereitstellung über einfache Steuerung, z.B. nach dem „2-Behälter-Prinzip“ oder „KANBAN-System“ erfolgen. Die Folgepalette oder der Folgeauftrag wird dann bereitgestellt, wenn der dafür vorgesehene Platz frei ist oder eine entsprechende Karte den Bedarf signalisiert.

Automatisierung
Bereitstellung und Kommissionierung

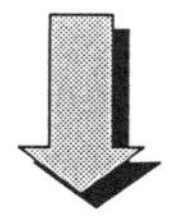

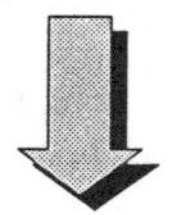

Informationsfluß	
Erfassung	Übermittlung
o manuell o EDV	o mündlich o schriftlich o elektronisch

Materialfluß	
Eingabe	Verarbeitung
o manuell o Datenträger o on-line	o manuell o automatisch

Bild 4-66 Automatisierungsaspekte bei Bereitstellung und Kommissionierung, in Anlehnung an [35, S. 44]

- Auftragsdatenverwaltung
- Nachschubauslösung
- Vermittlung der Entnahmeforderungen
- Vermittlung der Nachschubinformation

Bei der Bereitstellung kann, wie bei der Lagerung oder Pufferung, zwischen dynamischer und statischer Bereitstellung unterschieden werden:

- *Dynamisch* bedeutet, die Teile, Materialien, Produkte kommen direkt zum Verbrauchsort, z.B. zum Arbeitsplatz; Leerpaletten bzw. Restmengen werden in gleicher Art und Weise zurücktransportiert.
- *Statisc*h bedeutet, daß die benötigten Teile, Materialien oder Produkte vom Mitarbeiter am Bereitstellplatz abgeholt werden. Der Mitarbeiter geht zu den Teilen.

Als Hardware zur Bereitstellung eignen sich zur

- statischen Bereitstellung insbesondere
  - Bodenlager mit entsprechender Kennzeichnung
  - Regalsystem z.B. als Handlager/-regal oder Durchlaufregal
- dynamischen Bereitstellung alle Fördersysteme und Komponenten insbesondere:
  - Gabelstapler
  - Umlaufförderung
  - Stetigförderer
  - Hängebahn
  - Regalförderzug
  - Umlauflager

  vgl. [23, S.83]

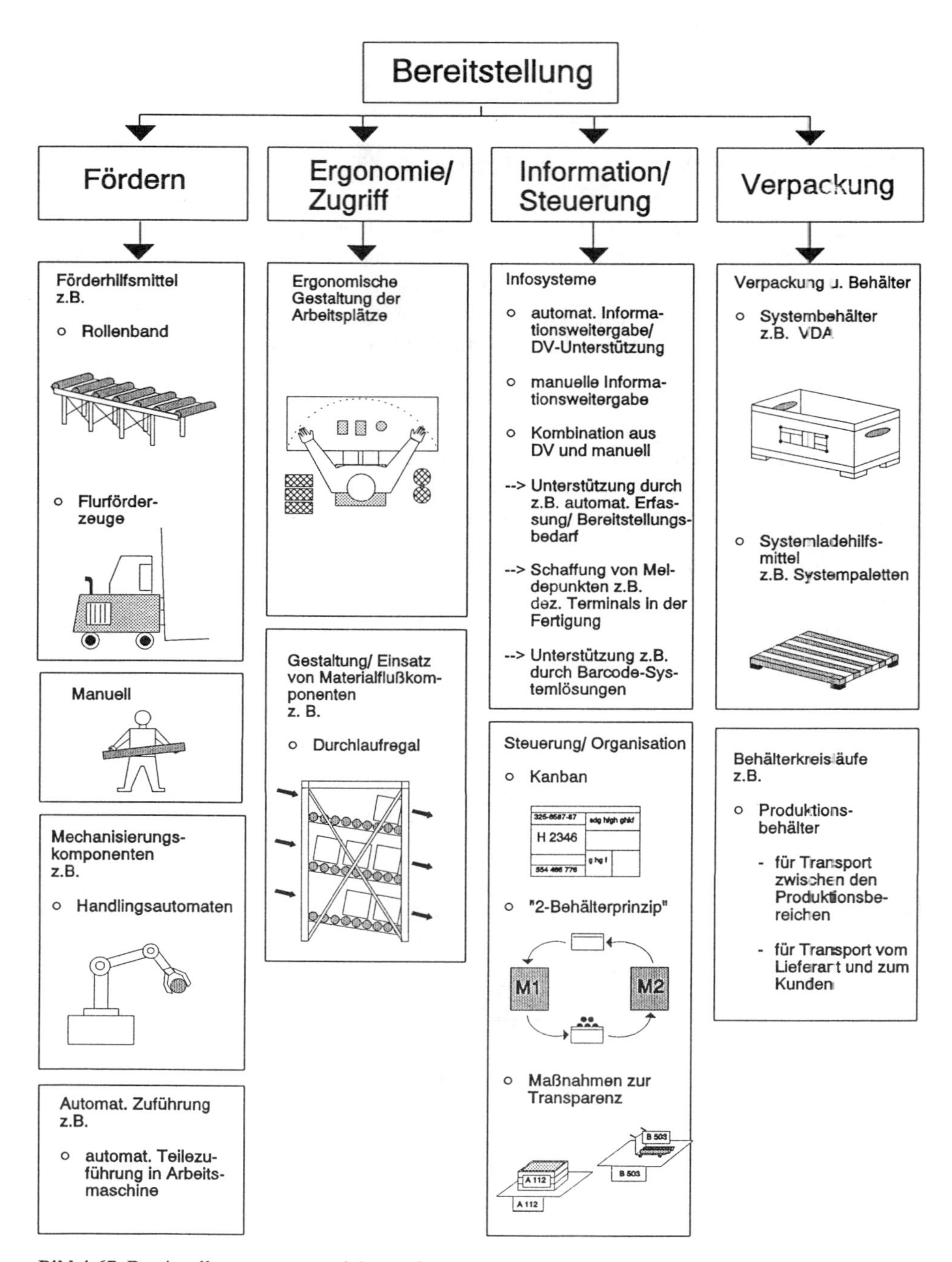

Bild 4-67 Bereitstellungssysteme und Anwendungen

4.5.3 Bereitstellungsplanung

Zur Bereitstellungsplanung bzw. zur Festlegung des Bereitstellungsprinzips sind folgende Daten zu berücksichtigen [30, S.1407]:

- Marktdaten zur Analyse und Festlegung der Lieferbereitschaft und Lieferbedingung der Lieferanten, Absatzverhältnisse.
- Betriebsdaten zur Analyse und Festlegung von zeit- und mengenmäßigen Bedarfen
- Materialdaten zur Ermittlung von Fehlmengenkosten, Lagerkosten, Lagerfähigkeit sowie die Analyse der Bedeutung der Materialien für die Produktionen.

Bei den Bereitstellungsprinzipien bestehen grundsätzlich folgende Möglichkeiten [36, S.24f und 30, S.1407]:

- Beschaffung von Vorrat, Bereitstellung von Vorratslägern; das Material und die Teile werden in Unternehmen auf Abruf gehalten und stehen dadurch in kurzer Zeit zur Verfügung: Störungen treten so kaum auf, und aufgrund von hohen Beschaffungsmengen entstehen geringe Beschaffungskosten.
- Einzelbeschaffung im Bedarfsfall, Bereitstellung bei Lieferung, die Materialbereitstellung wird erst dann ausgelöst, wenn ein spezifischer Bedarf aufgrund eines Auftrages vorliegt. Kapitalbindung und Lagerkosten reduzieren sich so erheblich.
- Einsatzsynchrone Anlieferung, Beschaffung des logistischen Bedarfes mit Hilfe von Lieferverträgen. Bei diesem Prinzip wird versucht die Vorteile der beiden ersten Bereitstellprinzipien zu vereinen. Über langfristige Zeitverträge werden günstige Beschaffungskosten erreicht, die Lagerhaltung wird minimiert und beschränkt sich in aller Regel nur noch auf Materialpuffer direkt am Arbeitsplatz bzw. am Verbauort. Eventuelle Bereitstellungsverzögerungen werden durch hohe Konventionalstrafen verhindert, und die Lieferanten werden so zur Termineinhaltung veranlaßt. Die einsatzsynchrone Anlieferung eignet sich aufgrund der Rahmenbedingungen für die Groß- und Massenfertigung.

Ziel der Optimierung der Abläufe in Lagerung, Pufferung und Bereitstellung ist eine bedarfsgesteuerte Materialwirtschaft. Ist diese Strategie in einem Unternehmen scheinbar nicht zu realisieren, so sollte auf jeden Fall eine genaue Analyse der betrieblichen Strukturen und auch der Strukturen von vor- und nachgelagerten Bereichen erfolgen und die erzielbaren Potentiale offenlegen. Nach einer Klassifikation von Produkten und Teilen für wesentliche Bereiche des Unternehmens sind Maßnahmen wie fertigungssynchrone Bereitstellung aufgrund einer solchen Wert- und Potentialanalyse oftmals realisierbar.

Literaturverzeichnis zu Kapitel 4:

[1] Schmidt, K.-J.: Logistik Grundlagen, JIT und Logistik
Workshop vom 30.6/1.7.1989 bei der Firma Nixdorf,
Paderborn

[2] Schulze, L.: Stand und Entwicklung von Lager in Industrie und Handel,
Tagungsunterlage Lagerforum 89, 28.-29. September 1989 in Hannover

[3] Kearney GmbH, A.T., hier: Klatte, E., Schmidt, K.-J. (Fachl. Leitung),
Organisatorische Grundvoraussetzungen zur ganzheitlichen Gestaltung von Materialflußsystemen, Tagung: Praxiserprobtes Management neuer Logistik- und Produktionskonzepte, 2. Saarbrücker Expertengespräch 26./27. Juni 1990, Saarbrücken

[4] Eicker, M., Schmidt, K.-J. (Fachl. Leitung), Logistik für die Fabrik der Zukunft,
Tagung: Praxiserprobtes Management neuer Logistik- und Produktionskonzepte,
2. Saarbrücker Expertengespräch 26./27. Juni 1990, Saarbrücken

[5] Weber, R., Zeitgemäße Materialwirtschaft mit Lagerhaltung, Ehningen bei Böblingen, expert verlag, 1989

[6] Busse, A., Gesichtspunkte des Aufbaus und der Anordnung von Montage- und Lagerbereichen und deren transportmäßige Verkettung in industriellen Geschoßbauten, genehmigte Dissertation, Technische Universität Carolo-Wilhelmina, Braunschweig 1986

[7] Müller, A., Produktionsplanung und Pufferbildung bei Werkstattfertigung, Gabler Verlag, Wiesbaden, 1987

[8] Cyert/March (1963), S.36-38, Galbraith (1973), S.15-16, 22-26 und die Übersicht bei Bourgeois (1981), hier Müller, A., Produktionsplanung und Pufferbildung bei Werkstattfertigung, Gabler Verlag, Wiesbaden, 1987

[9] Pfohl, H.-Ch., Jünemann, R. (Hrsg.), Logistiksysteme, Springer Verlag, Berlin, Heidelberg, New York, London, Paris, Tokyo, Hong Kong, Barcelona, 1990

[10] Jünemann, R., Materialfluß und Logistik, Springer Verlag, Berlin, Heidelberg, New York, London, Paris, Tokyo, Hong Kong, 1989

[11] VDI-Handbuch Materialfluß u. Fördertechnik, Materialflußuntersuchungen, VDI-Richtlinie 3300, VDI-Verlag, Düsseldorf 1973

[12] Rittinghausen, H., Integrierte Materialflußautomatisierung in der Einzel- und Serienfertigung, Spur, G., Band 12, Carl Hanser-Verlag, München 1979

[13] Busse, A., Schulze, L. (Wissenschaftl. Ltg.): Just in Time aus der Sicht des Zulieferers der Automobilindustrie, Tagungsunterlage Lagerforum 89, 28.-29. September 1989 in Hannover

[14] Helfrich, C.: PPS-Praxis, Resch Verlag, Gräfelfing/München, 1989

[15] Weber, H., Strategien zur Erhöhung der Fertigungsflexibilität, Handbuch Logistik und Produktionsmanagement, Strategien, Konzepte und Lösungen für die JIT-Beschaffung, -Produktion und Distribution, Schmidt, K.J. (Hrsg.), Grundwerk, Band I, Verlag Moderne Industrie, Landsberg/Lech 1988

[16] Knab, S., Schmidt, K.-J. (Fachl. Leitung), MRP Szenario, Tagung: Saarbrücker Arbeitskreisgespräche zu Just-In-Time, Erfahrungsaustausch des Arbeitskreises für Just-In-Time AKJ/GF+M, Saarbrücken 27. November 1990

[17] Schmidt, K.-J., Logistik Zukunftsperspektiven, Strategien jetzt entwickeln, Gablers Magazin, Ausgabe 7.89

[18] Spänle, W., Schmidt, K.-J. (Fachl. Leitung), MRP und JIT, Tagung: Saarbrücker Arbeitskreisgespräche zu Just-In-Time, Erfahrungsaustausch des Arbeitskreises für Just-In-Time AKJ/GF+M, Saarbrücken 27. November 1990

[19] Klatte, E., Schmidt, K.-J. (Fachl. Leitung), Organisatorische Grundvoraussetzungen zur ganzheitlichen Gestaltung von Materialflußsystemen, Tagung: Praxiserprobtes Management neuer Logistik- und Produktionskonzepte, 2. Saarbrücker Expertengespräch 26./27. Juni 1990, Saarbrücken

[20] Borgert, A.: Die neue Kunden-Lieferanten-Beziehung und ihre Konsequenz, Handbuch Logistik und Produktionsmanagement, Strategien, Konzepte und Lösungen für die JIT-Beschaffung, -Produktion und Distribution, Schmidt, K.J. (Hrsg.), Grundwerk, Band I, Verlag Moderne Industrie, Landsberg/Lech 1988

[21] Lagerplanung, Sonderpublikation aus der Zeitschrift Materialfluß, Publikationsgesellschaft Verlag Moderne Industrie, Landsberg 1986

[22] Schulze, L.: Stand und Entwicklung von Lager in Industrie und Handel, Tagungsunterlage Lagerforum 89, 28.-29. September 1989 in Hannover

[23] Reitor, G., Fördertechnik, Hanser Verlag, München, Wien, 1979

[24] N.N., Anwendungstechnik, Lagern und Kommisssionieren in der Kosmetik-Branche, Firmenschrift Mannesmann Demag Fördertechnik, Offenbach, 1989

[25] Jünemann, R., Scheid W.-M., u.a., Transport-, Lager- und Kommissioniersysteme für die 90er Jahre, hrsg. von der Deutschen Gesellschaft für Logistik e.V., Verlag TÜV Rheinland GmbH, Köln, 1990

[26] Baumgarten, H.; Böckmann, H.; Gail, M.: Voraussetzungen automatisierter Lager, RKW-Refa Betriebstechnische Reihe, Beuth Verlag, Berlin-Köln 1978, hier [6] Busse, A., Gesichtspunkte des Aufbaus und der Anordnung von Montage- und Lagerbereichen und deren transportmäßige Verkettung in industriellen Geschoßbauten, genehmigte Dissertation, Technische Universität Carolo-Wilhelmina, Braunschweig 1986

[27] Salzer, J.J.: Ansatzpunkte und Entwicklungstendenzen bei der Gestaltung rationeller Lagersysteme, hier Tagungsunterlage Lagerforum 89, 28.-29. September 1989 in Hannover

[28] Förderkreis Betriebswirtschaft an der Universität Stuttgart e.V. (Hrsg.), Festschrift: G. Danert Wirtschaftliche Gestaltung der Fertigungslogistik, C.E. Poeschel Verlag, Stuttgart, 1988

[29] Franzius, H., Lagerplanung - Methoden, Vorgehensweise, Lösungsmöglichkeiten, Praxisbeispiele, Lehrgang an der Technischen Akademie Essen 8./9. Dezember 1980, hier [6] Busse, A., Gesichtspunkte des Aufbaus und der Anordnung von Montage- und Lagerbereichen und deren transportmäßige Verkettung in industriellen Geschoßbauten, genehmigte Dissertation, Technische Universität Carolo-Wilhelmina, Braunschweig 1986

[30] Engel, K. H. (Hrsg.), Handbuch der Techniken des Industrial Engineering, Verlag Moderne Industrie, Landsberg am Lech, VDI-Verlag, Düsseldorf, 1984

[31] Husemeier, S., Solisten machen das Rennen, in Produktion, Wochenzeitung für das technische Management, Nr. 42, 17. Oktober 1991, Verlag Moderne Industrie, Landsberg am Lech, 1991

[32] VDI-Richtlinie 3590, 1975, S. 3 hier: Pieper, R., Auswahl und Bewertung von Kommissioniersystemen, Beuth Verlag, Berlin, Köln 1982

[33] Stolz, W. Materialbereitstellung in der Montage, Fakultät für Maschinenwesen der Rheinisch-Westfälischen Technischen Hochschule Aachen zur Erlangung des akademischen Grades eines Doktor-Ingenieurs, genehmigte Dissertation, Aachen 1988

[34] Suzaki, K., Modernes Management im Produktionsbetrieb, Hanser Verlag, München, Wien, 1989

[35] Pieper, R., Auswahl und Bewertung von Kommissioniersystemen, Beuth Verlag, Berlin, Köln 1982

[36] Grochla, E., Grundlagen der Materialwirtschaft, 2. Auflage, Gabler Verlag, Wiesbaden

5 Distributionslogistik

5.1 Teile- und Zubehördistribution

Peter Zeilinger

5.1.1 Einleitung

Logistik in der Distribution assoziiert man gemeinhin mit schnellebigen Konsumgütern und Verteilsystemen mit einer weitverzweigten Endabnehmerstruktur, bei denen es auf hohe Lieferbereitschaft, Marktnähe und kurze Wege ankommt.

Die Automobilhersteller konzentrierten sich im internationalen Wettbewerb in den vergangenen Jahren vornehmlich auf die Beschaffungs- und Produktionslogistik.

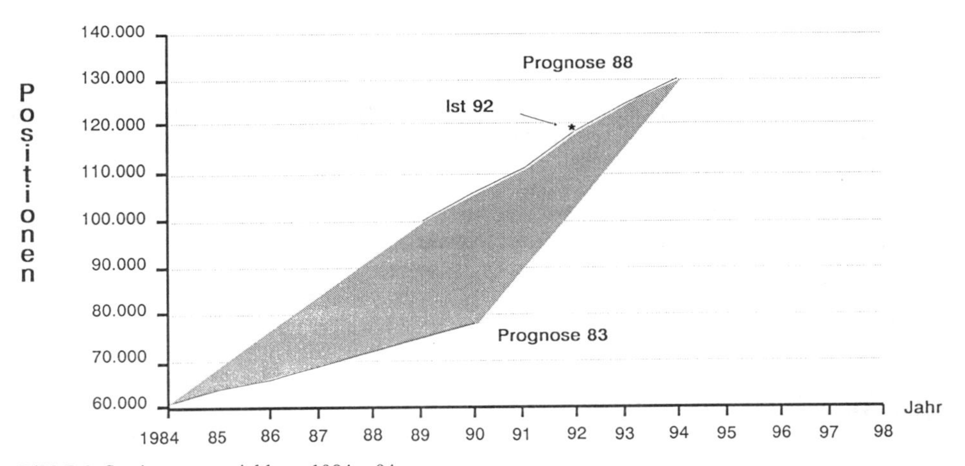

Bild 5-1 Sortimentsentwicklung 1984 – 94

Durch die marktbedingt zunehmende Individualisierung der Produkte, die damit einhergehende Zunahme der Teilevielfalt und die kürzeren Innovationszyklen wird es immer schwieriger, ohne Abstriche an der Servicequalität die logistischen Kosten der Teiledistribution im Griff zu behalten.
Darüber hinaus wird für die langfristige Sicherung des Absatzmarktes die dauerhafte Kundenzufriedenheit und damit ein Service auf höchstem Niveau immer wichtiger.

Mit dem Zusammenschluß Europas zu einem einheitlichen wirtschaftlichen Großraum bietet sich auch für die Automobilhersteller der Anlaß, Strukturen, Strategien und die Organisation der Teiledistribution zu überarbeiten.

Der EG - Automobilmarkt

Mit 12 Mio verkaufter Autos größter Automobilmarkt der Welt

Zulassungen (PKW und Kombi) in 1988 :

* EG: 12 Mio Einheiten
* USA: 11 Mio Einheiten
* Japan: 4 Mio Einheiten

In Europa macht BMW 70 % seines Weltgeschäftes

BMW Europa 1992:

* PKW - Bestand: 4,0 Mio
* Motorrad - Bestand: 0,25 Mio

BMW - Händler: 2.900

Marktpotential für Teile und Zubehör: 4,4 Mrd. DM p.a.

Bild 5-2 Der EG-Automobilmarkt

Für die Teiledistribution z.B. der BMW-AG bedeutet dies, die Versorgung eines Marktes mit einem Gesamtpotential von über 4 Mrd. DM p.a. neu zu strukturieren.

In den folgenden Kapiteln wird beschrieben, mit welchen Zielen, nach welchen Grundsätzen und mit welchen Methoden

- neue Strukturen festgelegt,
- Abläufe und Organisation überplant,
- Strategien für die Zukunft entwickelt wurden.

5.1.2 Distributionsstrukturen

5.1.2.1 Gewachsene Struktur

Die bisher zum Teil noch bestehende Struktur in der Teileversorgung entwickelte sich eng verknüpft mit dem Wachstum der einzelnen Fahrzeug-Verkaufsregionen.

Sie ist im wesentlichen 3-stufig. In einer ersten Stufe werden zunächst alle Teile vom Lieferanten bzw. aus der Eigenproduktion in einem Welt-Zentrallager in Dingolfing gesammelt. Hieraus wird die Großhandelsstufe beliefert.

Ausnahmen bilden einzelne Großabnehmer in Deutschland, die ihren Eigenbedarf direkt aus dem Zentrallager beziehen, sogenannte Direktbezieher.

Die 2. Stufe, d.h. die Großhandelsstufe im Inland bildeten ca. 30 Großhändler und BMW-Niederlassungen, die ihrerseits je ca. 20–30 BMW-Händler und -Werkstätten mit Teilen versorgten.

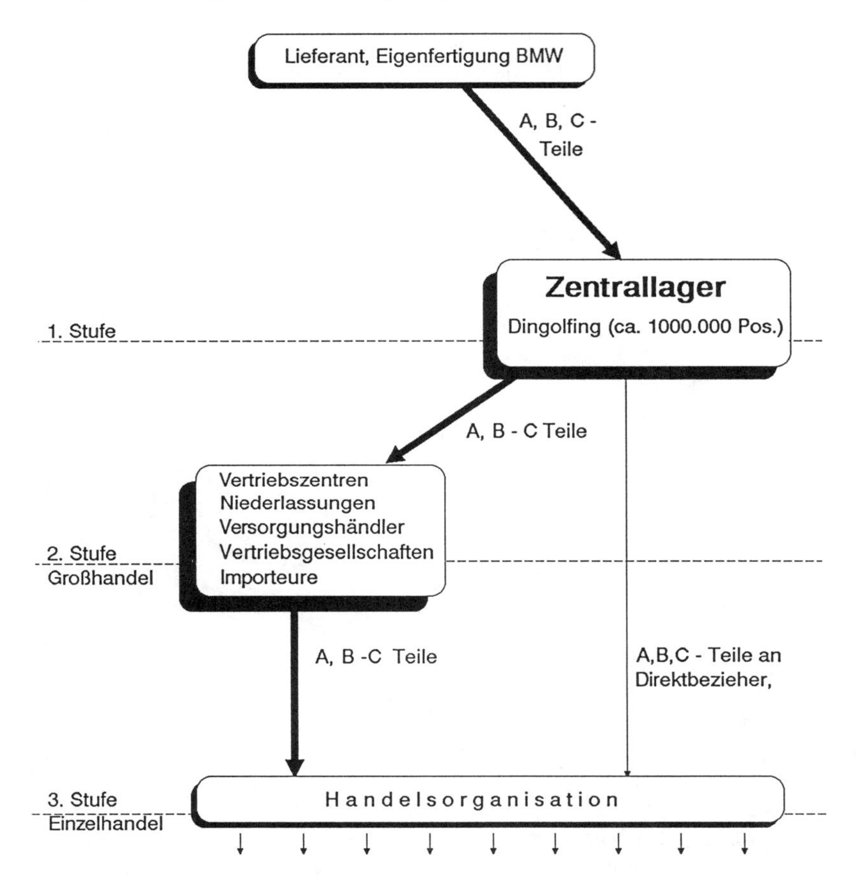

Bild 5-3 frühere Distributionsstruktur

Im Ausland wurden die Händler über national arbeitende BMW-Vertriebsgesellschaften oder Importeure versorgt, bei jeweils 1 Teilelager pro Land. Der Nachschub erfolgte ausschließlich über das Zentrallager.

Die Handelsorganisation als 3. Stufe bezog, mit Ausnahme der direkt vom Zentrallager versorgten Direktbezieher, ihren Nachschub aus dem jeweiligen Lager des zuständigen Großhändlers oder der Vertriebsgesellschaft.

Diese Struktur war gekennzeichnet durch

- eine große Anzahl von Großhandelslägern mit hohen Sicherheitsbeständen und relativ geringem Lagerumschlag
- schnelle Belieferung aus dem in den Großhandelslägern vorhandenen Sortiment
- lange Nachlieferzeiten für nicht vorrätige Teile aus dem Zentrallager über das Großhandelslager

- mit zunehmender Teilevielfalt geringer werdenden Anteil am Gesamtsortiment und damit sinkenden Servicegrad der Großhandelsläger und der Handelsorganisation.

Bild 5-4 Distribution Ersatzteile, Ausgangssituation

5.1.2.2 Logistische Ziele

Der europäische Binnenmarkt ab 1993 bewirkt neben Harmonisierung von Technik und Preisen auch eine wesentliche Liberalisierung im Handels- und Verkehrsmarkt.

Damit ist der Weg frei für eine grundsätzliche Überarbeitung und Neuausrichtung der Teiledistribution.

Die Warenverteilung und damit die Standorte für Distributionsläger müssen sich nicht länger an nationalen Grenzen und marktbedingten lokalen Versorgungsräumen orientieren.

Während sich die Markterschließung zunehmend auf grenzüberschreitende Kulturregionen ausrichtet, orientiert sich die Teileversorgung an verkehrstechnischen und geografischen Gegebenheiten.

Dies führt zu einer Trennung von Marktverantwortung und Logistik. Damit ist die Voraussetzung für eine logistisch optimale Neustrukturierung geschaffen:

- Konzentration der Läger auf wenige logistisch günstige Standorte mit kostenoptimalen Umschlagsvolumina und servicegerechter Sortimentsbreite
- Reduzierung von Beständen und Obsoletrisiko trotz wesentlich höherer Sortimentsbreite
- Rationeller Einsatz von Lager- und Kommissioniertechniken
- Wirtschaftlicher Einsatz modernster Rechner und IV-Systeme und datentechnischer Vernetzung zwischen Handelsorganisation, Vertriebszentren und Zentrallager
- Optimierung von Frachtorganisation und -einkauf durch Gebietsspeditionssystem
- Schnelle und auch grenzüberschreitende Versorgung der Handelsorganisation aus den neu entstehenden Vertriebszentren
- Hoher, einheitlicher Service gegenüber Händlern und Kunden.

5.1.2.3 Serviceziele

Die Distributionsstruktur darf sich jedoch nicht auf rein logistische Ziele wie

- Minimieren der Kosten der gesamten Distributionskette und
- schnelle, effektive Nachschuborganisation bei minimalen Beständen beschränken.

Die logistischen Ziele müssen sich vielmehr den Servicezielen unterordnen, wie z.B.:

- Servicegrad aus den Vertriebszentren mindestens 92% (d.h. 92% aller nachgefragten Positionen müssen unmittelbar im Zugriff sein und geliefert werden können)
- Lieferung der Eilaufträge des Händlers aus einem Vertriebszentrum über Nacht (z.B. Auftragsannahmeschluß 17.00 Uhr, Auslieferung bis spätestens 9.00 Uhr)
- Nachlieferung der restlichen, schwachgängigen Teile aus dem Zentrallager innerhalb 24 Stunden
- Gesamt-Servicegrad aus dem Zentrallager von 98% für Eilaufträge innerhalb von 24 Stunden.

Die Serviceziele sollten sich dabei an den Markterfordernissen orientieren. D.h., ein Service in 24 Std. muß dort möglich sein, wo es für den Kunden erforderlich ist.

Das bedeutet aber nicht, daß grundsätzlich alle Teile innerhalb 24 Std. nachgeliefert werden müssen.

Im Nahbereich (ca. 500 km) um das Zentrallager ist es noch relativ problemlos, die Eilaufträge rechtzeitig vor der Feinverteilung ins Vertriebszentrum zu bringen und damit einen integrierten Gesamtservicegrad von 98% zu bieten.

Bei großen Entfernungen würde ein Warten auf die Eilaufträge aus dem Zentrallager die Auslieferungszeiten der Feinverteilungen zu sehr beeinträchtigen, so daß der 24 Std.-Service über eine separate Auslieferung (z.B. Paketdienst) zum Händler gebracht werden muß. In diesem Fall muß man aus Kostengründen klar differenzieren, welche Teile unbedingt benötigt werden.

Für das Gros der Teile genügt es dann, im Vertriebszentrum oder im Umschlagshof auf die Feinverteilung des Folgetages zu warten.

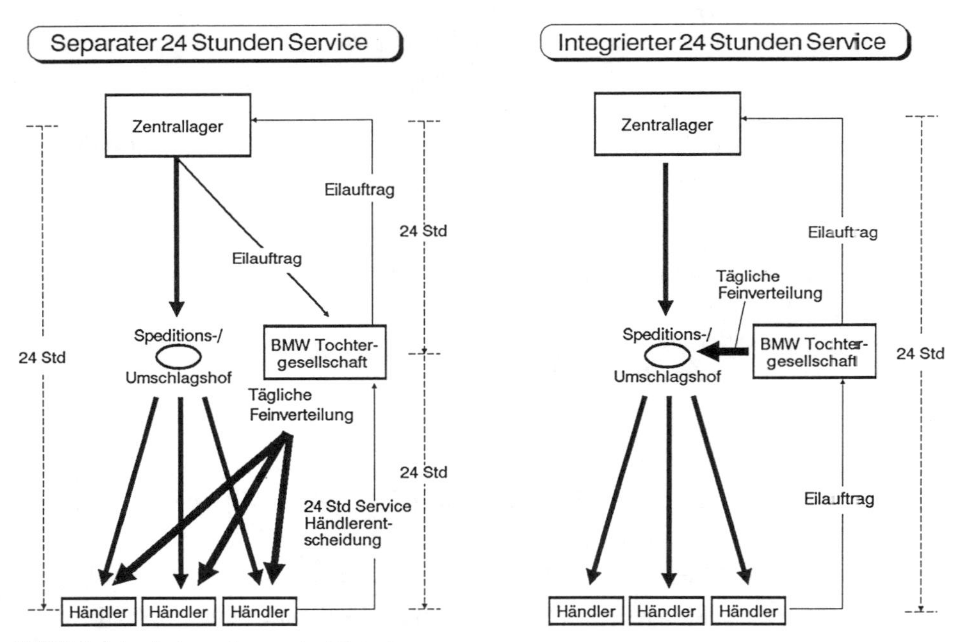

Bild 5-5 integrierter und separater Eilservice

Noch kritischer sind die Markterfordernisse zu beachten, wenn über große Entfernungen Luftfracht eingesetzt werden muß. Hier kann es erforderlich werden, bei ungünstigen Verkehrsverbindungen in Europa oder in der Versorgung der Überseemärkte die Serviceziele auf 48 oder auf 72 Stunden anzupassen.

5.1.2.4 Standortfestlegung

Zur Ermittlung der neuen Distributionsstruktur für den Teile- und Zubehörservice der BMW-AG wurde z.B. folgendermaßen vorgegangen:

Zunächst waren die Analyse des Ist-Zustandes, die Ermittlung der Teilebedarfsschwerpunkte und die Definition der Nachschuborganisation von Bedeutung. Weiterhin

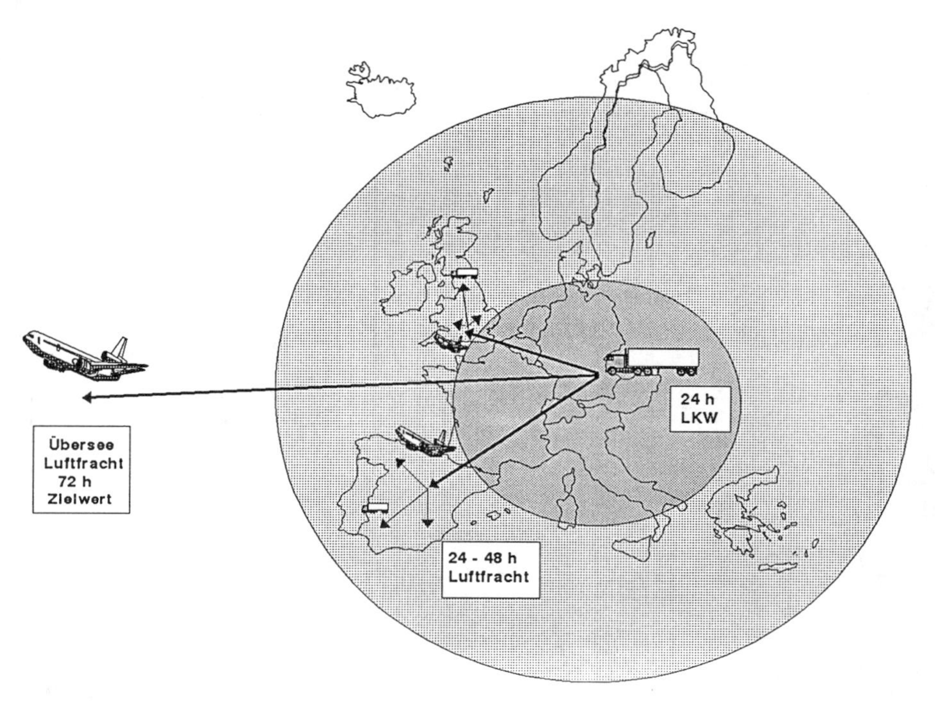

Bild 5-6 BMW weltweiter Expreßservice

mußten die wesentlichen Prämissen für eine europäische Teiledistribution unter Kosten- und Servicegesichtspunkten definiert werden.

Das bedeutet unter o.g. Servicezielen, daß ein Vertriebszentrum möglichst ein Gebiet mit einem Radius von ca. 300–500 km versorgen sollte.

Darüber hinaus steigen die Kosten eines 24 Stunden-Services aus dem Zentrallager mit zunehmender Entfernung, so daß für solche Vertriebszentren der vorzuhaltende wirtschaftliche Servicegrad steigt und damit höhere Bestände und Lagerflächenbedarfe zu berücksichtigen sind.

Anhand der Ergebnisse der Clusteranalyse konnte die Idealstruktur und unter Berücksichtigung der vorhandenen Teilelager in Europa anschließend die Sollstruktur entwickelt werden.

Clusteranalyse

Die Clusteranalyse wurde auf einem Großrechner durchgeführt. Dazu war zunächst eine Modellbildung mit den wesentlichen Merkmalen einer euopäischen Teiledistribution erforderlich. Die Entfernungen der Händlerstandorte in Europa zu logistisch günstigen Vertriebszentren-Standorten und von der ZTA zu diesen Standorten wurden in einer Entfernungsmatrix festgehalten.

Teiledistribution Europa: Cluster-Analyse

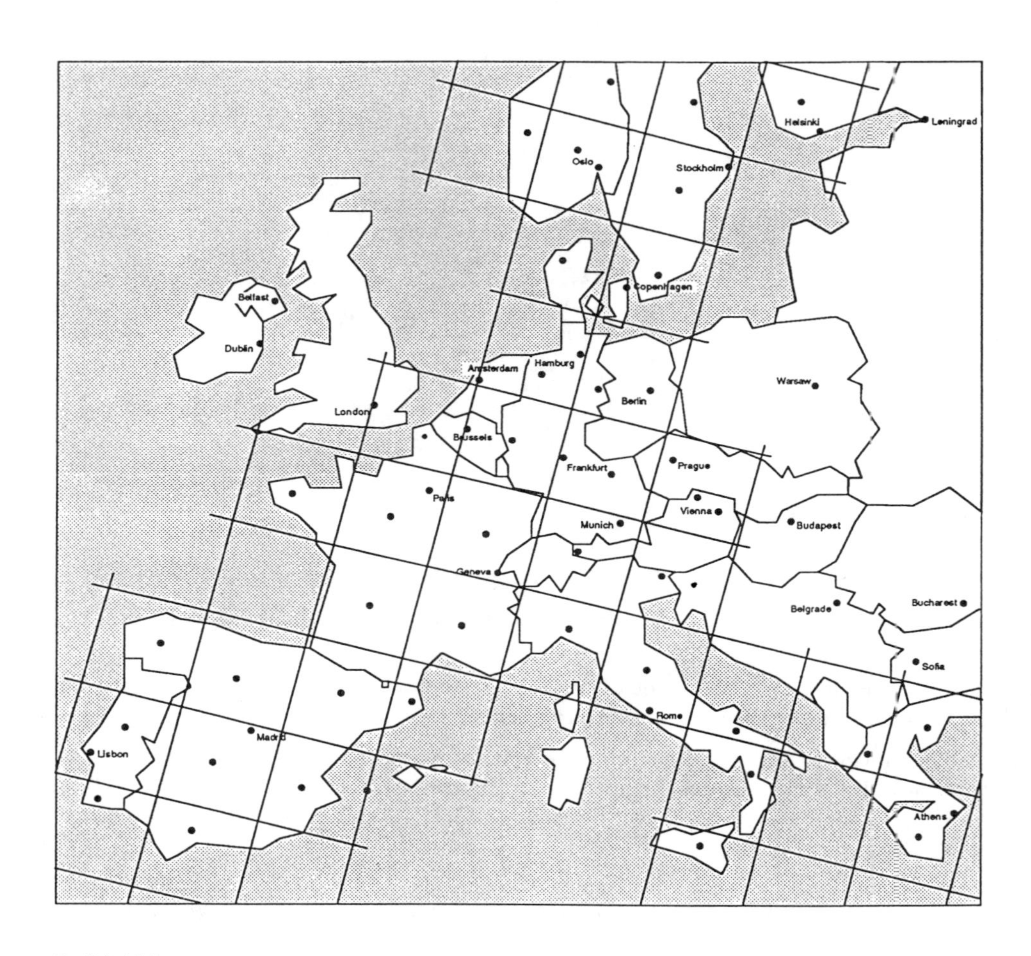

Berücksichtigung
- aller BMW Händlerstandorte
- der Händlerdichte über Gewichtung der explizit vorgesehenen Händlerstandorte

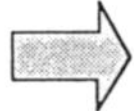
Optimale Standorte unter Berücksichtigung von erforderlichem Service und minimalen Distributionskosten

Bild 5-7 Clusteranalyse

Im Rahmen der Analyse wurden Vertriebszentren-Standorte generiert. Die Händler wurden diesen Standorten zugeordnet (Clusterbildung). Über geeignete Optimierungsalgorithmen und endlich viele Iterationsschritte wurden dann die jeweils optimalen Standorte für Vertriebszentren mit in der Summe minimalen Distributionskosten ermittelt. Die Auswahl der Idealstruktur mit der optimalen Anzahl Vertriebszentren erfolgte über den Vergleich der Invest-, Lagerhaltungs- und Distributionskosten.

Idealstruktur und Sollstruktur

Die mit Hilfe der Clusteranalyse ermittelte Idealstruktur zeigt im Vergleich zur Ist-Situation große Versorgungsgebiete mit für die jeweils anzutreffende Händlerlage und -dichte optimalen Vertriebszentren-Standorten.

Berücksichtigt man noch Skandinavien, so ließe sich gesamt Europa aus 9 Vertriebszentren versorgen.

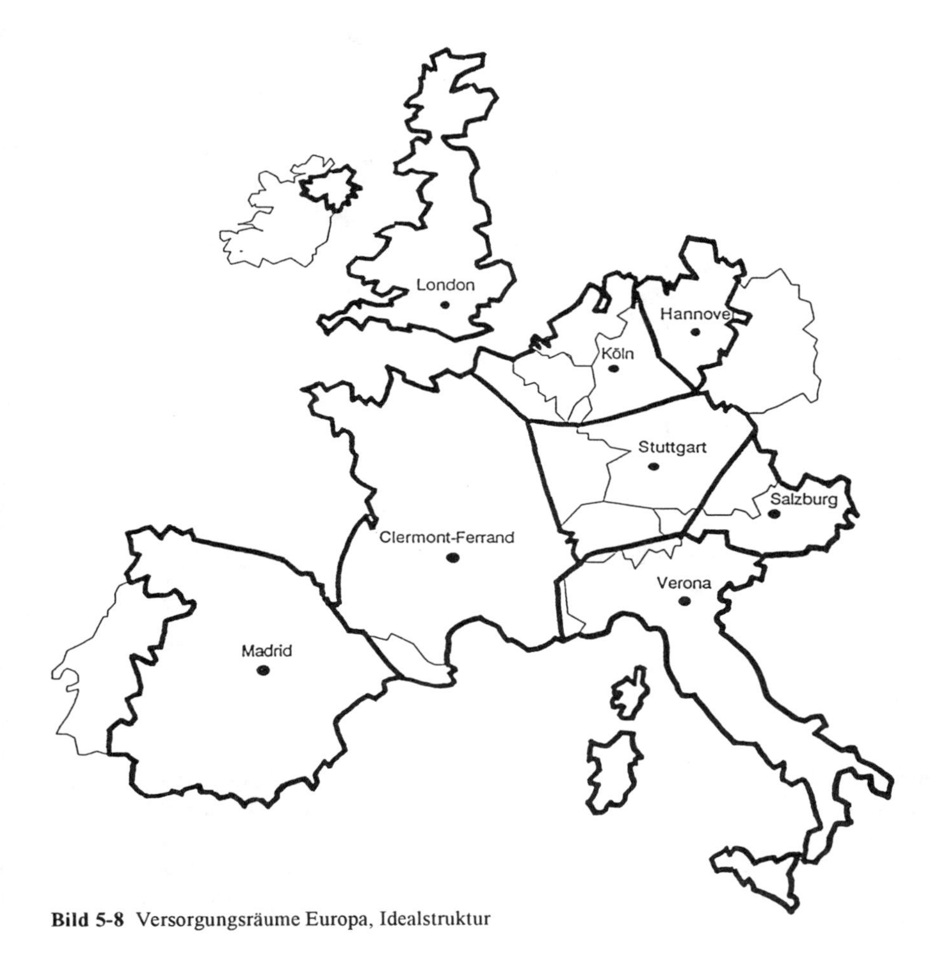

Bild 5-8 Versorgungsräume Europa, Idealstruktur

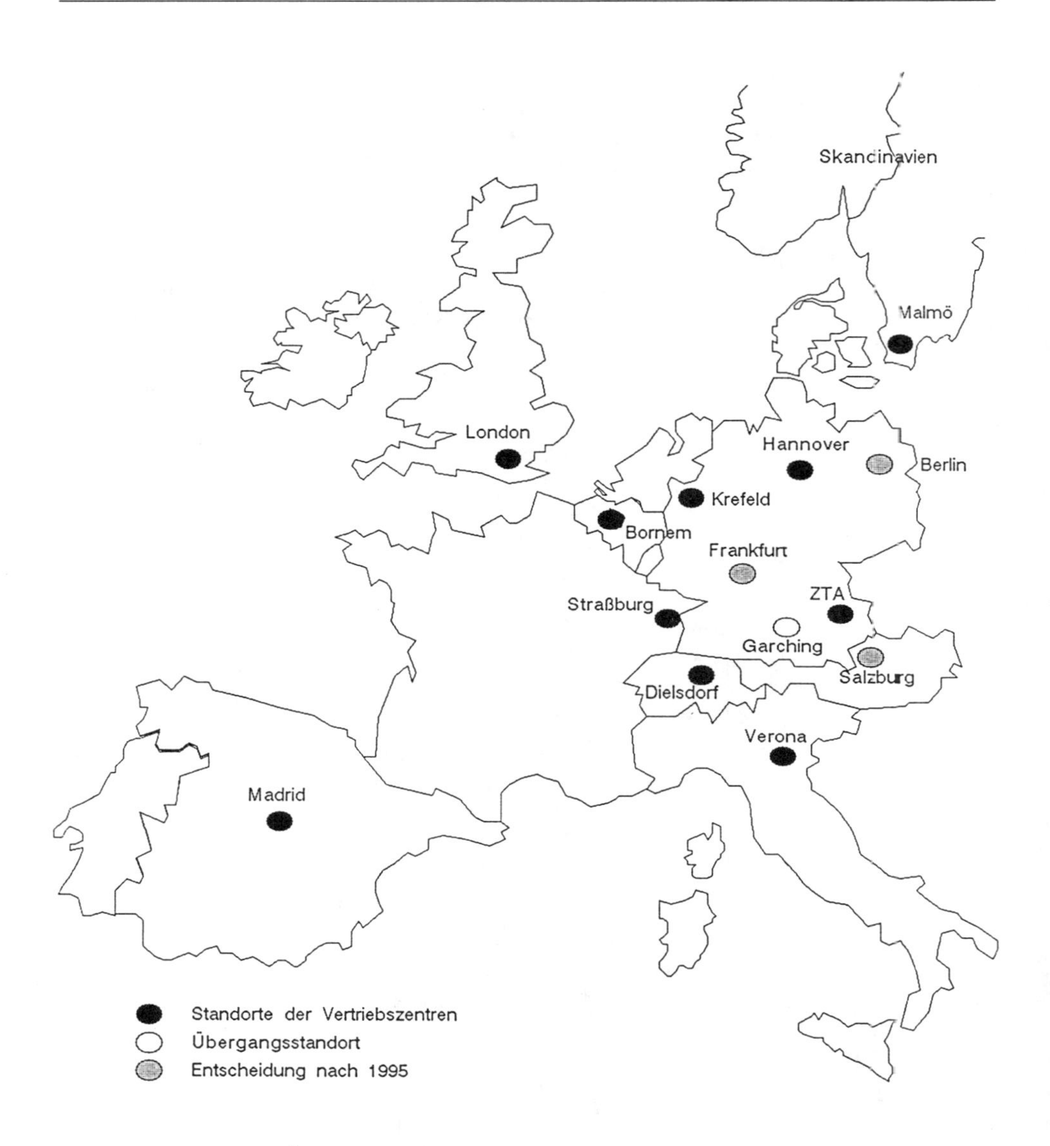

Bild 5-9 Sollstruktur mit Übergangsstandorten

Die Umsetzung der Idealsstruktur bedeutet aber neben der Schließung bestehender Teilelager auch die Errichtung von neuen Vertriebszentren auf der grünen Wiese. Deshalb müssen – soweit möglich und unter Berücksichtigung der Gesamtkosten aus Invest-, Lagerhaltungs- und Distributionskosten – zukunftsträchtige, schon vorhandene Standorte beibehalten werden. Darüber hinaus sind auch für neue Standorte kostenrelevante, nicht logistische Standortfaktoren ins Kalkül zu ziehen wie:

- Arbeitskräfte
- Lohnniveau, Lohnnebenkosten
- Arbeitsproduktivität
- steuerliche Belastungen
- gesetzliche Auflagen.

Die abgeleitete Sollstruktur ist somit ein Kompromiß zwischen der Nutzung vorhandener Kapazitäten und damit Investvermeidung und Minimierung der laufenden Kosten an Fracht und Handling.

5.1.3 Distributionsplanung

Serviceziele und die daraus abgeleiteten realen Standorte bilden die Ausgangsbasis für die Ausplanung der einzelnen logistischen Funktionsbereiche in der Distribution.

Dabei sind die Abhängigkeiten der Distributionsstufen untereinander zu berücksichtigen.

So ist das Bestellverhalten des Händlers (3. Distributionsstufe) unmittelbar abhängig von dessen Bestandsmanagement, d.h. dessen Sortimentsbreite und Bestandstiefe. Das Bestellverhalten wiederum beeinflußt direkt Arbeitsaufwand, zeitliche Abläufe und Lieferverkehre des vorgeschalteten Versorgungslagers. Dessen Bestandsmanagement beeinflußt in gleicher Weise das Zentrallager.

5.1.3.1 Funktionsbereiche in der Distributionslogistik

Die Vertriebszentren nehmen zwischen den nur indirekt beeinflußbaren Kunden (BMW-Händler) und dem Weltzentrallager die Schlüsselstellung ein.

Bei deren Planung sind jeweils in Abstimmung auf das Gesamtsystem folgende Schritte durchzuführen:

- Sortiments- und Bestandsplanung (Anzahl zu lagernder Positionen und Mengen)
- Lagerplanung (Stellplatzbedarf, Fläche, Lagertechnik)
- Lagerablauf und Bereitstellungsplanung (Kommissionierablauf und -technik, Auftragsabwicklung, Verpacken)
- Ausplanung der Hilfsfunktionen (Garantie- und Tauschteileabwicklung, Leergutverwaltung, Rücksendungen etc.)
- Planung der Informationsverarbeitung (kommerzielle Abläufe, Lagersteuerung)
- Transport- und Verkehrsplanung.

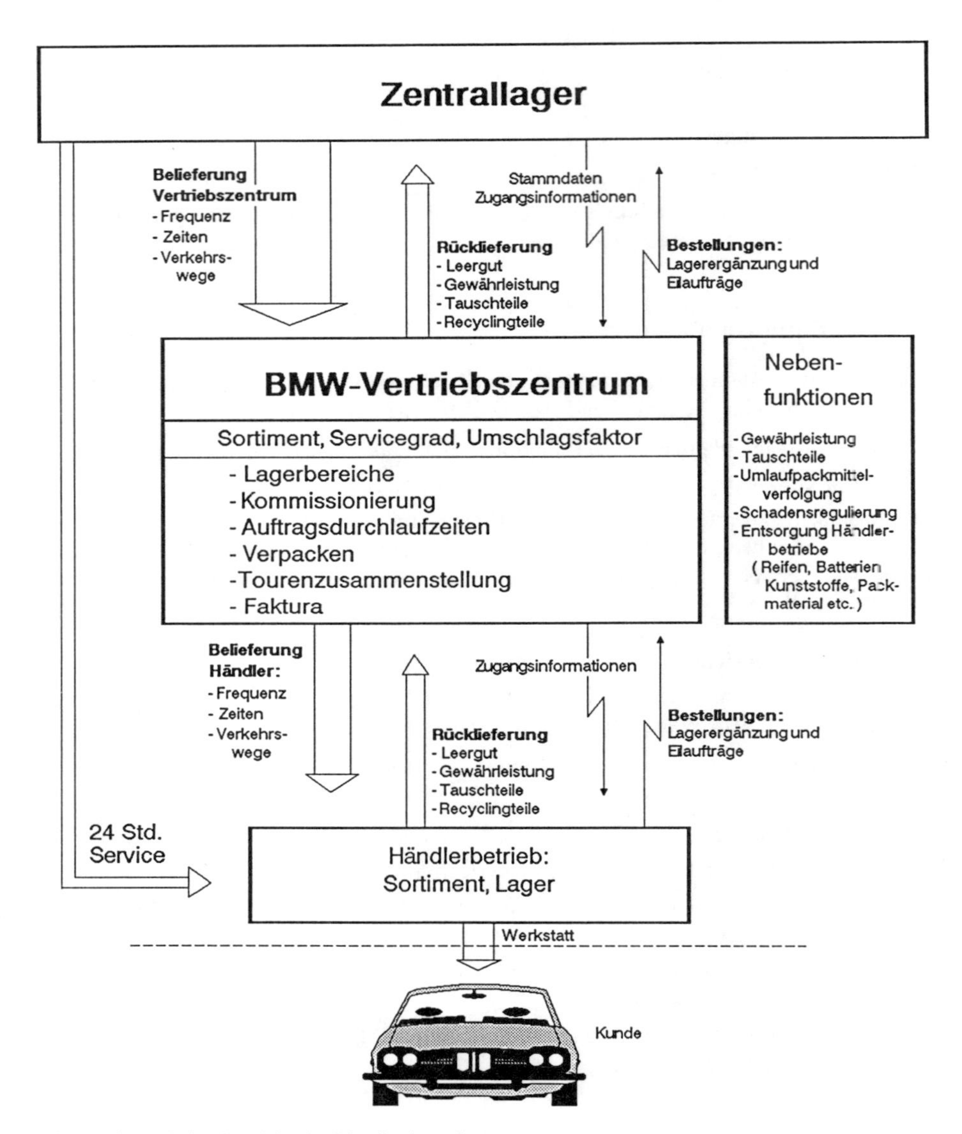

Bild 5-10 Funktionsbereiche der Distributionsplanung

5.1.3.2 Empirische Kennzahlen

Ein häufiges Problem in der Distributionsplanung ist, daß zur exakten Festlegung von Mengengerüsten und Anforderungen keine physikalischen Daten vorliegen.

Aus betriebswirtschaftlichen und absatzbezogenen Kennzahlen abgeleitete Definitionen sowie empirische Werte bestehender Läger sind nur sehr bedingt zur Planung komplexer Vertriebssysteme geeignet.

Der Markt (die Handelsorganisation) muß vom Vertriebszentrum mit bestimmten Mengen, Teilenummern, Pickpositionen zu bestimmten Zeiten bedient werden. Die Marktanforderungen werden aber meist in Umsätzen angegeben.

Bereits hier beginnt die Schwierigkeit absoluter Meßbarkeit:

- Der Handelsumsatz verschiedener Regionen unterscheidet sich z.B. in
  - Preisniveau und Rabattsätzen (auch noch je Kunde und Teilekategorie)
  - Gewinnmargen
  - Währungsrelationen
  - Bezugs- und Transportkosten
  - Einkaufsrabatt der Vertriebstöchter
  - Lokaleinkauf
- Damit sind auch alle abgeleiteten Größen wie
  - Bestand
  - Flächenbedarf (Bestand je m^2)
  - Umsatzproduktivität je MA
  - DM-Wert je Auftragsposition

betroffen.

Eine Umrechnung auf generelle „ex factory“-Preise in DM bringt eine begrenzte Vergleichbarkeit (sofern die Einkaufsrabatte annähernd gleich sind) z.B.

DM ex factory = (Verkaufspreis./.Deckungsbeitrag (1)

./. landed cost-factor) x DM/Fremdwährung

In gleicher Weise müssen alle Angaben zu Flächen, Personal, Servicegrad etc. exakt definiert werden, um annähernde Vergleichbarkeit zu erreichen.

Die folgende Tabelle gibt einen Überblick über die betriebswirtschaftlichen Kennzahlen eines durchschnittlichen Vertriebszentrums.

	ERLÄUTERUNG DER LAGERDATEN	DEFINITIONEN
1	Durchschnittlicher Servicegrad	Verhältnis der "zu 100% ausgelieferten Positionen (ohne Teilmengenlieferungen)" zu "von den Händlern nachgefragten Positionen"
2	Anzahl Positionen	Summe der innerhalb eines Jahres von den Händlern im Lager bestellten Positionen
3	Anteil Eil...	Umfang für Eil in % vom Gesamtumfang
4	Anzahl Aufträge	Summe der innerhalb eines Jahres von den Händlern im Lager bestellten Aufträge
5	Umschlagsfaktor	Verhältnis des "Umsatzes der VG an die Händler, bewertet zum Nettoverkaufspreis der AG, umgerechnet in DM (Umsatz, abzüglich Marge der VG, abzüglich Landed Cost)" zum "durchschnittlichen Bestandswertes, bewertet zum Nettoverkaufspreis der AG (Einstandspreis abzüglich Landed Cost) ohne Transit"
6	Bestellfrequenz für Lagerergänzungsaufträge	Häufigkeit mit der Lagerergänzungsaufträge innerhalb eines Monates bestellt werden
7	Lagerfläche	Für die Lagerung zur Verfügung stehende Fläche, inklusive Gänge, leerstehender Flächen, Mietlager, exklusive Büroflächen
8	Funktionsfläche	für operative Abwicklung genutzte Flächen (Wareneingang, Warenausgang)
9	Operatives Personal im Lager	Anzahl der im operativen Lagerbetrieb beschäftigten Mitarbeiter, wie: Greifer, Kommissionierer, Meister im Wareneingang/Warenausgang/Gewährleistung
10	Durchschnittliche Anzahl Aushilfskräfte	Durchschnittlich im Jahr beschäftigte Aushilfskräfte, Studenten
11	Arbeitsstunden des operativen Personals und der Aushilfskräfte im Lager	Vom operativen Personal und den im Lager eingesetzten Aushilfskräften im Warenein- und -ausgang tatsächlich geleisteten Arbeitsstunden Die Arbeitsstunden beinhalten keine Urlaubs- und Fehlzeiten.
12	Anzahl Positionen mit Bestand	Ermittlung nur der Positionen im Lager, die zum Stichtag 31.12.9X über einen Bestand verfügen
13	Umsatz zu NVP AG in Mio DM	Umsatz der VG an die Händler, bewertet zum Nettoverkaufspreis der AG und umgerechnet in DM (Umsatz, abzüglich Marge der VG, abzüglich Landed Cost) Die Bewertung der lokal eingekauften Teile erfolgt soweit nicht auf NVP der AG umrechenbar, zum Einstandspreis
14	Anzahl Händleradressen	Anzahl der von der VG zu beliefernden Händlern (beinhalten PKW, Kombi und Motorradhändler, jedoch keine Werkstätten, Polizei etc)
15	Durchschnittlicher Bestandswert in Mio DM	Durchschnittlicher Bestandswert, bewertet zum Nettoverkaufspreis der AG (Einstandspreis abzüglich Landed Cost) ohne Transit
16	Ausgangsfrachten in TDM	Kosten für die Distribution der Teile aus dem Lager an die Händler

Bild 5-11a Kennzahlen zum Lagerbetrieb

ERLÄUTERUNG DER PRODUKTIVITÄTSKENNZAHLEN		DEFINITIONEN
1	Positionen pro Arbeitsstunde im Lager	Verhältnis der "an die Händler gelieferten Positionen p. a." zu den "vom operativen Personal und den Aushilfskräften im Warenein- und -ausgang tatsächlich geleisteten Arbeitsstunden". Die Arbeitsstunden beinhalten keine Urlaubs- und Fehlzeiten.
2	Positionen pro Mitarbeiter im Lager	Verhältnis der "an die Händler gelieferten Positionen p. a." zu der "Anzahl der im operativen Lagerbetrieb beschäftigten Mitarbeiter, wie: Greifer, Kommissionierer, Meister im Wareneingang/Warenausgang/Gewährleistung".
3	Umsatz pro Mitarbeiter im Lager in Mio	Verhältnis des "Umsatzes der VG an die Händler, bewertet zum Nettoverkaufspreis der AG und umgerechnet in DM (Umsatz, abzüglich Marge der VG, abzüglich Landed Cost)" zu der "Anzahl der im operativen Lagerbetrieb beschäftigten Mitarbeiter, wie: Greifer, Kommissionierer, Meister im Wareneingang/Warenausgang/Gewährleistung".
4	Umsatz pro qm in DM	Verhältnis des "Umsatzes der VG an die Händler, bewertet zum Nettoverkaufspreis der AG und umgerechnet in DM (Umsatz, abzüglich Marge der VG, abzüglich Landed Cost)" zu der "gesamten verfügbaren Lagerfläche, einschließlich Mietlager und fester Zwischengeschosse, und Funktionsflächen für WE/WA, jedoch ohne Bürofläche".
5	Bestandswert pro qm in DM	Verhältnis des "durchschnittlichen Bestandswertes, bewertet zum Nettoverkaufspreis der AG (Einstandspreis abzüglich Landed Cost) ohne Transit" zu der "gesamten verfügbaren Lagerfläche, einschließlich Mietlager und fester Zwischengeschosse, jedoch ohne Bürofläche".
6	Umsatz pro Händler in TDM	Verhältnis des "Umsatzes der VG an die Händler, bewertet zum Nettoverkaufspreis der AG und umgerechnet in DM (Umsatz, abzüglich Marge der VG, abzüglich Landed Cost)" zu der "Anzahl der von der VG zu beliefernden Händlern (beinhalten PKW, Kombi und Motorradhändler, jedoch keine Werkstätten, Polizei etc)".

Bild 5-11b Kennzahlen zur Lagerproduktivität

Trotzdem bleiben noch eine Reihe von Unsicherheitsfaktoren, da Beschaffenheit der Lagerräume, Automatisierungsgrad, IV-Systemunterstützung, Personalzuordnung, Einsatz von Aushilfskräften, Zuverlässigkeit der Verkehrsträger etc. die betriebswirtschaftlichen Kennzahlen unmittelbar beeinflussen.

Im Vergleich läßt sich ersehen, daß die Streubreite der so erhaltenen Kennzahlen nur qualitative Vergleiche zuläßt, d.h. für konkrete Planungen nicht ausreicht.

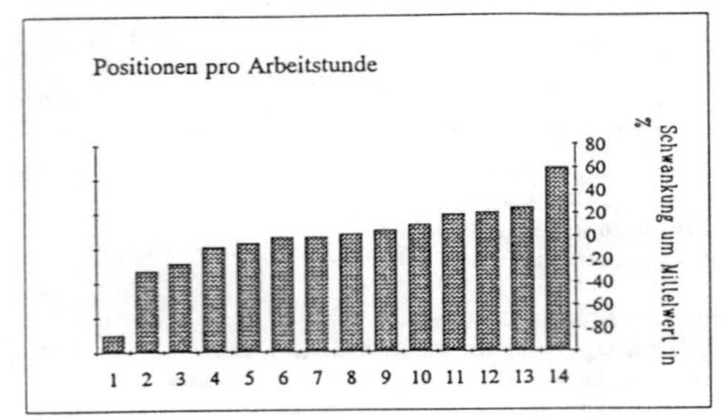

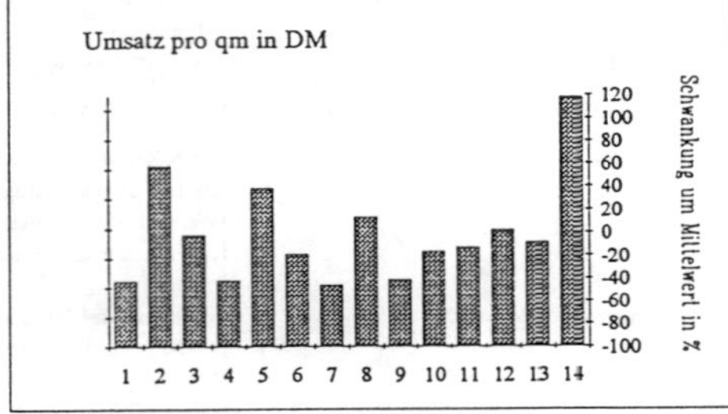

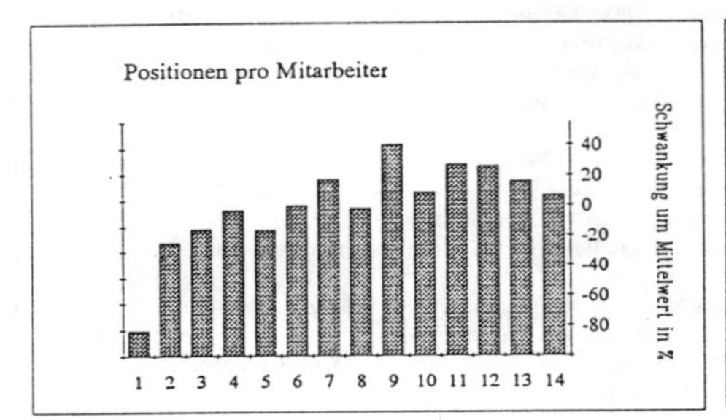

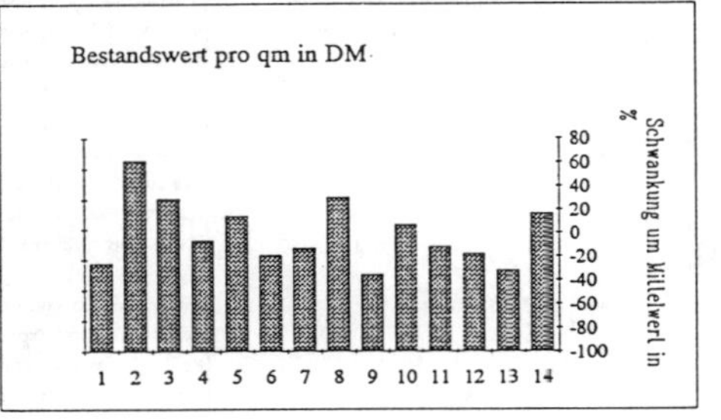

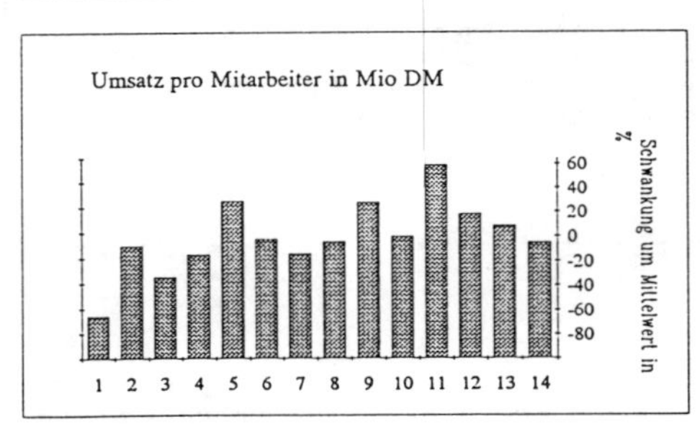

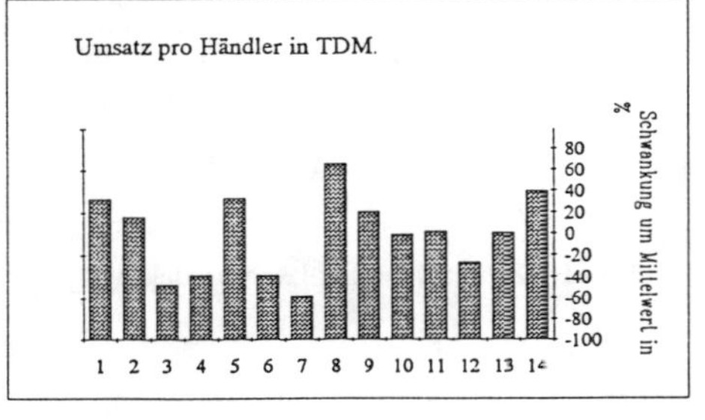

Bild 5-12 Schwankungsbreite betriebswirtschaftlicher Kennzahlen

5.1.3.3 Analytische Planungswerte

Durch Auswertung betriebswirtschaftlicher Vergangenheits-Daten lassen sich Aussagen ermitteln bezüglich

- Sortiment, Anzahl Positionen mit Bestand
- Sortimentsstruktur nach Gängigkeit und Teilewert
- Aufträge, Anzahl Auftragspositionen an Eil- und Normalaufträgen je Kunde (Händler)
- Klassifizierung der Teile nach Pickhäufigkeit
- Berücksichtigung von Saisonalitäten.

D.h. am Beginn jeder Planung muß eine sorgfältige Sortiments- und Bestandsanalyse durchgeführt und das Bestellverhalten der Kunden analysiert werden.

Darauf aufbauend kann dann die analytische Planung für die zukünftigen Bedarfe erstellt werden.

Statische Bestimmungsgrößen

Für einen bestimmten Zielwert des Servicegrades vor Ort (s. Serviceziele) läßt sich die Sortimentsbreite bestimmen. Aus dem angestrebten Umschlagfaktor, den vorgesehenen Leadtimes und Sicherheitsbeständen berechnet sich die Bestandstiefe. Die so erhaltenen bereinigten Ist-Werte müssen dann an das prognostizierte Volumen- und Sortimentswachstum angepaßt werden.

Voraussetzung hierzu sind gesicherte Daten über Gängigkeit, Wert, Händlerverbräuche je Sachnummer. Durch geeignete Rechnerprogramme können die Ergebnisse bei verschiedenen Parametern simuliert werden. Damit ist eine servicegerechte und kostenoptimale Bestandsschichtung zu erreichen.

Im Abgleich mit teilebezogenen Daten bzw. Mengen je Verpackungs- oder Fachgrößen lassen sich die statischen Bestimmungsgrößen für ein Distributionslager ableiten.

- erforderliche Lagerfächer (Vorrat)
- Anzahl Pickpositionen im Zugriff
- Aufteilung auf Lagerbereiche (Groß-, Mittel-, Kleinteile, Zubehör, Gefahrgut etc.)
- Flächenbedarfe und Regaleinrichtungen

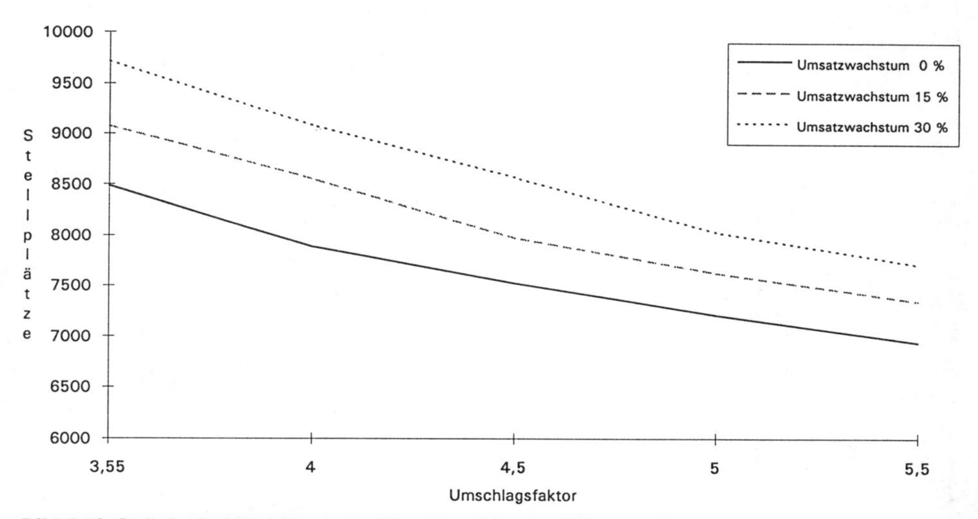

Bild 5-13 Stellplatzbedarf abhängig von Umschlagsfaktor und Umsatzsteigerung

Dynamische Bestimmungsgrößen

Die dynamische Beaufschlagung eines Distributionslagers resultiert unmittelbar aus dem Kunden-Bestellverhalten.

Für diese Analysen sind ausreichende Vergangenheitswerte je Teile-Nr. erforderlich. Wichtig hierbei ist nicht nur die Gängigkeit, sondern vor allem die Pickhäufigkeit eines Teiles, d.h. Eil- und Lagerergänzungsbestellungen der Händler, Positionen je Bestellung und Wert je Position.

D.h. ein Teil mit hoher Gängigkeit und hoher Ausliefermenge als Lagerergänzung beim Händler stellt eine wesentlich geringere dynamische Anforderung an den Lagerbetrieb als ein Teil mit geringerer Gängigkeit und vielen Einzelzugriffen durch Eilaufträge.

Insbesondere bei höherem Automatisierungsgrad ist die zeitliche Verteilung der Auftragspositionen wesentlich. Z.B. ist die Flexibilität von automatischen Kommissioniersystemen relativ gering. Die Kapazität solcher Anlagen (Bewegungen/h) muß daher auf die Spitzenlasten z.B. in den Nachmittagsstunden oder/und an bestimmten Wochentagen ausgelegt werden.

Hier wird deutlich, welche Bedeutung dem Bestellverhalten der Kunden zukommt. Während Lagerergänzungsaufträge Durchlaufzeiten bis zu mehreren Tagen zulassen, müssen Eilaufträge über Nacht ausgeliefert werden. Hinzu kommt, daß die durchschnittliche Kommissioniermenge eines Lagerergänzungsauftrages etwa das 3-fache eines Eilauftrages beträgt. D.h. die Gesamtzahl der Pickpositionen steigt mit dem Anteil an Eilaufträgen.

Lagerergänzungsaufträge geben also die notwendige disponierbare Grundlast, um den Lagerbetrieb gleichmäßig auszulasten. Sind nicht genügend Lagerergänzungsaufträge vorhanden, kommt es zu extremen Belastungsspitzen in den Nachmittagsstunden.

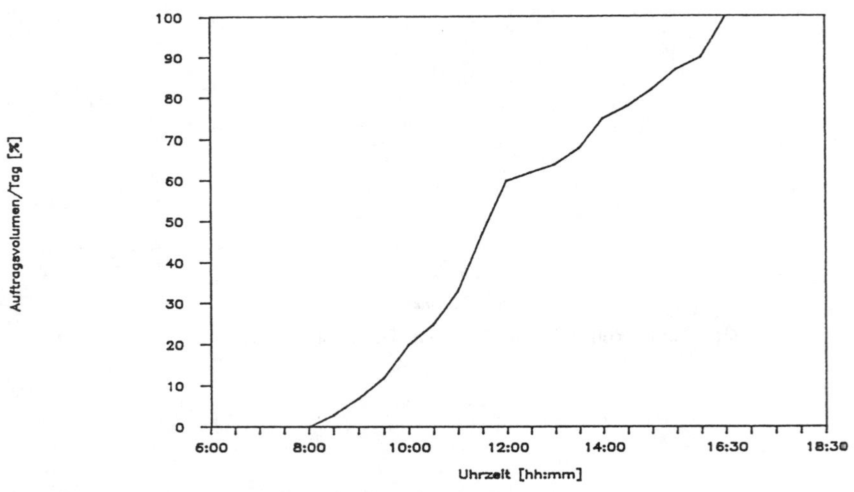

Bild 5-14a Verteilung der Auftragseingänge über den Tag

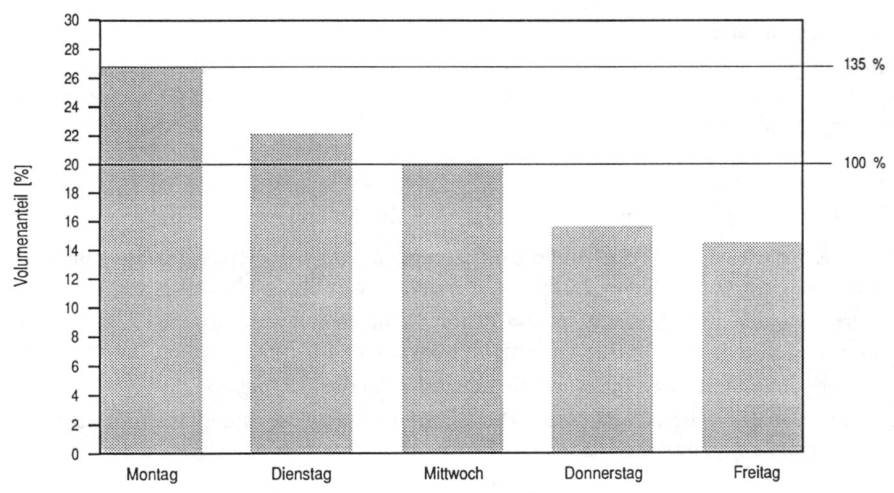

Bild 5-14b Verteilung der Auftragsvolumens über die Woche

Auswertungen haben ergeben, daß ein mindestens 40%iger Anteil der Auftragspositionen aus Lagerergänzungsaufträgen notwendig ist, um einen gleichmäßigen Lagerbetrieb zu gewährleisten.

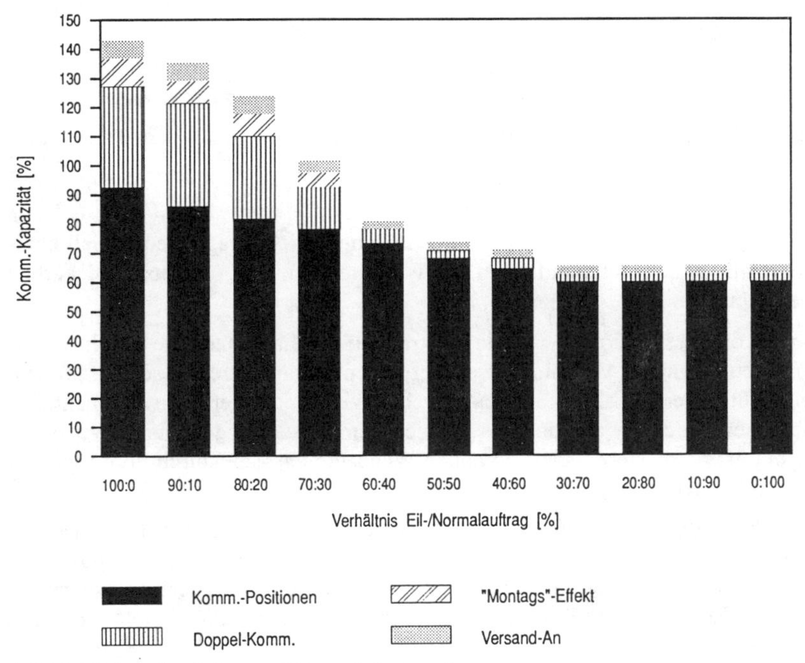

Bild 5-15 Bestellverhalten und Kommissioniervolumen

5.1.3.4 Ablaufplanung

Die Abläufe bei Warenvereinnahmung, Auftragsbearbeitung, Versandbereitstellung und Transportorganisation, Behandlung von Rücksendungen, Tauschteilen und Gewährleistungen sind entscheidend für die Dimensionierung und Ausrüstung der Funktionsflächen:

Warenvereinnahmung:

Die Abläufe im Warenzugang unterliegen folgenden Einflußfaktoren:

- Frequenz, Volumen und Stetigkeit der Anlieferungen, Anteil Lagerergänzungen und Eilvolumen sowie deren zeitliche Verteilung bestimmen den Flächenbedarf.
- Vorverpackungen, Papiererfassung und Prüfaufwand. Vereinzelungs- und Umpackaufwand in Lagerbehälter beeinflussen Handling, Fläche und Durchlaufzeiten.
- Schnellere Durchlaufzeiten im Wareneingang erhöhen die Verfügbarkeit.
- Konzentration der Wareneingangsabwicklung auf die Vormittagsstunden ermöglicht eine teilweise Doppelnutzung der Versandflächen.

Warenausgang, Tourenbereitstellung

Hierfür sind Servicegesichtspunkte, geografische Verteilung der Kunden und die sich daraus ergebende Frachtorganisation entscheidend. Dabei sind folgende Punkte zu berücksichtigen:

- Erfolgt die Verteilung mit einer eigenen Transportlinie?
  (Dies bringt höheren Einfluß auf zeitlichen Ablauf, Servicequalität, Flexibilität und Werbewirksamkeit, ist aber kostenintensiver.)
- Wird für Hauptläufe bereitgestellt oder erfolgt die Feinverteilung über Touren direkt aus dem Distributionslager?
- Werden Lagerergänzungsaufträge separat oder in integrierten Touren verteilt?
- Erfolgt der 24 Std.-Service über die Feinverteilung oder separat? (Zeitfenster)
- Mit welchen Rücksendungen ist zu rechnen (Leergut, Packmittelentsorgung, Tauschteile, Recyclingteile)?
- Wird einstufig oder mehrstufig kommissioniert?

Bei einstufiger Kommissionierung werden alle Positionen eines Auftrages sequentiell kommissioniert, mit relativ hohen Durchlaufzeiten und Wegeanteilen, aber auch hoher Sicherheit und Materialverdichtung.

Bei mehrstufiger Kommissionierung wird ein Auftrag auf die Lagerbereiche gesplittet und parallel abgearbeitet. Die in der Versandzone eintreffenden Teilaufträge müssen zusammengeführt und verdichtet werden. Den kürzeren Durchlaufzeiten und geringen Wegeanteilen steht der zusätzliche Sortieraufwand und das Verwechslungsrisiko gegenüber. Mehrstufige Kommissionierung ist für größere Lager mit hohen Wegeanteilen – die durch Fördertechnik überbrückt werden können – die geeignetere Form.

Auf die Kommissionierabläufe im Lager soll hier nicht näher eingegangen werden. Zwischen den beiden Extremen, einer rein sequentiellen Auftragsbearbeitung und dem rein positionsbezogenen Zugriff gibt es eine Vielzahl von Kommissionierstrategien. In der Lagersteuerung müssen diese bei der Erstellung der Kommissionieraufträge bzw. Entnahmebefehle realisiert werden u.a. entsprechend:

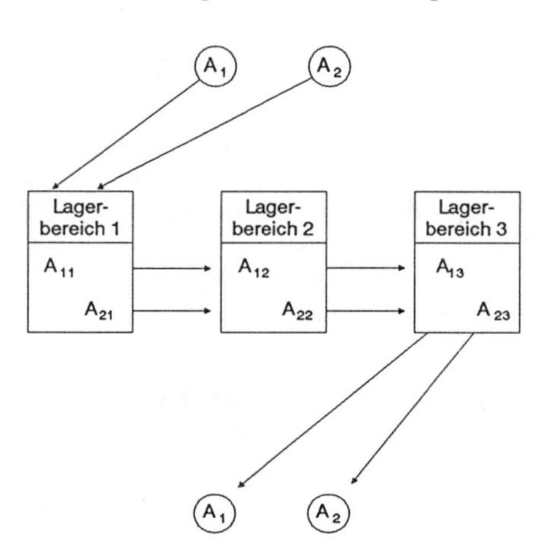

Die Durchlaufzeit eines Auftrages ergibt sich aus der Summe aller Kommisionierungen und Wegezeiten.

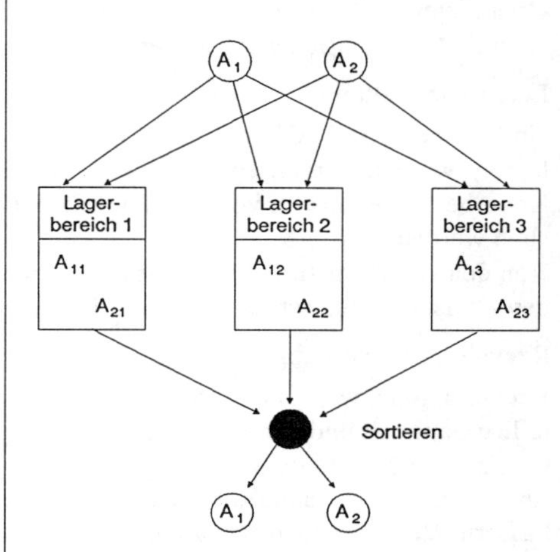

Die Durchlaufzeiten eines Auftrages entspricht der längsten Kommissionierung und Wegezeit der einzelnen Teilaufträge zuzüglich der Sortierzeit.

Bild 5-16 einstufige/mehrstufige Kommissionierung; Grundprinzip

- Layout, Ganglänge, Lagerbereiche
- Strategie der Lagerortvergabe
- Artikelkonzentration
- Wegeminimierung
- Anzahl Auftragsannahme- und Materialabgabestellen
- Auftragsstruktur und -zuteilung
- Unterschiedlicher Arbeitslast über die Zeit
- Teile- und Handlingsarten (Sperrigteile, Gefahrgüter)
- Automatisierungsgrad.

Hilfsfunktionen

Neben der klassischen Verteilfunktion sind in einem Teilelager der Automobilindustrie noch eine Reihe zusätzlicher Funktionen flächenmäßig, personell und ablauforganisatorisch zu realisieren.

- Tauschteileabwicklung

  Nicht nur Motoren, sondern auch Lichtmaschinen, Generatoren, Wasserpumpen, Getriebe, Steuergeräte etc. werden vom Kunden als Tauschteil verbilligt gekauft. Für die Rückführung zur entsprechenden Fertigung werden diese Teile im Vertriebszentrum geprüft, erfaßt und gesammelt.

- Gewährleistungsabwicklung

  Garantieteile werden zurückgenommen, begutachtet, erfaßt und falls erforderlich, an die zentrale Qualitätssicherung weitergeleitet. Der Händler erhält Ersatz bzw. eine Gutschrift.

- Leergutverwaltung

  Umlaufpackmittel (Gitterboxen, Großbehälter, Paletten, Spezialgestelle, Drehstapelbehälter) werden derzeit (noch) durch eine Kontoführung der Spediteure verfolgt. Die Kontobestände müssen von Zeit zu Zeit zwischen Speditionen und Empfängern abgeglichen werden.
  Von den Händlern zurücklaufendes Leergut muß gesammelt, ggf. gereinigt und wieder in den Kreislauf eingeschleust bzw. an das Zentrallager zurückgeführt werden.

- Recycling, Entsorgung

  Recyclingteile, wie Katalysatoren und Kunststoff-Stoßfänger werden ähnlich wie Tauschteile gesammelt und der zentralen Verwertung zugeführt. Im Zuge zunehmender Umweltgesetzgebung und aus Marketingaspekten wird ein Vertriebszentrum Aufgaben bei der Entsorgung der Handelsorganisation übernehmen (z.B. bei Reifen, Batterien, Glas, Fässern, Verpackungsmaterialien).
  Wichtigster Grundsatz bei der Entsorgung der Handelsorganisation ist, die entsprechenden Teile bzw. Materialien auf kürzestem Wege der Verwertung zuzuführen und jeglichen Mülltourismus zu vermeiden.

5.1.4 Strategien in der Distribution

Die globalen Ziele:

- Sicherstellen des einheitlichen, kundengerechten Service am point of sales
- Minimierung der Servicekosten der gesamten Distributionskette über alle Stufen

sind durch folgende Strategien erreichbar:

- Konzentration auf wenige Vertriebszentren an logistisch günstigen Standorten.
- Auflösung nationaler Logistikstrukturen
  Lagerhaltung, Verkehre und Informationsverknüpfungen orientieren sich ausschließlich am Versorgungsgebiet des Vertriebszentrums, unabhängig von Staatsgrenzen.
- Trennung von Distributions- und Marktverantwortung.
  Marketing, Umsatzverantwortung, Händlerbetreuung, Verkaufsförderung orientieren sich weiterhin an der Struktur des Fahrzeugvertriebs. Regional unterschiedliche Marktspezifika müssen weiterhin berücksichtigt werden, während die Distribution großflächig, über Staatsgrenzen hinweg operiert.
  Man hat in unserem Hause das Bild geprägt, vom Verkauf, der auf der Bühne agiert und von der Logistik, die hinter den Kulissen mit ihrer Infrastruktur unbemerkt dafür sorgt, daß alles reibungslos funktioniert.
- Selektive Lagerhaltung
  In Verbindung mit einer Nachschuborganisation, die die Belieferung der Händler mit Teilen aus der ZTA innerhalb 24 Stunden bzw. der vom Markt geforderten Lieferzeit ermöglicht.

In jeder Vertriebsstufe wird nur der wirtschaftliche Servicegrad vorgehalten. Schwachgängige Teile werden über Eilaufträge aus den vorhergehenden Stufen innerhalb von 24 Stunden bis zum Händler geliefert.

- Aufbau einer Transportorganisation für die 24 Std. Eilschiene
  Nutzung von Synergieeffekten durch Vernetzung der bestehenden Transportrelationen
- Strukturanpassung des Zentrallagers für die direkte Händlerbelieferung und Sicherstellung des 24 Std.-Services.
- Verkürzung der Warenströme
  D.h. Direktbelieferung volumenintensiver Teile direkt vom Erzeuger an die Vertriebszentren, wobei Steuerung und Wertefluß über die Zentrale erfolgen.
  Einführung einer Direktsteuerung von volumenstarken Lagerergänzungsaufträgen in vollen Lkw-Ladungen aus dem Zentrallager direkt an Großabnehmer unter Umgehung des Vertriebszentrums, wobei Steuerung und Wertefluß über das VZ erfolgen.
- Flächendeckende Informationsvernetzung
  Zur Beschleunigung der Abläufe und Warenströme von der Bestellung des Händlers per BTX oder DFÜ über Zugangsinformationen, Zollabwicklung bis hin zu Faktura und Bankeinzug.
- Durchgängige Verpackung zur Optimierung der Gesamtkette Transport, Handling, Entsorgung.

- Konzentration auf wenige Vertriebszentren an logistisch günstigen Standorten
- Auflösung nationaler Logistikstrukturen
- Trennung von Distributions- und Marktverantwortung
- Einführung der selektiven Lagerhaltung, d.h. wirtschaftlicher Servicegrad in den Vertriebszentren
- Belieferung aller Händler innerhalb 24 Stunden auch mit C-Teilen aus dem Zentrallager
- Aufbau einer vernetzten Verkehrsorganisation
- Anpassung des Zentrallagers an die neuen Strukturen
- Verkürzung der Warenströme bei volumenstarken Lagerergänzungsaufträgen durch
  Direktbelieferung: Lieferant ⟶ Vertriebszentrum
  Direktsteuerung: Zentrallager ⟶ Großkunde
- Flächendeckende Informationsvernetzung
- Durchgängige Verpackung

Bild 5-17
Strategien der Teiledistribution

5.1.4.1 Selektive Lagerhaltung, das > Versand an < - Konzept

Das Grundelement dieser Nachschubstrategie ist, daß in jeder Distributionsstufe nur der, sich aus dem Optimum von Investitions-, Lagerhaltungs- und Nachschubkosten ergebende, wirtschaftliche Servicegrad vorgehalten wird.

Schwachgängige C-Teile werden in den Vertriebszentren nicht mehr gelagert. Eilaufträge über das nicht vorrätige Sortiment werden automatisch über DFÜ an das Zentrallager weitergeleitet. Die Sendungen werden im Zentrallager bereits an die Händler adressiert verpackt und über eine spezielle Eilschiene über Nacht zum Vertriebszentrum oder einen Umschlagshof transportiert und dort mit der täglichen Feinverteilung an die Händler zusammengeführt.

Für Vertriebszentren mit einem Versorgungsgebiet in dem Großraum Europas, in dem auch C-Teile aus der ZTA-Dingolfing per Lkw kostengünstig über Nacht an die Handelsorganisation ausgeliefert werden können, ist ein Servicegrad von 92% in der Regel ausreichend.

Für weiter entfernte Vertriebszentren ist ein höherer Servicegrad von >95% wirtschaftlicher. Für den Restumfang kann sogar der Einsatz einer Luftbrücke wirtschaftlich sein. Mit zunehmenden Kosten des Eilservices ist der echte Bedarf zu hinterfragen. Nur dafür sollte ein 24 Std.-Service als Dienst am Kunden aufgebaut werden. Für den Rest genügt ein 48 Std. oder 72 Std. „normaler" Eilservice.

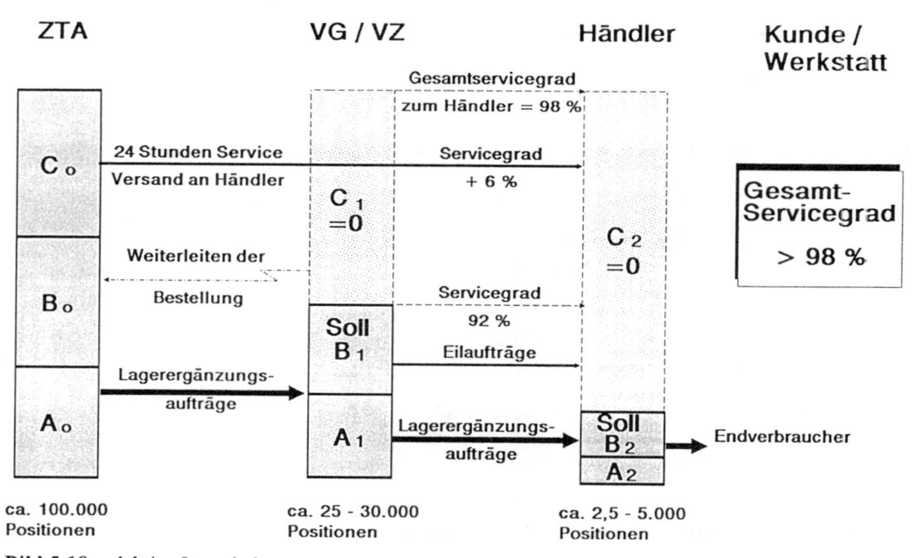

Bild 5-18 selektive Lagerhaltung

5.1.4.2 Sortiments- und Bestandsmanagement

Es bedarf in diesen Modellen einer sorgfältigen Kostenanalyse, um den wirklich wirtschaftlichen Punkt zu erreichen.

Distributionsstrukturen sind keine statischen Elemente, die nur einmal berechnet zu werden brauchen. Der Markt lebt und entwickelt sich ständig weiter. Um Sortimentsstrukturen, Nachschubkosten und Servicegrad in der richtigen Relation zu halten, müssen Händler und Vertriebszentren bzw. Vertriebsgesellschaften oder Importeure in Disposition und Auftragsabwicklung bestimmte Spielregeln einhalten: d.h.

- Einheitliches Formelwerk für Disposition
  - Prognoserechnung
  - Sicherheitsbestandsrechnung
  - Bestellpunktrechnung
  - Optimale Bestellmengenrechnung
  - Matrix-Konzept
- Langsamdreherkonzept
- Sortimentsstrukturierung
- Wöchentl. Lagerergänzungsaufträge
- Anpassung der Logistiksysteme
- Optimierte Schnittstellen und IV-Vernetzung

Um dieses Ziel zu erreichen, müssen die dispositiven Systeme und Abläufe international angepaßt werden.

5.1.4.3 Funktionserweiterung des Zentrallagers

Die neue Nachlieferstrategie und die europaweite Belieferung von Händlereilaufträgen über Nacht bewirken im Zentrallager eine tiefgreifende Veränderung in der Auftragsstruktur und damit der Betriebsabläufe.

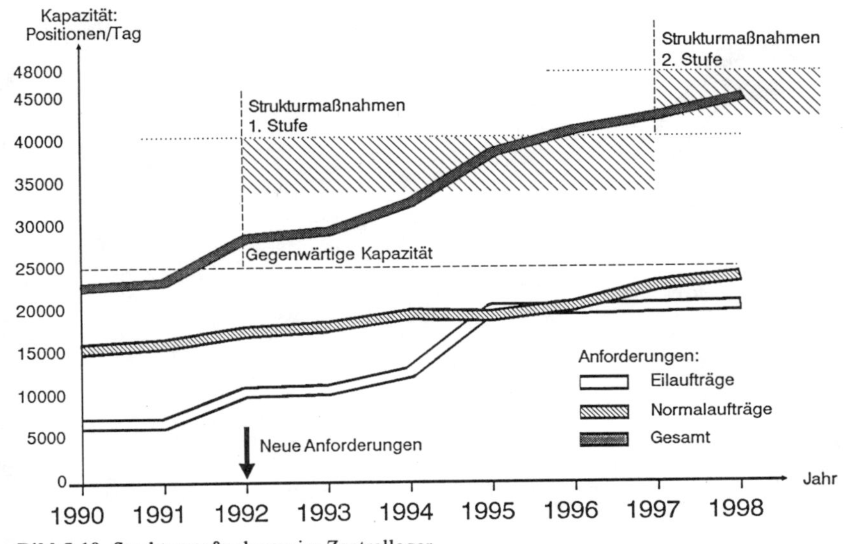

Bild 5-19 Strukturmaßnahmen im Zentrallager

Wurden früher Großaufträge unter Auslastungsgesichtspunkten zeitunkritisch zusammengefaßt, so ist heute eine erhebliche Kapazität in den Nachmittagsstunden erforderlich, um die fahrplanmäßigen Abfahrtermine für die Eilsendungen zu bedienen.

Wenn man das Zentrallager darüber hinaus in die Lage versetzt ca. 400 Einzelhändler direkt zu bedienen, erübrigt sich für die „VZ-Umgebung“ des Zentrallagers ein eigener VZ-Standort. Das bedeutet ca. 15000 Auftragspositionen zusätzlich je Arbeitstag und ist nur durch die Installation sehr schneller automatischer, rechnergesteuerter Kommissionier- und Fördersysteme zur Auftragszusammenführung zu erreichen.

5.1.4.4 Verkürzung der Warenströme

Direktbelieferung

Mit der Konzentration und Vergrößerung der Vertriebszentren in der 2. Distributionsstufe ergibt sich auch eine Zunahme der Mengenströme.

Für die Volumenteile ist es daher nicht mehr unbedingt sinnvoll, den gesamten Nachschub über ein Zentrallager zu steuern, sondern direkt vom Erzeuger an die Vertriebszentren.

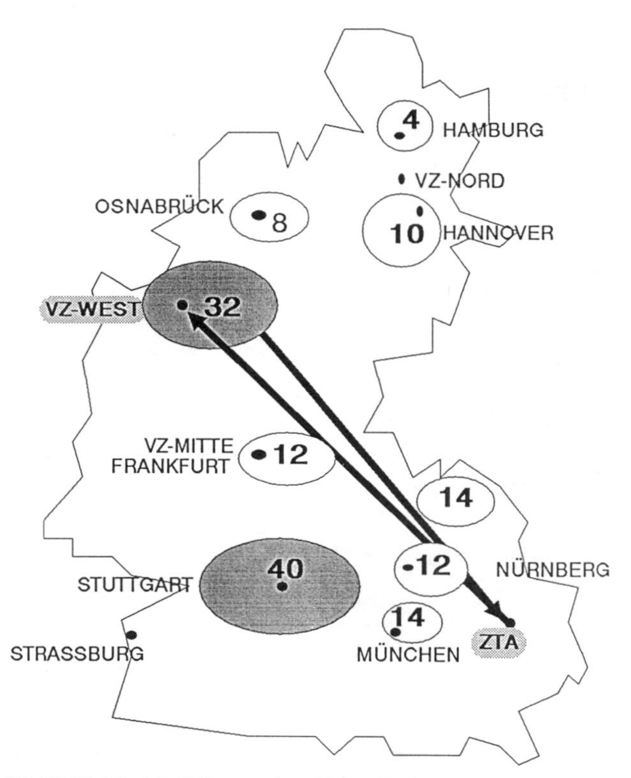

Bild 5-20 Direktbelieferung; Anzahl pro Woche aus den Zuliefergebieten für Vertriebszentrum West

Auswertungen haben ergeben, daß wöchentlich ca. 1 Lkw-Ladung Teile von Lieferanten aus dem Raum Krefeld nach Dingolfing transportiert, vereinnahmt, eingelagert und nach ca. 3 Monaten kommissioniert, verpackt und dann wieder nach Krefeld geschickt wird.

Ca. 1000–1500 A-Teile, die etwa 8% des gesamten Umschlagsvolumens darstellen, liegen im wirtschaftlichen Rahmen, d.h. dafür lassen sich Transport, Lagerfläche, Kapitalbindung und Handling im Zentrallager weitgehend reduzieren.

Dies stellt allerdings neue Anforderungen an

- dispositive Abläufe
- Organisation der Waren- und Werteflüsse
- Transportorganisation und Zollabwicklung
- Qualitätssicherung und Reklamationsabwicklung
- Flexiblität und Bereitschaft der Lieferanten

Direktsteuerung

Der Grundpfeiler der neuen Vertriebsstruktur ist die Übernahme des Versorgungshandels durch die logistisch optimalen Vertriebszentren. Damit verbunden ist eine absolute Gleichbehandlung aller Händler (auch der ehemaligen Großhändler und Niederlassungen).

Ansprechpartner und Lieferant für den Händler ist immer das zuständige VZ.

Aufträge von Großabnehmern (z.B. ein Teil der früheren Direktbezieher) können aber Größenordnungen von mehreren Lkw-Komplettladungen erreichen.

Lagerergänzungsaufträge sind zeitunkritisch. Hier kann es sich als wirtschaftlichster Weg erweisen, diese Aufträge im Zentrallager direkt zu greifen und als Lkw-Komplettladung an den betreffenden Händler zu schicken.

Der Wertfluß (Faktura) läuft weiterhin über das VZ. Der dadurch entstehende Aufwand im Zentrallager beträgt nur einen Teil der Einsparungen in den Vertriebszentren.

Diese Art der Steuerung stellt zusätzliche Anforderungen an

- dispositive Abläufe und Systeme
- Organisation der Waren- und Werteflüsse
- Transportdisposition.

5.1.4.5 Gesamtkonzept

Im wesentlichen bleibt das Distributionskonzept 3-stufig mit einer stark konzentrierten 2. Stufe.

Eine Verkürzung der Warenströme durch Entfall einer Lagerstufe ergibt sich durch:

a) „Versand an“
   C-Teile werden aus dem Zentrallager an die Handelsorganisation direkt geliefert.
b) Integration eines Vertriebszentrums in das Zentrallager.
c) Direktbelieferung für A-Teile vom Erzeuger an die Vertriebszentren.
d) Direktsteuerung großvolumiger Normalaufträge an Großabnehmer aus dem Zentrallager.

Ausgangsbasis:

Materialfluß und Informationsfluß gesamt über das Vertriebszentrum.

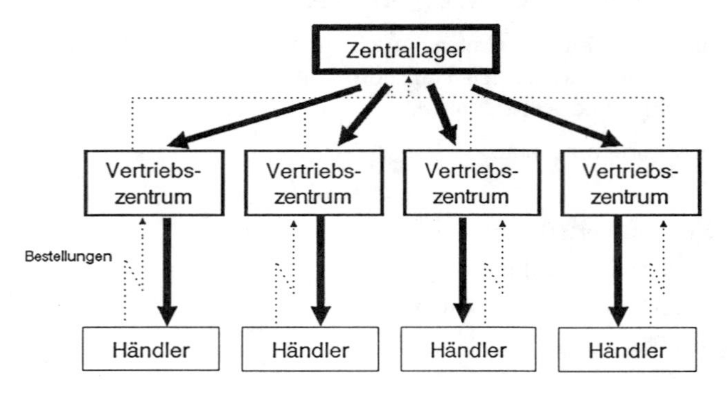

Mit Einsatz Direktsteuerung

Materialfluß für Großaufträge (größer, ca. 200 TDM, bzw. 1 LKW) direkt vom Zentrallager zum Händler. Informations - und Wertefluß weiterhin über das Vertriebszentrum.

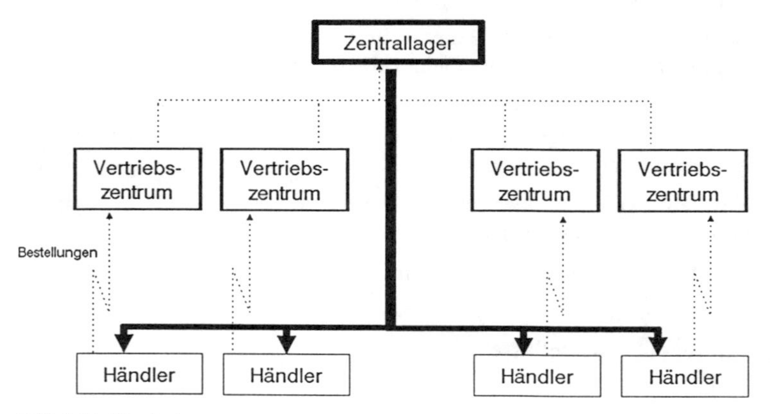

Bild 5-21 Direktsteuerung

Die Umsetzung von Strukturveränderungen und Strategien in der Distribution ist ein langer Weg. Im Verlauf der Veränderungen können sich ganz andere Umfeldbedingungen entwikkeln.

Entscheidungen sind daher nicht von Beginn an festzulegen, sondern entlang eines „Strategiepfades“ zum erforderlichen Zeitpunkt zu treffen.

Die Strategien müssen periodisch überarbeitet und die Maßnahmen angepaßt werden.

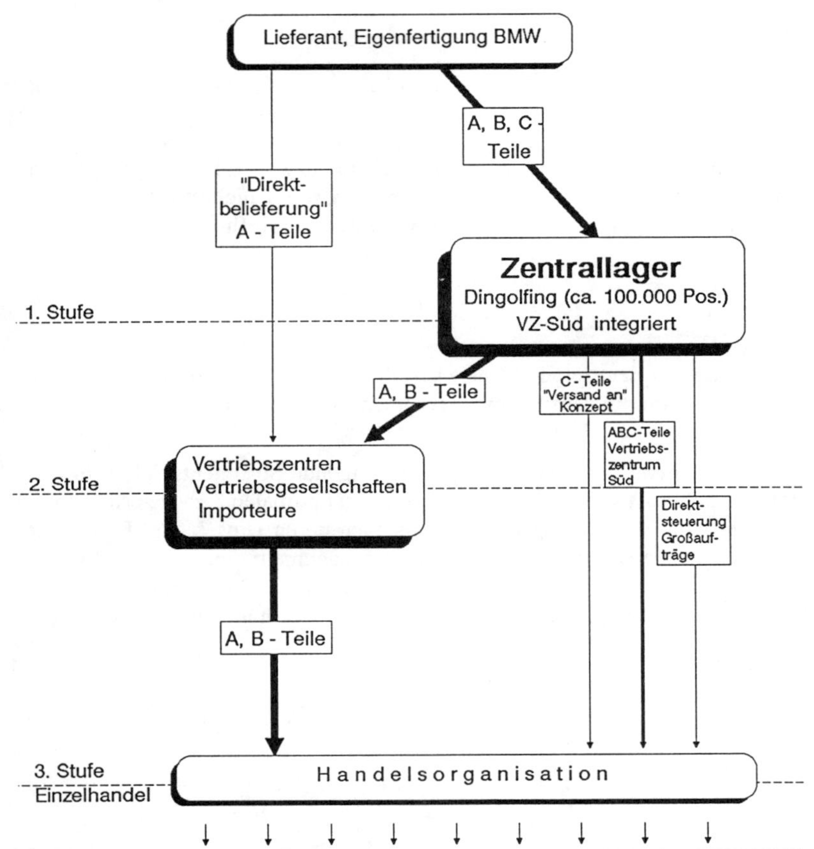

Bild 5-22 Zukünftige Distributionsstruktur

5.2 Bestandsmanagement

Gerhard Skowronek

Die im Text und in den Graphiken enthaltenen Zahlenwerte bzw. Verhältnismäßigkeiten wurden mit bestimmten Faktoren verändert und entsprechen somit nicht ganz den realen Werten, jedoch wird ihre Aussagekraft dadurch nicht wesentlich beeinflußt.

5.2.1 Einleitung

Die Teileversorgung wurde in der Vergangenheit besonders stark vom Umsatzdenken geprägt. D.h., wenn der Jahresumsatz dem Planwert entprach, war das Ziel des Teilevertriebs erreicht.

Steigende Kosten in den Lägern, der Distribution, stark steigende Sortimentsvielfalt in den letzten Jahren sowie ein hoher Anspruch des Kunden an einen optimalen Service erforderten sowohl die Entwicklung von Bevorratungstrategien als auch deren Umsetzung. Das somit aus 'Sachzwängen' entstandene Bewußtsein für Bestandsmanagement gibt es erst seit wenigen Jahren und gewinnt aufgrund seiner Bedeutung hinsichtlich der Einsparungspotentiale sowie gleichzeitiger deutlicher Steigerung des Service einen immer höheren Stellenwert.

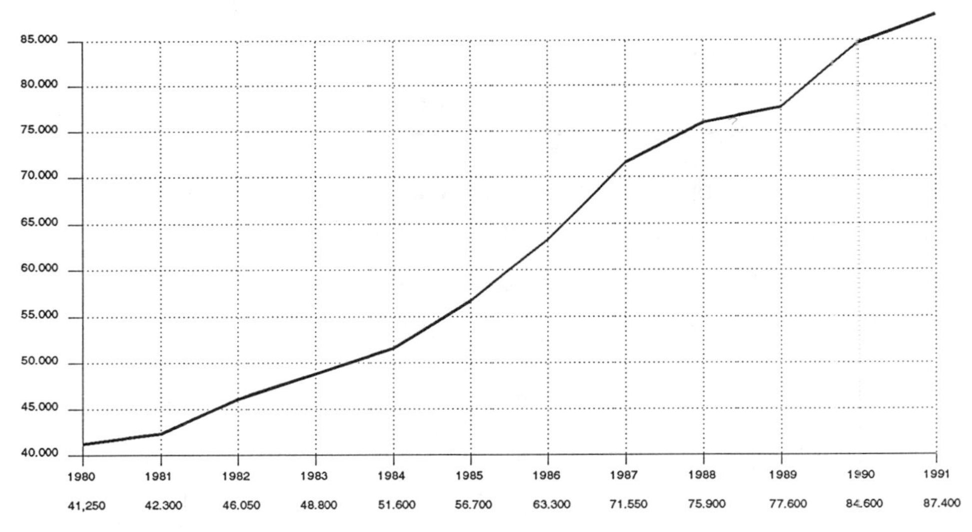

Bild 5-23 Positionsentwicklung Pkw-Teile

Um sich das Anwendungsgebiet des Bestandsmanagements bewußt zu machen ist es notwendig, das Anwendungsgebiet zu strukturieren:

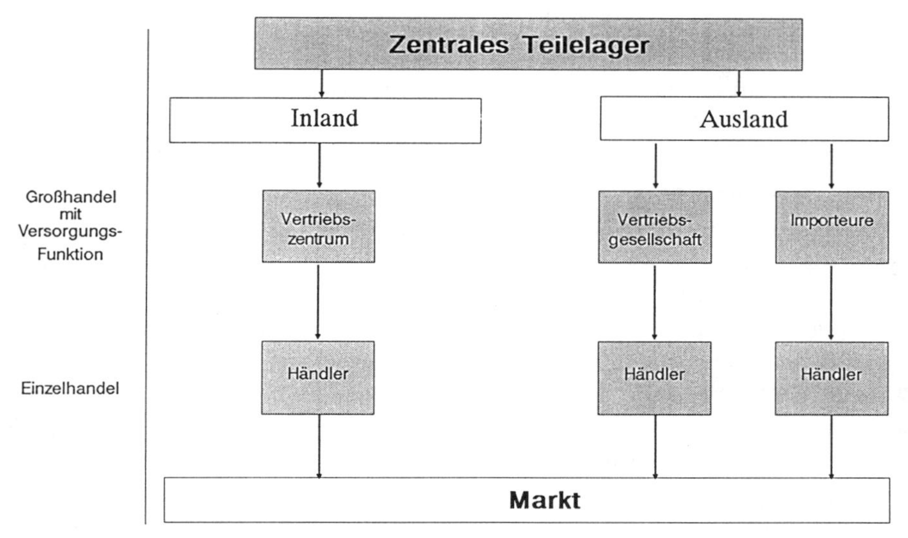

Bild 5-24 Lager- und Distributionsstruktur

a) die Lagerstufen aufzeigen
(Zentral-, Groß-, Einzelhandelsläger)

b) die Anwender definieren
(1 Zentrallager, ca. 20 Läger mit Großhandelsfunktion – ohne Importeure – und ca. 3.000 Läger mit Einzelhandelsfunktion)

c) das wertmäßige Potential ermitteln
(der weltweite Lagerbestand liegt deutlich über 1 Mrd. DM)

Diese Informationen dienen als Basisdaten für Optimierungs- und Einsparungspotentiale. In diesem Kapitel wird jedoch weniger die Bevorratungsstrategie eines Zentrallagers behandelt. Dieses hat bekanntlich die Aufgabe, nahezu alle Teile zu bevorraten. Schwerpunkt wird hier das Bestandsmanagement für dezentrale Läger sein, welche die Groß- und Einzelhandelsebene umfassen.

5.2.2 Ausgangssituation

Hochwertige Produkte haben zwangsläufig den Anspruch auf eine hohe Qualität und einen entsprechend guten Service. Dabei ist hier der Service im Sinne der Versorgung des Betriebes (Werkstatt und Theke) mit den notwendigen Teilen zu verstehen.

Voraussetzung für einen guten Service sind aus Sicht der Teileversorgung eine exzellente Bevorratung sowie die dazugehörende Versorgungslogistik.

5.2.2.1 Problemfelder

Untersuchungen sowohl in der nationalen als auch in der internationalen Handelsorganisation haben folgende Problemstellungen ergeben:

- fehlende eindeutige Sortimentsdefinition (welche Teile bevorraten, welche nicht)
- optimierungsbedürftige Bestandsschichtung (zu hohe Über-/Unterreichweiten)
- schlechte Bestellstruktur an die vorgelagerte Versorgungsebene (Verhältnis Eil- zu Normalaufträgen)
- teilweise zu komplexe Prognose und Disposition (geringe Akzeptanz beim Anwender)
- niedriger Umschlagsfaktor
- steigerungsfähiger Servicegrad (Lieferbereitschaft/'first pick')
- zu hoher ungängiger Bestand
- steigende Kosten (Lagerhaltung usw.)
- unzureichende Kennzahlen (Grundlage für Entscheidungsfindungen und Optimierungen)
- eingeschränkte Kommunikation zu den angrenzenden Bereichen (u.a. Kundendienst, Verkauf)

Zusammenfassend bedeutet dies, daß wir hier vielfach eine unzureichende Bestands-, Bestell- und Kostenstruktur vorfinden.

Die vorgenannten Probleme lassen sich nahezu vollständig auf alle Betriebe übertragen, unabhängig von Lagerstufe und -größe sowie landesspezifischen Einflüssen.

5.2.2.2 Ziele

Aus den o.g. Problemfeldern lassen sich nun Ziele ableiten, die zu einer servicegerechten und wirtschaftlichen Bevorratungsstruktur führen:

- Teilesortiment nach Service-, Wirtschaftlichkeits- und Markterfordernissen (mit klaren Kriterien, welche Teile bevorraten/welche nicht)
- optimierter Bestand (minimale Über-/Unterreichweiten)
- wirtschaftliche Bestellstruktur an die vorgelagerte Versorgungsebene (Verhältnis Eil- zu Normalaufträgen)
- einfache bzw. nachvollziehbare Prognose und Disposition (hohe Akzeptanz beim Anwender)
- deutlich erhöhter Umschlagsfaktor (plus 1–2 Punkte)
- gesteigerter Servicegrad (plus 2-5 Punkte)
- minimaler ungängiger Bestand auf konstant niedrigem Niveau
- reduzierte Kosten (Lagerhaltung, Kommissionierung usw.)
- effektives Controlling (für Entscheidungsfindungen)
- verbesserter Informationsfluß zwischen den Schnittstellen

5.2.2.3 Aufgaben

Um die vorgenannten Ziele zu erreichen, ergeben sich folgende Aufgabenstellungen:

- Aufzeigen der möglichen Optimierungspotentiale (strukturell und kostenseitig)
- Bevorratungstrategien und Vorgehensweisen entwickeln und einsetzen
- optimale 'Werkzeuge' (Arbeitsmittel) zur Verfügung stellen

- die Qualifikation der Anwender verstärken
- die Kommunikation zu den angrenzenden Bereichen verstärken (z.B. Abstimmung mit dem Kundendienst über die zu lagernde Teile oder mit dem Verkauf über rechtzeitige Bevorratung für Aktionen)

5.2.2.4 Zusammenfassung

Bestandsmanagement hat in Kurzfassung die Ziele

- das richtige Teil
- in der richtigen Menge
- zum richtigen Zeitpunkt
- am richtigen Ort

zu optimalen Kosten zur Verfügung zu stellen.

Diese Ziele nahezu vollständig zu erreichen, ist bei der Teilevielfalt von z. Zt. ca. 100.000 verschiedenen Positionen sehr schwer, da diese Teile ja nicht überall gleichzeitig gelagert werden können. Damit entsteht die Aufgabe, Verfahren zu entwickeln und einzusetzen, um einen maximalen Service durch eine optimale Bevorratung - unter wirtschaftlichen Gesichtspunkten - sicherzustellen.

5.2.3 Bestandteile des Bestandsmanagements

Zunächst muß klar werden, welche Elemente das Bestandsmanagement beinhaltet, welche Kennzahlen und Steuerungsparameter benutzt werden, um die richtigen Entscheidungen treffen zu können.

5.2.3.1 Elemente

Die Elemente setzen sich zusammen aus

- Sortiment
- Bestand/Reichweite
- Prognose und Disposition
- (Auftrags-)Bestellstruktur
- Kosten
- (Erfolgs-)Controlling

Sortiment

Unter (Voll)Sortiment sind alle verschiedenartigen Teile zu verstehen, die angeboten werden (entspr. dem Teilekatalog).

Da es wirtschaftlich nicht sinnvoll ist, alle Teile des Zentrallagers (ca.100.000) mehrfach zu lagern (z.B. pro Land), entsteht das Problem auf jeder Lagerstufe und in jedem Lager, welche Teile bevorratet werden sollen und welche nicht.

Da jedoch alle Teile nur einmal zentral bevorratet werden, muß für die Groß- und Einzelhandelsläger eine Richtlinie/Verfahrensweise vorgegeben werden, welche Teile zu bevorraten sind.

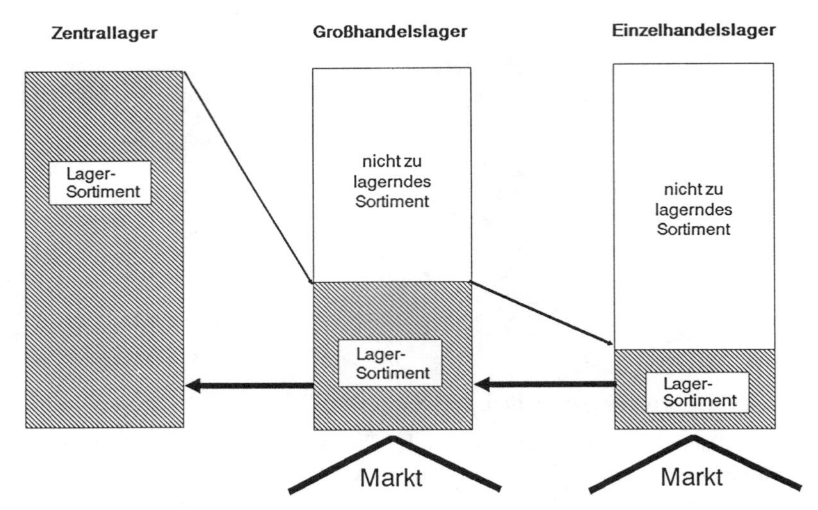

Bild 5-25 Sortiment in den Lagerstufen

Dabei gilt es, noch einmal deutlich hervorzuheben, daß es hier beim **Sortiment** zunächst um die Entscheidung geht, **ob** grundsätzlich eine Position bevorratet werden soll, jedoch nicht darum, mit welcher Menge.

Über das bekannte Verfahren der ABC-Klassifizierung lassen sich z.B. über die (Jahres)-Verbräuche eine Unterteilung in hochgängige (A)-, mittel- und schwachgängige (B)-, ungängige (C)-Teile sowie Neuteile (D) definieren (s. Bild 5-26, links).

		X	Y	Z	
	Preis / Verbrauch	< 5,-	5,- bis 50,-	> 50,-	Bemerkungen
A	> 24				
B	3 - 24				
C	0 - 2				
D					
Σ					

Bild 5-26 ABC-Klassifizierung

Das bedeutet in dieser Matrix, daß z.B im Einzelhandel alle Teile mit einem Jahresverbrauch von mehr als 24 Stück, A-Teile sind – unabhängig vom Preis und grundsätzlich bevorratet sein müssen.

Die mittel- und schwachgängigen B-Teile werden hier mit einem Jahresverbrauch von 3–24 Stück definiert, ungängige mit einem Verbrauch von 0–2 Stück sind in diesem Beispiel grundsätzlich nicht zu bevorraten (C-Teile).

Dies bedingt jedoch zwangsläufig, daß – sobald eine Nachfrage entsteht – das benötigte C-Teil mit einer entsprechenden Logistikschiene (z.B. innerhalb maximal 24 Stunden) geliefert werden kann.

Zwischen dem B- und C-Sortiment existiert eine sog. Grauzone, z.B. bei einem Jahresverbrauch von 2 Stück (C-Teil), wo es durchaus sinnvoll sein kann, ein Teil aufgrund von Servicekriterien ins Sortiment zu nehmen. Hingegen kann es bei einem Jahresverbrauch von 3 Stück (B-Teil) auch wirtschaftlich sein, das Teil nicht zu bevorraten (z.B. ein teueres Karrosserieteil, das über Kundenvoranmeldung innerhalb 24 Stunden bevorratet werden kann). Durch diese Berücksichtigung ist es sinnvoll, in dieser Grauzone grundsätzlich die Entscheidung einer Bevorratung dem Verantwortlichen vor Ort zu überlassen, da hier einerseits gute Marktkenntnisse sind, andererseits ein hohes Risiko der Ungängigkeit besteht.

Ein besonderes Augenmerk ist auf die D-Teile zu richten, da sich hier sowohl alle Sonderteile (z.B. Kundendienstaktionen) als auch alle Neuteile (erstmaliger Bedarf innerhalb der letzten 12 Monate) befinden. Während für A-, B- und C-Teile – mit Ausnahme der Grauzone -- für den größten Teil des Sortiments eine eindeutige Bevorratungsentscheidung getroffen wird, ist die Festlegung, welche Neuteile bevorratet werden sollen/welche nicht, grundsätzlich vom jeweiligen Verantwortlichen zu treffen, da eine Systematik hier nicht möglich bzw. zu aufwendig ist.

Zu empfehlen ist jedoch bei D-Teilen, daß – abgesehen von Serviceteilen – erst eine Mindestgängigkeit innerhalb eines bestimmten Zeitraumes abzuwarten ist, bevor ein solches Teil ins Sortiment genommen wird (z.B. Verbrauch von 2 Stück innerhalb 3 Monate). Die Neuteile werden nach 1 Jahr in die entsprechende ABC-Klasse überführt.

Die Klassifizierung sollte wegen ihrer notwendigen Aktualität monatlich durchgeführt werden. Darüber hinaus ist sie dezentral für jeden Betrieb individuell durchzuführen. Das bedeutet, daß ein Teil in dem einem Betrieb aufgrund seiner Gängigkeit von z.B. 5 Stück ein B-Teil ist, das gleiche Teil bei einem anderen Betrieb aufgrund der Gängigkeit von 2 Stück ein C-Teil ist.

Dieses Verfahren wird für den Groß- und den Einzelhandel empfohlen, wobei sowohl die Anzahl der Klassen als auch die der Grenzen differieren können, die Systematik jedoch immer gleich bleibt. Zu beachten ist weiterhin, daß die Klassen/Grenzen grundsätzlich geändert werden können, jedoch möglichst immer einheitlich pro Versorgungsgebiet sein sollen.

Dieses einfache Verfahren der Sortimentsdefinition hat die großen Vorteile, daß

a) die Anwendung/Definition pro Land und Handelsstufe einheitlich verwendet werden kann (z.B. **alle** Einzelhändler in Frankreich benutzen eine **einheitliche** Sortimentseinteilung)
b) der Anwender eine klare Vorgabe hat, welche Teile zu bevorraten sind (A und B) bzw. welche nicht (C)

c) sowohl die Grauzone als auch die Neuteile (D) erkennbar sind, wo individuelle Entscheidungen gefordert sind.

Der Erfolg der Sortimentsreduzierung (gesamt) aufgrund einer solchen Sortimentsdefinition ist über Bild 5-27 leicht nachvollziehbar.

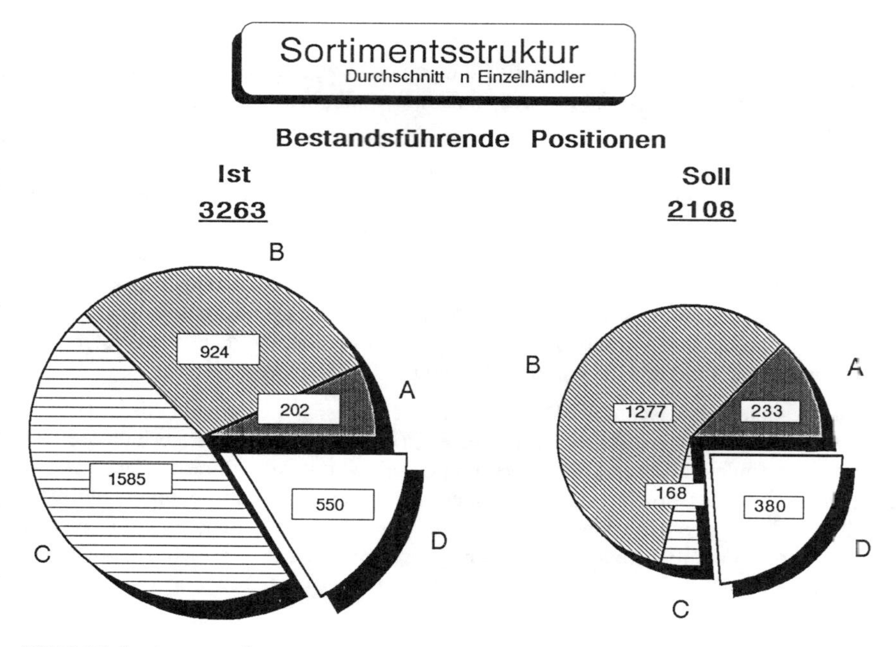

Bild 5-27 Sortimentsstruktur

31 hochgängige A-Teile und 253 B-Teile sind nicht im Sortiment bzw. haben keinen Bestand. Die 1585 C-Teile können problemlos auf 168 Positionen reduziert werden (%-tualer Sockelsatz) und die Neuteile können um 120 ungängige auf 380 Positionen vermindert werden. Das gesamte Sortiment ist trotz Reduzierung um ca. 30% wesentlich besser.

Bei einer optimalen Bevorratung sind ca. nur 1% der gängigen A-Positionen nicht bevorratet, was meist auf Lieferschwierigkeiten der übergeordneten Versorgungsstufe zurückzuführen ist.

Bestand (Reichweite)

Während über das Sortiment definiert wird, welche Teile zu bevorraten sind, wird über den Bestand die Menge pro Teil/Klasse zugrunde gelegt, die zu lagern ist. Die Reichweite pro Teil unterliegt grundsätzlich einer logistischen und wirtschaftlichen Betrachtungsweise, wie z.B.

- Verbräuche der letzten Perioden
- Prognosewert

- Wiederbeschaffungszeit
- Sicherheitsbestand
- Kapitalbindung
- Umschlagsfaktor ...usw.

In Fortführung der ABC-Matrix empfiehlt sich hier z.B die Ergänzung um die XYZ-Achse, hier der Preis (s. Bild 5-26). Nun können hier innerhalb der Verbrauchs-/Preisklassen die Bevorratungsreichweiten festgelegt werden, z.B. mit einer Mindest- und einer Maximalreichweite pro Zelle. Sobald die Mindestreichweite erreicht oder unterschritten ist, wird auf die Maximalreichweite aufgefüllt.

Dabei gilt es unbedingt zu beachten, daß billige Teile hoch zu bevorraten sind, mit steigendem Preis jedoch eine analog strengere wirtschaftliche Bewertung der Bestell- und Bestandsmenge von Bedeutung ist. Das kann u.U. bedeuten, daß gängige teure Teile häufig bestellt werden müssen (z.B. wöchentlich), um damit einen relativ niedrigen Bestand/Wert mit entsprechend guter Verfügbarkeit zu erreichen. Sowohl für die Berechnung der Reichweiten als auch die der wirtschaftlichen Bestellmengen gibt es in der einschlägigen Fachliteratur (Materialwirtschaft) die entsprechenden Informationen.

Wertgeringe Teile

Ein besonderes Augenmerk sollte auf wertgeringe gängige A- und B-Teile gerichtet sein, für die grundsätzlich eine hohe Maximalreichweite (bis zu 1 Jahr) empfohlen wird, was folgende Vorteile hat:

- geringe Kapitalbindung
- hohe Servicebereitschaft
- meistens wenig Lagerfläche
- Bestellmengen in ganzen Verpackungseinheiten (keine Anbruchmengen)
- 1 bis 2-maliger jährl. Arbeitsaufwand bei Disposition, Bestellabwicklung, Einlagerung
- minimale Eilaufträge (da hohe Verfügbarkeit)
- geringes Risiko der Ungängigkeit

Vorteile in der vorgelagerten Versorgungsstufe:

- reduzierter Kommissionieraufwand
  (das Teil wird nur 1- bis 2- mal jährl. gegriffen)
- Bestellmengen in vollen Verpackungseinheiten
  (kein Mehraufwand durch Zählen/Verpacken bei Anbruchmengen)
- deutliche Reduzierung der Eilauftragspositionen (mindestens 10–20 %)

Es ist deshalb besonders empfehlenswert, diesen Bereich des Sortiments/Bestands genau zu analysieren.

Untersuchungen haben ergeben, daß z.B. der Einzelhandel im A- und B- Bereich 46% der Positionen sog. wertgeringe Teile sind (hier Preis pro Stück < 5.- DM), die jedoch eine hohen Anteil am Absatz (Stück) haben (77%).

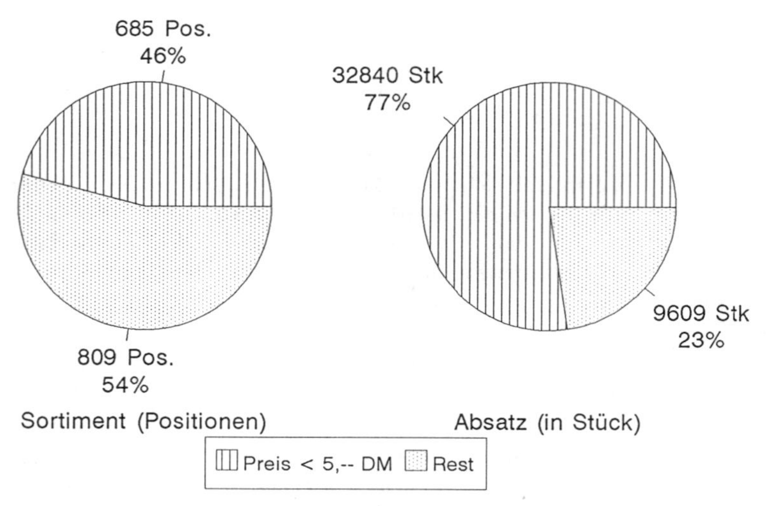

Bild 5-28 Aufteilung Sortiment/Absatz bei geringwertigen Teilen

Bestandsschichtung (Über-/Unterreichweiten)

Im 'klassischen' Soll-/Ist-Vergleich wird z.B. der gesamte Ist-Bestand des A-Sortiments einem theoretischen Soll-Bestand gegenübergestellt. Entscheidend hier ist, daß bei diesem Vergleich in sehr vielen Fällen keine wesentliche Differenz festzustellen, was die 'landläufige' Schlußfolgerung zuläßt, daß der Bestand 'in Ordnung' ist.

Diese Betrachtungsweise ist in einem wesentlichen Punkt zu ergänzen: Hier muß zusätzlich genau zwischen Über- und Unterbevorratung unterschieden werden. Überbestände im A- und B-Sortiment sind aufgrund der Gängigkeit vielfach leicht in einem überschaubaren Zeitraum abzubauen. Sie sind deshalb meist von sekundärer Bedeutung, außer daß es Engpäße in der Lagerkapazität gibt.

Entscheidend sind hier die Unterbestände, die zwangsläufig zu teilweise erheblichen Defiziten im Service und zu Umsatzeinbußen führen. Sie sind deshalb mit allerhöchster Aufmerksamkeit zu beobachten und ihre Ursachen zu ergründen (s. Bild 5-29 linke Hälfte).

Aus der Abbildung der Bestandsschichtung dieses Betriebes ist ersichtlich, daß der konventionelle Soll-/Ist-Vergleich für den Bestand eine Überreichweite von ca. 4 TDM ausweist, die Unterreichweite mit ca. 11 TDM jedoch erheblich ist. Zu beachten ist weiterhin, daß die Anzahl der 'Positionen mit Bestand' (Ist=97) erheblich von der Soll-Zahl (123) abweicht. Das bedeutet, daß hier bei 26 Positionen im A-Sortiment kein Bestand vorhanden ist! Die Unterdeckung mit ca. 11 TDM bzw. 41% hat hier einen besonders stark negativen Einfluß auf die Verfügbarkeit, da es den hochgängigen A-Bereich trifft.

Eine konsequente Bevorratung des Sortiments bewirkt demgegenüber eine geringe Über- (ca. 2 TDM) / Unterdeckung (0,7 TDM) sowie eine nahezu 100%ige Bevorratung aller Positionen (132 von 134) (s. Bild 5-29 rechte Hälfte).

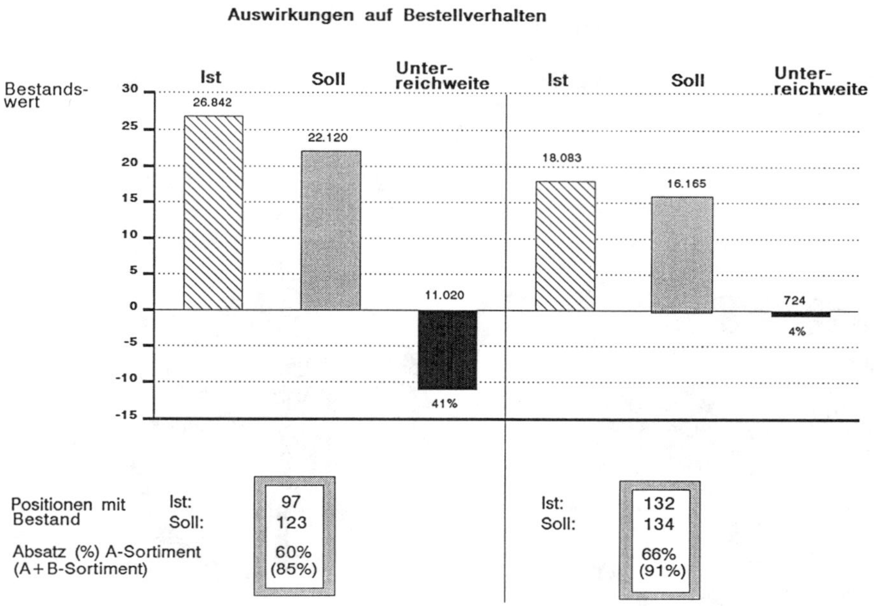

Auswirkungen auf Bestellverhalten

Bestands-wert

Ist 26.842 | Soll 22.120 | Unter-reichweite 11.020 41% | Ist 18.083 | Soll 16.165 | Unter-reichweite 724 4%

30 25 20 15 10 5 0 -5 -10 -15

		A-Sortiment (links)		A-Sortiment (rechts)
Positionen mit Bestand	Ist:	97	Ist:	132
	Soll:	123	Soll:	134
Absatz (%) A-Sortiment (A+B-Sortiment)		60% (85%)		66% (91%)

Bild 5-29 Bestandsschichtung A-Sortiment

Ein weiterer wichtiger Faktor ist, daß speziell im schwachgängigen Bereich eine Bevorratung ungenügend abgesichert ist, da die Prognose hier in vielen Fällen versagt. Hier ist eine regelmäßige Prüfung auf Bevorratung empfehlenswert (z.B. 1-mal pro Quartal), um diesen Bereich mit einem Mindestbestand von z.B. 1 Stück abzusichern.

C-Bestand

Normalerweise geht man davon aus, daß ein C-Bestand hauptsächlich dadurch entsteht, daß die Teile von A über B nach C wandern. Diese Annahme trifft jedoch nur in wenigen Fällen zu. Untersuchungen haben ergeben, daß ein erheblicher Anteil des C-Bestandes aus den ungängigen Neuteilen resultiert. Es ist deshalb besonders wichtig, Neuteile mit größter Zurückhaltung zu bevorraten (auch unter dem Argument der Servicebereitschaft!). Bei einer Gesamtbetrachtung der Bestandsschichtung hat der ungängige C-Bestand einen wesentlichen Anteil,wodurch der Soll-Bestand 'Gesamt' deutlich reduziert wird (s. Bild 5-30).

Prognose und Disposition

Ein zentrales Element im Bestandsmanagement ist die Prognose und Disposition, da eine Bevorratung grundsätzlich über sie entschieden wird. Die Auswirkungen gehen – positiv und negativ – von den Distributionskosten über die Kapitalbindung bis hin zur Servicebereitschaft sowohl im Teile- als auch im Kundendienst.

In der Handelsorganisation werden verschiedene Prognoseverfahren verwendet, abhängig von Land und Handelsstufe.

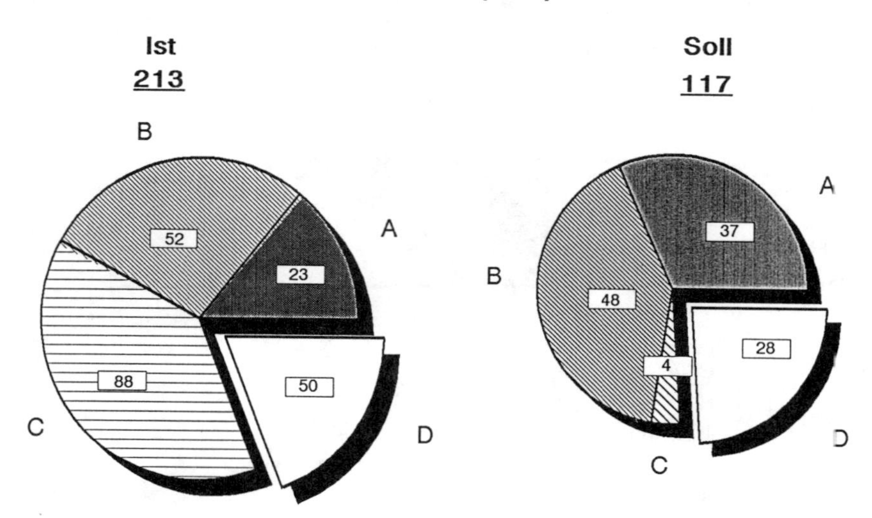

Bild 5-30 Bestandsstruktur

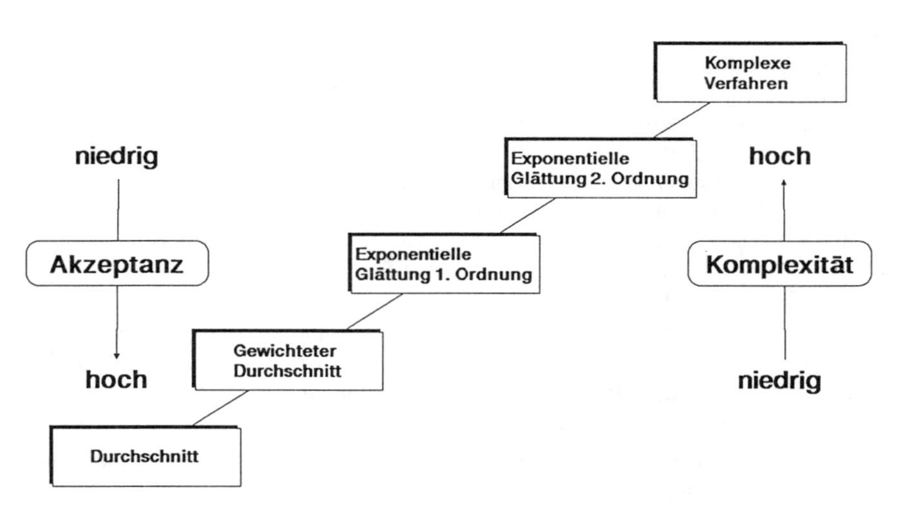

Bild 5-31 Prognoseverfahren

Die Erfahrung mit dem Umgang der verschiedenen Anwendungen zeigt letztlich jedoch eine wichtige Erkenntnis:

je einfacher ein Verfahren ist, desto höher ist die Akzeptanz beim Anwender,

je komplexer ein Verfahren ist, desto geringer ist die Akzeptanz.

Komplexe Systeme haben meistens den Nachteil, daß sie vom Anwender nicht verstanden werden, folglich eine bedingte Akzeptanz haben und somit ihr Nutzen in der Praxis oft wenig Wert hat. Ein Bestellvorschlag aus einem System wird nur dann akzeptiert, wenn er (schnell und leicht) nachvollziehbar ist.

Es ist deshalb sehr wohl zu überlegen, ob nicht einfache Anwendungssysteme eingesetzt werden, die wesentlich leichter zu verstehen sind und nachvollzogen werden können – wie z.B. über Matrix (Bild 5-26), verbunden mit Mindest- und Maximalreichweiten pro Zelle – als komplexe Verfahren (wie exponentielle Glättung 2. Ordnung). Komplexe Verfahren setzen ein sehr großes Fachwissen einschließlich Kenntnisse der Anwendungssysteme voraus, was nicht oft vorhanden ist.

Die Erfahrung zeigt, daß die relativ einfache Prognose (z.B. mit gewichteter gleitender Mittelwertbildung) auch vielfach in der Großhandelsstufe mit Erfolg eingesetzt werden kann. Der Unterschied zwischen Groß- und Einzelhandel liegt u.a. darin, daß die Matrix komplexer gestaltet ist bzw. evtl. mehr Matrizen benutzt werden (z.B. eigene Matrix für Sicherheitsbestand).

Steuerkennzeichen

Hierunter ist die Möglichkeit zu verstehen, Kennzeichen (pro Teil oder Teilegruppe) zu setzen, die eine Disposition wesentlich erleichtern. Dies kann u.a. für Saison- und Aktionsteile benutzt werden oder bei Teilen, die innerhalb eines Jahres in einer Periode (z.B. Monat) einen ungewöhnlich hohen/niedrigen Verbrauch hatten (z.B. 100% Abweichung vom Durchschnittswert).

Selbstverständlich können solche Einflüße durch komplexe Prognose- und Dispositionssysteme erkannt und entsprechend reagiert werden. Nur kommt hier die bereits erwähnte schwierige Nachvollziehbarkeit bei den Bestellvorschlägen zum Tragen.

Bestellpunkt-/Bestellrhythmusverfahren

Bestellpunktverfahren bedeutet vereinfacht, daß eine Bestellung ausgelöst wird, sobald der Mindestbestand (z.B. 1 Monat Reichweite) erreicht oder unterschritten ist und auf die maximale Reichweite (z.B. 6 Monate bei Kleinteilen) aufgefüllt werden soll.

Bestellrhythmusverfahren heißt, daß in einem regelmäßigen Rhythmus bestellt wird, z.B. wöchentlich oder monatlich.

Je größer ein Lager ist, desto häufiger sollte der Bestand überprüft und bestellt werden. Dabei müssen grundsätzlich bei der Bestellung Verpackungseinheiten und bei der Logistik/Versand möglichst volle Lade- oder Transporteinheiten berücksichtigt werden. Das bedeutet in der Praxis, daß aus großen Lägern evtl. 2- bis 3-mal wöchentlich bestellt wird. Die Bestellung wird mit verpackungsgerechter Menge, die Lieferung in wirtschaftlichen Transporteinheiten durchgeführt. Neben Kosteneinsparung ist hier auch noch der Effekt für den Umweltschutz von vermiedener Verpackung bei Anbruchmengen bis hin zu vollen Transporteinheiten zu sehen.

Es empfiehlt sich also unbedingt, die Kombination von Bestellpunkt- und Bestellrhythmusverfahren durchzuführen. Der wesentliche Punkt aus Sicht des Bestandsmanagements ist hier, daß – speziell für werthohe oder volumensstarke Teile – relativ 'flache' Bestände im Lager gehalten werden und darüber hinaus durch eine häufige rechtzeitige Überprüfung des Bestellpunktes eine erhebliche Zahl von Eilaufträgen vermieden werden (bis zu ca. 20% der Positionen).

Bestellpunkt (vom Großhandel zum Zentrallager)

Der 1. Bestellpunkt ist vereinfacht ausgedrückt die Menge (Mindestmenge), die auf Lager ist und ausreicht, bis die Lieferung mit der aktuell zu bestellenden Menge über Normalauftrag (mit entsprechender Lieferzeit) eintrifft.

Der 2. Bestellpunkt ist die Menge, die gerade noch ausreicht, um den wahrscheinlichen Bedarf zu decken, bis die Ware aus einem aktuell zu erstellenden Eilauftrag eintrifft (mit wesentlich kürzerer Lieferzeit). In diesem Fall wird normalerweise der Sicherheitsbestand stark 'angegriffen'. Die Prüfung für den 2. Bestellpunkt sollte möglichst täglich durchgeführt werden.

Der Vorteil einer Bestellung aus dem 2. Bestellpunkt liegt darin, daß ein wahrscheinliches Abreißen rechtzeitig erkannt bzw. vermieden wird.

(Auftrags-) Bestellstruktur

Unter der Voraussetzung, daß A-/B- und teilweise D-Teile (Neuteile) grundsätzlich mit Normalauftrag, alle C- und teilweise D-Teile per Eilauftrag abgewickelt werden, ergibt sich ein Bestellverhältnis von Eil- zu Normalauftragspositionen von ca. 40:60% (Positionen).

Bei der Betrachtung von Bild 5-29 ist in diesem Zusammenhang zu beachten, daß links die 'Positionen mit Bestand' Ist (97) erheblich von dem Sollwert (123) abweicht. Dies wirkt sich zwangsläufig in dem Bestellverhalten des Händlers aus, wobei in diesem Fall ein Verhältnis von Eil- zu Normalauftragspositionen von 80:20% vorliegt.

Im umgekehrten Fall (s. Bild 5-29 rechte Hälfte), wo die Ist-Positionen (132) nahezu dem Soll-Wert (134) entsprechen, existiert bei diesem Betrieb ein Bestellverhältnis von Eil- zu Normalauftragspositionen von ca. 30:70%.

Durch gezielte Bestandsmanagement-Maßnahmen, wie z.B.

- Einführung einer Sortimentsdefinition
- hohe Bevorratung wertgeringer Teile
- Einführung 2. Bestellpunkt (im Großhandel)
- Mindestbestand 1 Stück
- Vereinfachung der Prognose und Disposition

ist es innerhalb weniger Monate möglich, die monatlichen Eilbestellungen (Positionen) um über 50% zu senken.

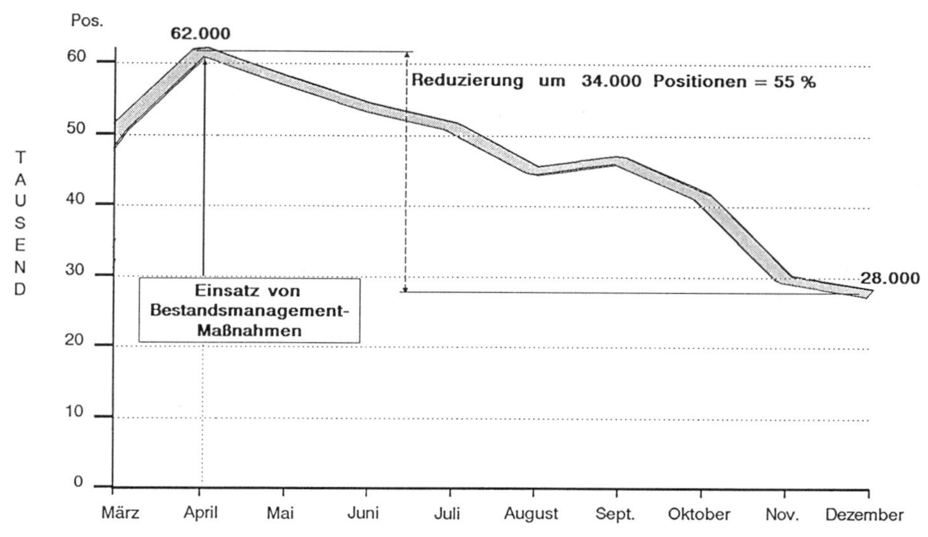

Bild 5-32 Reduzierung von Eilauftragspositionen

Eine Reduzierung der Eilauftragspositionen ist deshalb von großer Bedeutung, da die Kosten für die Kommissionierung einer Eilauftragsposition um ca. 20-30% niedriger als die einer Normalauftragsposition sind.

Wichtig ist, daß sich hier die Betrachtungsweise der Bestellstruktur auf Positionen und nicht auf Wert bezieht. Die Kosten der Kommissionierung liegen schwerpunktmäßig auf dem Vorgang des Greifens und nicht auf dem Wert der Position. Eine wertmäßige Betrachtung bewirkt u.a., daß wenige Eilpositionen mit hohem Wert einen relativ hohen Eilauftragsanteil im Verhältnis zum Gesamtbestellwert bilden können. In Wirklichkeit löst dieser hohe Eilauftragsanteil (Wert) nur eine sehr geringe Anzahl Positionen für die Kommissionierung aus. Deshalb ist bei der Bewertung einer Auftragsstruktur von Eil-/Normalauftrag immer die Anzahl der Positionen gegenüber dem Wert zu bevorzugen.

Weitere Einsparungen sind beim Besteller dahingehend zu sehen, daß

- volle Verpackungseinheiten im Wareneingang nicht kontrolliert werden
- bei regelmäßiger Bestellung der A- und B-Teile ein kontinuierlicher Bestell- und Warenfluß (incl. Einlagerung) gegeben ist
- weniger Eilauftragspositionen
  a) grundsätzlich Kosten senken und Kundenzufriedenheit erhöhen
  b) im Wareneingang eine schnellere Bearbeitung ermöglichen (z.B. zu stehenden Fahrzeugen in der Werkstatt)

Kosten

Durch das Bestandsmanagement werden folgende wichtige Kosten beeinflußt

- Senkung der Lagerhaltungskosten (Personal, Kapitalbindung, Fläche,...) um ca. ein Drittel durch
  - ungängige C-Bestände: der jährl. Zuwachs von ca. 4–8% wird auf 2–4% gesenkt
  - Kommissionierung

Die Kommissionierkosten einer Eilauftragsposition sind ca. 20–30% höher als die eines Normalauftrages. Es ist logischerweise von größter Wichtigkeit, die Anzahl der Eilauftragspositionen auf ein absolutes Minimum zu senken (s. Bild 5-32).

- Reduzierung der Bestellkosten (die der Eilposition sind um mindestens 50% höher als die der Normalpositionen)
- Investitionen (eine schlechte Bevorratung ergibt hohe ungängige Bestände, die üblicherweise nicht abgebaut werden und führen aufgrund von Platzbedarf zu Lagererweiterungen)
- Ausfallzeiten Werkstatt von ca. 1 Woche pro Jahr/Monteur wegen nicht bevorrateter A- und B-Teile

Verpackung

Soweit verpackungsadäquate Mengen bestellt werden, findet von der Kommissionierung über Versand bis Einlagerung beim Besteller ein problemloser Weg statt. Sobald jedoch von den Verpackungmengen abgewichen wird, entstehen erhöhte Mehrkosten durch

- Aufreißen der bestehenden Verpackung
- Abzählen und Verpacken der bestellten Menge
- zusätzliches Verpackungsmaterial
- evtl. Kontrolle beim Versand bzw. bei der Einlagerung beim Besteller.

Das bedeutet, daß die richtige Verpackungsgröße, von denen es innerhalb einer Position durchaus verschiedene geben kann, bei der Bestellmenge berücksichtigt werden muß.

Logistik-/Frachtkosten

Durch reduzierte Eilaufträge über höhere Bestellmengen bei Normalaufträgen werden die Transportkosten um mindestens 10% gesenkt.

(Erfolgs-) Controlling

Die Aufgaben des Controlling sind

- über Kennzahlen eine Transparenz zu erreichen
- die vereinbarten Planwerte mit den Ist-Werten zu vergleichen
- bei Differenzen die Ursachen festzustellen
- Maßnahmen ergreifen, um die Abweichungen zu vermeiden bzw. evtl. Planwerte zu optimieren
- gesicherte Basisdaten für Planzahlen zur Verfügung zu stellen.

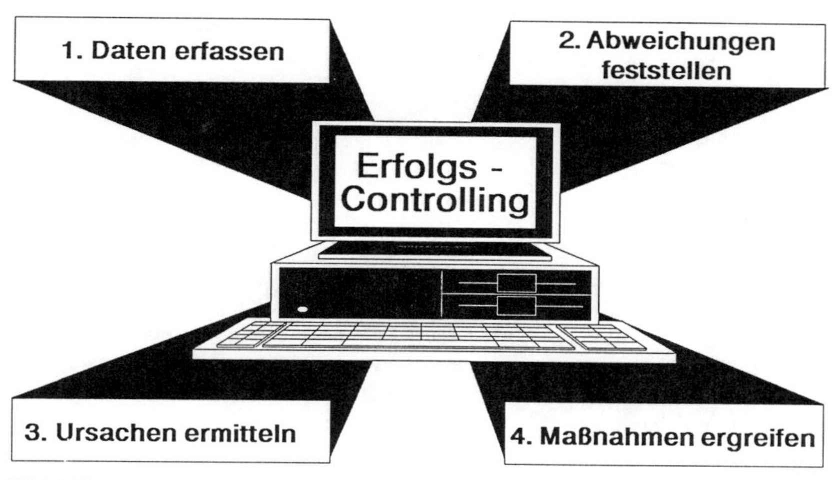

Bild 5-33 Erfolgs-Controlling

Ein Controlling wird in vielen Fällen nur sehr eingeschränkt durchgeführt. Im Einzelhandel besteht dies überwiegend aus Soll-/Ist-Vergleichen bei

- Umsatz
- Umschlagsfaktor (hier oft nur Vergleich Ist-Wert lfd. Jahr mit Ist-Wert Vorjahr)
- Lagerbestand gesamt (dto.)
- Frachtkosten (dto)
- C-Bestand (dto) Kriterium ist ein niedriger Umschlagsfaktor anstelle der Gängigkeit
- Auftragsstruktur (Eil- zu Normalaufträgen nach Wert anstelle nach Positionen)

Das Controlling ist in der Einzelhandelsstufe vielfach unvollständig, hat bei wichtigen Daten keine Planwerte und kann somit nur sehr unvollständig als Grundlage für Planungen bzw. Entscheidungen dienen.

In der Großhandelsstufe wird in einer erheblichen Anzahl (über 30%) das Controlling analog der Einzelhandelsstufe durchgeführt, teilweise ergänzt um den Servicegrad, der aber oft in der Berechnung optimierungsbedürftig ist. Es gibt nur wenige Läger, die ein 'ideales' Erfolgscontrolling durchführen (wie nachfolgend im Berichtswesen mit Kennzahlen ausgeführt).

Berichtswesen

Das Controlling sollte über ein regelmäßiges, überschaubares Berichtswesen mit entsprechenden Kennzahlen (s. Kap. 5.2.3.2) an alle Betroffenen und Entscheidungsträger transparent gemacht werden.

Alle wesentliche Kennzahlen, die das Bestandsmanagement betreffen, müssen im Berichtswesen des Controllings enthalten sein. Nur so ist es möglich,

- die richtige Entscheidung
- zum richtigen Zeitpunkt
- mit dem gesetzten Ziel(Ergebnis)

zu erreichen.

Ein nicht bzw. nur unvollständiges Controlling läßt vermeidbare Kosten zu und ist nicht in der Lage, Einsparungspotentiale zu erkennen und zu bewerten. Wenn beispielsweise keine oder nur eine unvollständige Definition und Auswertung des C-Bestandes besteht, kann nie eine genaue Bewertung in Positionen, Wert, Lagerfläche usw. erfolgen. Somit kann auch nicht die richtige Entscheidung getroffen werden, ob, wann und in welchem Umfang eine Lagereinrichtung optimiert, ein Lager erweitert oder einfach Positionen abverkauft oder verschrottet werden muß, um damit evtl. Investitionen zu vermeiden.

5.2.3.2 Kennzahlen

Um die Leistungen des Bestandsmanagements über das Erfolgscontrolling messen und kontrollieren zu können, gibt es Kennzahlen, die immer mit einem vereinbarten Soll-Wert definiert werden, um einen Soll-/Ist-Vergleich durchführen zu können. Darunter zählen

- Servicegrad (Beispiel s. Bild 5-34)
- Absatz (Stück) pro Sortimentsklasse

Je nach Betriebsgröße erfolgen 80–95% des Absatzes (Stück) im A- und B-Bereich, womit die Gewichtung des Service verdeutlicht ist

- Umschlagsfaktor (pro Sortimentsklasse und Gesamt)
- Bestandswert (dto.)
- Über-/Unterbestand (dto.)
- Positionen mit/ohne Bestand (dto.)
- Bestellstruktur/Eilauftragspositionen (dto.)
- Frachtkosten für Eil- und Normalaufträge (dto.)
- Umsatz
- ungängiger Bestand (C-Teile) in Positionen und Wert
- gängige und ungängige Neuteile
- Lost sales (nicht befriedigte Nachfragen, die zu Serviceminderungen und Umsatzeinbußen führen)

Mit diesen wesentlichen Kennzahlen kann der Erfolg eines Bestandsmanagements gut meßbar gestaltet werden.

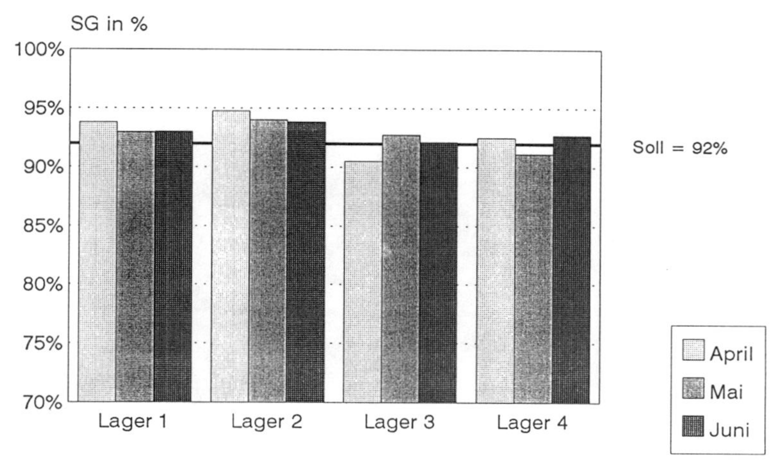

Bild 5-34 Vergleich Servicegrad Großhandelsläger

5.2.3.3 Steuerungsparameter

Die im Bestandsmanagement angewandten Steuerungsparameter haben ihre Wirkung zum großen Teil in Sortiment, Bestand, Prognose und Disposition sowie Bestellverhalten. Ihre Auswirkungen sind entspechend in den Kosten zu finden.

Als wichtigste Parameter gelten dabei

- Servicegrad (K-Faktor) getrennt für A-/B-Sortiment sowie gesamt
- daraus resultierend der Sicherheitsbestand (der im Einzelfall mehr als ein Drittel des Bestandes sein kann)
- Wiederbeschaffungszeit
- Umschlagsfaktor (pro Sortimentsklasse und gesamt)
- Bevorratungsreichweite pro Sortimentsklasse (ohne Sicherheitsbestand)

5.2.3.4 Zusammenfassung

Das Bestandsmanagement hat nur Erfolg, wenn es in allen seinen Elementen vom Anwender verstanden und akzeptiert wird. Dazu ist es unbedingt erforderlich, daß eine klare und nachvollziehbare Verfahrensweise vorhanden ist:

a) wie das Sortiment schnell und sicher festgelegt wird
   - welche Teile müssen immer (A und B) bzw. nie (C) bevorratet sein
   - welche Teile müssen individuell behandelt werden (Grauzone und Neuteile)

b) wie der Bestand/Reichweite bestimmt wird
   (z.B. Minimal- und Maximal-Reichweite über Matrixzellen)

c) welches Prognose und Dispositionsverfahren benutzt wird
   (vom Anwender nachvollziehbar)

d) welche Kostenreduzierungen möglich sind

e) daß und wie (Erfolgs-)Controlling durchgeführt wird

f) welche Steuerungsparameter den Bestand beeinflußen

Durch gezielte Bestandsmanagementmaßnahmen ist es in kurzer Zeit möglich, große Erfolge zu erzielen, wie beispielsweise die deutliche Senkung der Eilaufträge (s. Bild 5-32) und die wesentliche Steigerung des Servicegrades.

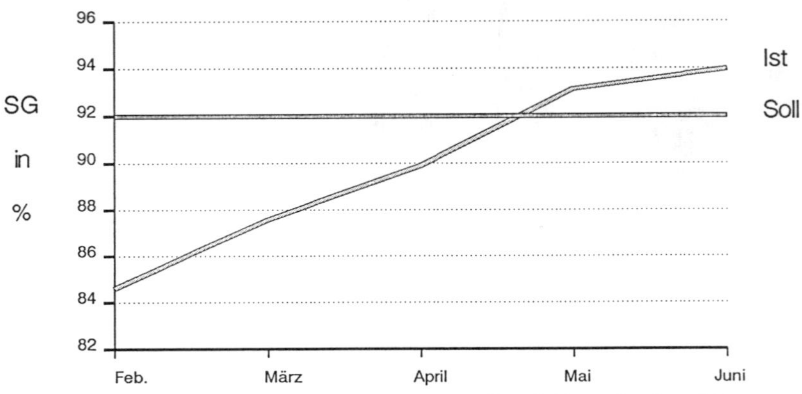

Bild 5-35 Optimierung des Servicegrades in einem Großhandelslager durch gezielte Bestandsmanagementmaßnahmen

5.2.4 Einflußfaktoren Schnittstellen

5.2.4.1 Einfluß von angrenzenden Bereichen

Das Bestandsmanagement hat in vielen Fällen eine Abhängigkeit von Schnittstellen bzw. deren Vorgaben/Inhalte und Qualität. Im einzelnen gibt es Einflüsse aus folgenden Bereichen:

- Planung (Vorgaben von betriebswirtschaftl. Zielwerten)
  - Servicegrad (mit Auswirkung auf Sicherheitsbestand)
  - Umsatz
  - Umschlagsfaktor
  - Bestand und Bevorratungsreichweite
- (Liefer-)Logistik
  - Zuverlässigkeit der Lieferungen
  - Transportwege (Lkw, Luft, See usw.) und die Auswirkung auf die
  - Wiederbeschaffungszeit
- Verkauf
  - Aktionen (rechtzeitige Information für entspr. Bevorratung)
  - Lost sales (Erfassen von nachgefragten, nicht bevorrateten Positionen, um diese evtl. zu lagern)

- Systeme
  - Bestandsführung (u.a. Aktualität)
  - Prognose und Disposition (Qualität, Anwenderoberfläche)
- Entwicklung Zentralsortiment

Die Entwicklung des zentralen Sortiments hat einen großen Einfluß auf das Sortiment/Bestand in der Handelsorganisation. D.h., je mehr Modelle oder Modellvarianten auf den Markt kommen, desto höher ist die Wahrscheinlichkeit auf einen entsprechenden Sortimentszuwachs. Hier muß u.a. berücksichtigt werden, daß evtl. Aktivitäten notwendig sind, welche die Teilevielfalt eingrenzen (z.B. ein einheitlicher Außenspiegel für möglichst viele Modelle).

5.2.4.2 Einfluß auf angrenzende Bereiche

Die Auswirkung des Bestandsmanagements betreffen folgende Bereiche:

- (Transport-) Logistik
  - Transportvolumen (Eil-/Normalaufträge, wie bereits mehrfach erwähnt)
- Lagerplanung (Umbau, Erweiterung, Neubau)

Über die Vorgabe von Sortimenten und Beständen (auf Basis von Einzelteilen) wird eine exakte Planung des Lagervolumens unterstützt. D.h., eventuell notwendige Investitionen hinsichtlich Lagereinrichtung, -erweiterung oder -neubau können – oft über eine gezielte Bereinigung des Sortimentes und Bestandes auf Soll-Struktur – vermieden oder zumindest um einige Jahre verzögert werden.

- Verpackung

Mit den Verbrauchsdaten (point of sale) kann eine wesentliche genauere Planung von Verpackungsmengen durchgeführt werden

- Distributionsplanung

Die Planung von Warenströmen, Lagerstützpunkten usw. erhält durch die Bevorratungsstruktur eine wesentliche Unterstützung. Ein wichtiger Punkt ist hier u.a. das nicht zu lagernde C-Sortiment, dessen Bedarf über ein entsprechendes Eilauftragsvolumen/Logistikschiene abgedeckt werden muß.

Kundendienst

Je besser die Bevorratung, desto besser der Kundendienst, desto höher das Image im Markt und somit die Bereitschaft des Kunden, die Markentreue zu halten

Die konsequente Einhaltung der Bevorratungsstrategie speziell im A- und B-Sortiment bewirkt, daß ein 'Abreißen' der betroffenen Positionen nahezu unmöglich wird.

Somit funktioniert ein guter Service nur über eine gute Bevorratung, was die Voraussetzung für eine optimale Kundenzufriedenheit ist.

Zusätzlich ist hier die verbesserte Werkstattauslastung zu beachten, da durch eine konsequente Bevorratungsstrategie 'Leerlauf' in der Werkstatt stark eingegrenzt wird.

5.2.4.3 Zusammenfassung

Die Abhängigkeiten von anderen Bereichen und die Auswirkungen auf angrenzende Bereiche müssen aufgezeigt, die Potentiale bewertet und mit entsprechender Priorität optimiert werden.

5.2.5 Arbeitsmittel und -techniken

Um ein effizientes Bestandsmanagement zu erreichen, ist es notwendig, sich optimale Arbeitsmittel zu beschaffen und geeignete Techniken zu finden, um schnell und sicher zu erfolgreichen Ergebnissen zu kommen. Dabei ist eine wichtige Voraussetzung, geeignete Mitarbeiter zu finden bzw. zu qualifizieren.

5.2.5.1 Informationsverarbeitung (IV)

Eine wesentliche Basis bildet der Einsatz von IV. Dazu zählen

a) das Benutzen von bestehenden Tools (u.a. Programme)

b) die (Weiter-)Entwicklung von IV-Tools

c) möglichst alle notwendigen Basisdaten über IV zu erhalten (Datenträger, Vernetzung).

Erst wenn diese Voraussetzungen erfüllt sind, können IV-Tools schnell und wirkungsvoll eingesetzt werden.

5.2.5.2 Analyse

Ziel der Analyse ist es, möglichst exakte und umfassende Informationen zu bekommen, um

a) Schwachstellen besser erkennen zu können

b) Maßnahmen zur Optimierung auszulösen

c) Planungen zu unterstützen.

Um gesicherte Analysen durchzuführen, ist es unerläßlich

- daß die verwendeten Basisdaten gut dokumentiert, aktuell, leicht nachvollziehbar, plausibilitätsfähig und schnell verfügbar sind
- die betroffenen Bereiche/Schnittstellen frühzeitig einzubinden.

Ziel sollte dabei u.a. immer sein, möglichst viele Informationen zu berücksichtigen, um die Vorteile von Zeitersparnis, Arbeitsreduzierung und schnelle Reaktion zu nutzen.

Dabei sind die Möglichkeiten für Plausibilitätsprüfungen auszuschöpfen, denn diese sichern die Analyseergebnisse in einem großem Ausmaß ab. (Wenn z.B. die Eilaufträge aus dem C-Bereich monatlich 500 Positionen umfassen – was über die Bestellstruktur ermittelt wird – kann eine Plausibilitätsprüfung durch die Bewertung des Absatzes (Stück) aus diesem Bereich (im gleichen Zeitraum) stattfinden. Dabei ist die Unterstellung zulässig, daß im ungängigen Bereich grundsätzlich immer nur 1 Stück verkauft wird.

Die Analysen sollten

a) regelmäßig erfolgen (z.B monatlich)

b) bei Bedarf schnell und nahezu problemlos durchgeführt werden können.

5.2.5.3 Planungsverfahren

Voraussetzung für eine gute Planung ist eine qualitativ hochwertige Analyse. Es ist nicht ungewöhnlich, daß Planungen ohne ausreichend qualifizierte Analysen erstellt werden, nur weil

a) die Dauer der Analyse zu lang ist

b) die Kosten bzw. der Aufwand zu hoch erscheinen.

Mit guten Analyseergebnissen sind u.a. über Simulationsverfahren

- erste Erkenntnisse möglich
- Voraussetzung für die Prüfung von (richtigen/falschen) Denkansätzen gegeben
- schnelle Reaktionen für Änderungen möglich
- iterative Vorgehensweisen sicherer und schneller zu gestalten

und somit letztendlich Planungen mit hoher Qualität zu erreichen.

Auch gilt es – genauso wie bei der Analyse – frühzeitig die betroffenen Bereiche/Schnittstellen einzubinden, um gesicherte und qualitativ hochwertige Planungen zu erreichen.

5.2.5.4 Zusammenfassung

Um gesicherte Basisdaten zu erhalten, diese zu analysieren und dann in eine sichere und gute Planung zu überführen, sind die Arbeitsmittel der IV einschließlich des fachlichen Know hows eine unabdingbare Voraussetzung, um die erwarteten Ergebnisse zu erzielen. Dabei liegt ein großer Anteil am Gesamtaufwand in der Analyse, da gut fundierte Basisinformationen die Voraussetzung für eine erfolgreiche Planung bilden.

5.2.6 Ausblick

Während in vielen Betrieben versucht wird, Einsparungen über Sachmittel, Personal, Investitionen usw. zu erreichen, werden die vorhandenen Einsparungspotentiale im Bereich des Bestandsmanagements oft nicht ausreichend bewertet. Diese Potentiale sind von einem großen Ausmaß und dabei grundsätzlich gut und sicher zu bewerten, sowohl monetär als auch in ablauftechnischen Optimierungen.

Das Bestandsmanagement bietet in nahezu idealer Weise Einsparungspotentiale bei gleichzeitiger Steigerung des Service an (wie z.B. die aufgezeigte Senkung des Bestandes - Bild 5-27 - mit gleichzeitig reduzierten Eilaufträgen - Bild 5-32 - und darüber hinaus einer Steigerung des Servicegrades - Bild 5-35).

Damit wird - neben den Perspektiven zu den Einsparungspotentialen - ein wichtiger Schritt zur Sicherung eines Unternehmens, nämlich die Kundenzufriedenheit, in einer sicheren und wirkungsvollen Weise unterstützt durch Schaffung der Voraussetzung zur Erreichung des Bestandsmanagementzieles

- das richtige Teil
- in der richtigen Menge
- zum richtigen Zeitpunkt
- am richtigen Ort

zu optimalen Kosten zur Verfügung zu stellen.

6 Logistik-Controlling

Klaus Böttcher

6.1 Einführung in die Thematik

6.1.1 Ziel des Beitrags – Absicht des Autors

Der Trend zu immer kürzeren Innovationszyklen wird künftig die Unternehmen dazu veranlassen, eher: zwingen, den Zeitaufwand für alle Leistungen nicht nur genauer zu beobachten und zu steuern, sondern auch mit allen verfügbaren Mitteln und Instrumentarien wesentlich zu verringern. In jüngster Zeit sind die logistischen Leistungen der Unternehmen als kaufentscheidende Faktoren aus Marktsicht in ihrer Bedeutung und Priorität nahe an Qualität und Preis der Produkte gerückt. Die erbrachten logistischen Leistungen bedürfen des Controllings, das per definitionem Analyse, Steuerung und Planungsansätze zur Verbesserung der Wirtschaftlichkeit der Aktivitäten umfaßt.

So gewinnt das Logistik-Controlling in zunehmendem Maße in den Unternehmen aller Branchen an Boden. Es kommt ohne Instrumentarium, Beurteilungsmaßstäbe und objektive Nachweis- und Meßkriterien nicht mehr aus. Derartige methodische Hilfsmittel sind in verschiedenen Instituten und Firmen - oft in Kooperation - entwickelt und auch erprobt worden. Eigene Erfahrungen mit der Entwicklung und dem Einsatz von Controllinginstrumenten für logistisch relevante Funktionsbereiche in der Industrie hat der Autor mit diesem Beitrag zusammengefaßt.

Studierenden und in der Unternehmenspraxis Tätigen wird somit für ihre Arbeit eine breite Palette systematisch einsetzbarer quantitativer und qualitativer Controllingkriterien angeboten. Kommentare und Hinweise erleichtern den Einsatz in der Praxis und helfen analytische Irrwege zu vermeiden. Auch hier gibt es keine eins zu eins übertragbaren Rezepte, jedoch bieten sich treffende Analogschlüsse auf weitere, neue Aufgaben und Fälle an.

Der Leser kann das angebotene Erfahrungsgut methodisch und systematisch für seine Arbeit - praktischer oder theoretischer Art - nutzen, die Hauptabsicht des Autors.

6.1.2 Strukturierung des Inhalts und Lernstoffs

Dieser Beitrag wird mit den wichtigsten Definitionen bzw. Begriffsinhalten der logistischen Leistungen und Kosten sowie Zielsetzungen eingeleitet. Dabei wird der Aspekt der Meßbarkeit, tragend für ein Controlling, besonders herausgestellt: mit dem für logistische Einsatzfälle entwickelten Kennzahleninstrumentarium.

Es wird gezeigt, wie weit sich das instrumentell unterstützbare Feld der Logistik mit seinen vielfältigen unternehmerischen Funktionen und wiederkehrenden typischen Prozessen spannt und in welchem Maße es für ein Controlling mit dem angebotenen Instrumentarium aufgeschlossen werden kann.

Die Gliederung der vorgestellten Kennzahlen bzw. Beurteilungskriterien folgt weitgehend den wesentlichen logistischen Aspekten und Aufgabengebieten, wie Durchlaufzeiten, Logistikleistungen, Logistikkosten, Beständen, Einflußgrößen sowie Projektcontrolling.

Dabei begleitet alle Darstellungen die Operationalisierung marktkonformen Handelns – zur Behauptung der eigenen Marktstellung und Ertragsverbesserung. Praktische Erfahrungen bei Einführung und Organisation eines Logistik-Controlling in unterschiedlichen Problemfällen im Unternehmen werden im Anschluß ausgewertet und zusammengefaßt dargestellt. Sie können dem Leser bei ähnlichen Vorhaben nützlich sein.

Mit einem heute möglichen Ausblick auf die künftige Entwicklung und Bedeutung der Meßbarkeit, Steuerungsmöglichkeit und Planbarkeit logistischer Einsätze und Erfolge auf den Märkten schließt die Arbeit.

6.2 Grundsätze und Zielsetzungen der Logistik und des Logistik-Controllings

Wachsender Wettbewerbsdruck erspart es keinem Unternehmen mehr, die Herausforderungen der Märkte zu besten logistischen Leistungen anzunehmen. Neben Preis, Qualität und Kundenbetreuung schieben sich logistische Anforderungen auf allen wichtigen Beschaffungs- und Absatzmärkten in den Vordergrund – als kaufentscheidende Faktoren aus Sicht der Märkte.

Immer mehr Anbieter von Produkten und Dienstleistungen konkurrieren miteinander, die besseren logistischen Leistungen ihren Kunden zu bieten: kürzeste Lieferzeiten, hohe Lieferfähigkeit, Liefertreue und Lieferqualität, die ständige Bereitschaft, auf zeitlich bestimmte Kundenwünsche unverzüglich und höchstflexibel einzugehen.

Logistik ist Gestaltung, Planung, Steuerung und Abwicklung aller Güter- und Leistungsströme und Informationsflüsse – so, wie die relevanten Märkte es verlangen. Nach allgemein anerkanntem logistischem Prinzip ist die richtige Leistung zum richtigen Zeitpunkt am richtigen Ort in der richtigen Menge zu erbringen.

Die Logistik durchläuft alle wesentlichen Funktionen im Unternehmen, oft eine „Querschnittsfunktion" genannt, obwohl sie aufgrund ihres dynamischen Charakters eher einem Prozeß gleichkommt – koordinierendes Regulativ zwischen Beschaffung, Produktion und Distribution.

Die erforderliche Marktnähe zu schaffen, haben die Unternehmen eine alle Funktionsbereiche umspannende Logistikstrategie zu entwickeln. Sie ist integrierendes Führungskonzept; nach Realisierung ist das stets zu überwachende Hauptziel des logistischen Führungsinstrumentariums: Ergebnisverbesserung durch gestärkte Marktposition.

Mit der Hauptforderung nach marktkonformer Beschleunigung und kostenoptimaler Steuerung aller Güter- und Informationsströme wird auch das vorrangige Problem deutlich: die bisher eher trennenden funktionalen Schnittstellen zu Verbindungsstellen aufeinander abgestimmter, synchroner Prozesse auszubauen.

Dieses Vorhaben erfordert – wie jedes bedeutende Projekt – beträchtlichen Mitteleinsatz und vor allem die Mithilfe motivierter Mitarbeiter, die befähigt sind, logistische Ziele und Aufgaben in die Tat umzusetzen.

Wichtige vorbereitende Aufgaben in der Frühphase sind:

- Verfahren und Systeme auf die Bereitstellung von Einsatzfaktoren, Material-, Erzeugnisströme und Informationsflüsse ausrichten
- Ziele für logistische Leistungen und Kosten, für deren Planung und Überwachung im Sinne von Controlling realistisch vorgeben.

Da innerhalb logistischer Aufgaben Zeiten und bewegte Güter einschließlich Informationen die dominierende Rolle spielen, ist die Aufgabenerfüllung weitgehend meßbar. Operationale Ziele können ohne große Schwierigkeit gesetzt und ihre Realisierung graduell und kontinuierlich verfolgt werden.

In das Grundkonzept Logistik gehören neugestaltete Arbeitsabläufe, Steuerungs- und Planungsverfahren, Informationsnetze in hoher Durchdringung der relevanten Stellen oder Abteilungen, dezentrale und zentrale DV-Systeme im Verbund – nach neuestem Stand der Technik und Organisation.

Alle logistischen Ziele und Aufgaben zu überwachen, durchzusetzen und bei Bedarf neu auszurichten – wie in einem kybernetischen System üblich – leistet das Logistik-Controlling.

Es ist als System zur Planung, Steuerung und Überwachung logistischer Zielsetzungen und Aktivitäten definiert – ein neues Führungsinstrument mit Zukunft.

Systemziele sind dabei: Absichern des logistischen Beitrags zur Ergebnisverbesserung, Ratiopotentialnutzung. Input (Ressourceneinsatz) und output (Nutzen) werden in meßbare Größen gefaßt und objektiviert aufgezeigt.

Das Logistik-Controlling umfaßt üblicherweise: Setzen der logistischen Ziele, Ermitteln und Analysieren des Istzustands, Interpretation von auftretenden Abweichungen, Aufstellen eines Maßnahmenkatalogs, der die Planwerte setzt. Die bedarfsweise wiederholt zu berichtenden Istzahlen, an den jüngsten Planzahlen reflektiert, signalisieren zugleich erforderliche logistisch relevante Zielveränderungen in der mittel- und langfristigen Strategie. Wichtig ist dabei der methodisch unterstützte, von Meßgrößen begleitete zyklische Durchlauf in einem logistischen Controllingprozeß.

Zu unterscheiden sind im Zyklus:

- **Zielwerte** als eher langfristig erreichbare Vorgaben zur Verbesserung des Logistiksystems und der Logistikprozesse
- **Planwerte:** die nach den nächstfolgenden Zeitscheiben ausgerichteten, operativen Zielgrößen, also die „kleinen Schritte" zur Steuerung ab heute bis „morgen"
- **Istwerte** als die Größen, an denen System- und Prozeßverhalten und deren Wirksamkeit gemessen werden

Das Logistik-Controlling soll im Unternehmen alle logistisch verursachten Kosten planen, steuern und überwachen helfen: im wesentlichen Lager- und Transportkosten, auch die Kosten für Auftragsbearbeitung, Disposition und Bestellabwicklung, darüber hinaus die meßbaren logistischen Leistungen. Es soll Planung, Steuerung und Überwachung der Lieferserviceleistungen und Kapitalbindung in Vorräten, auch in Lagereinrichtungen und Transportmitteln unterstützen.

Zur Durchführung des Controlling ist ein entsprechend flexibles Organisationssystem für Koordination und Synchronisation der Prozesse und Ströme einzurichten, das den laufenden Betrieb wirtschaftlich gestaltet. Auch ein logistisch ausgerichtetes Informationssystem sowie ein technisch und wirtschaftlich leistungsfähiges Verteilungs- und Versorgungssystem gehören zur erforderlichen Grundausstattung.

Das Logistik-Controlling liefert auch Anstöße zu verbesserten Leistungen, die der Markt tatsächlich honoriert, vielleicht mehr als andere kaufrelevante Kriterien, wie zum Beispiel: Produktpreis – was bedeuten kann, das ein logistischer Wettbewerbsvorteil zugleich einen relativ hohen Preis beim Kunden durchzusetzen vermag. Zahlreiche Fälle belegen dies.

Bild 6-1 Der logistische Controllingprozeß mit Meßgrößenunterstützung

6.3 Grundlagen und Zielsetzungen

6.3.1 Die Grundbegriffe der logistischen Leistungen

Die geschäftsfeld- oder produktspezifische logistische Kette erstreckt sich vom Kunden über die Lieferer, die Produktion und alle Dienstleister wieder zum Kunden. Sie ist Objekt, Betätigungsfeld und zugleich Rationalisierungspotential für das Logistik-Controlling.

Da logistische Leistungen generell nur mit beträchtlichem Aufwand realisierbar sind, empfiehlt sich in jedem Falle zu quantifizieren, was an Nutzen und Ertragsverbesserungen durch Zeiteinsparungen erzielt werden kann – wie beispielsweise der hinzugewonnene Marktanteil eines vertriebenen Erzeugnisses. Die hierfür erforderlichen Ausgaben können ohne Mühe gegenübergestellt werden.

Der Wunsch einer Quantifizierung durch ein aussagekräftiges Zahlenwerk ist insofern erfüllt, daß die Logistikleistungen mit Hilfe der angebotenen Formeln einer Berechnung, Bewertung und abwägenden Beurteilung zugänglich werden.

Die Logistikleistungen als Meßgrößen bilden neben den Logistikkostenzahlen und Zeitmeßwerten einen wichtigen Teil des gesamten Kennzahleninstrumentariums, das mit Einbeziehung der funktionalen Kennzahlen und der Einflußgrößen komplettiert wird.

Im Einklang mit den logistischen Ergebniszielen und Rentabilitätszielen wird per definitionem gefordert, daß die zielgerechten Logistikleistungen auch mit sparsamster Verwendung aller Einsatzfaktoren, d.h. geringstmöglichen Kosten, erbracht werden.

Die Kostenmeßgrößen, die den Ressourceneinsatz in den logistisch beteiligten Funktionen pro Abrechnungs- und Planungszeitraum wiedergeben, werden deshalb in dieser Arbeit anforderungsgerecht detailliert vorgestellt.

Allgemein verbindlich sind Logistikleistungen so definiert:

1. Lieferfähigkeit: Grad der Übereinstimmung von Kundenwunschterminen und bestätigten Auftragserfüllungsterminen
2. Liefertreue: Grad der Übereinstimmung zwischen bestätigten und tatsächlichen Auftragserfüllungsterminen
3. Lieferzeit: Zeitspanne zwischen dem Zeitpunkt der Auftragserteilung und dem der Auftragserfüllung
4. Lieferqualität: Anteil der ausgeführten Aufträge ohne quantitative und qualitative Liefermängel
5. Flexibilität: Fähigkeit zur Durchführung der kundenseitig geforderten Änderungen hinsichtlich Mengen, Terminen, Spezifikationen in geringstmöglicher Abweichung vom vorgegebenen Auftragserfüllungstermin
6. Informationsbereitschaft: Fähigkeit, in allen Phasen der Auftragsabwicklung auftrags- und produktbezogen auskunftsbezogen zu sein

Die Fähigkeit eines Unternehmens, die Kunden rasch und zuverlässig, vereinbarungsgemäß, mangelfrei und darüber hinaus flexibel zufriedenzustellen, findet ihre Ausprägung in den generell als verbindlich anerkannten Definitionen der logistischen Leistungen.

6.3.2 Die Grundbegriffe der logistischen Kosten

Logistikkosten sind bewerteter Ressourceneinsatz für alle logistischen Aufgaben und Prozesse, die schließlich in logistischen Leistungen münden, an denen die Wirtschaftlichkeit des Einsatzes meßbar wird.

Logistikkosten werden nach ihrem Objekt, dem Aufgaben- und Leistungsinhalt und nach ihrer Orientierung definiert:

1. Gestaltungskosten: für Planungs- und Dispositionsaufgaben, Steuerung – damit also auch für logistisches Controlling – darüber hinaus für Kundenauftragsabwicklung einschließlich logistisch relevante Kundenbetreuung der vertriebsnahen Bereiche bzw. Stellen sowie für Bestellungen einschließlich logistisch relevante Aufgaben in Lieferantenbeziehungen

2. Kosten für Planung, Disposition, Steuerung und Durchführung interner und externer Gütertransporte, Wareneingang und Warenausgang
3. Kosten für Planung, Disposition. Steuerung und Durchführung aller Lagerungsaktivitäten
4. Kosten der Kapitalbindung und der unternehmerischen Wagnisse mit separatem Ausweis bereits erhaltener Kundenanzahlungen und geleisteter Anzahlungen für beschaffte Artikel

Aus Sicht des unternehmerischen Rechnungswesens kommen Logistikkosten in allen „klasssischen" Typen und Arten vor:

- in buchhalterisch erfaßten Gemeinkosten für alle nicht direkt den vertriebenen Produkten bzw. der Fertigung zurechenbaren Kosten
- als Einzelkosten, wie z.B. für produktspezifische just-in-time-Vereinbarungen mit Kunden oder Lieferern
- in Form von Sondereinzelkosten, z.B. des Versandes – bei bestimmten Warenfrachten
- in der Ausprägung aller nach unternehmensübergreifendem Kontenplan definierten und kommentierten Personalkosten, Kapitalkosten, Sach- und Dienstleistungskosten u a.m.

Alle logistisch verursachten Kosten zu kennen, ist für die Begutachtung von Investitionen, Wirtschaftlichkeitsprüfungen und -analysen wichtig, darüber hinaus für Wirksamkeitsüberprüfungen nach logistischen Maßnahmen sowie für alle Kostenplanungen.

Der Personal- und Mitteleinsatz für die logistischen Aktivitäten und Leistungen wird in allen beteiligten Unternehmensfunktionen, d.h. in den Stellen gemäß Organisations- und Arbeitsplänen, erfaßt und fortgeschrieben. Dabei ist jedoch stets der prozeßorientierte und stark funktionsübergreifende Charakter auch in puncto Kosten zu berücksichtigen. Das gilt insbesondere für Kostenplanung und -verfolgung, die koordiniert zwischen allen logistisch aktiven Organisationseinheiten geschehen muß, wenn Zielkonflikte und uneffiziente Teilergebnisse a'priori vermieden werden sollen.

Der Nutzen der Logistikkostendarstellung zeigt sich in folgenden Aktivitäten-Schwerpunkten:

- Absichern von Entscheidungsvorbereitungen, z.B. Verbesserung der Lieferqualität durch leistungsfähigere Transportmittel
- Überprüfung von Wirksamkeit und – gemeinsam mit Betrachtung des bewerteten Nutzens – Rentabilität der logistischen Aktivitäten und Verfahren, z.B. flexiblere und schnellere Kundenkontakte für Verbesserung der Marktposition durch Installierung eines „modernisierten" Informations- und Kommunikationssystems
- Vorausschau für künftigen Ressourcenbedarf zur fortschreitenden logistischen Zielerfüllung, z.B. Reduzierung der Prüfzeiten und damit Durchlaufzeiten in der Produktionsprozeßkette, durch stärker fertigungsbegleitende Qualitätssicherungstechnik oder bedarfsgerichtete Artikelsortierung – anstelle hoher Bestände.

6.4 Kennzahleneinsatz für das Logistik-Controlling

6.4.1 Die Betätigungsfelder des Logistik-Controllings

Jede Zeit- und Raumüberwindung ist logistisch von Belang: dieser Merksatz erleichtert im Betrachtungsfeld das Zuordnen der Funktionen und Prozesse zur Logistik. Wenn logistisch relevant, ist der Prozeß oder die Funktion auf Erschließung durch Meßgrößen zu prüfen. Dies wird ohne große Mühe möglich, wenn vorrangig Zeiten und Mengen, auch monetär bewertete gelagerte oder bewegte Güter die Betrachtungsobjekte sind. Auch der logistisch erzielte Nutzen ist in Form der verbindlich definierten Logistikleistungen, zwar mit gewissem Aufwand, jedoch ausreichend, meßbar.

Auswahl und Aufbereitung der Daten oder Grundzahlen zur Bildung von Kennzahlen erfordern vor allem einheitlich gefaßte und verstandene Definitionen und Gewinnungsmethoden. Die Begriffswelt, auch die der definierten Logistik-Kennzahlen, ist daher ohne Ausnahme in Abstimmung mit allen Beteiligten in den logistischen Tätigkeitsgebieten vollständig zu vereinheitlichen. Das kann in Einzelfällen viel Aufwand und persönliches Engagement bedeuten.

Erhebungs- und Analyseaufwand ist zu überwachen und vertretbar gering zuhalten, vor allem aus zwei Gründen: die Aktualität der Zahlen ist bei längerer Ermittlungsdauer gefährdet, ebenso die Effektivität dieser Controllingmaßnahmen.

Kennzahlen, die Manpower- und sonstigen Kosteneinsatz auch für diese Überprüfung in angemessen kurzen Zeitabständen checken helfen, sind hier wichtig; der Aufwand für die begleitende Fortschreibung des Zeitaufwands und Mitteleinsatzes ist erfahrungsgemäß gering.

Kürzer werdende Zyklen von Produktablösungen, Produktverbesserungen und damit verbundene Änderungen der Güterströme und der steuernden Informations- und Kommunikationsflüsse lassen die Aktualitätsüberwachung der Daten immer wichtiger werden.

Für die Erfassung von Ablaufzeiten und der zugehörigen Kosten ist ein standardisiertes Abgrenzen erforderlich: in Form von möglichst genau definierten und festgelegten Meßpunkten zwischen einzelnen Tätigkeiten und Teilabläufen in der logistischen Kette.

6.4.2 Die Objekte und Aspekte des Kennzahleneinsatzes für das Logistik-Controlling im Überblick

Weniger die „klassische" Aufgliederung in die Unternehmensfunktionen, um so mehr die Problemkreise und Abläufe innerhalb und zwischen diesen Funktionen stehen im Mittelpunkt logistischer Analysen und Planungen. Aus dem Grunde werden in dieser Arbeit die Kennzahlen im wesentlichen nach den „dynamisch" bestimmten Gesichtspunkten strukturiert.

Das Kennzahleninstrumentarium für das Logistik-Controlling im gesamten internen und externen Betätigungsfeld des betrachteten Unternehmens wird hier wie folgt strukturiert:

- Prozeßzeiten für alle Material-, Erzeugnis- und Leistungsströme sowie Informations- und Kommunikationsflüsse

- Logistische Leistungen: eigene und fremde der Lieferanten, Spediteure und Frachtführer
- Logistischer Aufwand (Logistikkosten)
- Wirtschaftlichkeit des logistischen Einsatzes (in Leistungen und Kosten)
- Bestandsbildung in der Fertigung und im Vertrieb/Lagerhaltung
- Meßbare und bewertbare Einflußkomponenten logistischer Aufgaben und ihrer Erfüllung
- Kennzahlen zur logistisch orientierten Projektsteuerung

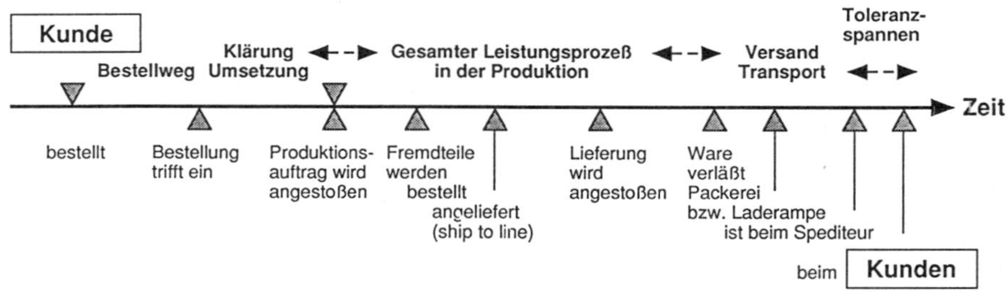

Bild 6-2 Meßpunkte in der Auftragsabwicklung (Schematisches Beispiel)

6.5 Methodik des Kennzahlen-Instrumentariums

6.5.1 Typische Leistungsmerkmale des Kennzahleninstrumentariums für logistisches Controlling und Absicherung von Vorhersagen

Kennzahlen ermöglichen, einen zahlenmäßig erfaßbaren Sachverhalt konzentriert - in einer interpretierten Formel - darzustellen.

In der Regel sind sie Relationen; absolute Meßgrößen können dann als Kennzahlen gelten, wenn sie eine wichtige Aussage treffen, wie z.B. die Lieferzeit oder die Absatzzahl eines Artikels im definierten Zeitraum.

Die mit der Kennzahlenbildung zwangsläufig verbundene Präzisierung eines Begriffs, Sachverhalts, Aspektes oder Ziels ist a'priori für das Controlling von Nutzen, ebenso die objektivierte Betrachtungsweise des vorliegenden Problems.

Komplexe Probleme, Situationen und Wirkungszusammenhänge können mit Hilfe der durch die Kennzahlen erzielten Transparenz der Analyse zugänglich gemacht werden.

Für Schwachstellenanalysen gewinnt dies besondere Bedeutung, beispielsweise beim Herausfiltern der Kausalkette auf der Suche nach den Ursachen für überhöhte Auftragsbearbeitungszeiten in einem bestimmten Produktvertriebsgebiet.

Bei dem Aufzeigen des Ursache-Wirkungszusammenhangs kann mit Hilfe weniger Zeit- und Aufwandsdaten das entdeckte Rationalisierungspotential auch quantitativ und damit allen Betrachtern gegenüber mit Beweiskraft dargestellt werden.

Die zahlenmäßige Gewichtung der wesentlichen Einflußgrößen, die auf eine betrachtete Größe einwirken, ist eine hilfreiche Voraussetzung für gezielte Maßnahmen zur Eliminierung von kritischen Stellen oder die Verbesserung der wirtschaftlichen Ergebnisse.

Meßgrößen sind geeignet, Zielkonkurrenzen nicht nur in knapper Form präzise offenzulegen, sondern auch zugleich meßbar zu gewichten. Damit können Entscheidungen der Verantwortlichen besser abgesichert und die Erfolgswahrscheinlichkeit erhöht werden.

In der Bestandshaltung tritt beispielsweise das typische Problem auf, daß eine Verbesserung der Lieferfähigkeit, auch der Liefertreue, häufig nur über höhere Reichweiten und damit Bestände, die zusätzliche rechenbare Vorrätekosten verursachen, erzielt werden kann.

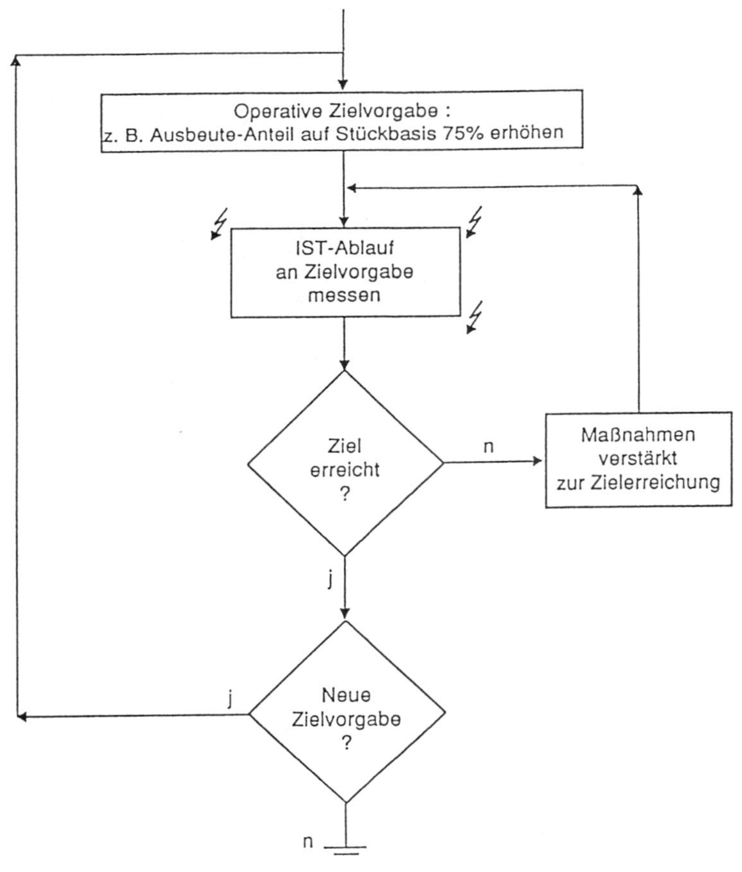

Bild 6-3 Kennzahlengestütztes Prozeßcontrolling

Eine bezifferte Bilanz kann somit aufgestellt werden: Aufwandszuwachs zur Steigerung der logistischen Leistungen, die eine verbesserte Marktposition bedeuten.

Kennzahlen, in einer Zeitreihe vergleichbar bereinigt dargestellt, registrieren nicht nur die bisherigen Verläufe, sie hellen gleichzeitig die künftige Entwicklung auf, wenn die heute absehbaren Marktgegebenheiten, Kosten und Leistungsmöglichkeiten des Unternehmens und seiner Vertragspartner soweit wie möglich quantifiziert einbezogen werden.

Kennzahlen im Quervergleich ähnlicher Organisationseinheiten zeigen nicht unbedingt, welche Einheit für seine Produktivität oder Wirtschaftlichkeit zu loben oder zu tadeln sei, aber sie zeigen die eigene Stellung in der Meßskala für Kosten, Leistungen, Geschäftsergebnis etc. über das vergleichbare Spektrum mehrerer Fabriken, Administrationen, Unternehmen, Institutionen.

Aus den eigenen strategischen und daraus abgeleiteten operationalen Zielsetzungen, auf dem Hintergrund der Erkenntnisse aus Zeitvergleich und Quervergleich, können die kommentierten Meßgrößen (synonym für: Kennzahlen) als konkrete Zahlenvorgaben für die nächsten Planperioden gewonnen werden.

Der Einsatz der Kennzahlen zur Messung des Zielerfüllungsgrades - als Soll-Ist-Relation - begleitet nach der operativen Zielvorgabe den laufenden Realisierungsprozeß; Beispiele finden sich in der schrittweisen Annäherung an eine verkürzte Soll-Produktionsprozeßzeit (durch fertigungssynchrone Beschaffung bedarfszeitgerechte Direktabrufe auf der Basis entsprechender Rahmenvereinbarungen) oder in der Ausbeuteverbesserung in der Produktion.

6.5.2 Kennzahlendefinitionen und Kennzahlenbegriffe – Formeln

Aus der Statistik sind Kennzahlen in Form von vier Ausprägungen folgender Relationen bekannt:

* **Gliederungszahlen** beziehen Teilmengen auf Gesamtmengen
  Beispiel: Vereinbarungsgemäß ausgelieferte Artikelpositionen Gesamtzahl ausgelieferte Artikelpositionen pro Monat (Dimensionierung in Positionenzahl, Stückzahl oder monetärer Wert)

* **Verhältniszahlen** relativieren gleichgeordnete Meßgrößen verschiedener Herkunft
  Beispiel: Eigene und fremde Transportkosten für definierte, vergleichbare Leistungen (beförderte Verpackungseinheiten auf definierter gleicher Strecke)

* **Beziehungszahlen** zeigen Beziehungen zwischen verschiedenartigen Größen
  Beispiel: Wiederbeschaffungszeit (Mittelwert) eines besonders wichtigen, zugleich beschaffungsriskanten Zwischenproduktes zur (den Kunden zugesagten mittleren) Lieferzeit oder zur Produktionsdurchlaufzeit des aufnehmenden Erzeugnisses (dimensioniert in Zeiteinheit zu Zeiteinheit bzw. in %)

* **Indexzahlen** stellen gleichartige Meßobjekte aus verschiedenen Zeiträumen einander gegenüber
  Beispiel: Anteil mehrfach verwendeter Teilepositionen (im Sinne von Konten) am gesamten Teilespektrum zu verschiedenen Stichtagen auf der Zeitachse (Dimensionierung: Anzahl zu Anzahl und/oder %)

Alle diese Kennzahlenformen eignen sich gleichermaßen für Aussagen im Zeit- und im Quervergleich; auch können sie für Plan-Ist-Analysen nach ihrer Verwendung als operative Zielmeßwerte eingesetzt werden.

Für jede Auswertung und Beurteilung gilt die unabdingbare Forderung, nur nachprüfbare, zuverlässige und aktuelle Ausgangsdaten bei der Kennzahlenbildung heranzuziehen. Die Streuung der Einzelwerte bestimmt, ob und wie sicher die errechneten Kenngrößen als Durchschnittswerte sinnvolle Aussagen zulassen.

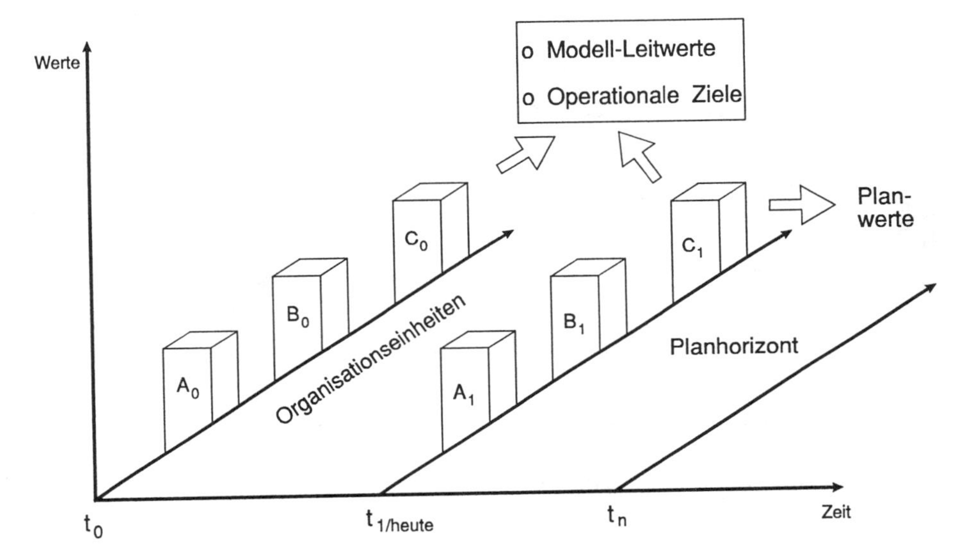

Bild 6-4 Prinzip des Zeit- und Quervergleichs

6.6 Kennzahlen für das logistische Controlling

6.6.1 Kennzahlen für das Controlling der Durchlaufzeiten

6.6.1.1 Die Ausprägungen der Kennzahlen für das Controlling von Durchlaufzeiten

Die in diesem Abschnitt definierten und erläuterten ***Kennzahlen*** des Logistik-Controllings sind Zeitmeßgrößen zwischen bestimmten Meßpunkten an den Übergängen verschiedener Durchlaufzeitelemente, logistischer Prozesse bzw. Teilprozesse:

Es sind Durchlaufzeiten der Güter- und Leistungsströme sowie Informations- und Kommunikationsflußzeiten im eigenen Verantwortungsbereich, in dem auch eigener Einfluß ohne wesentliche Einschränkung genommen werden kann.

Deshalb gehören z.B. die Abwicklungszeiten für Bestellungen bei Lieferanten in diese Kennzahlengruppe, Lieferzeiten dagegen nicht, da sie in der Konsequenz logistische Leistungen darstellen.

Die logistischen Prozesse und Teilprozesse sind als planende, gestaltende, steuernde und überwachende Aktivitäten sowie andererseits als physische, vorwiegend technisch unterstützte Tätigkeiten im gesamten logistischen System zur Erfüllung der logistischen Ziele definiert.

Wichtige Beispiele für logistische Prozesse sind: Angebots- und Auftragsbearbeitung, auch Projektierung, Disposition der Zeiten und Mengen, Transportaufgaben, jegliche Regelungsaktivitäten zur „Raum- und Zeitüberwindung", die schließlich für Logistik steht.

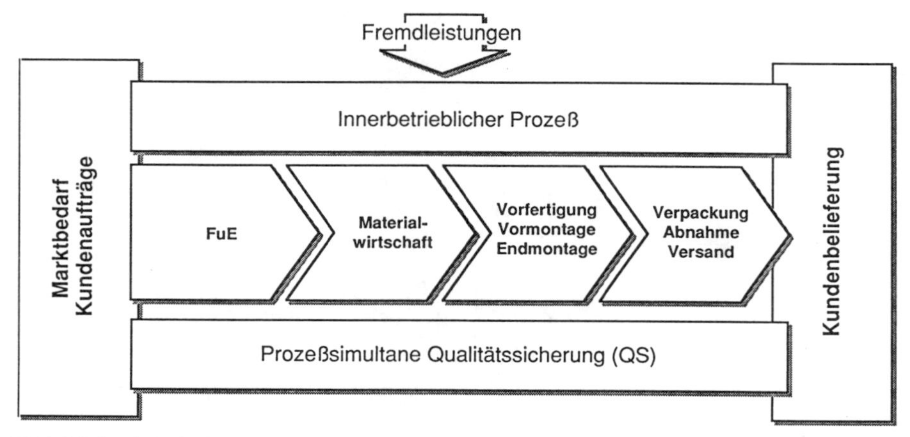

Bild 6-5 Logistische Ströme im Unternehmen

6.6.1.2 Auswahl wesentlicher Kennzahlen für das Controlling der Durchlaufzeiten

– Definitionen, Formeln, Aussagen und Nutzungshinweise –

Kennzahl	**P1: Durchlaufzeiten der Erzeugnisse**

Formel: Zeitspanne zwischen Auftragszeitpunkt/-datum und Auftragserfüllungszeitpunkt/-datum (Stunden bzw.Tage)

Nutzungshinweise:
Die nach den einzelnen Elementen strukturierten Durchlaufzeiten der betrachteten Produkte/Produktmodelle/Produktfamilien sind grundlegend für nahezu alle logistischen Überlegungen, wie Lieferzeiten verringert und die Lieferbereitschaft/Lieferfähigkeit erhöht werden kann.

Alle technischen, informationstechnischen, betriebswirtschaftlich-organisatorischen Möglichkeiten zur Prozeßreduzierung sind dabei zu nutzen (z.B.: elektronischer „Info-Fluß", qualitätssichernde Produktprüfungen bei Überlast oder simultan während der Bearbeitungsgänge). Die einzelnen Elemente des Durchlaufs wirken unterschiedlich auf den Gesamt-Durchlauf ein (kritischen Pfad aufsuchen und effektiv verkürzen!).

Mit der Zeitverkürzung kann erreicht werden:

- Lieferzeitverbesserung, wenn kaufentscheidender Faktor: verbesserte Markt-/Umsatzchancen
- vermindertes Abwertungsrisiko
- verringertes Störungsrisiko
- höherer Umschlag des Kapitals im Umlaufvermögen
- geringere Anzahl der gleichzeitig zu verfolgenden Aufträge
- verminderte Bestandshaltung, damit geringere Vorrätekosten
- geringere Anzahl der gleichzeitig zu verfolgenden Aufträge

Die Daten können im Rahmen der Fertigungsgrunddatenspeicherung rationell in einer Datenbank aufgenommen werden, die auf höchstem Aktualisierungsgrad zu halten ist und allen - nicht nur logistisch Beteiligten - zur Verfügung stehen soll.

Kennzahl P2: Durchlaufzeitelemente der Leistungserstellung

Formel: Zeitspanne einer Teilaktivität zwischen zwei definierten Meßpunkten pro Erzeugnis oder Auftrag (Stunden bzw.Tage)

Nutzungshinweise:

Zeitstrecken und Verknüpfungen der einzelnen Vorgänge logistischer Ketten sind Rationalisierungspotential und ständig in Frage zu stellen: als Ausgangsbasis und Anreiz für weitere Verkürzungen bzw. Integration von Abläufen.

Plan- oder Sollvorgaben der Zeiten oder Zeitreduzierungen, den Istwerten gegenübergestellt, bedeuten effizientes Durchlaufzeit-Controlling zu beliebigen Beobachtungszeitpunkten - nach neuestem technisch-organisatorischen Erkenntnisstand.

Flankierend bei Analysen sind die bisher erzielten Zeitverkürzungen zu betrachten, zeigen sie doch den Umfang des bisher ausgeschöpften und noch nutzbaren Ratiopotentials. Da Ablaufverbesserungen meist nicht kostenlos erzielt werden können, ist vor Realisierung der Wirtschaftlichkeitseffekt - wie in jeder „klassischen" Wirtschaftlichkeitsprüfung zu berechnen (Alternativenrechnung zur Ermittlung der Wirtschaftlichkeitskriterien, wie z.B. Marginalrendite, Amortisationszeit, für die Entscheidung über die zu ergreifenden Maßnahmen).

Kennzahl P3: Plan-Ist-Abweichungen von Durchlaufzeiten aus Gründen der Fertigungssteuerung

---

Formel: Differenz zwischen Plan- und Ist-Durchlaufzeit je Element oder insgesamt im Fertigungsablauf (Stunden oder Tage)

Nutzungshinweise:

Gleich dringlich wie die Beseitigung von Stauungen aus physischen Gründen ist die Ausschaltung von - insbesondere systematischen, wiederkehrenden - Verzögerungen oder Störungen in den fertigungssteuernden Informations- und Kommunikationsflüssen. Diese

Meßgrößen geben die Signale und lokalisieren zugleich die Schwachstellen, erleichtern damit die Ursachenbehebung bzw. die Schaffung eines leistungsfähigeren elektronischen Informationssystems.

Nicht immer ist eine aufwendige technische Investition erforderlich, mitunter reicht eine mit wenig Umstellungsaufwand verbundene neue, flexiblere und vereinfachende Organisation der Informations- und Kommunikationswege aus. Andererseits kann die beste Alternative zur Verbesserung auch ein neues Fertigungssystem sein – mit einer integrierten, eigenen Steuerungstechnik.

Beispiele von rationell und zügig sogar den Warenströmen vorauseilenden Datenaustauschsystemen sind die verschiedenen technisch-organisatorischen Ausprägungen des „Electronic Data Interchange" (EDI).

Kennzahl **P4: Plan-Ist-Abweichungen der physischen Durchlaufzeiten im Fertigungsablauf**

Formel: Differenz zwischen Plan- und Ist-Durchlaufzeit je Element oder insgesamt im Fertigungsablauf (Stunden oder Tage)

Nutzungshinweise:

Die Zeitmeßgröße(n) signalisiert die Dringlichkeit von logistischen Verbesserungsmaßnahmen zur Beschleunigung des gesamten Leistungserstellungsablaufs: die eigene Lieferzeit ist in Gefahr, nicht mehr wettbewerbsfähig zu sein, analog: Lieferfähigkeit und Liefertreue.

Der elementespezifische Ausweis dieser Zeitdifferenz(en) zeigt die kritischen Stellen unmittelbar und erleichtert die Eliminierung der Ursachen der Verzögerungen.

Empfohlen wird laufendes Verfolgen dieser Meßgröße(n), sodaß auftretende Mängel sofort erkannt werden können, wie beispielsweise:

- Nachschubverzögerungen eigener und/oder fremdbeschaffter Komponenten etc.
- verbesserungswürdige Fertigungsablauftaktung (Liege-/Wartezeiten usw.)
- Mängel in der Transportsynchronisation - intern und extern in der Kundenbelieferung (incl. warensteuernde Informationsflüsse)
- überzogene Fertigungsprüfzeiten, den Produktionsprozessen nachgeschaltet
- vermeidbare Rüstzeiten an den Fertigungsplätzen und -systemen (z.B. durch automatischen Werkzeugwechsel ohne Unterbrechung der Bearbeitungsgänge)
- Kapazitätsengpässe durch mangelnde detaillierte fertigungsorganisatorische Abstimmung
- Zeitverzögerungen durch ungünstige Lageranordnung im Material- bzw. Fertigungsfluß, auch durch nur zufällig fertigungssynchrone Lagerbewegungen
- Zeitverzögerungen durch – oft traditionell begründete – tief gegliederte Lagerstufenstruktur der Versand- oder Auslieferungsläger

Die Meßgröße ist stets im Zusammenhang mit den möglichen Ursachen im Informations- und Kommunikationssystem zu betrachten.

Kennzahl P5: Zeitelemente Liegen, Lagern und Transportieren der Güter im gesamten Wertschöpfungsprozeß

Formel: Liege-, Lager- und Transportzeiten absolut und/oder relativ, gemessen an der Zeit für den gesamten Wertschöpfungsprozeß (Stunden oder Tage bzw. %)

Nutzungshinweise:

Die produkt- oder auftragsspezifisch erfaßbaren Strecken für Zeiten, während deren keine Bearbeitung und kein sonstiger logistischer, werterhöhender Prozeß stattfindet, kennzeichnen das Ratiopotential vermeidbarer überhöhter Kapitalbindungskosten, Abwertungsrisiken und anderer negativer Konsequenzen. Im Zeitdiagramm der Wertzuwachskurve (Ordinate = Leistungen auf Kostenbasis, monetär bewertet; Abszisse = Zeitachse) sind dies stets waagrecht verlaufende Strecken: Signale für Verbesserungen.

An der Zeit für den gesamten Wertschöpfungsprozeß relativiert, kann diese Kennzahl als Prozentsatz der Istzustandsgröße an vorgegebenen Zielgrößen beliebig oft gemessen und beurteilt werden (z.B.: Ist-Prozentsatz 60% Liegezeit gegenüber 40% Liegezeit im Soll-Zustand zum Zeitpunkt der Erhebung bzw. Analyse).

Kennzahl P6: Wiederbeschaffungszeit

Formel: Ablaufzeitspanne(n) für das Abwickeln einer externen Bestellung sowie Lieferzeit des Lieferers sowie Eingangsprüfzeit, Einlagerungszeit und sonstige Bereitstellungszeitspannen

Nutzungshinweise:

Die eigene Lieferzeit, Lieferfähigkeit und Liefertreue werden – je nach Fremdleistungsanteil bzw. Fertigungstiefe und damit Abhängigkeit von den Beschaffungsmärkten – von der Wiederbeschaffungszeit mehr oder minder stark beeinflußt.

Wenn die Wiederbeschaffungszeit für ein Zulieferteil länger ist als die Zeitstrecke zwischen dem eigenen Fertigungsbeginn des Auftrags und dem auftragsspezifischen Einbauzeitpunkt dieses Teils, dann muß der Zeitpunkt der Bestellauslösung vor dem eigenen Fertigungsbeginnzeitpunkt sorgfältig wahrgenommen werden, um die eigenen logistischen Leistungen nicht zu gefährden.

Die Situation wird grundsätzlich immer durch Standardisierung der Teile wesentlich entschärft: sie mindern das Beschaffungsrisiko - ebenso wie mehrfach verwendbare Teile (Austauscheffekt: früher verschiedene Teile mit unterschiedlichen Spezifika und Restriktionen werden nun zu gleichen Teilen).

Ist die gemessene Wiederbeschaffungszeitspanne relativ zu vergleichbaren anderen Beschaffungseinheiten, Erwartungen oder wirtschaftlichen Vorgaben hoch, sind extern und intern wirksame Maßnahmen erforderlich:

- Einwirkungen auf die Lieferanten bis zu Lieferantenwechsel, erleichtert durch ständig mehr zusammenwachsende Märkte: es sind rasch und mühelos weltweite Informationen einzuholen

- vermehrte Just-in-time-Anlieferungen von den Lieferanten exakt zu den Bedarfszeitpunkten im erzeugnisspezifischen Produktionsprozeß
- fertigungssynchrone Beschaffung mit flexiblen Abrufen von den Lieferanten
- Neugestaltung der *eigenen* Zeitanteile an der Wiederbeschaffungszeit, z.B.die eigene Bestellzeit, reduziert mit Hilfe des Einsatzes vollelektronischer Daten-, Informations- und Kommunikationsaustauschsysteme für den Dialog mit den Marktpartnern
- verkürzte Eingangsprüfverfahren (Qualitätssicherungsvereinbarungen mit Lieferanten sichern gegen erhöhtes Risiko ab)

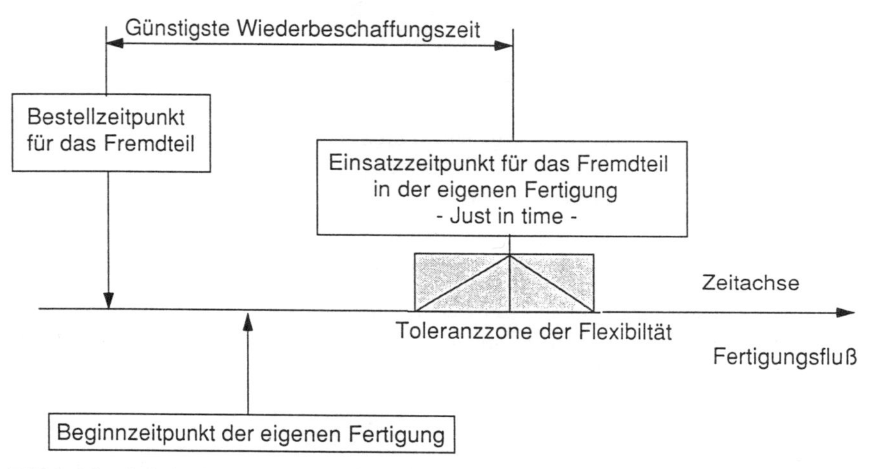

Bild 6-6 Logistische Optimierung der Wiederbeschaffungszeit

6.6.1.3 Ansätze zur Durchlaufzeitreduzierung mit kennzahlengestütztem zeitspezifischem Logistik-Controlling

Die erhobenen und operativ eingesetzten Zeitmeßgrößen im Durchlaufzeit-Controlling erlauben mit ihrer Schwachstellenlokalisierung eine rasche, gezielte, methodisch fundierte und systematisch realisierbare Zeitreduzierung, die auch in technisch-wirtschaftlich angemessenen Schritten erreichbar ist.

Erfahrungsgemäß ist der Anteil der Liege- und Wartezeiten in den produzierenden generell immer noch so hoch, daß nahezu überall Verkürzungen dieser unproduktiven Zeiten beträchtliche Einsparungen erbringen würden.

Die Verbesserungsmaßnahmen sind äußerst vielfältig in ihrer Art und Methode; wichtig ist der Zuschnitt auf den individuellen Einsatzfall.

Generell nach Gründen strukturiert, sind hier einige Ansätze in ihren Schwerpunkten ausgewählt:

- Verbesserte fertigungsorganisatorische Abstimmung der in der Prozeßkette aktivierten Arbeitsplätze bzw. Systeme
- Reduzierung aller am Wertschöpfungsprozeß beteiligten Schnitt- oder Nahtstellen (z.B. mit Zusammenführung der Arbeitsgänge, Rüstzeiten ohne Unterbrechung des Fertigungsprozesses)
- Einbindung der Marktpartner in eine durchgängige fertigungssynchrone Beschaffung mit bestmöglichen realisierten externen Logistikleistungen, die vielfach merklich auf den eigenen Absatzmarkt „durchschlagen"
- vollelektronischer Informationaustausch extern und intern
- durchgängig fertigungszeittaktkonforme Disposition und Flußsteuerung sowie -regelung, die auch in Störfällen flexibel und improvisierend hilft, die bestmögliche Alternative zur Auftragserfüllung rasch zu finden
- logistische Bewußtseinsbildung der Mitarbeiter mit Hilfe planmäßiger Weiterbildungsaktivitäten, Arbeitsgruppen, Projekt arbeiten „vor Ort"
- systematische, verfahrensunterstützte produktionssimultane Qualitätsprüfung und: a'priori risikomindernde, fehlerverhütende Qualitätssicherung
- Reduzierung der Positionenvielfalt bzw. des Teilespektrums durch steigende Gleichteileverwendung in allen Erzeugnissen, auch durch konstruktive Vereinfachungen und Funktionszusammenlegungen in den Bauteilen eigener und fremder Produktion

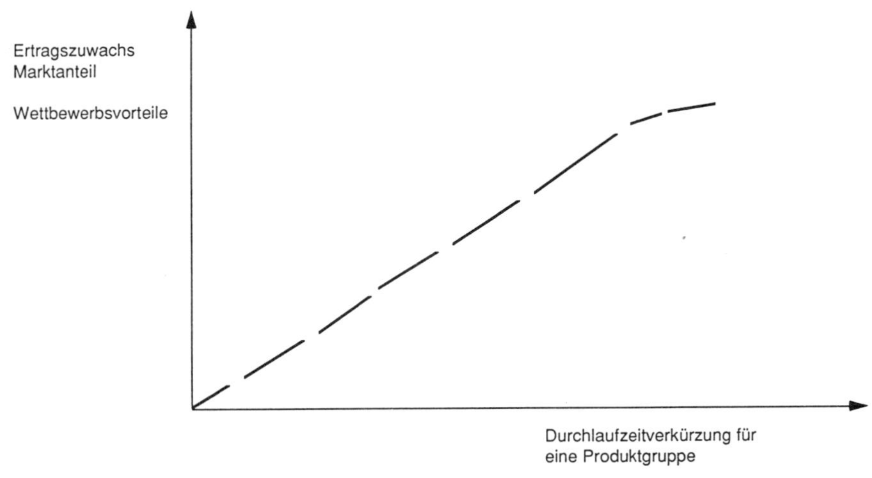

Bild 6-7 Schematischer Kausalzusammenhang zwischen Durchlaufzeitverkürzung und Erfolgskomponenten

6.6.2 Kennzahlen für das Controlling von eigenen und fremden Logistikleistungen

6.6.2.1 Die Ausprägungen der Kennzahlen für das Controlling logistischer Leistungen

Einerseits Beurteilungsmaßstab gegenüber den Lieferanten, andererseits Beurteilungskriterien der eigenen Leistungen auf dem Absatzmärkten, sind die Kennzahlen der eigenen und fremden Logistikleistungen rein formal gleich, in betriebswirtschaftlicher, organisatorischer und geschäftspolitischer Hinsicht verschieden.

Generell beurteilen die Kunden die Logistikleistungen des betrachteten Unternehmens nach den gleichen Formeln wie das Unternehmen seine Lieferanten. Betrachter und Betrachteter sind vertauscht.

Die Lieferantenbeurteilung wird nach eigenen zugrunde gelegten Maßstäben und gesetzten Prioritäten vorgenommen: in einigen Beschaffungsgebieten bzw. Beschaffungsfällen ist z.B. die Lieferantenflexibilität besonders gefragt – bei anderen Fremdleistungen legt man auf konstante Anlieferrhythmen besonders großen Wert.

Die eigenen Logistikleistungen nach eigenen gewichteten Meß- und Beurteilungskriterien zu analysieren, genügt jedoch keineswegs: die Rangfolge der kaufentscheidenden Kriterien vom Kunden bzw. Markt gesehen ist maßgeblich für das Geschäft. So müssen beide Maßstäbe ständig in Übereinstimmung gebracht werden, zumindest tendenziell.

Da die Marktanforderungen sich rasch ändern können, ist ein laufender Anpassungsprozeß der Beurteilungsmaßstäbe zur marktkonformen Übereinstimmung für das Unternehmen unumgänglich: diese Anpassungszyklen werden von den Produkten bestimmt, vor allem von deren Innovationsrhythmen und Produktablösungszeiten. Die weitere Verwendbarkeit bzw. Vermarktbarkeit der Erzeugnisteile sind dabei wichtige Kriterien.

Betrachtungsobjekte sind die Güter- und Leistungsströme, die Informations- und Kommunikationsflüsse und vor allem die Ergebnisse aller logistisch relevanten Aktivitäten, auch: Aktionen, die in statistisch abzusichernden „Gütegraden" der verschiedenen Logistikleistungen münden und ausgedrückt werden.

Die Zahl anforderungsgerecht erfüllter Aufträge, Bestellungen oder sonstiger Vorgänge wird generell (formal gleich) auf die Zahl aller Vorgänge bezogen. Das ergibt diese Quotienten der logistischen Leistung:

- Lieferfähigkeit
- Liefertreue
- Lieferqualität.

Die Effizienz (im Sinne von Wirksamkeit) und die Geschwindigkeit logistischer Abläufe zwischen definierten Meßpunkten, die auch Bedingungen für erfüllte Ziele und Aufgaben darstellen können, charakterisierten diese Meßgrößen logistischer Leistung:

- Lieferzeit
- Flexibilität
- Informationsbereitschaft.

Mit welchem Aufwand die ermittelten Leistungswerte erreicht worden sind bzw. erreicht werden können, ist eine wichtige flankierende Angabe für Leistungsanalyse und Leistungssteuerung. So können auch manche Ursachen für bisher unterlassene oder gar verhinderte bessere Leistungen ohne große Mühe „freigelegt“ werden.

6.6.2.2 Auswahl wesentlicher Kennzahlen für das Controlling der eigenen und fremden Logistikleistungen

– Definitionen, Formeln und Aussagen und Anwendungsbedingungen –

Kennzahl	**L1: Lieferfähigkeit**

Definition: Grad der Übereinstimmung zwischen Wunschtermin und zugesagtem bzw. bestätigtem Auftragserfüllungstermin

Formel:

$$\frac{\text{Übereinstimmende Vorgänge/Lieferaufträge/Positionen}}{\text{alle bestätigten Vorgänge/Lieferaufträge/Positionen}}$$

(Zahl/Zahl oder % pro Monat)

Nutzungshinweise:

Der konkrete Zahlenwert ist zweckmäßig auf die Zeitspanne der Bestätigungszeitpunkte zu beziehen, generell in der Rückschau, die im Zeitvergleich oder erlaubten Firmenvergleich unerwünschte Entwicklungen signalisiert.

Bedeutung und Prozentsatz dieser Meßgröße sind in Kundenbeziehungen immer auch in der (bekannten) Prioritätenskala aus Absatzmarktsicht flankierend zu betrachten. Nur so können marktkonforme Entscheidungen und Maßnahmen rechtzeitig realisiert werden, die hier allein geschäftsfördernd wirksam werden.

Die Abweichungen zwischen der Lieferfähigkeit des spezifischen Absatzmarktes und der eigenen kennzeichnen zum jeweiligen Stand die Stellung am Markte – bei Rückgang oder Zurückbleiben gegenüber den Mitbewerbern mit Signalwirkung.

Kundenwunschtermine können im Zeitverlauf bis zur Erfüllung mehrfach geändert werden, was erfahrungsgemäß oft passiert. Deshalb ist die gesamte Folge veränderter Wunschtermine bei der Beurteilung der Leistungserfüllung auftragsspezifisch aufzuzeichnen und in die Betrachtung einzubeziehen.

Bei der Beurteilung der Zulieferer ist der Grad der Verknüpfung oder Koppelung: fremde – eigene Lieferfähigkeit in jedem Falle flankierend zu berücksichtigen. Wegen der häufigen Tendenzen zu steigenden Fremdleistungen bzw. sinkenden Anteilen der produktbezogenen Fertigungstiefe wird diese Betrachtung generell immer wichtiger.

Kennzahl	**L2: Liefertreue**

Definition: Grad der Übereinstimmung zwischen zugesagtem bzw. bestätigtem und Ist-Auftragserfüllungstermin.

Formel:

$$\frac{\text{Übereinstimmende Vorgänge/Lieferaufträge/Positionen}}{\text{alle bestätigten Vorgänge/Lieferaufträge/Postitionen}}$$

(Zahl/Zahl oder % pro Monat)

Nutzungshinweise:

Der konkrete Zahlenwert ist generell auf die Zeitspanne der betrachteten tatsächlichen Erfüllungstermine zu beziehen. Die Erfassung der bisherigen Entwicklung dieser signalisiert bei sinkenden oder nicht mehr wettbewerbsüblichen Zahlen, daß Verbesserungsmaßnahmen dringlich sind.

Die eigene Liefertreue ist produktspezifisch stets an den Zahlen der Absatzmärkte zu spiegeln. Dazu gehört auch das Reflektieren an der Prioritätenskala für die verschiedenen logistischen Leistungen - aus der Sicht der Kunden.

Bei Beurteilung der Lieferanten nach diesem Kriterium ist erforderlich, den Grad der Verknüpfung oder Koppelung zwischen eigener und fremder Lieferfähigkeit zu berücksichtigen.

Mit zunehmender Fremdleistung und in der Folge: abnehmender Fertigungstiefe, gewinnt dieses flankierende Kriterium besonderes Gewicht.

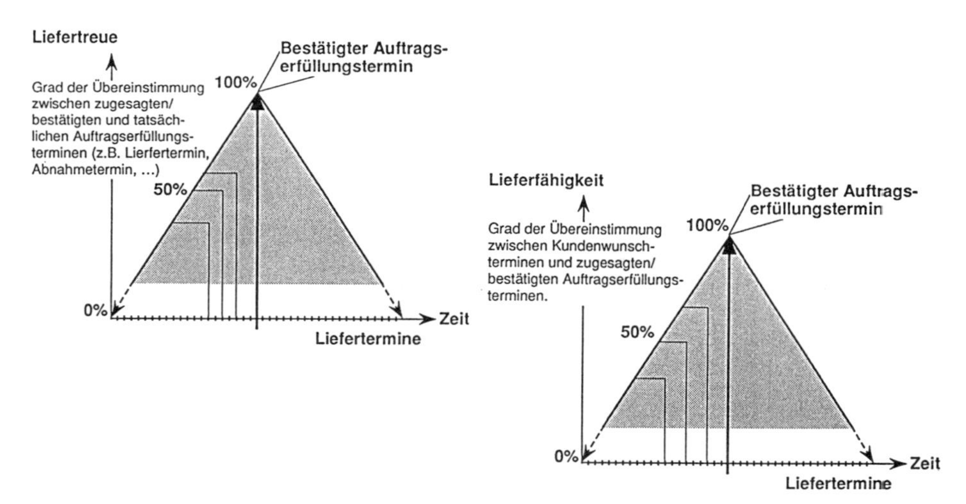

Bild 6-8 Meßpunkte und Erfüllungsgrad von Lieferfähigkeit und Liefertreue

Kennzahl **L3: Lieferqualität**

Definition: Grad der Erfüllung mangelfreier Anlieferungen
Nicht mangelfreie Anlieferungen sind in diesem Sinne: alle nicht vereinbarten teilweisen, vorgezogenen, verzögerten Lieferungen, auch Überlieferungen

Formel:

$$\frac{\text{Liefermangelfreie Lieferungen/Lieferaufträge/Positionen}}{\text{alle ausgelieferten Lieferungen/Lieferaufträge/Positionen}}$$

(Zahl/Zahl oder % pro Monat)

Nutzungshinweise:

Neben der Produktqualität und anderen Leistungscharakteristika zählt die Lieferqualität zu den kaufbestimmenden Kriterien, die mitunter aus Sicht des spezifischen Absatzmarktes weit oben in der Rangskala stehen können, wenn auch nur temporär.

Die Lieferqualität bezieht sich im wesentlichen auf die logistischen Leistungen im Versand, in der Packerei, im Transportwesen, in der Zusammenstellung der auszuliefernden Waren.

Kennzahl **L4: Lieferzeit**

Definition/Formel: Zeitspanne zwischen den Zeitmeßpunkten der Auftragserteilung und der Auftragserfüllung

Nutzungshinweise:

Erforderlich werden spezifische, logistische Verbesserungsmaßnahmen, wenn diese Zeitspanne sich vergrößert, vor allem: in Relation zu den anderen Anbietern. Der „Druck" wächst mit der Bedeutung dieses kaufbestimmenden Kriteriums aus der Sicht des relevanten Absatzmarktes bzw. bestimmter wichtiger Kunden.

Werden Lieferanten aufgrund der Lieferzeit beurteilt, ist flankierend auch deren Auswirkung auf die eigene Lieferzeit, Liefertreue und Lieferfähigkeit ermitteln: besonders wichtig ist hier der Stellenwert dieser logistischen Leistungskriterien aus Kundensicht. Der Einflußgrad der fremden auf die eigene Lieferleistungen ist bei Liefermonopolen beträchtlich; er wächst mit dem Umfang von Fremdleistungen aller Art, beispielsweise auch bei Qualitätssicherungsmaßnahmen, die vertragsgemäß von den Lieferanten übernommen werden.

Eine maßgebliche Zeitmeßgröße ist die Wiederbeschaffungszeit bestimmter Fremdartikel. Nach Durchsetzung eigener Reduzierungswünsche beim Lieferanten verbleibt noch, den Bedarfszeitpunkt am relevanten Fertigungsgang/-prozeß für das betreffende Fremdteil zu ermitteln. Das lohnt immer, wenn die Wiederbeschaffungszeiten in die Größenordnung der eigenen Durchlaufzeiten rücken oder generell hoch sind.

Überflüssige Bestände einerseits und Wartezeiten aus Nachschubmangel andererseits können mit solcher Ermittlung von vornherein weitgehend vermieden werden; die Angaben zum Einsatz des Fremdteils sind für die Fertigungspläne in der Fertigungsgrunddatenhaltung unverzichtbar – nach dem neuesten Stand der eigenen Prozeßtechnik und der Beschaffungsmarktgegebenheiten.

Kennzahl	**L5: Flexibilität**

Definition: Grad der Fähigkeit, Änderungswünsche der Kunden zu erfüllen

Formeln:

(1)

$$\frac{\text{Anzahl und monetärer Wert änderungswunschgemäß erfüllter Aufträge/Bestellungen/Positionen}}{\text{Anzahl und monetärer Wert aller Aufträge/Bestellungen/Positionen mit Änderungswünschen}}$$

(Zahl/Zahl; DM/DM pro Monat)

(2) Durchlaufzeiten für die Kundenwunsch-Änderungen im eigenen Unternehmen (Tage, Stunden)

(3) Zeitspanne zwischen Sperrzeitpunkt jeglicher Änderungen und dem ursprünglichen Erfüllungszeitpunkt - extern (Tage)

Nutzungshinweise:

Logistisch relevante Änderungswünsche beziehen sich im wesentlichen auf Mengen und Termine.

Die Flexibilität ist eine Meßzahl für den zeitlichen Umfang des wirtschaftlichen Handlungsspielraums, unplanbare Änderungen durchführen zu können.

Die hierfür notwendigen Maßnahmen, fertigungsorganisatorisch, entwicklungstechnisch oder/und fertigungstechnisch ausgerichtet, können systemkonform, aber auch improvisiert sein. Maßgeblich für das Controlling-Kriterium „Flexibilität" ist allein der mengenmäßige und terminbezogene Erfüllungsgrad, bezogen auf den zuletzt akzeptierten Änderungswunsch des Kunden.

Flexibilität kann als statistische Gliederungszahl sowie als Zeitstrecke beziffert werden; beide Größen ergänzen einander und sind daher für jede Analyse empfehlenswert. Aus Kundensicht wird eine deutliche Flexibilität wohlwollend vermerkt und ist bestenfalls werbewirksam - bei Insidern unter den Auftraggebern. Sie wird mit zunehmender Spannweite zwischen ursprünglichem und neuem, abgeänderten Wunschtermin auch zunehmend kostspielig - bis zu einem Punkt, an dem der Auftrag seine Rentabilität verliert. Diese Grenze der Wirtschaftlichkeit ist mit Hilfe bewerteter Zeit- und Aufwandskomponenten für den Änderungsdurchlauf in den beteiligten Stellen unschwer festzustellen.

Die Abwägung ist produktabhängig, bei höherwertigen Aufträgen von diesen bestimmt.

Die „Sperrzeitspanne" des Vertragspartners für Änderungen zu kennen, ist von großem Vorteil: man erspart sich unter Umständen aufwendige, lästige und schließlich erfolglose Korrespondenz.

Sollen die Lieferanten nach dem Flexibilitätskriterium beurteilt werden, ist die Zeitspanne zwischen dem vorgezogenen und dem ursprünglich vereinbarten Erfüllungstermin als Grad des Entgegenkommens eine geeignete Maßzahl für die Vergabe von „Pluspunkten" für den engagierten Lieferanten.

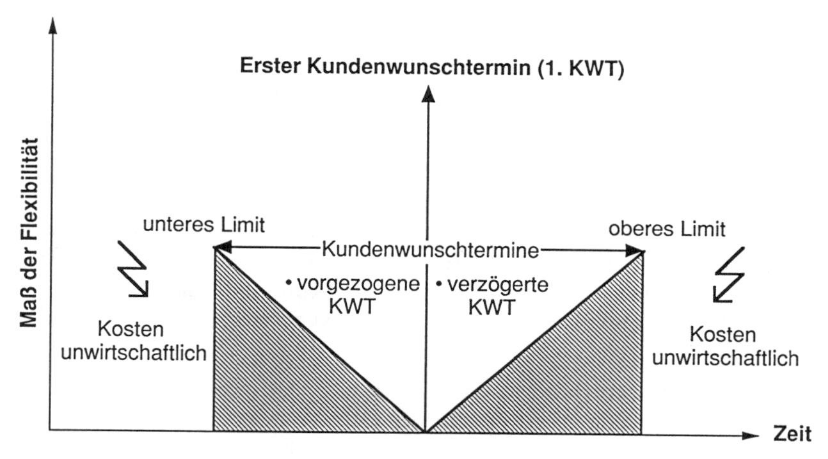

Bild 6-9a Meßpunkte und Erfüllungsgrad der Flexibilität bezüglich der Lieferzeiten

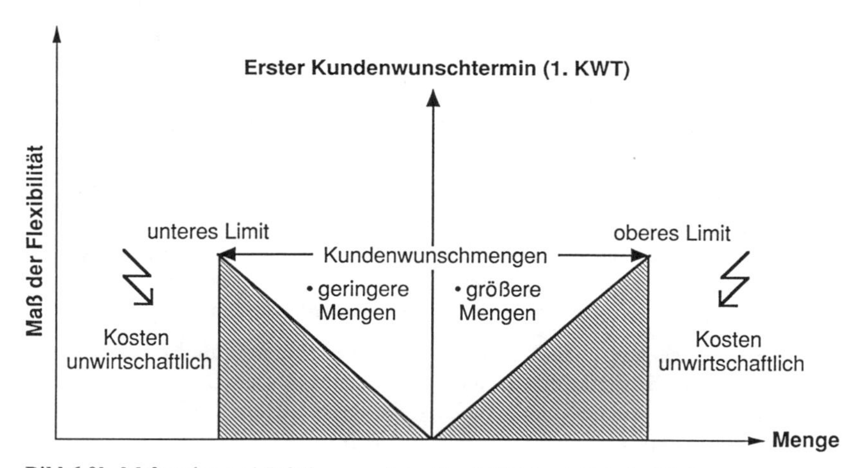

Bild 6-9b Meßpunkte und Erfüllungsgrad der Flexibilität bezüglich der Liefermengen

Kennzahl	**L6: Informationsbereitschaft**

Definition: Grad der Fähigkeit, zu jedem Zeitpunkt der Auftragsdurchführung informationsbereit zu sein

Formeln:

(1) $$\frac{\text{Richtige Auskünfte zur Auftragssituation}}{\text{Angeforderte Auskünfte zur Auftragssituation}}$$

(Zahl/Zahl bzw. % pro Monat)

(2) Typische Durchlaufzeit für eine Angebotserstellung (Stunden oder Tage)

(3) Typische Durchlaufzeit für eine Auftragsbestätigung (Stunden oder Tage)

Nutzungshinweise:

Mit steigendem Auftragsdurchsatz, Lieferzeitdruck und Innovationsrhythmus werden auch die Informationsanforderungen ständig weiterwachsen. Diesen Anforderungen Rechnung zu tragen, ist in erster Linie ein hochleistungsfähiges und beliebig für Auskünfte nutzbares Datenaustausch- und Rechnerverbundsystem - intern und extern ausgerichtet - eine notwendige Voraussetzung.

Entfernungen zwischen den korrespondierenden und dialogisierenden Geschäftspartnern werden mit zunehmenden Nutzungsmöglichkeiten der Datenfernübertragung immer mehr vernachlässigbar. Nicht wegzudenken ist bei einer angestrebten hohen Informationsbereitschaft der für jegliche Art von erwarteten Informationen, Auskünften und Beratungen aufgeschlossene und qualifizierte Mitarbeiter im Unternehmen. Er ist vom Unternehmen in entsprechenden Seminaren, Weiterbildungskursen, Arbeitskreisen und sonstigen Aktionen auf diese neuen Anforderungen bzw. Leistungen ausreichend vorzubereiten. Das Kriterium der Informationsbereitschaft ist eine der wichtigsten Vorbedingungen für alle Arten von Logistikleistungen; das gilt sogar auch für Transportleistungen, die nicht nur von der Leistungsfähigkeit der Transportmittel, sondern auch von der Qualität der transportvorauseilenden und -begleitenden Steuerungsverfahren beeinflußt werden.

Die gespeicherten, ausgewerteten und übertragenen Daten im installierten System können das Management der betrachteten Organisationseinheit nur dann unterstützen, wenn die verfügbaren Daten als Informationsbasis realitätsbezogen, aktualisiert und zuverlässig sind. Für jegliche Entscheidungsfindung und Planungsmaßnahme sind diese Eigenschaften unabdingbar; damit sind sie mit der Informationsbereitschaft untrennbar verbunden.

Das im Unternehmen durchgängige, alle relevanten Prozesse führende und überwachende Informationsmanagement bedient sich des Datenmanagements, dessen Qualität hauptsächlich von der Übertragungs-, Rechner- und Speicherleistung des Informationssystems und von der hier beschriebenen Informationsbereitschaft abhängt.

6.6.3 Kennzahlen für das Controlling der Logistikkosten

6.6.3.1 Die Ausprägungen der Kennzahlen für das Controlling von Logistikkosten

Weniger in der Rückschau auf registrierte Ist-Kosten als vielmehr in der Blickrichtung auf das Aufwand-Nutzen-Verhältnis heute und in der Planperiode liegt die Bedeutung dieser Meßgrößen. Die quantifizierte Gegenüberstellung der logistischen Leistungen und Kosten erleichtert vor allem eine Abwägung der Wirtschaftlichkeit: ob und wie weit es lohnt, bestimmte Kosten für die Erreichung bestimmter logistischer operationaler Zielsetzungen einzusetzen.

Die hier definierten und kommentierten Kostenkennzahlen als Instrument eines wirksamen Logistik-Controlling einsetzen zu können, bedeutet im ersten Schritt, alle Aufgaben und

Tätigkeiten im Unternehmen auf ihre logistische Relevanz zu checken. Es genügt, die Aufwendungen bzw. Kosten für logistisch relevante Tätigkeiten gemäß vorliegender Definitionen und in allen Stellen im Unternehmen ausgelegten Katalog mit einem zusätzlichen Symbol in den Dateien und Datenbanken zu kennzeichnen. Das Rechnungswesen bedarf wegen einer Erfassung der logistischen Kosten keiner neuen organisatorischen Grundstruktur.

Die hier ausgewählten logistischen Kostenkennzahlen sollen dem Anspruch gerecht werden, weniger effiziente bzw. wirtschaftliche Funktionen, Prozesse, d.h. kritische Stellen, offenzulegen und Verbesserungsmaßnahmen zu signalisieren. Weiterhin sollen sie auch für Planungsaufgaben zur Bemessung vertretbarer Aufwände zur definierten und auch zum Teil meßbaren Zielerfüllung zur Verfügung stehen. Überdies sollen die Meßgrößen die „richtige" Auswahl aus den naheliegenden Alternativlösungen unterstützen – z.B. bei anstehenden make-or-buy-Entscheidungen oder bei Abwägung zwischen höchstmöglicher Erfüllung des einen oder anderen kaufbestimmenden Kriteriums an den Absatzmärkten.

Da nahezu alle unternehmerischen Funktionen und Prozessen Elemente der Zeit- und Raumüberwindung enthalten, ist von vornherein kein Tätigkeitsfeld von einer logistischen Zuordnung auszuschließen – wie am Beispiel der qualitätssichernden Arbeiten gezeigt wurde.

Bei Kostenstellen mit einigen logistisch relevanten Tätigkeiten werden anteilige logistische Kostenzuordnungen empfohlen, beispielsweise nach logistisch orientierten Arbeitsplätzen.

Im Anschluß werden einige aus funktionaler Sicht und aus der Perspektive der System-Unterstützung interessante Kennzahlen behandelt.

Bei Beurteilung der logistischen Kosten im Kausalzusammenhang mit den erzielten logistischen Leistungen und Vorteile an den Märkten ist grundsätzlich zu bedenken, daß mit dem Kosteneinsatz für rationalisierende Gestaltung der Prozesse und für das logistische Controlling (einschließlich Planung) die Weichen für die laufenden logistischen Abwicklungskosten gestellt werden.

Überdies stehen die Kosten für logistische Ausrichtung, auch Gestaltungskosten genannt, mit den Kosten der laufenden Ausführung oder Abwicklung in intensiver Wechselwirkung in einem regelkreisähnlichen Prozeß.

6.6.3.2 Auswahl wesentlicher Kennzahlen für das Controlling logistischer Kosten

– Definitionen, Formeln, Aussagen und Anwendungsbedingungen –

Kennzahl **K1: Anteile der Logistikkosten-Bestandteile an den gesamten Logistikkosten**

Definition:

Logistische Kosten werden aufgewandt für:

- die Gestaltung und das Controlling der Güterströme und der Informationsflüsse
- logistisch relevante Verfahrensentwicklung und -einsatz
- Wirtschaftlichkeitsprüfungen und -verbesserungen logistischer Abläufe
- die Durchführung logistischer Aufgaben in den logistisch relevanten Tätigkeitsschwerpunkten:

- Auftragsabwicklung, Fertigungs(auftrags)steuerung
- Bestellabwicklung (Beschaffungslogistik)
- Wareneingang und Warenausgang
- Transport (intern und extern)
- Betreiben der physischen und informationstechnischen bzw. kommunikativen Leistungsströme
- Ein- und Auslagern sowie Lagerung

ferner: Kosten in Zusammenhang mit Kapitalbindung und Bestandswagnissen, sogenannte Vorrätekosten.

In der Formel werden DM pro Monat als Dimension eingesetzt.

Nutzungshinweise:

Ihren vollen analytischen Nutzwert erhalten die logistischen Kostenkennzahlen erst durch die Gegenüberstellung mit den geplanten oder bisher erzielten logistischen Leistungen wie definiert. Wichtig ist zu zeigen, mit welchem Aufwand welche logistisch geprägten kaufbestimmenden Kriterien mit dem eigenen Leistungs- und Produktspektrum beziffert verbessert werden konnten. Der Kausal- bzw. Wirkzusammenhang ist generell ohne unvertretbarem Analyseaufwand darstellbar.

Flankierendes Aufgliedern in Personal-, Kapital-, Sach- und Dienstleistungskosten sowie DV-Kosten ist hier empfehlenswert, da dies Rationalisierungsansätze vor allem bei Durchlauf- bzw. Informationszeiten klarer erkennen läßt.

Erfahrungsaustausch aufgrund von Quervergleichen mit anderen Organisationseinheiten in ähnlicher geschäftlicher Situation wird empfohlen.

Erhaltene Anzahlungen für Aufträge seitens der Kunden und selbst geleistete Zahlungen an die Lieferanten sind separat auszuweisen.

Kennzahl **K2: DV-Kostenanteile an den logistischen Kosten**

Definition: Die Datenverarbeitungskosten sollen den umfassenden Ressourceneinsatz für organisatorische, methodische und systemunterstützende logistisch ausgerichtete Tätigkeiten ausweisen inclusive Entwicklungs- und RZ-Betriebskosten

Formel:

$$\frac{\text{DV-Kosten in allen logistischen Abläufen}}{\text{Gesamte Kosten in allen logistischen Abläufen}}$$

(DM/Monat pro DM/Monat bzw. %)

Nutzungshinweise:

Die Kennzahlen-Aufgliederung zeigt, in welchem Maße die organisatorischen Voraussetzungen geschaffen (IST) oder geplant (PLAN) worden sind, die logistischen Zielsetzungen zu erfüllen, auch die logistisch relevanten Tätigkeiten so rationell und effizient wie möglich durchzuführen.

Die organisatorischen Aktivitäten erstrecken sich über ein breites Spektrum:

- Konventionelle Aufbau- und Ablauforganisation (in gewissem Sinne im Vorfeld einer Verfahrensunterstützung; in dem einen oder anderen Fall ist die gestellte Aufgabe auch ohne DV-Programm rationell zu bewältigen)
- Software-Entwicklung und Realisierung
- Hardware-Ausstattung

Eine mehrfache Erfassung und Speicherung von Daten ist grundsätzlich zu vermeiden. Eine zwar selbstverständliche, aber noch nicht überflüssige Feststellung, wie Fälle der Praxis immer wieder beweisen.

Generell sind die logistisch relevanten Kosten nur über die Anteile der logistischen Aktivitäten in den Kostenstellen ermittelbar; dabei kann z.B. ein Kopfzahl-Schlüssel genutzt werden (Anteil der logistisch tätigen Mitarbeiter in der Stelle).

Kennzahl K3: Personalkostenanteile an den logistischen Kosten

Formel:

$$\frac{\text{Personalkosten in allen logistischen Abläufen}}{\text{Gesamte Kosten in allen logistischen Abläufen}}$$

(DM/Monat pro DM/Monat bzw. %)

Nutzungshinweise:

Die logistisch relevanten Aufgabengebiete erschließen sich sehr unterschiedlich einer Systemunterstützung; nach ihrer individuellen Charakteristik müssen die verschiedenen Funktionen und Prozesse mehr oder minder personalintensiv erfüllt bzw. abgewickelt werden. Komplexität einerseits und Routinecharakter andererseits sind in unterschiedlichem Maße und Intensitätsgrad aufgabentypisch.

So ergänzen sich Personalkosten und DV-Kosten auch hier wegen ihrer in gewissem Maße konträrinterdependenten Beziehung zueinander, und das sollte bei Analysen nicht ungenutzt bleiben.

Wenn diese Funktions- oder prozeßspezifische Kostengröße auf ihre wirtschaftliche Qualität, um nicht zu sagen: Optimalität, geprüft werden soll, ist es zweckmäßig, analog einer operationalen (quantifizierten) Zielaufstellung eine Maßskala wirtschaftlich sinnvoller bis bestmöglich erreichbarer Zahlen der Verfahrensunterstützung pro Aufgabengebiet zu erstellen. Daran werden die gegenwärtigen Kostenwerte reflektiert, um sie beurteilen zu können.

Die Grenze erstrebenswerter Systemdurchdringung liegt in dem Teil der Beschaffung, der den Einkäufern vor allem Verhandlungsgeschick, Umsicht und eine gewisse Risikobereitschaft verlangt, wesentlich niedriger als z.B. in der Materialdisposition, die Mengen und Zeiten zur reibungslosen und zügigen Produktion rechenintensiv und nach bestimmten Regeln abwickelnd zu behandeln hat.

Kennzahl	K4: Kosten einer Einkaufsbestellung

Definition: Ist der Abwicklungsaufwand für das Erstellen einer Bestellung beim Lieferanten durch Routinecharakter der Tätigkeit geprägt und nicht zu stark schwankend von einer Bestellung zur anderen, ist diese Kostenkennzahl als Mittelwert sinnvoll. Enthalten sind alle tangierten Kostenarten: Personalkosten, Kapitalkosten, Sach- und Dienstleistungskosten usw. Sie werden zu den hier im Zähler zusammengefaßten Brutto-Gemeinkosten addiert.

Formel:

$$\frac{\text{Brutto-Gemeinkosten des logistisch relevanten Einkaufs}}{\text{Zahl der Bestellungen}}$$

(DM/Monat pro Zahl/Monat)

Nutzungshinweise:

Plan-Ist-Vergleich, Zeit- und Stellenvergleich können offenlegen, wie weit beispielsweise Rahmenverträge mit den Lieferanten, Informations-, Kommunikations- und Datenaustausch per Datenfernübertragungsnetze und rasche interne Bearbeitung durch „kurze Wege" diese Abwicklungskosten zu senken vermochten. Zur Beurteilung, in welchem Maße das Rationalisierungspotential effizient ausgeschöpft werden konnte, ist die differenzierte Kostenarten-Betrachtung Voraussetzung.

Kennzahl	K5: Kosten eines Auftrags

Definition: Kann für die Abwicklung eines typischen Auftrags mit wiederkehrendem, vergleichbarem Anspruchsgrad auch ein bestimmter, typischer Ressourceneinsatz angesetzt werden, dann ist die Bildung dieser Kennzahl in Form eines Durchschnittswertes gestattet und analytisch auswertbar. Alle beteiligten Kostenarten sind einzubeziehen: Personalkosten, Sach- und Dienstleistungskosten unter Berücksichtigung aller zurechenbaren Kosten der Informations- und Kommunikationstechnik, d.h. der Organisation und Datenverarbeitung. Die summierten Kostenanteile sind als Brutto-Gemeinkosten im Zähler dargestellt.

Formel:

$$\frac{\text{Brutto-Gemeinkosten der Abwicklung eines Auftrages}}{\text{Zahl der Aufträge}}$$

(DM/Monat pro Zahl/Monat)

Nutzungshinweise:

Im Plan-Ist-Vergleich, Zeit- und Quervergleich können mit Hilfe dieser Kennzahl zeigen, wie weit man von einem gesetzten Rationalisierungsziel noch entfernt ist.

Das bedeutet, generell zu überprüfen, im welchem Umfang die Kostenvorteile eines elektronischen Informations-, Kommunikations- und Datenaustausches und rasche interne Bearbeitung durch „kurze Wege" genutzt werden. Zur Vertiefung der analytischen Aussage wird die Differenzierung nach Kostenarten empfohlen.

Analog kann die Anwendung dieser Kennzahl auf alle vorkommenden Arten von Aufträgen für unterschiedliche Dienst- und Produktionsleistungen ausgedehnt werden. In jedem Falle sind die Leistungs-, Zeit- und zugleich Aufwandsstrecken mit klar festgelegten Meßpunkten zu definieren und für die Betrachtung abzugreifen.

Kennzahl **K6: Kosten einer beförderten Versand-/Verpackungseinheit**

Definition: Es sind die Kosten, die im Durchschnitt erzeugnis- und handlingsspezifisch für das Verpacken, Versandfertigmachen und das Transportieren einer Versand- und Verpackungseinheit anfallen. Eine versendete Einheit kann jeweils ein oder mehrere Stück Erzeugnisse enthalten (die logistischen oder anderen Kosten – insbesondere auch Lageristen – vor dem Versandhandling sind generell hier nicht einzubeziehen).

Formel:

$$\frac{\text{Kosten für Verpackung, Versand, Transport}}{\text{Zahl der Versand-/Verpackungseinheiten}}$$

(DM / Stück)

Nutzungsweise:

Diese Kosten sind wichtiger integraler Bestandteil der logistischen Leistungserstellungkosten, die vor allem die definierte Lieferqualität beeinflussen. Dabei sind hohe oder steigende Kosten eines entsendeten Kartons, Collis etc. noch kein Garant für eine gute logistische Leistung „Lieferqualität“, können sie doch durch überhöhten Personal(kosten)einsatz, spezifische empfänger- oder länderspezifische Forderungen (die auch überhöht sein können!), unterlassene Rationalisierungsmaßnahmen und vielfältige weitere Komponenten verursacht sein.

So setzen diese Meßgrößen Signale durch signifikant hohe Werte, wobei neben Zeitreihen auch vergleichbare Zahlen anderer Organisationseinheiten herangezogen werden sollten. Auf exakte Inhaltsabgrenzung ist besonderer Wert zu legen, da diese Meßgröße äußerst sensibel auf unscharfe Tätigkeitsabgrenzungen reagiert - mit dem Risiko analytischer Fehlaussagen. Bei der Erfassung der Bezugsgröße Verpackungseinheit ist darauf zu achten, daß nur typische und durchgängig einheitliche, d.h. addierfähige Einheiten für Berechnung und Analyse gewählt werden.

Wie angedeutet, ist eine Aufgliederung der Kenngröße in ihre Kostenarten-Bestandteile besonders aufschlußreich, vor allem dann, wenn Fragen der verbesserten Systemdurchdringung bei der Versand- und Transportabwicklung sowie leistungsfähiger Transportmittel und auch des Verpackungsmaterials anstehen. Zur Analyse sind daher stets auch die Benennung und Beschreibung der Technik und Organisation von Verpackung und Versand unerläßlich.

Bei statistischen Erhebungen bestimmt das Streumaß, die „Breite“ der Gauß'schen Verteilung, die analytische Verwendbarkeit dieser Kennzahl. In der Industrie und im Handel gilt diese Kennzahl als eine der wichtigsten logistischen Kenngrößen im Distributionsbereich mit hohen Aussagewert für Analyse, Steuerung und Planung.

Kennzahl	K7: Vorrätekosten der Lagergüter nach Bestandsarten

Definition: Vorrätekosten enthalten im wesentlichen Zinskosten, Lagerkosten und kalkulatorische Wagnisse, die mit dem Volumen kurzlebiger Produkte in den Lägern ansteigen. Bestandsarten sind buchhalterisch: Material, angearbeitete bzw. unfertige Erzeugnisse, Fertigerzeugnisse. Außerdem ergibt sich bei Erstellung größerer Anlagen und Systeme bzw. umfangreicher Projektleistungen eine vierte Bestandsart: noch nicht vollständig als Umsatz an die Kunden abgerechnete Lieferungen und Leistungen (auf bereits geleistete Anzahlungen ist dabei zu achten).
Auf gleiche Wertansätze in der Bezifferung der Bestände ist der Kennzahlenbildung besonderer Wert zu legen: z.B. firmeninterne Wirtschaftswerte, handelsbilanzielle Werte u.a.

Formel:

$$\frac{\text{Definierte Vorrätekosten pro Bestandsart}}{\text{Zeiteinheiten}}$$

(DM/Monat)

Nutzungshinweise:

Hohe und steigende Zahlenwerte signalisieren nicht nur drohende Unwirtschaftlichkeit überhöhter Lagerhaltung, insbesondere bei nicht auf den tatsächlichen Bedarf zugeschnittenen Sortierung der Bestände aller Bestandsarten, sondern auch hohes Obsoletrisiko, d.h. die Gefahr geringfügig oder gar nicht mehr vermarktbarer Bestände. Obwohl sehr teure Lagergüter eine starke logistische Problematik vortäuschen können, zählen die Vorrätekosten „aus gutem Grund" zu den logistischen Kosten. Sie regen an zu Überlegungen, ob die Vorräte mit ihren Reichweiten, Kosten und bewertbaren Risiken auch durch die kaufentscheidenden Kriterien (verbesserter?) Lieferfähigkeit oder Lieferzeit wirtschaftlich zu rechtfertigen sind. Jede Kommentierung der Meßzahlen bedarf eines Hinweises, ob bei der Berechnung der Vorrätekosten die Bestände zu Vollwerten oder nach Abwertung (in diesem Fall mit Angabe dieser Differenz) zugrunde gelegt wurden. Bei der Zahlenanalyse ist eine Aufgliederung der Vorrätekosten in ihre wesentlichen Bestandteile, wie per Definition oben angegeben, sehr aufschlußreich. Auch eine ergänzende Differenzierung nach den fallspezifisch relevanten Bestandsarten ist für Analyse, Steuerung und Planung sehr zweckmäßig.

6.6.4 Kennzahlen für das Bestandscontrolling

6.6.4.1 Die Bestandsproblematik in der logistischen Kette

Auch in der logistisch ausgerichteten Prozeßkette zwischen Beschaffung und Vertrieb wird es weiterhin Bestände aller Art geben: Material, im Wertschöpfungsprozeß angearbeitete, noch unfertige Erzeugnisse, Fertigerzeugnisse. Im Rechnungswesen jeder Firma werden sie turnusmäßig und genau erfaßt monetär. Logistisches Bestandscontrolling benötigt Mengen, Flußzeiten, Reichweiten und Werte, die den Verlauf der Wertzuwachskurven der typischen Produkte charakterisieren. Weniger steile Steigungen dieser Kurven über der Zeitachse setzen Signalen für notwendige Überlegungen, zeitverkürzende Maßnahmen zur Rationalisierung der Produktionsprozeßkette zu ergreifen, fertigungstechnisch, fertigungsorganisatorisch, stets funktionsübergreifend durchgängig in der gesamten fertigenden Organisationseinheit.

Hohe monetäre Werte der Vorräte (synonym für: Bestände) können logistische Probleme vortäuschen, durch geringe monetäre Bestandszahlen können „echte" logistische Aufgaben verdeckt werden. Gelagerte Gütermengen haben meist beträchtliche Aufwände in der Leistungskette verzehrt. Betriebswirtschaftlich müssen sie so rasch und ertragreich wie möglich vermarktet und wieder zu Geld werden.

Man benötigt also für Analysen beide Dimensionen: Stückzahlen und Geldwerte, um die Bestands- oder Serviceprobleme treffsicherer aufdecken zu können. Die beiden Werte ergänzen einander in nahezu idealer Weise.

Im Bereich „kurzlebiger" Erzeugnisse können anscheinend im Rahmen liegende Zahlen der Altersstrukturen der Lagergüter bereits ein hohes Obsoletrisiko bedeuten und zu gravierenden Abwertungen führen. Wenn es dazu kommt, ist sicher viel Vermeidbares passiert. Wirksames Controlling bedarf weniger der Registrierung von Vergangenheitswerten als der zukunftsbezogenen Kennzahlenkommentierung.

Für das produktspezifische Bestandscontrolling sind zumindest die folgenden Kriterien zu untersuchen:

- Lebenszyklen der Produkte
- Standardisierungsgrad der relevanten Teile und Baugruppen (d.h. Anteil mehrfachverwendbarer Bestandteile)
- werksinterne Flußzeiten in Relation zur marktüblichen Lieferzeit
- gegenwärtiger Lagerumschlag aller produktspezifischen Bauteile
- Fehlteile
- Lieferbereitschaft gegenüber den internen Fertigungsstellen und den Absatzmärkten.

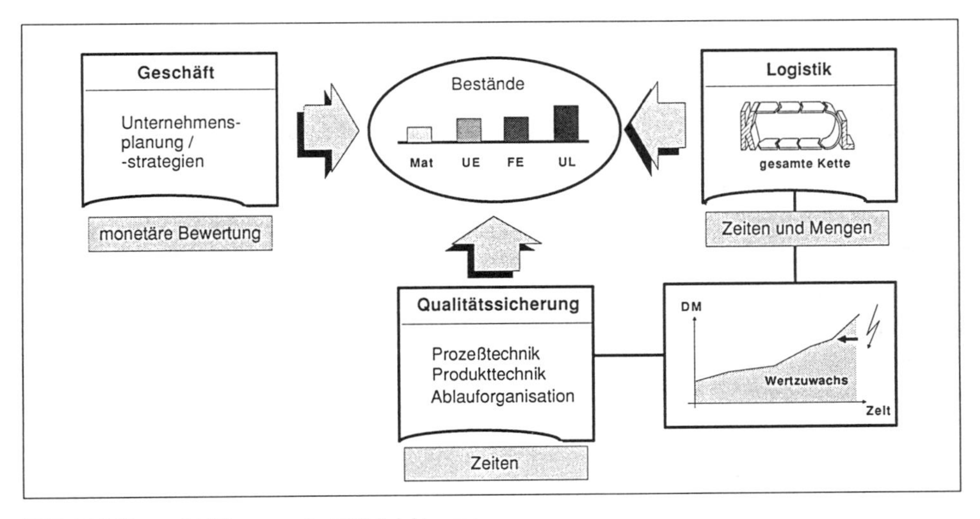

Bild 6-10 Bestandsbildung aus drei Blickrichtungen

Eine Kernfrage jeder Lagerung ist, ob und mit welcher Reichweite die „richtigen", auf den Bedarf zugeschnittenen Artikel verfügbar sind (pauschale Reichweitezahlen sind in ihrer analytischen Aussage nur von geringem Wert!). Aus monetärer Sicht ist dabei die Kapitalbindung in Form der logistisch relevanten Vorrätekosten einzubeziehen.

Die Bestände sind immer zu Vollwerten anzusetzen, also vor eventuellen Abwertungen. Die Abwertungsdifferenz ist für die Analyse ergänzend heranzuziehen.

Im Anlagen- und Kraftwerkssektor ist es üblich, die im Aufbau bzw. Erstellungsprozeß befindlichen großen Produkte erst relativ spät, bei endgültiger Abnahme ohne weitere Reklamationen, abzurechnen, also zu Umsatz werden zu lassen.

Bis zu diesem Zeitpunkt der Kontierung sind in den werdenden Anlagen Millionen oder Milliarden-DM-Beträge gebunden, ohne zwangsläufig vollständig vorfinanziert zu sein: die Kunden leisten mitunter beträchtliche Anzahlungen im vertraglich abgesicherten Rahmen.

Diese Sachverhalte sind flankierend zu berücksichtigen, wenn es darum geht, das Konto der „Kundenanlagen im Bau" oder „Unverrechnete Lieferungen und Leistungen" in bezug auf logistisches Rationalisierungspotential zu beurteilen. Die erhaltenen Anzahlungen seitens der Kunden sind stets in die Betrachtungen einzubeziehen.

6.6.4.2 Ziele und Wirkungsweise des logistischen Bestandscontrollings mit Hilfe von Kennzahlen

Das Bestandscontrolling erschöpft sich nicht in der Registrierung der Ist-Zahlen, es wirkt mit Soll-Ist-Verfolgung, Mängel-Ursachen-Analysen und gesicherten Planwerten auch wie ein Prognose- oder Frühwarnsystem. Damit kann es also dazu beitragen, künftigen Entwicklungen rechtzeitig zu begegnen oder diese vorausschauend zu nutzen.

Alle logistischen Zielsetzungen setzen auf der heute relevanten, marktkonformen Erkenntnis auf, daß nicht gut ist, „was lange währt" – in rationaler Umkehrung des volkstümlichen Sprichwortes.

Eine zeitaufwendige Wertschöpfungskurve über Zeitachse zeigt das gesamte Spektrum der wichtigsten erforderlichen Ansätze zu logistischen Verbesserungen. Auf dieser Basis lassen sich die operativen Zielsetzungen und Aufgaben eines wirkungsvollen Bestandscontrollings für das Unternehmen ableiten.

Die permanenten Zielkonkurrenzen zwischen minimalen Beständen und maximalem Servicegrad bestimmen die wichtigsten Forderungen an das Bestandscontrolling mit Hilfe aussagefähiger, analytisch treffsicherer Angaben, Daten und Kennzahlen:

- Ausweis des Bestandsprofils in Mengen, Reichweiten und monetären Werten der Kapitalbindung bzw. Vorratskosten
- Spiegelung dieser Bestandsmeßgrößen am entsprechenden Bedarfsprofil
- Offenlegen des Wirkungszusammenhangs zwischen Durchlaufzeiten sowie Bestandshöhen
- das Obsoletrisiko durch überhöhte und unverkäufliche Bestände
- Aufzeigen des bezifferten Anteils standardisierter Bauteile als Positionenzahl und in Geldeinheiten

- Modularität der eigenen Produkte (Anteil der modulartigen Bestandteile nach Baukastenprinzip im Produkt)
- Fertigungstiefe
- Aufdecken der „kritischen Stellen“ in Form von Teile-Nachschubmangel, von unverwendbaren Beständen, unwirtschaftlichen Güter-Umschlagsfaktoren, überlangen Materialflußzeiten, Staus an Fertigungssystemen
- Ständige Verfügbarkeit des Bestandscontrolling-Instrumentariums für vorbeugende Steuerungsmaßnahmen zur Schadensvermeidung bzw. Verbesserung der Produktivität und Rentabilität

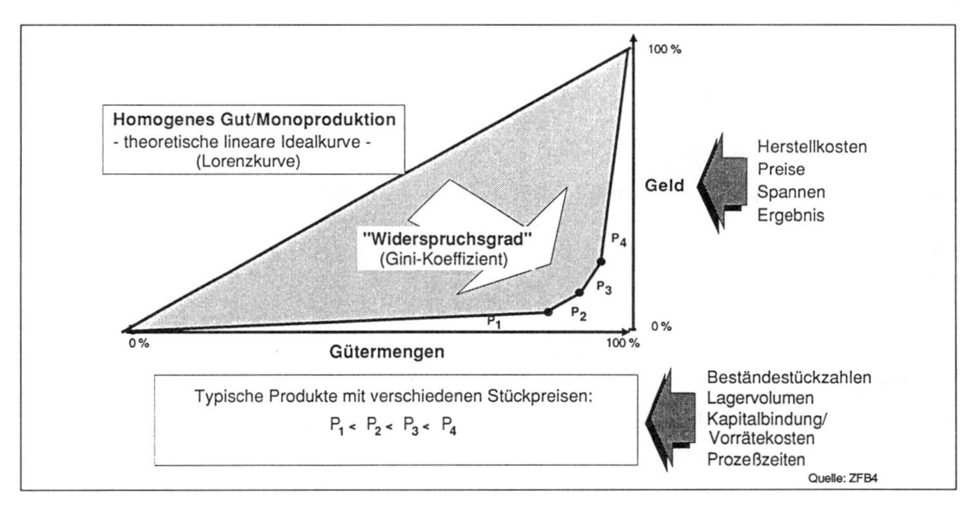

Bild 6-11 Der logistische und der monetäre Aspekt in Bestandsanalysen

6.6.4.3 Auswahl wesentlicher Kennzahlen für das Bestandscontrolling

– Definitionen, Formeln, Aussagen und Einsatzbedingungen –

Kennzahl	**B1: Bestandsanteile am Umsatz**

Formel: $\dfrac{\text{Bestandswerte nach den Bestandsarten gegliedert}}{\text{Umsatz}}$
(DM pro DM/Monat)

Nutzungshinweise:

Diese Meßgröße ist Signalzahl für Zeitvergleiche, Betriebsvergleiche innerhalb der Branche und in Soll-Ist-Abweichungsanalysen. Auch als operative Zielvorgabe - detailliert nach Bestandsart - ist sie nutzbar.

Fallspezifisch kann der Zähler dieser Kennzahl in wichtige Arten der Bestände aufgegliedert werden: Fertigungsmaterial, Roh-, Hilfs- und Betriebsstoffe, angearbeitete bzw. noch unfertige Erzeugnisse, verkaufsfähige Erzeugnisse u.a.m.

Neben dem Umsatz eignen sich als aussagefähige ergänzende oder alternative Bezugsgrößen: Plan-Umsatz, Auftragseingang, Auftragsbestand/Lieferrückstände. Hohe Bestände, die hiermit aufgezeigt werden, können vielfältige Ursachen haben, die wiederum auch mit Unterstützung von Meßkriterien lokalisiert werden können.

Besonders eng verknüpft sind die Bestände mit den Durchlaufzeiten; sie steigen und fallen mit ihnen. Diese Korrelation eröffnet ein breites Spektrum von Möglichkeiten, die verschiedenen Bestände ganz gezielt durch zeitsparende Aktivitäten in der Produktionsprozeßkette auf ein kostengünstiges Maß zu senken, ohne an Lieferbereitschaft zu verlieren.

Logistisch relevant und erstrebenswert sind die auf den gegenwärtigen und künftigen Bedarf zugeschnittenen Bestände in ihrer Struktur. Vorbedingungen sind dafür in Form hochentwickelter elektronischer Informationssysteme und flexibler Disposition der Fertigungs- und Marktversorgung ggf. erst zu schaffen.

Die Bezugsgrößen des Nenners sind so weit wie sinnvoll möglich auf den zeitlichen Aspekt des betrachteten Falles auszurichten: getätigte oder vorausgesehene Umsätze der betreffenden Erzeugnisse, reflektiert an den Auftragseingängen und ihren Stornierungen, an signalisierten Bedarfseinbrüchen auf den Märkten, an Lieferrückständen, um einige der wichtigsten Kriterien zu nennen.

Kennzahl **B2: Reichweite**

Definition: Die auf den Plan-Verbrauch im Folgezeitraum bezogenen Bestände bilden diesen Quotienten.
Die Reichweite ist also die vor dem Erhebungsstichtag liegende Zeitspanne der Versorgung.
Die in Mengeneinheiten dimensionierten Bestände sind ggf. durch offene Bestellmengen zu ergänzen.

Formel:

$$\frac{\text{Bestände aller Art (Material, fertige, unfertige Produkte usw.)}}{\text{Plan-Verbrauch der entsprechenden Bestände im Folgezeitraum}}$$

(Stück pro Stück/Monat)

Nutzungshinweise:

Die Reichweite wird oft mit der logistischen Leistung Lieferfähigkeit gleichgesetzt; das liegt zwar theoretisch und logisch nahe, stimmt jedoch nur unter bestimmten Bedingungen mit der Realität überein. Kernfrage ist, ob die verschiedenen Bestände so strukturiert sind, daß sie genau den Anforderungen der internen und externen Bedarfsträger entsprechen mit optimalen Vorrätekosten.

Im Kennzahlenbegriff Reichweite treffen sich die beiden gegenläufigen operativen Ziele: minimale Vorratskosten/maximale Lieferbereitschaft. Da firmeninterne technische, organisatorische und personelle sowie marktspezifische Bedingungen sich rasch und überraschend ändern können, ist jeweils nach den produktspezifischen Ablösungsrhythmen das Bestandscontrolling mit fallweise ausgewählten Meßgrößen zu angemessenen Zeitpunkten durchzuführen.

Die Meßzahl signalisiert bei hohen Beständen, unverzüglich deren „Bedarfswert“ zu chekken. Als operative Zielgröße kann die limitierte Reichweite zur Bestandsdämpfung beitragen.

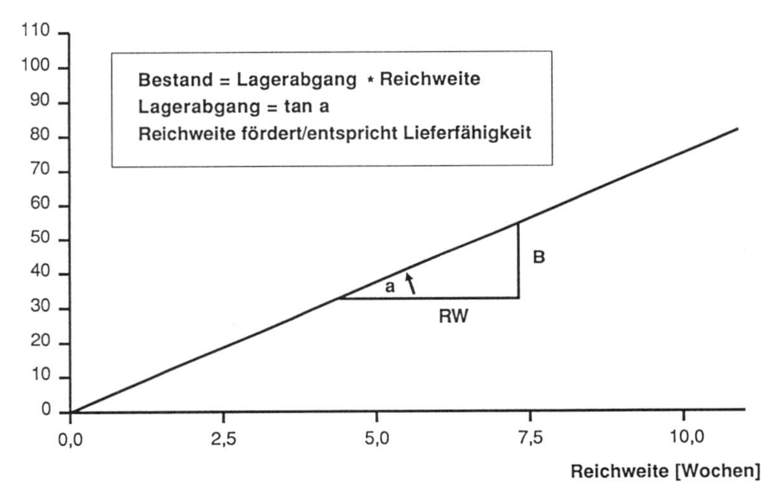

Bild 6-12 Zusammenhang zwischen den Beständen an Fertigerzeugnissen und deren Reichweiten

Kennzahl	**B3: Umschlagskoeffizient**

Definition: Mit dieser Kennzahl werden die Verbrauchszahlen der Lagergüter in beliebiger Artikel-Aufgliederung auf ihren mittleren Lagerbestand in Form eines Quotienten bezogen. Sie stellt damit logischarithmetisch und betriebswirtschaftlich einen wichtigen Reziprokwert zur mittleren Lagerdauer und zur Reichweite dar.

Formel:

$$\frac{\text{Verbrauch des spezifischen Lagergutes pro Zeiteinheit}}{\text{Mittlerer Lagerbestand des spezifischen Lagergutes}}$$

(Menge/Monat pro Menge d.h. Zahl pro Monat)

Nutzungshinweise:

Mit steigendem Zahlenwert dieser Meßgröße wachsen die Chancen optimaler logistischer Zielerfüllung, wie z.B. hohe Lieferfähigkeit, Liefertreue, niedrige Bestandskosten.

Bei Analysen ist darauf zu achten, daß ein für den betrachteten Zeitraum typischer Artikelverbrauch in die Formel eingegeben wird. Analog gilt dies für den durchschnittliche Lagerbestand, ob Ist- oder Plan-Zahlen.

Beim Einsetzen monetärer Werte ist auf einen gleichen betriebswirtschaftlichen Wertansatz im Zähler und im Nenner zu achten (z.B.: firmenintern definierte Wirtschaftswerte zu Vollwerten, d.h. Bewertung vor einer eventuellen Abwertung). Da dieser Quotient aus unterschiedlichen Komponenten gebildet wird, soll an dieser Stelle besonders auf das Erfordernis hingewiesen werden, Zähler- und Nenner-Komponenten separat zu betrachten, bevor die Turnuszahl selbst beurteilt wird. Das kommt besonders der Schwachstellen-Analyse mit Lokalisierung der kritischen Stellen im Materialfluß zugute. Die Kennzahl kann differenziert nach Material und Erzeugnissen aller Art ausgewertet werden. Sie kann auch bedarfsweise verdichtet werden, wie z.B. nach Zeit-Klassen-Bildung der lagernden Artikel (drei verschiedene Artikel mit ähnlichem Umschlagsverhalten können ggf. in einer Klasse zusammengefaßt werden).

Die Umschlagshäufigkeit kann als operative Zielgröße genutzt werden, da sie mit sinkenden oder geringen Zahlenwerten notwendige Maßnahmen zur Gegensteuerung deutlich anzeigt, also Signalgröße bei Unterschreitung vorstellbarer wirtschaftlicher Limits ist. Der mittlere Lagerbestand im Nenner ist – wie leicht einzusehen – in enger Korrelation logisch und betriebswirtschaftlich mit der mittleren Lagerdauer verknüpft, wenn dabei der registrierte oder erwartete Abgang oder Verbrauch als Faktor in der Rechnung berücksichtigt wird.

Wie die drei korrespondierenden Größen: Verbrauch, Lagerdauer, Umschlagshäufigkeit für logistisches Controlling nutzbar werden können, mag ein angenommener Fall mit den folgenden Zahlen zeigen: Eine produzierende Organisationseinheit hat einen jährlichen Materialverbrauch zu Einstandspreisen der eingekauften Waren von 300 Mio. DM, der sich aus einer Multiplikation von 100 Mio. DM im mittleren Lagerbestand mit der mittleren Umschlagshäufigkeit = 3 ergibt.

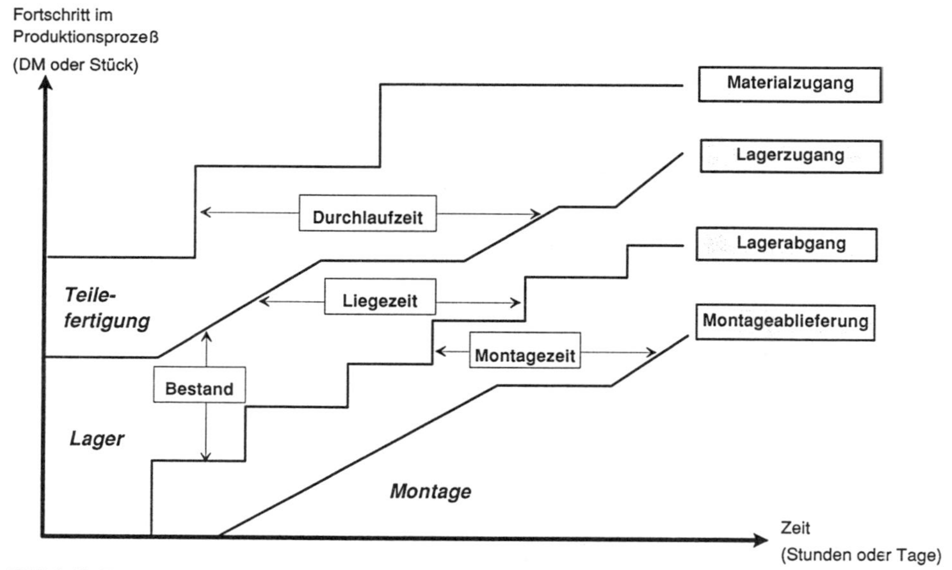

Bild 6-13 Fortschrittszeit und Bestandsbildung in der Produktionsprozeßkette (Schema)

Weiß man aus der Branche, daß für diese Produktion ein derartiger Umschlagsfaktor zu niedrig ist, um wirtschaftlich zu sein, dann signalisiert diese Größe dringend notwendige Verbesserungsmaßnahmen zur Beschleunigung des Umschlages des Umlaufvermögens in der Zeiteinheit.

Ersatzweise kann für die Umschlagshäufigkeit ihr reziproker Wert „mittlere Lagerdauer" zur Bestandsbeurteilung herangezogen werden, wenn es gilt, direkt Kosten und Risiken überhöhter Bestände zu quantifizieren.

Kennzahl B4: Fertigungsausstoß an den Lägern vorbei

Definition: Es ist der in Mengen und/oder monetären Werten bezifferte Strom des Outputs der Fertigung an den Lagerorten vorbei zu den Stellen des Bedarfs.

Formel:

$$\frac{\text{Mengen/Werte der Erzeugnisse ohne Lagerberührung}}{\text{Zeiteinheit}}$$

(Stück bzw. DM pro Monat)

Nutzungshinweise:

Das logistische „Kurzschließen" der Leister und der Empfänger ist eine logistisch besonders wirksame Rationalisierungsmaßnahme. Das Potential dieser Möglichkeiten ist groß, die Chancen werden häufig noch wenig genutzt. Gerade deshalb ist ein Vergleich mit ähnlichen Fabriken bzw. Unternehmen wichtig für den erforderlichen Zugzwang.

Auf dieser Vergleichsbasis, übertragen auf den eigenen Bereich, können operative Zielvorgaben für diese Leistungsströme ihren organisatorischen und betriebswirtschaftlichen Rückhalt finden.

Die analytische Betrachtung kann auf die Lieferungs- und Leistungsströme, die besonders logistisch rationell von den eigenen Lieferanten direkt zu den eigenen Kunden gelenkt werden, bei Bedarf unschwer ausgedehnt werden.

Kennzahl B5: Anteil der Auftragsfertigung an der gesamten Fertigung

---

Definition und Formel:

$$\frac{\text{Mengen/monetäre Werte des auftragsgebundenen Output der Produktion}}{\text{Gesamte Mengen/monetäre Werte des Output der gesamten Produktion}}$$

(Stück bzw. DM/Monat pro Stück bzw. DM/Monat)

Nutzungshinweise:

Der Fertigungsausstoß läßt sich aus logistischer Sicht grundsätzlich in die zwei Klassen einteilen: für anonyme und für auftraggebende Kunden.

Nun ist erfahrungsgemäß die auftragsspezifische Fertigung wegen der zugrundeliegenden individuellen Vereinbarungen mit dem Kunden nicht den Unsicherheiten eines erwarteten Umsatzes mit vielen unbekannten Abnehmern behaftet.

Andererseits schwebt über einem Kundenauftrag stets auch das Risiko einer plötzlichen Stornierung. Man kann sich zwar dagegen absichern und versichern, aber das Risiko, die individuell vorbereitete und erstellte Leistung nicht einmal teilweise mehr verkaufen zu können, bleibt.

Die Gliederungszahl zeigt, in welchem Umfang Fertigungssteuerung, Disposition und logistisches Controlling sich auf die auftragsspezifische Abwicklung einerseits und die Abwicklung standardisierter, anonymer Fertigung andererseits einzustellen hat. Die kundenspezifische Auftragsfertigung erfordert auch rechtzeitige Überprüfung aller Einkaufsquellen hinsichtlich Beschaffungszeiten und Beschaffungsrisiko der für den Auftrag benötigten fremden Teile.

Insbesondere spezielle Fertigungsaufträge verlangen häufig Bauteile, die spezifischer Art sind, und im Regelfall höheren Fertigungs- und Beschaffungsaufwand verursachen, was in diesen Fällen eine besonders sorgfältige Kalkulation erfordert. Sie ist Voraussetzung für die Erreichbarkeit der logistischen Zielsetzungen gleich, mit welcher Art der Auftragsabwicklung.

6.6.5 Logistische Einflußgrößen

6.6.5.1 Die Ausprägungen wesentlicher logistischer Einflußgrößen für das Logistik-Controlling

Das logistische Tätigkeitenfeld wird von einer Vielzahl sehr unterschiedlicher und gegenläufig wirkender Einflußkomponenten bestimmt. Einige dieser Komponenten erschließen sich schwer oder fast überhaupt nicht einer Beurteilung aufgrund von Meßkriterien. Mengen, Zeiten, Durchsätze und Geschwindigkeiten können in jedem Analysefall beziffert und für die Aussagen nutzbar verwendet werden. Wenige meßbare Komponenten genügen oft für gezielte und ausreichend treffsichere Analyseaussagen.

Die hier ausgewählten Einflußgrößen sind in Form von Meßkriterien definiert und erläutert. Sie beziehen sich im wesentlichen auf technische, organisatorische, wirtschaftliche – interne und von den Märkte geprägte – Sachverhalte und Bedingungen.

6.6.5.2 Auswahl wesentlicher logistischer Einflußgrößen

– Definitionen, Formeln, Aussagen und Anwendungsbedingungen

Kennzahl **E1: Fertigungskomplexität**

Definition/Formel:

Anzahl der Nahtstellen oder Schnittstellen zwischen den verschiedenen Prozeßschritten bzw. Arbeitsgängen

Nutzungshinweise:

Die Schwierigkeiten und Risiken bei Erfüllung logistischer Ziele und Aufgaben werden neben vielen anderen Kriterien durch diese Maßzahl angezeigt. Sie hat Signalwirkung in ihrem Umfang. Als repräsentative Zahl eines Beobachtungszeitraums ermittelt, kann sie mit dem Hinweis auf die Problemschwerpunkte zugleich die Richtung erforderlicher Aktivitäten andeuten, die im wesentlichen auf die Verbesserung der eigenen, internen Lieferbereitschaft unter weitgehender Bestandsvermeidung in der Fertigungsprozeßkette abzielen.

Die interne Fertigungskomplexität muß stets im Zusammenhang mit den Übergabe- und Schnittstellen auch außerhalb des eigenen Werkes oder Betriebes gesehen werden. Die Eliminierung überflüssig werdender Schnittstellen ist fallspezifisch abgestuft vorzunehmen: beispielsweise kurz-, mittel- und langfristiger Abbau nach Dringlichkeit der Vereinfachungen und Einsparungen.

Kennzahl E2: Kapazitätsauslastungen wichtiger Fertigungssysteme

Definition/Formel:

$$\frac{\text{Belegte Kapazität}}{\text{Verfügbare Kapazität}} \text{ pro System}$$

(Stück/Zeiteinheit pro Stück/Zeiteinheit oder in Stunden oder in monetären Ausbringungswerten)

Nutzungshinweise:

Kapazitätsauslastung wird oft in Zusammenhang mit Durchlaufzeit genannt, nicht ohne Grund, da beide Größen sich gegenläufig wie in einem Zielkonflikt verhalten. Wird die Durchlaufzeit reduziert – unter Beibehaltung der Fertigungstechnik und Fertigungsorganisation – sinkt bei gleichbleibendem Auftragsvolumen der Auslastungsgrad der relevanten Kapazität ab.

Die Auslastungsgrade wirken insbesondere bei Überlastungen auf die Durchlaufzeiten und auch auf logistische Leistungen ein. Zusätzliche Schichten, Entlastungsfertigung oder Kapazitätsanpassung durch Reduzierung werden durch das Controlling der Auslastung ausgelöst.

Kennzahl E3: Ausfallzeitanteil wichtiger/kritischer Fertigungssysteme

Definition/Formel:

$$\frac{\text{Störungsbedingte Ausfallzeit}}{\text{Mögliche Nutzungszeit}}$$

(Std/Std bzw. %)

Nutzungshinweise:

In dieser Kennzahl sind nur die unplanbaren, störfallverursachten Ausfallzeiten zu erfassen, zweckmäßig über einen aktuellen, aussagefähigen Zeitraum für die ausgewählten (störanfälligen) Arbeitsplätze bzw. Fertigungs- und Prüfsysteme. Zu den problematischen Produktionseinheiten können auch versandabfertigende Stellen gehören.

Die zeitverzögernden Störungen sind vor allem technisch und/oder personell bedingt; Nachschubmängel als Ursachen werden hier nicht betrachtet, da es hier nur um die im System liegenden Störungen geht (Material- und Teilefluß werden in anderen Kennzahlen zu Durchlaufzeiten und Beschaffung erfaßt). Oft liegen bereits in anderen Firmen oder Betrieben im gleichen Unternehmen einschlägige Erfahrungen vor, die aufgrund eines Quervergleichs sehr nützlich sein können.

Die Signalwirkung dieser Kennzahl ist als Auslöser für logistisch wirksame Verbesserungsmaßnahmen möglichst unverzüglich zu nutzen, da die Folgewirkungen von Maschinenstörungen meist größer sind als zunächst angenommen. Besonders empfehlenswert ist, den Blick auf dieses Kriterium gleichzeitig zum Anlaß zu nehmen, die Ursachen der Ausfälle (z.B.: Justierung muß in unverhältnismäßig kurzen Abständen zeitaufwendig nachgeführt werden) zu erkunden und mit den zuständigen Fachleuten zu bereinigen.

Kennzahl	**E4: Anteil fremder Artikel am Typen und Teilespektrum**

Definition/Formel:

$$\frac{\text{Fremdbeschaffte Artikelpositionen}}{\text{Alle Positionen Typen und Teilespektrums}}$$

(Zahl/Zahl bzw. %)

Nutzungshinweise:

Hier wird die Vielfalt („Diversifikation") der externen Materialien und Teile, auch Fertigerzeugnisse, aufgezeigt und an der gesamten Positionenzahl (zu einem repräsentativen Stichtag) reflektiert. Zur Analyse empfiehlt sich immer die Aufgliederung der Fremdpositionen in die unterschiedlichen Einkaufsgebiete bzw. Beschaffungsmärkte.

Wichtige ergänzend heranzuziehende Meßgröße ist die artikel- und lieferantenspezifische Wiederbeschaffungszeit. Interessant sind vor allem die fremdbeschafften Artikel, deren Wiederbeschaffungszeit die gesamte Durchlaufzeitspanne verlängern kann: ab Bedarfszeitpunkt in der eigenen Prozeßkette rückwärts terminiert, kann der Bestelltermin (Auslösungszeitpunkt der Bestellung) merklich vor dem eigenen Fertigungsbeginntermin liegen. Gravierend wird die Situation, wenn diese Artikel beschaffungsriskant und nur von wenigen Lieferanten oder gar Monopolisten erhältlich sind. Diese Kenntnis ist wichtig für weitere interne oder auf die Marktpartner gerichtete Maßnahmen zur Verminderung der Risiken für die eigenen logistische Leistungen.

Weitere flankierende, für das Controlling im Zusammenhang mit dieser Kennzahl nützliche Meßkriterien sind:

- Zahl der fremdbeschafften Artikel mit Abrufvereinbarungen und Rahmenverträgen
- Zahl der bereits beim Lieferanten geprüften Artikel – aufgrund von spezifischen Qualitätssicherungsvereinbarungen
- Zahl der qualitätsbedingt logistisch nicht optimal einsetzbaren Fremdteile
- Zahl der Artikel mit besonderem Beschaffungsrisiko
- Zahl der Artikel von Monopolisten („single sourcing" – mit Abwägen der wirtschaftlichen Vorteile und Nachteile)
- das durch die Artikel repräsentierte Einkaufsvolumen, fallweise nach Einkaufsgebieten oder Artikelgruppen aufgegliedert
- Fertigungstiefe (wertmäßiger Anteil der „hauseigenen" Wertschöpfung an der Gesamtleistung)

Kennzahl	**E5: Anteil mehrfach verwendeter Teile an der Gesamtzahl**
Formel:	Positionen (Material,Teile etc.), die in verschiedene Erzeugnisse eingehen / Korrespondierende Positionen insgesamt (Zahl/Zahl bzw. %)

Nutzungshinweise:

Je mehr Positionen in verschiedenen Erzeugnissen Eingang finden, desto breiter wird generell die Ausgangsbasis für Fertigungsrationalisierungsmaßnahmen und erfolgreiche logistische Aktivitäten. Das Erzeugnisspektrum aus möglichst wenigen „individuellen“ Komponenten zu fertigen und soweit wie möglich typisierte bzw. genormte Bestandteile zu verwenden, ist ein allgemein anerkanntes und verfolgtes Ziel, dessen Nutzen sogar in einer gewissen Genauigkeit berechnet werden kann.

Nur einige wenige Vorteile der Verwendung von Gleichteilen seien hier genannt: Vermindertes Nachschubrisiko, abnehmende Wartezeiten, geringere Fertigungskomplexität durch weniger Schnittstellen, verringerte Kosten und logistische Risiken entlang der gesamten Produktionsprozeßkette von der Entwicklung der Produkte und der Fremdleistung bis hin zur Qualitätssicherung und zur Distribution auf den Absatzmärkten. Auch das Abwertungs- bzw. Verwurfsrisiko kann gesenkt werden, bei abnehmenden Produktablösungsrhythmen ein besonders interessanter Aspekt.

Verstärkte Gleichteileverwendung vermindert auch weitgehend Wartezeiten an den Fertigungsplätzen – wegen der leicht zu handhabenden Austauschbarkeit und damit einhergehenden kontinuierlichen, kapazitätsausgleichenden Fertigungsmöglichkeiten, die der Erfüllung nahezu aller logistischen Zielsetzungen wesentlich entgegenkommen.

Fremdbezogene Gleichteile vermindern vor allem bisher überlange Wiederbeschaffungszeiten, wenn es gelingt, die neuen, nun mehrfach verwendbaren Teile von Lieferquellen mit kürzeren Lieferzeiten zu beziehen. Erfahrungsgemäß ist das leichter zu erreichen als mit vielfältigen Bauelementen im individuellen Zuschnitt. Im Einzelfall lohnen wiederholt technisch-wirtschaftliche wertanalytische Überprüfungen der Erzeugnisse, ob und wie weitgehend eine höhere Aggregierung von Funktionen und Leistungen in den universeller verwendbaren (ggf. auch genormten) Baukomponenten die wirtschaftlichen und logistischen Leistungen verbessern kann. Zu einem Abstrich am gewünschten Funktionsumfang und Leistungsspektrum beim Produkt darf es dabei ebensowenig kommen wie zu einer eventuellen „Überqualität“ der neuen, vielfach verwendbaren Komponenten.

Vor dem Entschluß, in der Produktentwicklung ein neues Teil zu schaffen, kann ein Blick in die Datenbank/Datenbibliothek (mit der Grunddatenhaltung) sehr aufschlußreich sein: ein Teil mit den geforderten Eigenschaften existiert vielleicht bereits! Der gespeicherte Teileverwendungsnachweis zeigt das aktuelle Bild der verschiedenen aufnehmenden Produkte in der Fertigung.

Der Einsatz dieser Kenngröße im zwischenbetrieblichen Vergleich ist nützlich, wenn damit ein weiterführender Erfahrungsaustausch in Gang gesetzt werden kann. Mitunter hat einer der Firmenpartner das Gleichteileproblem bereits gut, vielleicht schon vorbildlich im Griff!

Kennzahl **E 6: Grad der fertigungsbegleitenden Qualitätssicherung**

Definition/Formel:

$$\frac{\text{Fertigungssimultane Prozeßzeitspanne der Qualitätssicherung}}{\text{Gesamte Produkt-Durchlaufzeit}}$$

(min/min bzw. %)

Nutzungshinweise:

Ebenso wie die vorbeugende, bei Produktentwicklung beginnende Sicherung der Produkt- und Herstellverfahrensqualität wirkt die fertigungsbegleitende Qualitätssicherung positiv auf angestrebte Logistikleistungen, insbesondere durchlaufreduzierend und leistungsstärkend aus jeder kritischen Blickrichtung. Generell ist dieses Kriterium eher an den produktspezifischen Herstellprozeß gebunden - an seine Technik, Organisation und Wirtschaftlichkeit.

Der Nutzen der verdichteten Kennzahl (alle Zeitspannen jeweils in einer Summe) liegt in der Signalwirkung: bei minimalen Werten muß der gesamte Prozeß in Frage gestellt werden, um neue fertigungswirtschaftliche Ansätze zu finden. Ergänzend sind zur Ursachenermittlung die verschiedenen Teilprozesse in der Produktion inklusive Qualititätsüberwachung einzeln zu checken, auf ihren Zeitverbrauch und ihre Effizienz.

Beträchtliche zeitreduzierende Wirkung bei der Qualitätssicherung hat die Prüfung unter „Überlast" - höhere Drücke, Temperaturen etc. als beim späteren Dauereinsatz beim Kunden. Auch chemische Reaktionen können so eingerichtet werden, daß Prüfzeiten verkürzt werden. Zum Beispiel wird mit einem bestimmten Verdünnungsgrad der Flußsäure (Was-

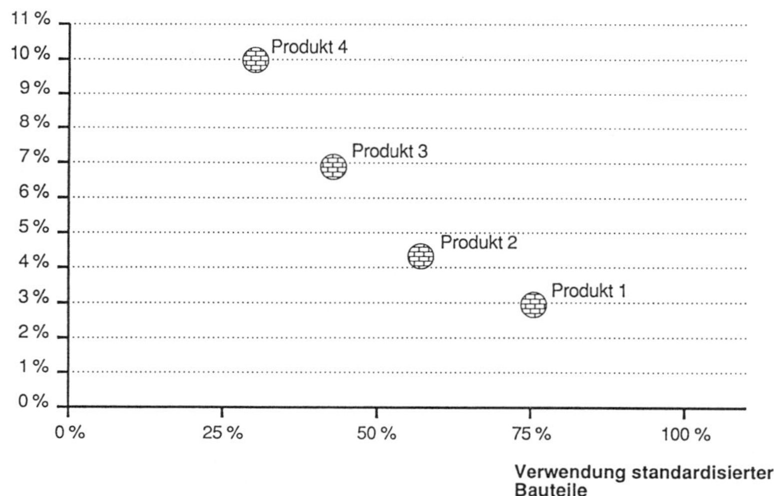

Bild 6-14 Verhältnis der Bestände an Material und unfertigen Erzeugnissen zum Anteil standardisierter Bauteile an den Enderzeugnissen

serstoff-Fluor-Verbindung) die Ätzgeschwindigkeit bei der Herstellung von Mikroprozessoren heraufgesetzt.

Kennzahl E 7 : Anteil just-in-time angelieferter Fremdteilepositionen

Definition/Formel:

$$\frac{\text{JIT-gelieferte Positionen}}{\text{Fremdteilepositionen insgesamt}}$$

(Zahl/Monat pro Zahl/Monat oder DM/Monat pro DM/Monat bzw. %)

Nutzungshinweise:

In welchem Umfang die generell von jedem Unternehmen angestrebten JIT-Zielsetzungen erfüllt werden konnten, zeigt diese Kennzahl im Istzustand. Wie weit man von dem gesetzten oder erreichbaren Ziel noch entfernt ist, zeigt ein Plan-Ist-Vergleich oder auch ein Kennzahlen-Austausch mit vergleichbaren Betrieben mit ähnlichen Problemen und Möglichkeiten.

Die Kennzahlenanalyse sollte sich nicht nur auf die fremdgelieferten Positionen erstrecken, sondern auch auf die intern bewegten – von Abteilung zu Abteilung im Produktionsprozeß einschließlich der beteiligten Montageläger und sonstigen Pufferzonen für Teilelagerungen. Eine pünktliche Bereitststellung seitens des Lieferanten bzw. Spediteurs oder Frachtführers kann nämlich durch interne Verzögerungen des Material- und Teileflusses wieder unwirksam werden.

Zur Analyse der Zahlen ist die Ermittlung der Ursachen für noch nicht durchgesetzte oder nicht vereinbarungsgemäß funktionierende JIT-Anlieferungen unerläßlich.

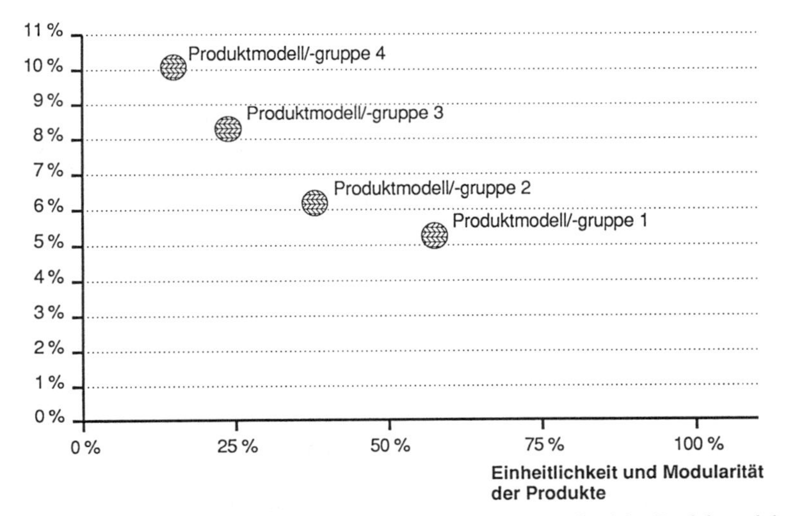

Bild 6-15 Verhältnis der Bestände an unfertigen Erzeugnissen zum Grad der Produktmodularität

Kennzahl	E8: Anteil flexibel angelieferter Fremdteilepositionen

Formel:

$$\frac{\text{Flexibel (vereinbarungsgemäß) angelieferte Fremdteilepositionen}}{\text{Fremdteilepositionen insgesamt}}$$

(Zahl/Monat pro Zahl/Monat oder DM/Monat pro DM/Monat bzw. %)

Nutzungshinweise:

Ähnlich wie die Just-in-time-angelieferten Positionen sind die vereinbarungsgemäß flexibel angelieferten Positionen logistisch erstrebenswert. Während die JIT-Anlieferungen für den logistischen Nutzen eine gewisse Kontinuität der aufnehmenden Fertigungsprozesse – in bezug auf feste Zeitenfolge und Bedarfsmengen – voraussetzen, bedient man sich der flexiblen Anlieferungen bei wechselnden Bedingungen des Bedarfs.

Insbesondere in Fällen störungsbedingter oder durch Änderungen ausgelöster Umdispositionen wird die flexible Versorgung der Bedarfsträger akut und wichtig für einen positiven Ausgleich im Hinblick auf die vom Markt erwarteten logistischen Leistungen.

Diese Meßzahl ist deshalb immer im Zusammenhang mit anderen, die Flexibilität charakterisierenden Kennzahlen zu sehen. Dabei ist die im internen Fertigungsfluß erzielte bzw. erzielbare Zeit- und Mengen-Flexibilität ebenso wichtig für logistische Leistungen wie die lieferbedingte Flexibilität.

Die Kennzahlenaussage für ein Controlling wird vertieft, wenn die Ursachen für die erforderliche Flexibilität aufgezeigt und die Zeit- und Mengenabweichungen vom „normalen“ oder erwarteten Zustand angegeben werden.

Kennzahl	E 9: Fertigungstiefe

Definition/Formel: Eigenleistungsanteil an der gesamten Leistung
(DM/Monat pro DM/Monat)

Nutzungshinweise:

Die heutigen und künftig absehbaren Marktverhältnisse tendieren dazu, daß die produzierenden Unternehmen Ertrag und Rentabilität durch zunehmende Fremdvergabe steigern können. Das wird in der Praxis heute überall schon in größerem Umfang genutzt. Es bieten sich hier ständig weitere Rationalisierungspotentiale. Hohe, leistungsstarke Spezialisierung, mit Kostenvorteilen in der Herstellung verbunden, sind die wichtigsten Gründe für die generell zu beobachtende Abnahme der Fertigungstiefe.

Die Bedingungen des make-or-buy-Problems sind jederzeit klar überschaubar und mit Zahlen objektiviert darzustellen: eigene – fremde Gesamtkosten des betreffenden Artikels. Hinzu kommen noch in den meisten Fällen verschiedene logistische Kosten- und Leistungsvorteile mit verringerter Fertigungstiefe, wie kürzere Produktionsdurchläufe oder raschere Belieferungen der Kunden, auch direkt von den Lieferanten. Die ständige Veränderung der Marktverhältnisse und der Wirtschaftlichkeit neuer Technologien läßt es auch hier ratsam erscheinen, die Kosten- und Leistungssituation der Anbieter ständig im Auge zu behalten. So ist es gut möglich, bei entsprechenden Voraussetzungen, den Ertrag auch durch Erweiterung der eigenen Fertigungstiefe zu steigern. Wenn eigenes technisches Know-how einen besonders hohen Stellenwert am Markt hat, kalkulatorisch günstig produziert werden kann und neben Produktqualität und Produktpreis auch Servicegrad und übrige Leistungen gegenüber den Mitbewerbern vorrangig sind, eröffnen sich stets gute Geschäftschancen – bei hohem Anteil der Eigenleistung des Unternehmens.

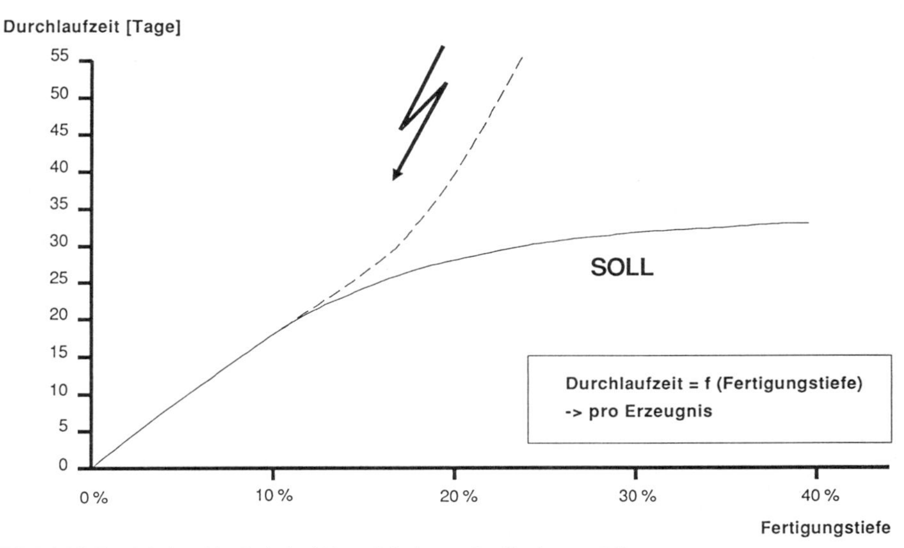

Bild 6-16 Produktdurchlaufzeit in Abhängigkeit von der Fertigungstiefe

Kennzahl	**E10: Umsatzstrukturen**

Definition: Umsatzwerte und Absatzmengen der Erzeugnisse oder Erzeugnisgruppen (DM bzw. Stck/Monat) strukturiert nach Kundengruppen und Vertriebswegen

Nutzungshinweise:

Die aktuelle und geplante Umsatz- und Absatzstruktur sind eine wichtige Ausgangsbasis für neue logistische Zielsetzungen und Maßnahmen zu deren Erfüllung im Hinblick auf ein effizientes Kunden-Marketing und eine logistisch optimale Distribution. Im Zeitvergleich werden geplante und ungewollte Umsatzverschiebungen und Umsatzeinbrüche rasch und deutlich sichtbar. Liegen logistisch relevante Ursachen den beobachteten unzulänglichen und unerwünschten Veränderungen zugrunde, kann diesen konsequent auch nur mit logistischen Maßnahme entgegengewirkt werden.

Die Zuordnung nach Kunden/Kundengruppen ist zwar auf den spezifischen Analysefall zuzuschneiden, sollte generell die strategische und wirtschaftliche Bedeutung berücksichtigen. Interessant sind Strukturierungen nach: Händler bzw. Wiederverkäufer, Endkunden, Kunden im Unternehmensverbund, Kunden, die zugleich Lieferanten sind u.s.w.

Sind die Umsatz- und Absatzzahlen den Kunden zugeordnet, können die logistisch und wirtschaftlich bestmöglichen Vertriebswege leichter gefunden werden.

Flankierend zur erhobenen Umsatzstruktur sind unterschiedliche Kriterien und Meßgrößen heranzuziehen:

- regionale Situation der Kunden
- rechtliche Lage der Kunden/Länderspezifika
- verkehrsmäßige Charakteristika der Kunden
- technischer und organisatorischer Level des Informations- und Datenaustausches mit den Kunden (kann kundenspezifisch sehr unterschiedlich sein!)
- und weitere fallspezifische Kriterien

Auch hier gilt es, auf dem Hintergrund rascher und leider auch überraschender Marktveränderungen die gegenwärtigen Bedingungen und eigenen Maßnahmen auf ihre noch wirtschaftlich und logistisch vertretbare Wirksamkeit von Zeit zu Zeit zu überprüfen und in Frage zu stellen. Das schützt am besten vor unangenehmen Überraschungen!

Kennzahl E11: Häufigkeit der Änderungswünsche seitens der Kunden

Definition: Anteil der Lieferungen nach Aufträgen mit Änderungswünschen an den Lieferungen insgesamt

Formel:

$$\frac{\text{Lieferungen mit Änderungswünschen (erfüllt/unerfüllt)}}{\text{Lieferungen insgesamt (mit und ohne Änderungswünsche)}}$$

(Zahl/Zahl bzw. % pro Monat)

Nutzungshinweise:

Nimmt die Zahl der Änderungswünsche zu, wächst zugleich das Risiko der abnehmenden Wirtschaftlichkeit der betroffenen Aufträge. Die Grenze der beginnenden Unwirtschaftlichkeit rückt umso näher, je geringer der Auftragswert ist. Die Entscheidung für oder gegen einen Auftrag mit sich häufenden kundenseitigen Änderungswünschen basiert nun keineswegs nur auf einem Rechenexempel. Sie ist auch eine strategische Entscheidung: gegenüber bedeutenden Kunden ist es ratsam, Ausnahmen zu machen – auch bei sonstigen Situationen, die längerfristig am Markte Erfolge versprechen. Die eigene Flexibilität endet da, wo sie ihre Rolle als kaufentscheidendes Kriterium verliert!

Viele oder zunehmende Änderungswünsche sollten zum Anlaß genommen werden, die Kundenbeziehungen zu überprüfen – ggf. sind sie zu verbessern.

6.6.6 Kennzahlen für das logistische Projektcontrolling

6.6.6.1 Der Beitrag des Projektcontrolling für die logistische Zielerfüllung

Alle Projekte im Unternehmen haben das gemeinsame Ziel, die mit ihnen geschaffenen Produkte, Systeme, Anlagen und auch das gewonnene Know-how bedarfsgerecht zum frühestmöglichen bzw. wirtschaftlich günstigsten Zeitpunkt auf dem Markt einzuführen. Das soll so kostengünstig wie möglich geschehen - noch wichtiger ist generell jedoch die Erstellung der Leistung mit dem Projektabschluß innerhalb kürzester Zeit. Die sich weiter beschleunigenden Innovationszyklen auf allen Märkten weltweit verstärken diese Forderung nach Verkürzung der Entwicklungs- und Realisierungszeiten aller Projekte. Das Unternehmen riskiert, den technischen und geschäftlichen Anschluß zu verlieren. Damit wird die enge Beziehung zu den logistischen Zielen und Aufgaben deutlich. Planung und Steuerung der Projekte verlangen zu jedem beliebigen Zeitpunkt völlige Transparenz der finanziellen Chancen und Risiken, die mit dem in Entwicklung befindlichen Produkt verbunden sind.

Revolvierend ist stets erneut zu überprüfen, ob und in welchem Umfang das Produkt auch noch aus der gegenwärtigen Sicht den bisher erwarteten und geplanten wirtschaftlichen und technisch-innovativen Erfolg erbringen kann. Märkte ändern sich rasch, zudem auch interne Projektbedingungen: das kann von beiden Seiten - wird nicht rechtzeitig gegengesteuert - in eine ungünstige Richtung treiben und durch die Scherenwirkung den geplanten Projekterfolg sogar vereiteln. Mitunter ist in so gelagerten Fällen das Projekt zugunsten eines anderen mit gesicherten Erfolgschancen zu „stornieren".

Ständiges projektbegleitendes Controlling arbeitet zweckmäßig mit analytisch aussagefähigen Kriterien, die zu jedem beliebigen Checkpunkt (nicht nur zu den „Meilensteinen") den Projektfortschritt anhand der ermittelten Leistungen in der erfaßten Zeit - gegenüber dem Planzustand - zu messen erlauben. Im folgenden werden einige besonders wichtige Kennzahlen für das logistisch orientierte Projektcontrolling vorgestellt.

6.6.6.2 Struktur und Ausprägungen der Kennzahlen für das Projektcontrolling

Von der Produkt-Idee bis zur Verwirklichung in der Produktvermarktung wird das gesamte Projekt in Phasen für definierte Leistungen nach Art und Umfang des Produktes aufgegliedert. Die Zeitpunkte für die abgeschlossenen Aufgaben und Tätigkeiten bedürfen eines kontinuierlichen, sorgfältigen und auch sensiblen Controllings, das auf der jeweils neuesten Sicht der Märkte und Unternehmen aufzusetzen hat. Hier bieten sich zeitbezogene Meßkriterien mit verschiedenen Aussagerichtungen und Analysemöglichkeiten an.

Dabei kristallisieren sich folgende Schwerpunkte für die Kennzahlenaussagen heraus:

- firmeninterne Aktivitäten und Bedingungen für einen zügigen Projektablauf - im wesentlichen aus logistischer und marktstrategischer Sicht
- Warnsignale nicht nur bei negativen Leistungs-/Zeitabweichungen in den Phasen, sondern auch bei gravierenden Marktveränderungen, die das in der Entwicklung befindliche Produkt treffen
- zeitbezogene Rentabilitäts-Kosten-Gegenüberstellungen
- Absicherung bzw. Unterstützung von Planungsaktivitäten und geschäftlich relevanten Vorhersagen

6.6.6.3 Auswahl wesentlicher Kennzahlen für das logistisch orientierte Controlling von Projektabläufen

– Definitionen, Formeln, Aussagen und Anwendungsbedingungen –

Kennzahl **V1: Grad der Termineinhaltung**

Definition: Die Abweichung der tatsächlich verbrauchten Zeit für eine definierte im Projekt erbrachte Leistung gegenüber der geplanten Zeit – nach neuestem Erkenntnisstand der Planung – wird auf die Planzeitstrecke bezogen.

Formel:

$$\frac{\text{Geplante Tätigkeitszeit minus verbrauchte Tätigkeitszeit}}{\text{Geplante Tätigkeitszeit}}$$

(Tage/Tage bzw. %)

Nutzungshinweise:

Diese Meßgröße ist ein grundsätzlich verwendbares Kriterium für die quantitative und nachvollziehbar-objektivierte Beurteilung der inhaltlich und zeitlich vorgegebenen Projektleistungen. Nicht nur zu den „Meilensteinen“, sondern auch zu allen beliebigen Zeitpunkten, in denen ein Check des Projektfortschritts erforderlich erscheint, ist die Kennzahl als rechtzeitiges (wenn angemessen wiederholt und sensibel angewandt) Warnsignal von Nutzen. Mit ihr werden bedarfsweise alle adäquaten organisatorischen und technischen Verbesserungsmaßnahmen angestoßen, die das mit jeder Projektverzögerung drohende Risiko eindämmen oder sogar gänzlich vermeiden können.

Kennzahl **V2: Warngröße Zeit**

Definition: Die Meßgröße ist ein Qotient, der zu jedem beliebigen Controllingzeitpunkt aus drei Zahlenelementen gebildet werden kann: der Zähler wird durch die Differenz zwischen „Worst-Case-Zeitspanne“ und Spanne der bisher verbrauchten Zeit gebildet. Der Nenner wird durch die Differenz zwischen der Worst-Case-Zeitspanne und der (für die zu überprüfende Leistung geplante Zeitspanne gebildet.

Formel:

$$\frac{\text{Worst-Case-Zeitspanne – Ist-Zeitspanne}}{\text{Worst-Case-Zeitspanne – Plan-Zeitspanne}}$$

(Tage/Tage bzw. %)

Nutzungshinweise:

Diese Meßgröße ist ein vor allem als Warnsignal nützlich zu jedem Zeitpunkt, an dem eine Überprüfung der Projektleistung und der Zeiteinhaltung erforderlich erscheint. Der jüngste Plan wird dem Ist-Zustand gegenübergestellt, reflektiert an der ungünstigsten Zeitdauer der Leistungserstellung.

Dabei ist diese ungünstigste Zeitspanne für geplante und genau definierte Leistungen unter Einschätzung fortschrittshemmender und projektwidriger Einflüsse in jede, auch revolvierende Planung einzubeziehen. Das bedeutet, daß auch Planzeitwerte und Worst-Case-Werte nach neuesten Erkenntnissen aus der Projektarbeit und aus den sich verändernden Marktsituationen und -einflüssen im Verlaufe des Projektes als variabel zu behandeln sind.

Warnsignale können beliebig abgestuft werden. Beispielsweise können vier Warnstufen angesetzt werden:

1) 0 bis 20 %
2) 20 bis 40 %
3) 40 bis 60 %
4) über 60 %
   zeitliche Entfernung vom Worst-Case-Zeitpunkt
   (Stufe 1 ist hier die höchste Warnstufe).

Aus der jeweiligen Entfernung vom Worst-Case-Punkt, dem Projekt- und dem Phasenumfang bestimmt das Projektmanagement die Maßnahmen zur Kompensation von Verzögerungen.

Kennzahl **V3: Long lead time items**

Definition: Extrem lange Entwicklungszeiten für Bestandteile des Produktes werden auf die Entwicklungszeit des Produktes bezogen
(in der entsprechenden einfachen Formel gemessen in Tagen/Tagen)

Nutzungshinweise:

Besonders lange Projekttätigkeiten zur Erstellung besonders zeit- und meist zugleich kostenaufwendiger Produktbauteile sind nicht unbedingt so hinzunehmen wie sie sind. Sie

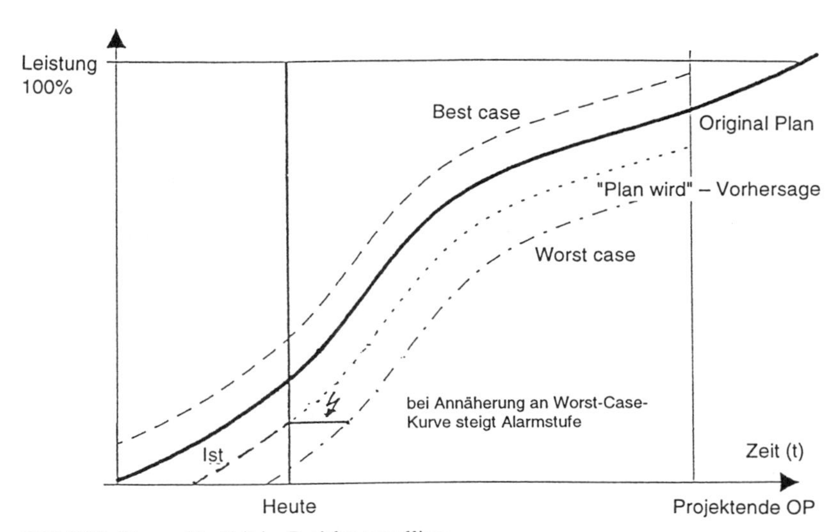

Bild 6-17 Warngröße Zeit im Projektcontrolling

sind wiederholt auf rationellere Gestaltung zum Zwecke einer Zeitverkürzung zu überprüfen.

Wie generell bei allen mehrphasigen, größeren Projekten ist auch hier stets aufs Neue zu überlegen, ob und welche Teilphasen bzw. Leistungsabschnitte zeitlich parallel geschaltet werden können, wenn auch nur zum Teil. Die Reduzierung des kritischen Weges muß wichtiges Anliegen des „Zeitmanagements“ in jedem Projekt sein.

Die Zuordnung der verschiedenen Phasenzeiten zu dieser Klasse ist stark projektspezifisch und kann nur mit Berücksichtigung der gesamten Projektlaufzeit vorgenommen werden: für das eine Projekt kann eine Dauer von einer Woche eine kurze, für das andere Projekt eine bereits beträchtliche Phasenzeit sein.

Kennzahl **V4: Zeitanteil einer Leistungsphase**

Formel:

$$\frac{\text{Zeitspanne einer definierten Leistungsphase}}{\text{Gesamte Zeitspanne des Projektes}}$$

(Tage/Tage bzw. %)

Nutzungshinweise:

Für jede definierte Leistung innerhalb eines Projektes wird in der Planung eine Ablaufzeit veranschlagt, die revolvierend neuen Bedingungen anzupassen ist. Über ihr steht permanent der marktseitige Zwang zur Reduzierung, zumindest zur strikten Einhaltung. Ein Kernproblem des Projektzeit-Controlling ist die Terminverfolgung - nicht nur zu starren Meilensteinen, sondern flexibel zu beliebigen Zeitpunkten. Sie ist Basis der Steuerung - und Gegensteuerung - sowie der weiteren revolvierenden Planung.

Die Phasenstruktur eines Projektes kann produktabhängig ausgedehnt werden, wie beispielsweise bis auf die letzte Lieferung von bestimmten Ersatzteilen. Es ist damit die letzte Lebensdauerphase des Produktes.

Kennzahl **V5: Pufferzeiten in Relation zur gesamten Projektzeit**

Definition der Pufferzeit:

Es ist die Zeitspanne, mit der eine definierte Tätigkeitszeit frei verschoben werden kann, ohne die gesamte Zeitstrecke eines Vorhabens - auf dem kritischen Weg, dem „roten Faden“ - zu verlängern. Sie basiert auf dem Verknüpfungskonzept der Netzplantechnik und kommt generell durch verschieden große, parallel geschaltete Tätigkeiten zustande: sie gewinnen „Luft“ oder freie Verschiebbarkeit infolge längerer, projektzeitführender Tätigkeiten in unabdingbarer Reihenschaltung.

Formel:

$$\frac{\text{Anzahl und Zeitspannen der Pufferzeiten}}{\text{Gesamte Projektzeitspanne}}$$

(Zahl und Tage/Tage)

Nutzungshinweise:

- Die Anzahl der mit Pufferzeiten verbundenen Tätigkeiten spiegelt die Chance wider, mit größeren Freiräumen zur Einhaltung der vorgegebenen Gesamtprojektzeit flexibel manövrieren zu können. Ergänzend zeigt die Summe über alle Pufferzeiten den zeitlichen Umfang der Möglichkeiten, die für eine rationelle Ablaufzeitverkürzung im gesamten Projekt auf dem kritischen Weg genutzt werden können.

Dabei ist zu bedenken, daß es sich zu jeder Zeit lohnt, alle mit einander verknüpften Tätigkeitszeiten immer wieder in Frage zu stellen. Es bieten sich erfahrungsgemäß immer wieder Möglichkeiten, bisher in Reihe geschaltete Tätigkeiten ganz oder wenigstens teilweise parallel zu schalten. Das ist der leichteste und beste Weg für „schnellere" Projekte oder auch für rechtzeitiges Erkennen wirtschaftlich riskanter Entwicklungen, die neue Entscheidungen des Projektmanagements erfordern, wenn nötig, auch für einen Abbruch eines Projektes zugunsten eines erfolgsträchtigeren.

Nutzt man die Möglichkeiten zur verstärkten „Parallelschaltung", dann können bisherige Pufferzeiten zugunsten neuer kritischer Wege zusammenschmelzen oder auch verschwinden, was der Gesamtzeitreduzierung zugute kommt. So kann z.B. der neue kritische Weg mit einer früheren Nebentätigkeit zusammenfallen; damit erreicht man die Verkürzung der Gesamtzeit um die bisherige Pufferzeit auf dem früheren Nebenweg.

Nicht nur firmeninterne (kosten- und ertragsrelevante, organisatorische, personalbedingte, fertigungstechnische und fertigungsorganisatorische u.a.m.) rasche Veränderungen, sondern oft vielmehr externe, d.h. marktseitige Einflußschwankungen sind von vornherein nicht absehbar und noch weniger planbar. Deshalb ist es notwendig, ein starres, nur meilensteingebundenes Projekt(zeit)-Controlling mit einem flexibel zu handhabenden Controlling - ohne fest vorgegebene Checkzeiten - zu kombinieren.

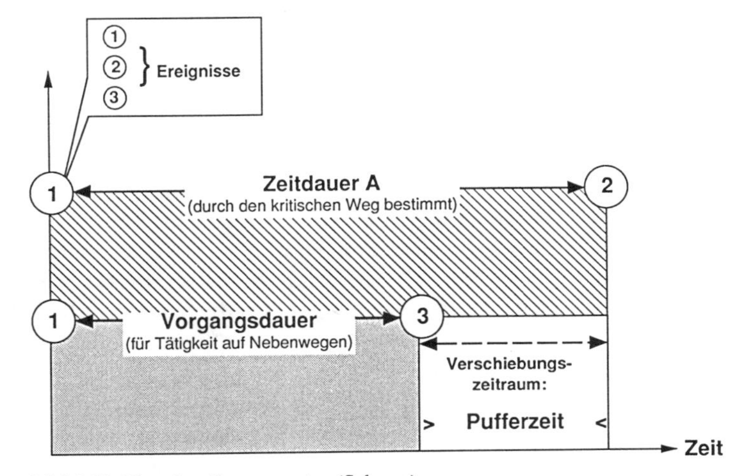

Bild 6-18 Netzplan-Komponenten (Schema)

Kennzahl **V6: Zeitverzögerungswirkung einer Phase auf das Projekt**

Definition: Dieser Wirkungsgrad zeigt quantitativ die Intensität einer möglichen Einflußnahme von Zeitverzögerungen auf das Gesamtprojekt

Formel:

$$\frac{\text{Gesamtzeitspanne der echten Tätigkeiten}}{\text{Gesamtzeitspanne für echte Tätigkeiten + Pufferzeiten}}$$

(Tage/Tage)

Nutzungshinweise:

Mit dem Wirkungsgrad gleich 1 wirkt sich jede Veränderung einer Einzeltätigkeitszeit unmittelbar (1:1) auf die gesamte Projektlaufzeit aus: hier auf dem kritischen Weg mit der Pufferzeit = 0 liegt damit auch die Chance, besonders wirkungsvoll erwünschte Zeitverkürzungen am Gesamt-Projekt zu erreichen.

Bei dieser Kennzahl geht es darum, den zeitlichen Spielraum offenzulegen, in dem die Tätigkeiten neben dem kritischen Pfad verschiebbar sind, ohne das Projektende zu gefährden. Diese Überlegungen werden immer dann akut, wenn es gilt, Zeitverzögerungen auf den Nebenpfaden aufzuholen. In diesen Fällen legen die Pufferzeiten aller Tätigkeiten ab dem „Heute“-Zeitpunkt als Meßzahlen offen, in welchem Umfang das Projektmanagement noch Aussicht hat, effektiv gegenzusteuern, vor allem zu vermeiden, verzögerte Nebenpfade zu neuen, längeren kritischen Wegen werden zu lassen.

Hilfreich ist für die Analyse und Beurteilung der Maßnahmen aufgrund der vorliegenden Situation immer auch eine Aufzeichnung der Tätigkeitsverknüpfungen in grafischer Form mit maßstäblicher Zeitachse.

Kennzahl **V7: Aufwands-Nutzen-Relation bei Projektverzugskompensation**

Formel:

$$\frac{\text{Zusätzlicher Projektaufwand zur Endtermineinhaltung}}{\text{Abgeschätzter abgewendeter Schaden - monetär}}$$

(DM/DM bzw. %)

Nutzungshinweise:

Verzögerungen des Projektes kündigen sich – bei aufmerksamer Beobachtung – meist mit Warnsignalen an. Wird damit der Projektabschluß unsicher, ist unverzüglich zu überlegen und auch soweit wie möglich quantifiziert abzuwägen, ob rascher zusätzlicher Manpower- und Mitteleinsatz lohnt, das in Entwicklung befindliche Produkt trotz aller Verzögerungen noch fristgerecht mit erwartetem Innovationsgrad und Markterfolg zu realisieren. Maßgeblich für die fristgerechte Fertigstellung ist die Beurteilung der gegenwärtigen und künftigen Marktsituation sowie des internen (auch logistischen) Leistungsvermögens.

Mit Werten unter 1 zeigt die Meßgröße lohnenden zusätzlichen Aufwand für das Abwenden eines zu späten Abschlusses, wobei zuerst geprüft werden muß, ob zusätzlicher Ressourcenschub (verfügbar) möglich ist und aus heutiger Sicht überhaupt noch einen erwünschten zügigeren, erfolgversprechenden Verlauf bewirken kann. Mit fallenden Zahlenwerten steigt die Erfolgswahrscheinlichkeit und der für die Zukunft abschätzbare Nutzen – reflektiert am Zusatzaufwand.

Die Ermessensgrenze für die „richtigen" Entscheidungen – zwischen Forcierung einerseits und Projektabbruch zugunsten eines erfolgsversprechenden Vorhabens andererseits – wird im wesentlichen von der Höhe des vermutlich vermiedenen Schaden und zugleich vom Gegenwartswert des erreichbaren Ertrag mit dem vermarkteten Produkt bestimmt.

Die Innovationszyklen der betreffenden Branche sind dabei wichtig und in jedem Falle in die Entscheidung einzubeziehen, ebenso Kundenverhalten und Kundenstrukturen (z.B.: wenige Großkunden, viele anonyme Kunden), außerdem: Vertriebsstufen bzw. Vertriebskanäle (z.B.: Distribution über Händler oder direkt an Endkunden, über Zwischenlager oder ab Fabrik etc.).

Kennzahl V8: Toleranzzeitspanne des Markteinführungsverzugs

Definition: Aus Sicht der gegenwärtigen Situation wird die Zeitspanne zwischen letztmöglichem und frühestmöglichem Markteinführungstermin auf die Zeitstrecke vom „Heute"-Zeitpunkt bis zum letztmöglichen Zeitpunkt der Markteinführung bezogen.

Formel:

$$\frac{\text{Letztmöglicher – frühestmöglicher Markteinführungstermin}}{\text{Letztmöglicher Markteinführungstermin – Heute-Zeitpunkt}}$$

(Tage/Tage)

Nutzungshinweise:

Das zeitliche Ziel der Markteinführung des im betrachteten Projekt entwickelten Produktes wird im wesentlichen von der Art des Produktes und seiner marktseitigen Einschätzung bestimmt, wobei alle kaufentscheidenden Faktoren sowie weitere wichtige Marktcharakteristika in die Analyse und Planung einzubeziehen sind. Einflußgrößen sind beispielsweise: Leistungs-Preis-Verhältnis und Design des betreffenden Produktes, Wettbewerbssituation und damit erwartete Marktattraktivität, vermutete Bewegungen des Marktwachstums und des Marktanteils, der abzuschätzende Produkt-Lebenszyklus – alle sind wichtige Kriterien, Daten und Kennzahlen im Rahmen der relevanten Geschäftsfeldplanung.

Kennzahl V9: Wirkungsverhältnis zwischen Zeit- und Aufwandsänderungen

Definition: Im Zähler wird die absolute Zeitspanne der Veränderung auf die absolute Zeitspanne der betrachteten Phase bzw. Tätigkeit im Projektverlauf bezogen; der Nenner ist die Relation zwischen der absoluten Veränderung des Aufwands und dem absoluten Aufwand für die betrachtete Phase.

Formel:

$$\frac{\text{Relative Änderung der Phasendauer}}{\text{Relative Änderung des Phasenaufwands}}$$

(% / %)

Nutzungshinweise:

Hier wird der Grad des Wirkungszusammenhangs zwischen Veränderungen des Zeitverbrauchs und der Veränderungen des Ressourceneinsatzes für einen Projektabschnitt oder auch das gesamte Projekt (vor allem bei kurzfristigen Vorhaben) zahlenspezifisch charakterisiert. Wichtige Voraussetzung ist dabei stets, daß ein nachweisbarer sachlogischer, wirtschaftlicher und zeitrelevanter Kausalzusammenhang zwischen Dauer und Aufwand der Tätigkeit vorliegt. Eine Wechselwirkung zwischen den beiden Meßgrößen ist immer dann gegeben, wenn eine etwa konstante Leistungsintensität über die gesamte Zeitstrecke angenommen werden kann.

Wichtige Bestimmungsgrößen sind in diesem Zusammenhang: Mitarbeiterzahl, -zusammensetzung und -qualifikation, technisch-wirtschaftlicher Level des Projektfortschritts, Häufigkeit und Sorgfalt der Projekt-Controllingmaßnahmen und viele andere mehr.

Die Kennzahl hilft generell, die erwartete Effizienz von Entscheidungen und Maßnahmen abzusichern, wenn es um die kalkulatorische, marktkonforme Abschätzung von erforderlichen Zeitverlängerungen in bestimmten Abschnitten oder auch im gesamten Projekt geht. Bei steigenden Innovationsrhythmen und logistischen Leistungsanforderungen ist stets zu überlegen, ob es nicht lohnt, einen quantifiziert begrenzten zusätzlichen Aufwand dem Projekt zugute kommen zu lassen, um den höchstmöglichem Wettbewerbsvorteil zum rechtzeitigen Einführungszeitpunkt des entwickelten Produktes zu erzielen.

Kennzahl V10: Zeitabhängigkeit des Gewinnverhaltens

Definition und Formel:

Differenz zwischen dem Gegenwartswert des Marktertrages und dem Gegenwartswert der Projektkosten (in DM pro Zeitabschnitt).

Nutzungshinweise:

Die Meßgröße kann zur Bestimmung des wirtschaftlich bestmöglichen Zeitpunkt der Markteinführung des in Entwicklung befindlichen Produktes genutzt werden. Damit ist sie ein Instrument für Überwachung und Korrekturen der Projektablaufzeiten. Ab dem Zeitpunkt der Marktreife des entwickelten Produktes sind zwei unterschiedliche Werte-Kurven über der Zeitachse zu betrachten: die Bewegung des Produktertrages sowie die Bewegung der Projektaufwendungen.

Die Gestalt der ersten Kurve wird im wesentlichen durch den Verlauf des erwarteten Lebenszyklus des entwickelten Produktes geprägt. Die zweite Kurve wird im wesentlichen durch die phasenspezifischen Projektleistungen und Projektaufwendungen geformt.

Die Kosten und Erträge können als Gegenwartswerte kalkulatorisch auf den „Heute"-Zeitpunkt bezogen werden; dies wird insbesondere für längerfristig ablaufende Projekte von Zeit zu Zeit empfohlen. Aus den Differenzwerten zwischen Ertrags- und Aufwandskurve läßt sich der Verlauf des zu erwartenden Gewinns über der Zeitachse ablesen.

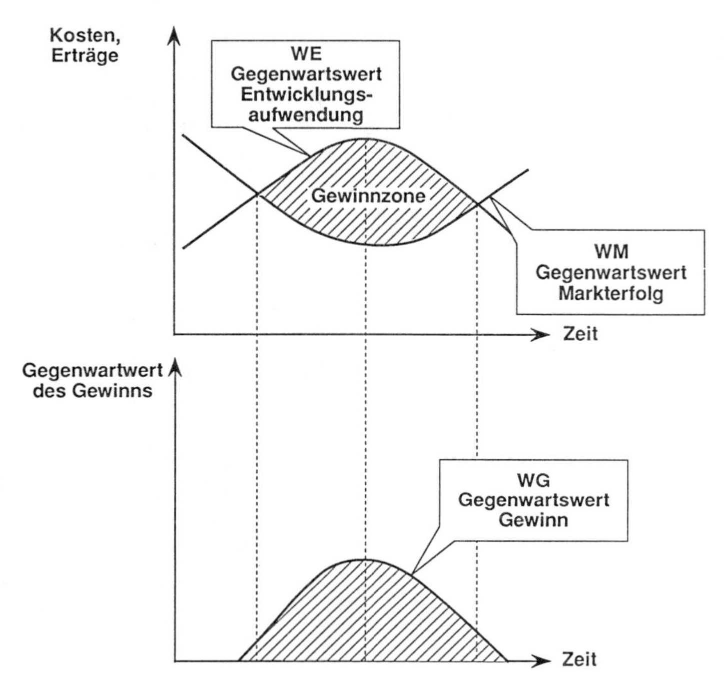

Bild 6-19 Zeitabhängiges Gewinnverhalten (Schema)

6.7 Einführung eines Logistik-Controllings mit Hilfe von Kennzahlen

6.7.1 Generelle organisatorische Voraussetzungen und Vorbereitungen

Mit dem Entschluß des Managements, die Prozesse und Leistungsströme auf die logistischen Marktforderungen auszurichten, ist zugleich die Entscheidung für ein über alle im Wertschöpfungsprozeß beteiligten Funktionen durchgängig wirkendes logistisches Controlling gefallen. Dieses Controlling ist so zu konzipieren und im Unternehmen zu organisieren – mit der nötigen Kompetenz und Verantwortung –, daß es jederzeit bei Bedarf rasch einsetzbar ist.

Nun ist die Logistik im Grunde eher Denkweise als Institution; sie kann nur mit Motivation Eingang in das Unternehmen finden und so die gesetzten operativen Ziele optimal erfüllen. In nahezu allen Unternehmensfunktionen ist eine mehr oder minder starke logistische Orientierung erforderlich; funktionsspezifische und logistische Aufgaben ergänzen und durchdringen sich. Deshalb ist bei den Einführungsschritten für eine logistikfreundliche Ablauf- und Aufbauorganisation wichtig, die „klassischen" und bewährten Funktionen, wie beispielsweise Beschaffung, Kunden-Auftragsbearbeitung oder Versand, nicht in ihrem Wesen grundlegend verändern zu wollen, sondern mit logistischer Orientierung des Geschehens „anzureichern".

Die erforderliche Stärkung der logistischen Eigenverantwortung der Mitarbeiter in den tangierten Funktionen wird weniger durch Fremdcontrolling, vielmehr durch koordiniertes funktionsübergreifendes Zusammenarbeiten und Abstimmen erzielt; die eigenverantwortliche Überwachung der eigenen logistisch relevanten Leistungen muß in der fluß- und marktorientierten Organisation ihren Raum finden. Für die Struktur-Organisation bedeutet das beispielsweise eine flache hierarchische Gestalt mit möglichst wenigen Schnittstellen (Hürden!) für kurze Wege mit logistisch orientierter Brückenfunktion.

Die Verantwortungsbereiche und -grenzen sind auf die betont logistischen Kommunikations-, Güter- und Leistungsströme in den weiterhin funktional geprägten Stellen oder Abteilungen auszurichten; das verlangt neue Arbeitsablaufanweisungen, Stellenbeschreibungen, Kompetenzrichtlinien, die nachhaltig und langfristig die logistische Orientierung aller Prozesse des Unternehmen im „Tagesgeschäft" sichern sollen.

Die wichtigsten organisatorischen Schritte zur sukzessiven Einführung der logistischen Strategien und ihre Umsetzung in die Unternehmenspraxis sind planmäßig durchzuführen, begleitet durch ein Fortschrittscontrolling bis zur vollständigen Realisierung – wie bei einem Projekt üblich.

Den Schritten zur logistischen Ausrichtung der relevanten Abteilungen liegen folgende Überlegungen für Aktionsschwerpunkte zugrunde:

- Die vom Management ausgegebenen logistischen unternehmensspezifischen Ziele sind allen logistisch tangierten Mitarbeitern mit der spezifischen Bedeutung für ihre eigene Arbeit bewußt zu machen.
- Diese Ziele bilden die Grundlage für die Festlegung der neuen logistischen Verantwortlichkeiten.
- Die logistischen Weiterbildungsmaßnahmen sollen die Mitarbeiter mit den neu ausgerichteten Aufgaben und Tätigkeiten sowie mit der Wirkungsweise eines kennzahlengestützten Logistik-Controllings vertraut machen.
- Die Inhalte einzelner „klassischer" Funktionen bleiben im Kern unberührt, soweit dies den logistischen Aufgabenstellungen nicht widerspricht.
- Die logistische Ausrichtung aller Funktionen und der sie durchziehenden Prozesse kann erfahrungsgemäß nur schrittweise, allmählich vollzogen werden.
- Bei der logistischen Orientierung der beteiligten Stellen ist besonders wichtig, die hier relevanten logistischen Leistungen funktionsgerecht zu definieren und auch quantitativ erfaßbar zu gestalten (z.B.: Transportzeit zwischen zwei festgelegten typischen Meßpunkten bei liefernder und empfangender Stelle).
- Für die Ausübung eines flexiblen, überall und jederzeit einsatzfähigen logistischen Controllings sind die erforderlichen Meßziele, Meßvorschriften, Meßobjekte in allen funktional geprägten Prozessen festzulegen (auf Dimensionierungen achten).
- Die Schwerpunktaktivitäten für eine vollständige logistische Durchdringungung sind die
  - Beschaffungslogistik (incl. Wareneingang, ship-to-line u.a.)
  - Produktionslogistik (incl. Qualitätsregelung)

  - Distributionslogistik (produktbezogene Kundenorientierung mit Transparenz aller Logistikleistungen zwischen Märkten und eigener Firma).
- Das logistisch orientierte Informationssystem mit steuerndem, regulierendem, überwachendem Informationsmanagement ist eine der wichtigsten Grundvoraussetzungen aller logistischen Leistungen: Technik, Organisation und ständige personell getragene Informations- und Leistungsbereitschaft sind hier maßgebliche Komponenten seiner Leistungsfähigkeit.
- Die zunehmende Marktverflechtung und Kommunikationsvernetzung drängt alle logistisch ambitionierten Unternehmen dazu, ihre Systeme durchgängig d.h. kompatibel zu gestalten.

6.7.2 Mitarbeiterführung und Mitarbeiterqualifikation

Die logistisch orientierte Mitarbeiterführung beginnt mit der Konzeption und Durchführung der Mitarbeiterschulung. Mit dem Beschluß der Unternehmensleitung, ihre Funktionsbereiche logistisch auszurichten, sind die organisatorischen und technischen Vorbereitungen für lebensnahe, praxisbezogene Aus- und Weiterbildungsmaßnahmen mit anschließender Durchführung die dringlichsten Aufgaben – mit Projektcharakter.

Die Mitarbeiterschulung und Mitarbeiterführung ist in die bisherige Arbeitssphäre in jeder Beziehung einzubinden, wenn sie Erfolg haben soll: die erforderliche Mitarbeiterqualifikation im firmen- und marktbezogenen logistischen Zuschnitt. Das bedeutet Aus- und Weiterbildung zum großen Teil vor Ort, in den gewohnten Abteilungen im Unternehmen nach den Weisungen „learning by doing“ und „training on the job“. Hierin liegt auch die beste Chance für permanente Erfolgskontrolle, die überwiegend als Selfcontrolling nur motivierend wirken kann.

Neben der zunehmend logistischen Durchdringung der eigenen Tagesarbeit, wie beispielsweise in der Terminierung von Kundenaufträgen, sollten auch seminaristische Simulationen der Realität und Planspiele in ausreichendem Umfang veranstaltet werden. Diese fördern vor allem die erforderliche Kreativität, Kommunikations- und Verantwortungsbereitschaft, vorrangige und notwendige Voraussetzungen logistischer Qualifikation und Erfolge. So kann die Einrichtung von produktgebietsspezifischen „workshops“ aufgrund guter Erfahrungen in Industrieunternehmen empfohlen werden. Wichtig dabei ist, daß alle Funktionsverantwortlichen und Führungskräfte hier in gemeinsamer Arbeit und Diskussion ihre künftigen logistischen Aufgaben definieren und die Umsetzung vorbereiten.

Träger der Weiterbildungsmaßnahmen sind generell: die Führungskräfte der unterschiedlichen logistisch tangierten Stellen zwischen Produktentwicklung und Vertrieb, auch Mitarbeiter mit logistischen Erfahrungen auf ihren Arbeitsgebieten, außerdem Fachkräfte aus der Systementwicklung und Verfahrensbetreuung, d.h. aus den Abteilungen für Organisation und Datenverarbeitung bzw. Information und Kommunikation. Zielgruppen sind grundsätzlich alle Mitarbeiter des Unternehmens, gleich, welcher Firmengröße, da sich immer wieder zeigt, daß kein Funktionsbereich sich vollkommen aus der logistischen Verantwortung heraushalten kann. Hauptsächlich werden die Mitarbeiter und Führungskräfte der „logistischen Kette“, der unmittelbar logistisch geforderten Funktionen, angesprochen, die dem neuen Gedankengut in allen anderen Funktionen und Stellen zum Durchbruch verhelfen sollen.

Der Lernerfolg zeigt sich sogar meßbar in Form verkürzter Durchlaufzeiten, weniger Reklamationen und anhand der verbesserten Leistungskriterien im Wettbewerb. Nach der logistischen „Adaptionsphase“ gilt es nun, die Leistungen auf einem marktkonformen Level auch zu halten. Hier haben sich in den Unternehmen bereits auch monetäre Anreizsysteme bewährt. Eine wichtige Voraussetzung dafür ist, daß der Mitarbeiter die logistischen Leistungen, für die er belohnt werden soll, selbst beeinflussen kann. Nicht minder wichtig ist die objektive Darstellung und Meßbarkeit des Zielerfüllungsgrades, z.B.: gestiegene Lieferfähigkeit mit geringeren Beständen und Bestandskosten durch gezielte Sortierung der Artikel.

6.7.3 Logistische Orientierung der Funktionskreise

6.7.3.1 Kundennähe in der Auftragsabwicklung

Die logistische Philosophie will die Forderungen und Wünsche der Auftraggeber den Leistenden stärker als bisher präsent und bewußt machen. Das trifft besonders die Mitarbeiter in der Bearbeitung der Aufträge, also den Funktionskreis, von dem nicht zufällig die logistische Orientierung der Unternehmen ihren Ausgang nahm. Hier, an der Nahtstelle zwischen Markt und Unternehmen, ist es für die Erfüllung aller logistischen Leistungen wesentlich, hohe persönlich getragene Kommunikationsbereitschaft mit adäquat leistungsfähiger systemtechnischer und organisatorischer Arbeitsplatzausstattung in optimaler Kombination zu verbinden.

Analog gilt die geforderte Einschätzung der eigenen kundenspezifischen Leistungen auch für nicht kundenauftragsspezifische Leistungsprozesse, da Kundenforderungen und -verhalten schließlich auch nur Marktforderungen und Marktsituationen reflektieren. Der Kunde verhält sich im Grunde marktkonform in seinen Forderungen aller Leistungen. Deshalb sind die hier definierten logistischen Leistungsmeßzahlen, in denen sich das Unternehmen marktseitig relativiert betrachten muß, um nicht zurückzufallen, für alle Leistungen, ob kundenauftragsbezogen oder nicht, sinngemäß für das eigene Controlling anwenden.

Generell gilt für die eigenen organisatorischen Richtlinien: Vorrang vor abteilungsfremdem Controlling hat das eigenverantwortliche Controlling. Es ist nicht nur motivationsfördernd, sondern auch rascher durchführbar, damit flexibler und logistisch wirksamer. Es ist immer besser, jedem Mitarbeiter die volle Verantwortung für seine eigene Arbeit zu geben – und damit auch die Controllingarbeit.

Wichtig für die Abteilungen der Auftragsbearbeitung sind: Kooperationsbereitschaft und entsprechende Kommunikation mit allen internen, logistisch beteiligten Stellen, wie z.B. Produktentwicklung, Fertigungsplanung, -disposition und -durchführung, Beschaffung und anderen. Die Aufbau- und Ablauforganisation dieser, wie aller beteiligten, Stellen soll diese kommunikationsintensive und flexible Arbeitsweise nicht nur zulassen, sondern vor allem fördern: – durch sparsame hierarchisch geprägte Ablaufanweisungen, ob Unterschriftenregelung oder „Genehmigungsverfahren“. Darüber hinaus ist eine begleitende Präsenz und Beratungsassistenz der Organisations- und Systemfachleute im Sinne der „Partner von nebenan“ zu jeder Zeit sicherzustellen, da systemtechnischer Nachholbedarf oder Innovationen auf den „Orgware-Märkten“ diese Hilfestellung schon im eigenen Wettbewerbsinteresse erforderlich machen, um „a`jour“ zu sein.

Führungskonzepte und Organisationsvereinbarungen helfen hier, das zu manifestieren, um die permanente Realisierung zu sichern.

Ein oft in der Praxis auftretender Fall mag diese Notwendigkeit unterstreichen: Eine plötzliche Störung der eigenen oder fremden Fertigungskapazität sprengt den Toleranzrahmen der vereinbarten Lieferzeit, Lieferqualität oder anderer (logistischer) Leistungen – die unverzügliche Information des Kunden ist unumgänglich: er hat ein Recht darauf!

6.7.3.2 Lieferqualität und Transportsystem

Die Kunden beurteilen die Leistungen des Unternehmens, wie bereits dargestellt, nicht am wenigsten nach der definierten Lieferqualität, nach der ebenfalls meßbaren Liefertreue und Lieferzeit. Es sind zugleich die wesentlichen quantitativ nachweisbaren Beurteilungskriterien des letzten bedeutenden Gliedes der Logistikkette, des Versands einschließlich Transportabwicklung.

Die gewünschte Ware in einwandfreiem Zustand in der vereinbarten, meist äußerst „knappen“ Zeit dem Empfänger zu überbringen, ist der wesentliche Beitrag dieses Funktionsbereichs zu den logistischen Leistungen. Hinzu tritt – wie bei jeder funktionalen Leistung – die Forderung nach minimalen Kosten, hier vor allem: Frachtkosten.

Erfahrungen mit leistungsfähigen Transportsystemen liegen aus Unternehmen vor. Sie unterstützen wesentlich den Warenfluß, indem der Informationsfluß warenbegleitend und auch -vorauseilend eingebunden wird. Für die kundenseitige und die eigene Disposition ist es wichtig, vorab die kommende Lieferung zu melden, auch unverzüglich eventuelle Störungen bzw. Verzögerungen durchzugeben.

Ein flexibles und kostengünstiges Versandsystem verlangt die Einrichtung eines beleglosen, flexiblen und kompatiblen Datenaustauschsystems für alle heute möglichen Formen der Kommunikation: Sprache, Texte, Rechendaten, Bilder.

Wichtige und typische Inhalte der Dateien sind: Werkslieferdaten (Lieferantenschlüssel, Auftragskennzeichen, Lieferscheindaten, Versandinstruktionen u.a.), Speditions- und Frachtangaben (Spediteur, spezifiziertes Transportmittel, Verkehrswege u.a.) sowie Kolli-Angaben (Merkmale der Packstücke) und schließlich Angaben zu den Bestellpositionen einschließlich Rechnungsdaten und Zollmodalitäten.

Das Versandsystem sollte umfassendes Informations- und Überwachungsinstrument sein. Es läßt als typische Systemleistungen erwarten: Errechnung von Fracht- und Lagerkosten, Clearing mit den Geschäftspartnern, Lagerbestandsführung, Dispositionshilfen, außerdem alle Buchungssätze der Versandabwicklung im Rahmen der Finanz- und Betriebsbuchhaltung, außerdem Entscheidungsmeßgrößen für eine revolvierende Optimierung der Speditionsleistungen, der eigenen und fremden Versandabwicklungs- und Transportkosten u.a. Die Systemleistungen werden in Programmbausteinen angeboten.

Fast alle Kriterien sind problemlos zahlenmäßig darstellbar (siehe Kennzahlenteil); sie eignen sich deshalb auch für das „Durchspielen“ von Alternativen, wie sie vor Entscheidungen erforderlich werden, wenn es z.B. gilt, nachhaltig zuverlässige leistungsstarke und kostengünstige Frachtführer bzw. Spediteure unter Vertrag zu nehmen oder wenige und vereinfachte, neuorganisierte Warenverteilungs- und Lagerstufen zur Verbesserung der Flexibilität zu wählen und zu realisieren.

DV-Ablauf

Eingangsschnittstelle und Verteilung der Daten

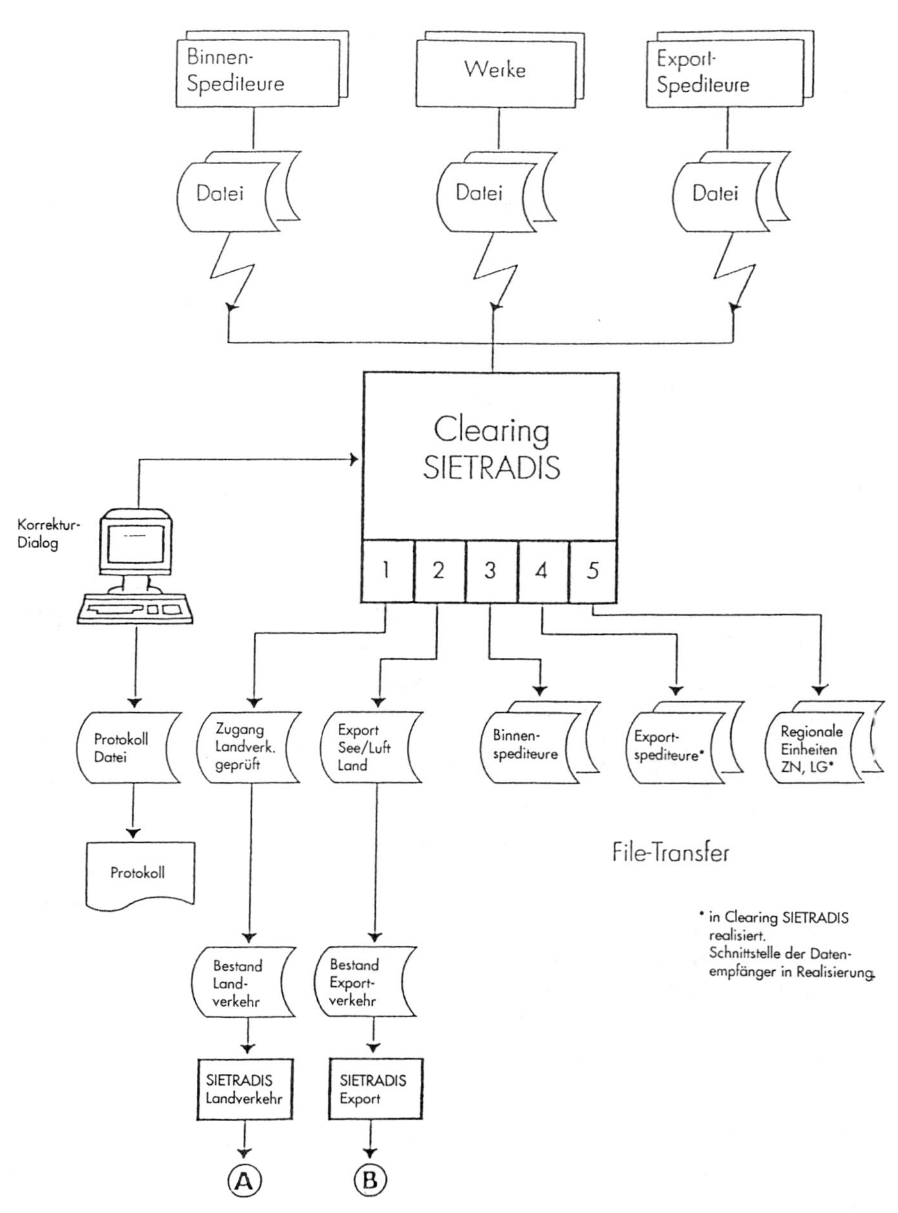

Bild 6-20 Informationsfluß-Schema eines Transportsystems (Quelle: Siemens AG)

6.7.3.3 Flexibilität der Leistungserstellung

Eine hervorragende Charakteristik der logistischen Leistung im eigenen Leistungsprozeß ist die erzeugnisspezifische Wertschöpfungs- bzw. Wertzuwachskurve über der Zeitachse. Logistisch und wirtschaftlich optimal zeigt ihr Idealbild einen steilen Verlauf, der bei Annäherung an das Fertigerzeugnis, die vermarktbare Leistung in der Schlußphase seinen stärksten Anstieg erhält.

Die Leistungen bzw. Erzeugnisse werden von den Kunden heute und morgen mehr denn je in hoher Diversifikation gefordert. Große Vielfalt der Bestandteile verzögert jedoch tendenziell die Leistungskurve, läßt sie abflachen. Das Risiko zurückfallender Leistung wächst mit der Zahl individueller Teilepositionen (negatives Beispiel: wachsendes Nachschubrisiko). Positiv ausgedrückt, bedeutet die zunehmende Verwendung genormter, standardisierter Bauteile für ein möglichst weitgespanntes Erzeugnisspektrum auch zunehmenden Ertrag und Erfolg. Das zeigen die jüngsten Erfahrungen in allen Produktionsstätten. Modularität der Fertigerzeugnisse ist eine weitere Erfolgsprämisse. Diese Forderungen sind zwar prinzipiell gegensätzlicher Art, doch lassen sie sich trotzdem fallweise sukzessive erfüllen, wenn beispielsweise Produktentwicklung, Fertigungsorganisation und Marketing koordiniert aktiv werden (die Entwicklung kann auch ohne Teilevielfalt anspruchsvolle Aufgaben bei der Förderung der Normung wahrnehmen! Variantenreichtum auf den Absatzmärkten kann auch mit kostengünstigen Differenzierungen erreicht werden!).

Einen wichtigen Beitrag zur Verbesserung der Flexibilität zu günstigen Kosten leisten erfahrungsgemäß die flexiblen Fertigungssysteme, die ohne nennenswerte Rüst- oder Umstellzeiten wechselnde Zwischen- oder Endprodukte in rascher Folge herzustellen vermögen. Selbst kleinste Losgrößen werden damit wirtschaftlich und rentabel, wenn sie nur die marktseitigen Wünsche voll erfüllen.

Typisch für die hochflexible Fertigungstechnik und -organisation ist die technische Umrüstung während der ununterbrochenen Bearbeitungszeit anstelle der „Reihenschaltung“ mit den üblichen Unterbrechungen (z.B. schneller Werkzeugkasettenwechsel in der Fertigungsmaschine während des Werkstückbearbeitungslaufes).

Die fertigungsbegleitende (anstatt nachgeschaltete) Qualitätsprüfung ist eine wichtige flankierende Komponente logistischer Rationalisierung; eine steiler ansteigende Wertzuwachskurve und verringerte Durchlaufzeiten zeigen die erzielten Vorteile in Form von Meßkriterien.

Die Flexibilität der Produktion oder sonstiger Leistungserstellung kann simultan aus einer Vielzahl von beeinflußbaren Komponenten gespeist werden. Die wichtigsten sind hier skizziert, wobei auf die ebenfalls beeinflußbare Flexibilität der vorleistenden Zulieferer bereits hingewiesen wurde. Mit der Flexibilität ist eine der wichtigsten Prämissen logistischer Effizienz erfüllt: hohe Leistung mit Produktvielfalt bei optimalen Kosten durch Normung und Produktionsbeschleunigung.

Ständiger firmeninterner und externer Meinungs- und Erfahrungsaustausch zwischen den Verantwortlichen für Fertigungstechnik und Fertigungsorganisation ist ein erprobtes organisatorisches Hilfsmittel, die neuesten Erkenntnisse und Tools zur logistisch notwendigen Flexibilisierung der Produktionsprozeßkette – auch im Rahmen der CIM-Konzepte – zu nutzen. Die firmenseitig veranstalteten meetings werden problem- und fallspezifisch notwendigerweise auch von tangierten Fachleuten anderer Bereiche mitgetragen, z.B. von Produktentwicklern, wenn es um verfahrenstechnische Neuheiten und Erprobungen geht, oder von Einkäufern und Kalkulatoren, wenn „make-or-buy“ fundierte Entscheidungen verlangt.

6.7.3.4 Einbindung der Beschaffung in die Wertschöpfung

Zunehmende Spezialisierung und abnehmende Fertigungstiefe führen Auftraggeber und Lieferanten zu immer engerer Kooperation – in eine gegenseitige Bindung mit Nutzenchancen für beide Partner. Das bedeutet vor allem intensive Abstimmung der Leistungsströme in ihrer logistisch ausgerichteten Qualität. Diese Leistungen sind zu jeder beliebigen Zeit nachweisbar, wie mit den vorgestellten Kriterien des logistischen Beschaffungscontrolling gezeigt wurde.

Organisatorisch gesehen, stützt sich die Beschaffung – auch synonym für den Einkauf – auf einen strategischen und einen disponierenden Teil. Beide sind logistisch gesehen eng miteinander verbunden, wie typische Beispiele des Aushandelns und Abrufens von Just-in-time-Anlieferungen oder Qualitätssicherungsvereinbarungen zwischen den Partnern zeigen.

Die neue logistisch orientierte Aufbau- und Ablauforganisation des Einkaufs erfordert folgende Akzente und Maßnahmenschwerpunkte:

- Kooperation mit bedeutenden und engagierten Lieferanten zu beiderseitigem Nutzen, vor allem hinsichtlich Artikelstandardisierung und Qualitätslevel (zero defects), Lieferqualität und Kompatibilität der Datenverarbeitungs- und -übertragungssysteme
- Hohe Informations- und Kommunikationsbereitschaft, unterstützt durch elektronischen Daten- und Informationsaustausch beider Partner – in Fällen von Störungen zugesicherter Leistungen und Eigenschaften besonders wichtig
- Stets aufs Neue „make-or-buy“-Überlegungen infolge laufender Kostenveränderungen innerhalb und außerhalb des Unternehmens (Qualitätskriterien eingeschlossen)
- Lieferantenauswahl verstärkt nach Kooperationsgesichtspunkten und meßbar nachweisbaren Leistungskriterien: vorzugsweise weniger Lieferanten mit bestem Know-how und vorteilhaftem technischen und wirtschaftlichen Leistungsangebot
- Wichtiger als die frühere quantitative Absicherung durch multiple sourcing werden zunehmend die Vorteile enger Zusammenarbeit im single sourcing (auch Monopole nutzen!)
- Fertigungssynchrone bzw. Just-in-time-Beschaffung – ship-to-line-Anlieferungen durch Abrufe, vereinbart mit Rahmenverträgen
- Nutzung der Möglichkeiten zur zeitsparenden Direktbelieferung der eigenen Kunden durch die Lieferer
- Bildung einer Rationalisierungsgemeinschaft zur Forcierung der Standardisierung von Bauteilen mit einer Vielzahl logistischer und wirtschaftlicher Vorteile
- Transportrationalisierung als Chance, die logistischen Kosten der bewegten Verpackungseinheiten oder Versandeinheiten zu senken – mit Hilfe begleitender Informationsflüsse

Zu jedem dieser Akzente können unschwer Meßgrößen für Zeitvergleich, Quervergleich und Controlling gebildet werden, wie aus dem Kennzahlenteil hervorgeht.

6.7.3.5 Logistische Aspekte von Produkteigenschaften

Verkürzte Entwicklungszeiten, marktgerechte technische kosten- und preisgünstige Produktqualität und sonstige Leistungen der Anbieter verbessern Ergebnis und Marktchancen. Darüber sollte nicht vergessen werden, daß die Erzeugnisse als Gebrauchsgegenstände an sich dem Kunden auch logistische vorteilhafte Eigenschaften bieten sollten, da diese gemeinsam mit anderen Kriterien kaufentscheidend wirken können.

Der Kunde will das Produkt möglichst sofort bei Inbetriebnahme in dessen Funktionenvielfalt und Leistungsumfang voll nutzen können, ohne lange Einarbeitungszeit oder „Anlernphase". Auch soll das Produkt leicht und zügig bedienbar sein, unempfindlich gegenüber Fehlbedienungen, überdies rasch umschaltbar ohne Betriebszeitverzögerungen - im wesentlichen Ergebnisse einer ausgereiften Leistung von Entwicklung, Fertigungs- und Qualitätssicherungstechnik.

Der Nutzen des angebotenen Erzeugnisses kann nur dann den erfolgreichen Kaufanreiz erzeugen, wenn es akquisitorisch gelingt, die Attraktivität des Produktes dem Kundenmarkt bewußt zu machen. Logistischer Anreiz geht nicht nur vom raschen Einsatz und einfachen handling aus, sondern auch vom kundenwunschorientierten Service und Beratungsdienst, der einen einfachen Austausch von Verschleiß-, Reparatur- und Ersatzteilen begleitet. Das bedingt eine permanente Abstimmung und enge Zusammenarbeit zwischen den Produktentwicklern, Produktions- und Qualitätsverantwortlichen, Einkäufern (OEM-Geschäft!) sowie Vertriebsmitarbeitern. Kundenkontakte müssen bei Bedarf von jedem Funktionsbereich des Unternehmens rasch und unkompliziert hergestellt werden können. Das ist zunehmend wichtiger, aber keine organisatorische Selbstverständlichkeit.

Wie bei allen Leistungskriterien kommt es auch bei den logistischen darauf an, daß sie nicht aus der Firmensicht allein gesehen werden, sondern auch aus der entscheidenden Marktsicht. Sie ist nicht nur „kritischer", sondern priorisiert die Produktmerkmale mitunter ganz anders: man denke nur an die bisweilen erzeugte „Überqualität" am Markt vorbei; auch können logistische Nachteile dabei nach Inbetriebnahme auftreten.

Aus der Automobiltechnik sind in jüngster Zeit besonders viele Beispiele logistisch relevanter Produkteigenschaften bekannt geworden. So sind die modularen Bordnetze nach einfachem Prinzip geschaffen: sie bestehen aus übersichtlichen Teilesätzen, die über inline-Steckverbindungen und zentrale Knotenpunkte miteinander verbunden werden. Die handlichen Teilesätze einfacher Struktur ermöglichen einen hohen Automatisierungsgrad. Dieser kommt nicht nur der Funktionssicherheit und Qualität zugute, sondern auch dem logistisch ausgerichteten handling des Produktes. Reaktionszeiten auf konstruktive oder andere Änderungen werden verkürzt; die Stabilität der Fertigung wird erhöht. Die Montage- und die Logistikkosten bei der Bordnetzherstellung und beim Einbau der Bordnetze können gesenkt werden.

Eine neue, künftig noch erfolgreichere Alternative der herkömmlichen Bordnetze ist mit den Multiplexsystemen geschaffen worden.

Sie lassen eine Mehrfachnutzung der Übertragungsleitungen zu; damit können Leitungen eingespart werden – die Bündeldurchmesser und Leitungsgewichte werden beträchtlich reduziert. Der modulare Systemaufbau erlaubt eine flexible und kostengünstige Produktanpassung an unterschiedliche Fahrzeugtypen und Ausstattungsgrade, Spezifikationen und gesetzliche Regelungen. Die rasche Anpassung der Multiplexsysteme an verschiedene Anforderungen wird mit einer signalverknüpfenden Software („Systemintelligenz") ermöglicht. Im Betrieb auftretende Fehler können schnell erkannt und in ihren Auswirkungen begrenzt werden - dank der Systemknoten. Die Daten können auch optisch durch Lichtwellenleiter übertragen werden: das schaltet störende elektromagnetische Einflüsse aus.

6.8 Trendschwerpunkte eines künftigen Logistik-Controlling

6.8.1 Zusammenwachsen der Märkte

Die Unternehmen aller Größen und Leistungsspektren werden sich künftig auf zunehmend international und weltweit zusammenwachsende Märkte einstellen müssen. Die fortschreitende Informationstechnik mit ihrer feinmaschigen kommunikativen Vernetzung der Arbeitsplätze aller Ebenen und Funktionen fordert allen Marktpartnern ab, neueste Informationen noch rascher als bisher einzuholen und die eigenen Leistungen noch flexibler zu gestalten.

Die Märkte lassen aus heutiger Sicht folgende Trends deutlich erkennen:

- Kürzer werdende Zeitabstände zwischen Produktablösungen durch beschleunigte Innovationszyklen
- Druck auf Lieferzeiten und Reaktionszeiten
- Steigendes Anforderungsniveau hinsichtlich aller logistischen Leistungen, insbesondere des Just-in-time-Verhaltens
- Wachsende Intensivierung der Kunden-Lieferanten-Beziehungen
- Stärkere Aufgaben- und Leistungsteilung infolge kostengünstigerer Spezialisierung
- Steigende Standardisierung der Erzeugnisse und ihrer Komponenten (versus kundenspezifischer Anforderungen!)
- Zwang zur weiteren Automatisierung und Flexibilisierung der Leistungsprozeßketten infolge wachsender Verteuerung des Produktionsfaktors Arbeit
- Steigender Anteil der Fremdleistungen aller Art
- Sinkende Gewinnmargen pro Leistungseinheit infolge wachsenden Preisdrucks und Kostensteigerungen
- Höhere Anforderungen an die Informationsbereitschaft der Partner - Führungskräfte und Mitarbeiter - und an die Netz- und Systemleistungen
- Abnehmende Nutzungszeiten der produkt- bzw. leistungsspezifischen Wettbewerbsvorteile infolge beschleunigter Innovationszyklen

Diese Tendenzen sind weitgehend quantifizierbar. Mit einer ziel- und aufgabenspezifischen Auswahl von wenigen Meßgrößen aus dem vorgestellten Spektrum können die operationalen Ziele vorgegeben und ihre Erfüllung kontinuierlich und graduell getestet werden.

Da die Märkte sich zunehmend rascher verändern, sind auch die Zielgrößen und die Controlling-Kriterien in kürzeren Zeitabständen zu überprüfen und bei Bedarf den neuen Marktspezifika unverzüglich anzupassen.

Mit jeder neuen Zahlencharakteristik eröffnen sich zugleich neue, vielfältige Möglichkeiten zur Nutzung logistischer Ratiopotentiale im internen und externen Einflußbereich des Unternehmens.

Aktuelle Beispiele dafür sind: firmenübergreifende Nutzung von vordringender Standardisierung und Modularität in der Produkterstellung, von Prüfnormen und Prüfstandards oder die dynamische Weiterentwicklung der integrierten Bausteine und Schaltkreise in der Mikroprozessorentechnik (1992: 33,5 Mio Transistoren pro Chip - im Jahre 2000: 100 Mio), die allen Unternehmen weltweit zugute kommt.

6.8.2 Unternehmen im Wettbewerb und in Kooperation

Die Strategien der Unternehmen sind einerseits auf Leistungswettbewerb, andererseits auf gute Partnerschaft zu konzentrieren. Beides läßt sich zwar nicht problemlos erfüllen; viele Beispiele aus der Unternehmenspraxis zeigen jedoch, wie beide Zielrichtungen mit wirtschaftlichem und partnerschaftlichem Erfolg vereinbart werden können. Die Aufstellung der strategischen und die Ableitung der operativen und damit bezifferbaren Ziele obliegt in jedem Unternehmen dem Management in der Führungsspitze und in den Ressorts. Die zielkonformen Maßnahmen müssen von allen Funktionsverantwortlichen, vor allem von den Experten in den Fachabteilungen, maßgeblich getragen werden. Das gilt auch für das Controlling der spezifizierten Ziel- und Aufgabenerfüllung - nach innen gerichtet in der Produktionslogistik, extern ausgerichtet in der Beschaffungslogistik und in der Distributionslogistik.

Die ständig steigende Bedeutung der kontinuierlich zu erhaltenden Wettbewerbsfähigkeit des eigenen Unternehmens erfordert diese Konsequenzen und Aktionsschwerpunkte, die wesentliche Wettbewerbsvorteile bieten:

- Laufendes Controlling der Einsatzfaktoren, ihrer Auswirkung und ihrer Kostenentwicklung - neben die Produktionsfaktoren Arbeit und Betriebsmittel treten zunehmend Material und Information: man ersetze Bestände durch Information!
- Entwicklung und Umsetzung neuer, leistungsfähigerer und rentablerer Technologien, die zugleich zeitverkürzende, kostengünstigere Personalsubstitution in der gesamten logistischen Kette verwirklichen helfen
- Marktkonforme ertragsorientierte und logistische Standortwahl
- Steigerung der Transparenz und Flexibilität der Produktion und der übrigen Leistungen durch hochflexible, unkomplizierte Organisationsstrukturen in allen Bereichen des Unternehmens
- Zunehmend beleglose, systemdurchdrungene Steuerung und begleitende Administration des betrieblichen Wertschöpfungsprozesses
- Ständige Präsenz bei allen Gelegenheiten, alle neueste Marktentwicklungen zu verfolgen, wie Fachmessen, Gremienarbeit, Audits mit Lieferanten und anderen Geschäftspartnern

Erfolgreiche Kooperation mit Mitbewerbern und anderen Marktpartnern, wie Kunden und Lieferanten, die immer häufiger zugleich auch Kunden werden, verlangt wegen der wirtschaftlichen Vorteile die gleichen Aktionsschwerpunkte. Nur ein prosperierendes Unternehmen kann für die Zusammenarbeit attraktiv sein!

Darüber hinaus ist eine für alle Beteiligten ertragreiche Zusammenarbeit vor allem durch höchste Informations- und Kommunikationsbereitschaft zu erzielen. Eine „high-tech-Ausstattung“ ist dafür notwendige Voraussetzung, aber allein nicht ausreichend, wie in dieser Arbeit mehrfach aus verschiedenen Blickrichtungen dargelegt wurde: *maßgeblich ist das Engagement der beteiligten Menschen.*

Fragen zur Selbstkontrolle:

1. Welche wirtschaftlichen Vorteile kann ein Unternehmen neben dem Zeitgewinn aus logistischen Maßnahmen realisieren?
2. Wie kann der Kausalzusammenhang zwischen verbesserten logistischen Leistungen und der Steigerung des Marktertrages schlüssig dargestellt und auf dieser Basis quantifiziert werden?
3. Welche Gründe erfordern eine enge Zusammenarbeit zwischen Organisation und Datenverarbeitung (auch: Information und Kommunikation) und der Logistik - als Institutionen im Unternehmen?
4. Erklären Sie die wichtigsten Gründe der logistischen Vorteile des Einsatzes mehrfachverwendbarer und standardisierter Teile in der Produktion. Welche generellen Kriterien bestimmen solche Bauteile?
5. Zeigen Sie - am besten anhand von Musterbeispielen - typische Zusammenhänge zwischen qualitätssichernden und logistischen Maßnahmen und den damit erzielten wirtschaftlichen Leistungen.
6. Warum reicht es für die Verwirklichung logistischer Ziele nicht aus, nur einige Funktionsbereiche, wie z.B. die Auftragsabwicklung oder die Datenverarbeitung, logistisch zu schulen und auszurichten? Skizzieren Sie die Rolle des Managements.
7. Welche Bedeutung werden logistische Ziele und Leistungen der Unternehmen aller Branchen und Größen infolge rascher werdenden Innovationsrhythmen und zusammenwachsender Märkte in der nächsten Zukunft erhalten?

Literaturverzeichnis zu Kapitel 6:

[1] Staehle, W.-H.: Kennzahlen und Kennzahlensysteme als Mittel der Organisation und Führung im Unternehmen
Gabler, Wiesbaden 1969

[2] Weber, J.: Logistik-Controlling
Poeschel, Stuttgart 1990

[3] Heinrich - Burgholzer: Informationsmanagement
Oldenbourg, München 1990

[4] Grochla, Fieten, Puhlmann, Vahle: Erfolgsorientierte Materialwirtschaft durch Kennzahlen
FBO-Verlag, Baden-Baden 1983

[5] Baumgarten, H., Zibell, R.M.: Trends in der Logistik
Huss-Verlag, München 1988

[6] Kennzahlenkompaß - Informationen für Führungskräfte
Maschinenbau-Verlag, Frankfurt/M. 1990

7 Logistikstrategie – der Wertschöpfungskette Beine machen

Heinz-Jürgen Klepzig

7.1 Einleitung

In vielen Branchen sind heute Überkapazitäten bei steigender Wettbewerbsintensität festzustellen. In dieser Situation begünstigt der Markt insbesondere die Unternehmen, die sich schnell und zielgerecht auf die Wünsche der Kunden einschießen und den Kunden in kostengünstiger Weise und besser bedienen, als es die Konkurrenz vermag. Für diese generelle und spezifische weitere Marktanforderungen der Gegenwart und absehbaren Zukunft hat die Logistik wirkungsstarke Lösungen parat, so daß ihr Stellenwert in den Unternehmen insbesondere in den letzten 20 Jahren erheblich gewachsen ist.

Für die Logistik bedeutsame aktuelle Marktentwicklungen und daraus resultierende Logistikaufgaben sind in Bild 7-1 zusammengestellt.

Markttendenzen	Logistikaufgaben
Globalisierung der Absatz- und Beschaffungsmärkte	Globale Auslegung der Warenströme
Verkürzung der Produktlebenszyklen	Logistik als Instrument des Zeitwettbewerbers bei Produktanlauf und -auslauf
Individualisierung/kundennahe Auslegung der Produkte	Beherrschung von komplexen Material- und Warenströmen
Kostendruck bei steigender Wettbewerbsintensität	Rationalisierungspotential durch straffe Logistik
Anspruchsvollere Kunden (Kosten, Qualität, Zeit)	Differenzierung/Profilierung durch Logistik
Ökologische Normen und Markterwartungen	Denken in Kreisläufen der Versorgungs- und Entsorgungslogistik

Bild 7-1 Markttendenzen und Logistikaufgaben

Der Aufgabe der Markt- und Kundenorientierung muß sich also auch die Logistik stellen:

Unternehmenslogistik muß zum Kundennutzen beitragen.

Dies gilt im Tagesgeschäft des operativen Logistikmanagements sowie in der längerfristigen Ausrichtung des strategischen Logistikmanagements.

Das Vexierbild von Bild 7-2 soll verdeutlichen, daß das strategische und operative Geschäft gleichzeitig nebeneinander ablaufen. Strategie ist die Leitschiene für das tägliche Handeln. Im Bereich der Logistikstrategie zeigt sich bei vielen Unternehmen ein Nachholbedarf bei dem Hinterfragen und bewußten Gestalten der eingeschlagenen Logistikstrategie. Der nachfolgende Beitrag soll hier Hilfestellung leisten:

Wir wollen zunächst generell auf Grundzüge der Strategischen Führung eingehen, dann einige generelle Strategische Grundprinzipien darstellen. Wir stellen schließlich die Grundelemente und Ausgestaltungsbeispiele einer Logistikstrategie zusammen („an welchen Rädchen kann ich drehen?"), zeigen auf, daß die Logistikstrategie für das jeweilige Unternehmen maßgeschneidert werden muß und schließen mit Leitlinien zur Erstellung und Durchführung einer Logistikstrategie.

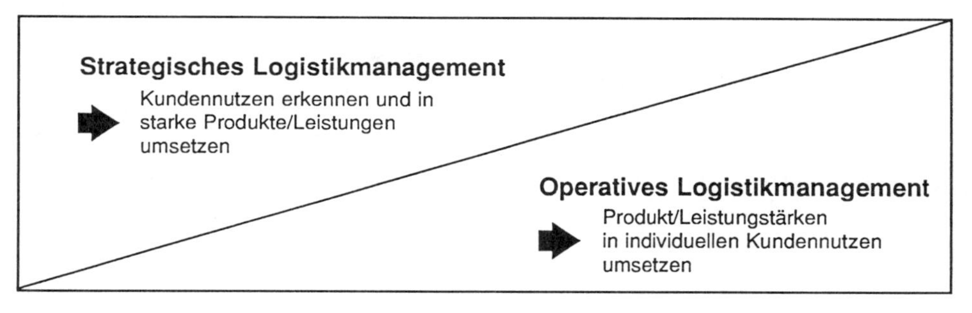

Bild 7-2 Strategisches und Operatives Logistikmanagement

7.2 Strategische Führung – Management von Erfolgspositionen

Das strategische Dreieck

Im Bereich der strategischen Unternehmensführung versteht man unter Strategie die Entwicklung und Verfolgung einer Marschroute für das Unternehmen zur langfristigen Erfolgssicherung.

Die in der strategischen Auseinandersetzung beteiligten Interessengruppen lassen sich anhand des strategischen Dreiecks veranschaulichen (Bild 7-3).

Die Ecken des Strategischen Dreicks stellen modellhaft die wesentlichen Marktpartner dar: Das Unternehmen will den Kunden mit Produkten und/oder Leistungen beliefern. Das gleiche will der Konkurrent. Das Unternehmen wird nur dann beim Kunden erfolgreich sein können, wenn es sich – besser als die Konkurrenz – auf die Bedürfnisse des Kunden einschießt. Ziel muß sein, dem Kunden mehr Nutzen zu liefern als der Wettbewerber. Anspruchsvolle Kunden messen die Leistungen des Unternehmens immer an den Leistungen des stärksten Wettbewerbers.

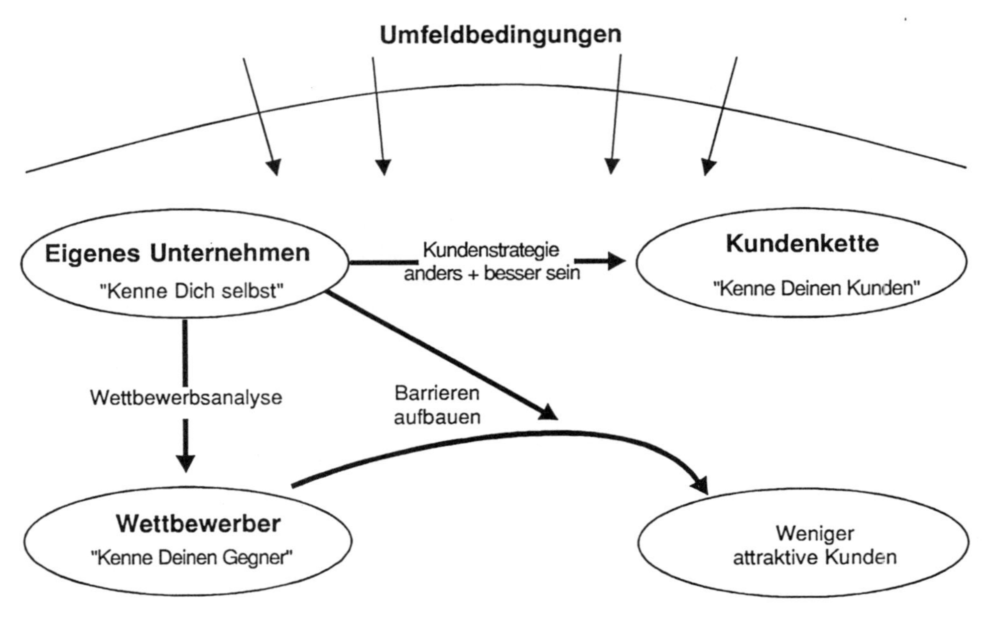

Bild 7-3 Das strategische Dreieck

Aufgabe für das Unternehmen ist also, sich bei solchen Aspekten, die für den Kunden von Wert sind, positiv vom Wettbewerber abzuheben. Die strategische Devise heißt:

Erzeuge Kunden-Nutzen durch Anders + Besser sein!

In Branchen mit starkem Zeitwettbewerb kann man „Anders + Besser-Sein" insbesondere durch „Schneller-Sein" erreichen. Wesentlich und gar nicht selbstverständlich ist, daß der Kunde auch wahrnimmt, daß das Unternehmen sich positiv vom Wettbewerber abhebt und ihm Nutzenvorteile bietet.

Um den Zugang zum Kunden abzusichern, kann das Unternehmen gegenüber dem Wettbewerber Barrieren aufbauen: Know-how-Vorsprünge, Standort-Vorteile, Allianzen im Beschaffungs- oder Absatzmarkt schaffen Vorsprünge oder sogar monopolartige Alleinstellungen des Unternehmens, so daß der Wettbewerber aus Kundensicht nur nachrangigen Kundennutzen leisten kann.

Auf das gesamte strategische Dreieck wirken Umfeldbedingungen ein, z.B. Konjunkturlage, aus denen für alle Marktpartner Belastungen und Risiken, aber auch Chancen resultieren können. Das strategisch schlagkräftige Unternehmen muß also, wie sich aus dem strategischen Dreieck ergibt läßt, die folgenden Wissens-Grundsätze beherzigen:

Kenne Deinen Kunden!

Kenne Deinen Gegner!

Kenne Dich selbst!

Kenne Deine Umfeldbedingungen!

Die bisherigen Aussagen zur Strategie gelten generell: Auf dem Tanzboden, bei Berufsentscheidungen, für Unternehmen, in der Logistik oder anderen unternehmerischen Funktionsbereichen läßt sich das Modell des strategischen Dreiecks einsetzen.

Wir erkennen heute, daß Adam einst im Paradiese strategisch unüberlegt vorgegangen ist: Das strategische Dreieck war nicht komplett. Neben Eva gab es doch gar keine Konkurrentin! Und auch Eva hatte keine Wahlmöglichkeit! Mangelhaftes strategisches Wissen wird also manchmal mit der Vertreibung aus dem Paradies bestraft!

Speziell für Unternehmen läßt sich die Unternehmensstrategie als oberste Führungs- und Gestaltungsaufgabe der Geschäftsführung beschreiben, die aus einzelnen Bausteinen besteht:

1. Früherkennung von relevanten Umfeldentwicklungen.
   Reagieren auf Umfeldentwicklungen.
   Nutzung von Chancen aus Umfeldentwicklungen.
2. Systematischer und konsequenter Aufbau und Ausbau von langfristigen Erfolgspositionen.
3. Systematische und konsequente Ausrichtung der Unternehmensfähigkeiten zwecks Erzielung eines nachhaltigen Leistungsvorsprungs vor dem Wettbewerb.
4. Permanenter Prozeß der Unternehmensentwicklung durch Anstoß der Führungsmannschaft.

Strategische Führung geht also vom Führungsmanagement aus, erkennt die Schlüsselfaktoren des Geschäfts (Produkte/Leistungen, Märkte/Kunden, Anwendungsgebiete), entwickelt daraus konkrete Wettbewerbsstrategien und setzt sie mit der Mannschaft um. Strategische Führung ist kein Einmal-Prozeß sondern ist ein permanenter Prozeß der Unternehmensentwicklung.

Wir wollen nun auf die Eckpunkte und die Umfeldbedingungen des strategischen Dreiecks aus Unternehmenssicht eingehen.

Kenne Deinen Kunden!

„*Wer ist Dein Kunde?*“ scheint eine banale Frage zu sein. Eine detaillierte Betrachtung jedoch zeigt, daß auf der Kundenseite verschiedene Personen mit unterschiedlichen Interessen beteiligt sein können.

Wesentlich auch aus logistischen Gesichtspunkten ist, daß Produkte/Leistungen auf dem Weg zum Endverbraucher eine Kunden*kette* durchlaufen können. Jeder dieser Kunden erwartet Nutzen.

Beispiel 1: Ein Möbelhersteller hat die folgenden Kunden von der *Attraktivität* seines Angebots zu überzeugen:

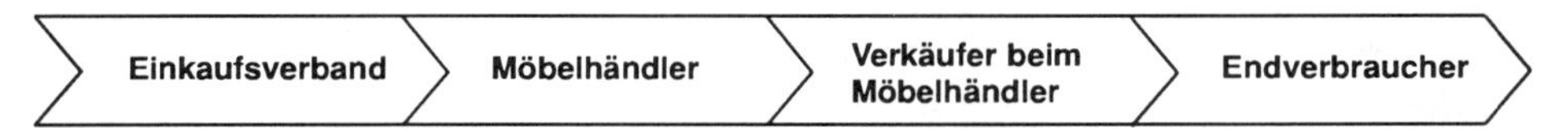

Beispiel 2: Das liefernde Unternehmen hat mit dem Einkäufer des Kunden die Warenanlieferung zu festen Zeitpunkten vereinbart („Anlieferungsfenster“), um lange Wartezeiten des anliefernden Lkw zu vermeiden und um die Einlagerung zu beschleunigen. Voraussetzung für die reibungslose Anlieferung ist, daß entlang der Kundenkette insbesondere auch der Lagermeister und das Entladepersonal „auf Kurs gebracht“ sind. Bei verschiedenen Unternehmen leistet der Lkw-Fahrer Überzeugungsarbeit durch Extra-Kunden-Nutzen für das Entladepersonal, z.B. mit ein paar Flaschen Bier.

„Was will Dein Kunde?“ Er will Nutzen. Nutzen entsteht aus den drei Elementen:

- Qualitätsvorteilen
- Zeitvorteilen
- Preis-Leistungsvorteilen.

Diese Nutzenvorteile werden im liefernden Unternehmen entlang der Wertschöpfungskette aufgebaut. Bild 7-4 zeigt die nach funktionalen Kettengliedern unterteilte Wertschöpfungskette eines produzierenden Unternehmens. Im Bereich Marktbearbeitung/Vorfeldmarketing wird dem Markt „der Puls gefühlt“. Anforderungen und Ideen für Produktkonzepte werden gesammelt. Im Bereich Forschung + Entwicklung/Innovation werden die Konzepte fertigungsreif ausgestaltet. Die Beschaffung besorgt die notwendigen Produktionsfaktoren aus dem Beschaffungsmarkt. Die Produktion erstellt die Produkte, die über die Distribution in den Absatzmarkt gelangen. Marktbearbeitung/Marketing verfolgen die Akzeptanz der Produkte am Markt und liefern Rückmeldung. Jedes Kettenglied der Wertschöpfungskette soll so ausgelegt sein, daß es auf effiziente Weise Kundennutzen, also Qualitätsvorteile, Zeitvorteile, Preis-Leistungsvorteile leistet.

Bild 7-4 Wertschöpfungskette

Bei den *Qualitätsvorteilen* unterscheidet man aus Kundensicht

- materielle Vorteile (z.B. Leistungsvermögen, Bedienungsfreundlichkeit, Zuverlässigkeit einer Anlage)
- immaterielle Vorteile (z.B. Design und Lieferanten-Image bei einem Gerät)

Bei den Zeitvorteilen geht man zunächst davon aus, daß für den Kunden gilt „Zeit ist Geld“, d.h. schnelle Nutzenstiftung liefert dem Kunden mehr Wert als späte Nutzenstiftung. Und bei schneller Nutzenstiftung ist der Kunde bereit, entsprechend mehr zu zahlen. Diese Annahme gilt sicher in weiten Bereichen des Geschäftslebens. Der Student, der am Frankfurter Flughafen auf ein günstiges Stand-by-Tickett nach New York wartet, zeigt jedoch, daß Kunden durchaus mehr preissensibel als zeitsensibel sein können.

Bei einem zeitsensiblen Kunden geht es darum, die folgenden Zeitelemente niedrig zu halten oder zu kürzen:

- Zugangszeiten (Wartezeit, bis man Kontakt zum Lieferanten erhält)
- Wartezeiten in einer Warteschlange (Wartezeit durch Aufgabenstau)

- Operationszeiten (von der Auftragsvergabe bis zum Leistungserhalt)

Preis-Leistungsvorteile bieten dem Kunden einen besonders wichtigen Kundennutzen. Tendenziell zeigt sich, daß der Käufer immer stärker neben einer zeit*punkt*-orientierten Preis-Leistungsbetrachtung (z.B. Anschaffungswert) eine zeit*phasen*-orientierte Preis-Leistungsbetrachtung durchführt (Bsp.: Lebenszyklus-Kosten).

Kenne Deinen Gegner!

Übliches Ziel der Wettbewerbsanalyse ist beim Wettbewerber – im Vergleich zum eigenen Unternehmen – die aus Kundensicht geschäftsentscheidenden Erfolgsfaktoren in Kosten, Qualität und Zeit zu messen. Bei festgestellten eigenen Leistungsdefiziten wird eine Ursachenanalyse durchgeführt und ein Maßnahmenprogramm zur Leistungsteigerung eingeleitet.

Kenne Dich selbst!

Voraussetzung für eine realistische Strategie-Erarbeitung ist die vorbehaltlose Überprüfung des eigenen Leistungsvermögens.

Bei der Erarbeitung der Unternehmensposition sind folgende Kernfragen zu beantworten:

- Wo steht das Unternehmen heute (auch im Vergleich zur Konkurrenz)? Was hat das Unternehmen „groß“ gemacht? Woran muß noch gearbeitet werden? Ergebnis dieses Schrittes sind die Stärken und Schwächen des Unternehmens.
- Wie ist die Wertschöpfungskette des Unternehmens zu beurteilen? Wie werden die Stärken des Unternehmens genutzt? Wie schlagen sich die Schwächen des Unternehmens in der Wertschöpfungskette nieder?
- Welche Ressourcen hat das Unternehmen und wie ist der Ressourceneinsatz entlang der Wertschöpfungskette oder pro Funktionsbereich des Unternehmens zu beurteilen?

Kenne die Umfeldbedingungen!

Für eine abgesicherte Strategie wird es heute immer wichtiger, den Umfeldentwicklungen den Puls zu fühlen und rasch zu (re-)agieren.

Wesentliche Umfeldeinflüsse können resultieren aus

- der soziopolitischen Umwelt (z.B. Gesetzgebung, Verkehrswesen)
- der ökologischen Umwelt (z.B. Raumplanung, Umweltauflagen)
- der wirtschaftlichen Umwelt (z.B. durchschnittliche Arbeitskosten pro Beschäftigten)
- der technologischen Umwelt (z.B. Verfahrensänderungen, Technologiezyklen)
- den Beschaffungs-, Arbeits- und Kapitalmärkten
- dem Branchen- und dem Wettbewerberverhalten
- den Absatzmärkten und Vertriebskanälen.

Wir fassen zusammen:

Strategische Führung...
...ist Aufbau und Gestaltung von Erfolgspositionen entlang der Wertschöpfungskette
...ist Marktorientierung/Kundenfocusierung in allen Gliedern der Wertschöpfungskette
...liefert die Leitschiene für die tägliche Arbeit im Unternehmen

7.3 Strategische Grundprinzipien

Bei der Entwicklung und Durchsetzung von Strategien orientiert man sich an verschiedenen strategischen Grundprinzipien. Ein Teil der Prinzipien beruht auf plausiblen Analogien, ein Teil läßt sich empirisch belegen. Bild 7-5 zeigt eine Übersicht der hier besprochenen Prinzipien. Alle genannten Grundprinzipien lassen sich generell auf den Bereich der Logistikstrategie übertragen, wobei im einzelnen Fall die Anwendungszulässigkeit der einzelnen Prinzipien zu hinterfragen ist.

Kostenführer oder Differenzierer

Wettbewerbsvorteile kann man erzielen, indem man als Kostenführer die für den Markt erbrachten Leistungen auf die eigentlichen Kernleistungen zurückführt und ein konsequentes Kostenmanagement betreibt. Wettbewerbsvorteile kann man aber auch dadurch erreichen, daß man sich als Differenzierer durch ergänzende Nebenleistungen (z.B. Service) zusätzlich zu den Kernleistungen von der Konkurrenz abhebt. Diese Vorgehensweise kann man auf einen ganzen Wirtschaftszweig ausdehnen oder sich in einem speziellen Marktsegment als Nischenspezialist betätigen.

Wettbewerbsvorteil

strategisches Ziel	Einzigartigkeit des Produktes	geringe Kosten
ganzer Wirtschaftszweig	Differenzierung	Kostenführerschaft
spezielles Segment	Nischenspezialist	

Grundstrategien nach M.E.Porter [1]

Alle genannten Vorgehensweisen können zum Markterfolg führen. Entscheidend ist jeweils, daß man die Strategie auf die Wünsche „seiner" Kundengruppe ausgerichtet hat. Bild 7-6 zeigt als Beispiel aus der Logistik, wie für den Flugverkehr die Vorgehensweise eines Kostenführers bzw. eines Differenzierers gestaltet werden kann.

Segmentierung

Segmentierungsüberlegungen gehen davon aus, daß es „den Kunden an sich" nicht gibt, sondern die Kunden unterschiedliche Bedürfnisse haben. Bestehende oder potentielle Kunden mit *ähnlichen* Bedürfnissen sollen zu Kundensegmenten zusammengefaßt werden, damit sich der Leistungslieferant besser und rationeller auf deren Wünsche einschießen kann. Segmentierung führt dann dazu, daß man maßgeschneidert für das anvisierte Kundensegment Kostenführerschaft oder Differenzierung betreibt.

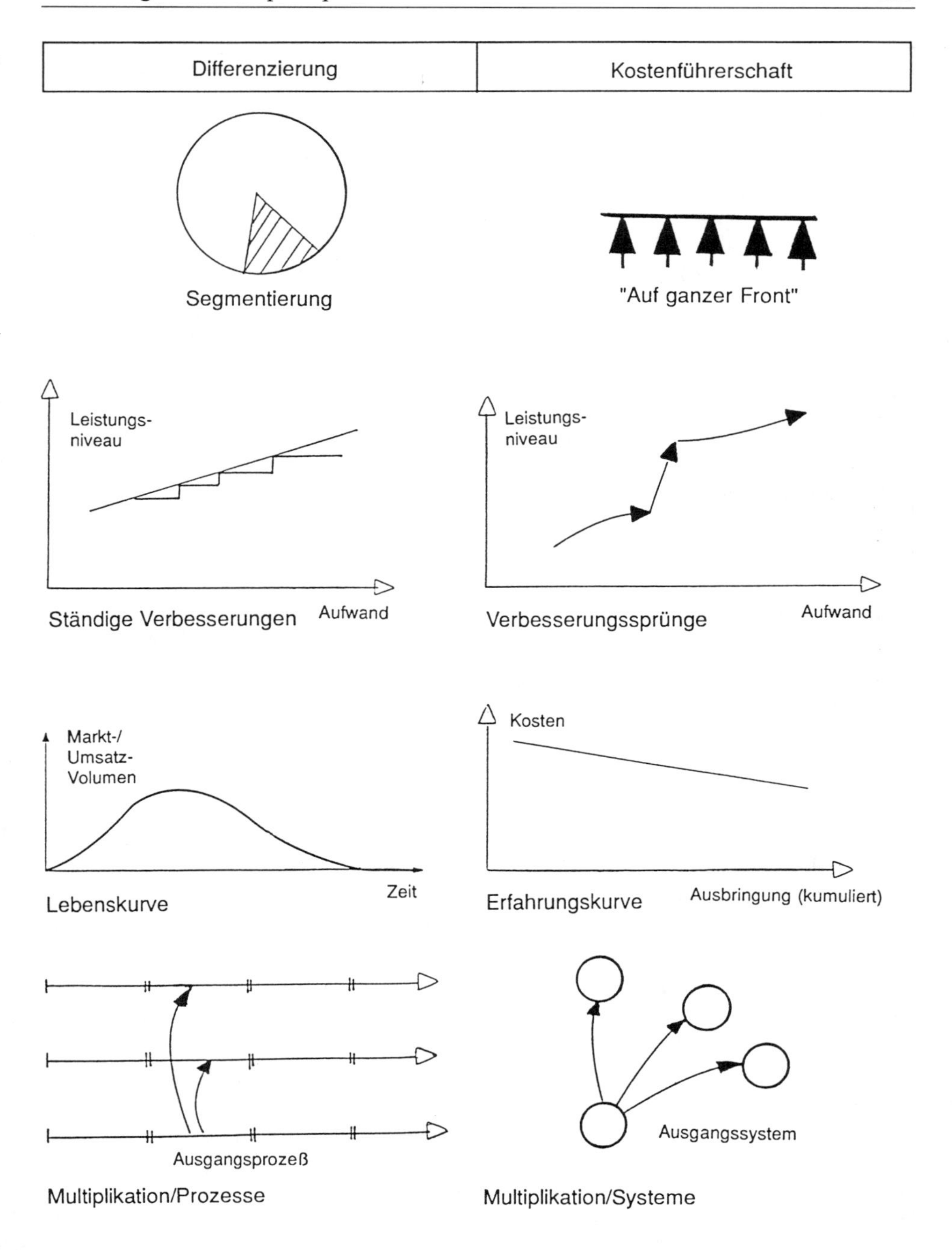

Bild 7-5 Strategische Grundprinzipien

Fluglinien	Billige Fluglinien	Teuere Fluglinien
1. Ticket-Verkauf im Flughafen	– spartanische Terminals bzw. Verkauf nur im Flugzeug	– voller Service
2. Gate-Abwicklung	– keine Bordkarte – keine Flugkarten am Gate etc.	– voller Service
3. Flugzeuge	– nur ältere, gebrauchte Flugzeuge – kleine Crew – viele Flugstunden – hohe Sitzplatzanzahl, wenig Sitzraum	– neue/neuere Flugzeuge – größere Crew – weniger Flugstunden – niedrigere Sitzplatzanzahl
4. Service im Flugzeug	– nur Snacks – Getränke gegen Bezahlung	– volle Mahlzeiten – Getränke unbegrenzt frei – Unterhaltung (Film, etc.)
5. Gepäckabwicklung	– kein Gepäcktransport zum Flughafen – Gepäckgebühren – keine Weiterleitung an andere Fluglinien	– freie Gepäckaufgabe – Weiterleitung an alle Fluglinien
6. Kartenvorverkaufs-reservierung	– keine Verkaufsstellen außerhalb von Flughäfen	– viele Niederlassugen in größeren Städten

Bild 7-6 Wertschöpfungsketten bei Fluglinien (nach M. E. Porter [1])

Bsp.: UPS oder DPD gehen gezielt auf Transportaufgaben des Kundensegments „gewerbliche Wirtschaft“ ein.

Schrittweise Verbesserung oder Verbesserungssprünge

Verbesserungen kann man erreichen durch konsequente stetige Verbesserung in kleinen Schritten. Diesem Prinzip kommt aktuelle Bedeutung zu, da es wesentlicher Inhalt des gegenwärtig stark diskutierten japanischen Kaizen [2] ist.

Daneben lassen sich Verbesserungen erreichen, indem man sich von Althergebrachtem radikal löst, und mit Neuerungen insbesondere „auf der grünen Wiese“ ein erheblich verbessertes Leistungsniveau erreicht.

Diese Vorgehensweise läßt sich durch die S-Kurve stützen, die ursprünglich als Erklärungsmodell bei Lernvorgängen angewandt wurde, mittlerweile aber auch bei technischen und organisatorischen Lernvorgängen nachgewiesen wurde (Bild 7-7). Die Kernaussage der S-Kurve ist, daß das Leistungsniveau einer Technologie oder eines Prozesses sich in Abhängigkeit von dem investierten kumulierten Aufwand in Form einer S-Kurve verändert: überproportional viel Aufwand ist bei den ersten Gehversuchen als auch bei dem Ausschöpfen der letzten Leistungssteigerungspotentiale erforderlich. Dazwischen liegt eine Phase mit relativ günstiger Relation zwischen Leistungszuwachs und erforderlichem zusätzlichen Aufwand. Wesentlich ist, daß die S-Kurve eine Leistungsobergrenze zeigt, die bei den eingesetzten Prozessen oder Technologien nicht überschritten werden kann. Nur durch Einsatz neuer Prozesse oder Technologien kann - auf einer neuen S-Kurve - diese Obergrenze überschritten und ein höheres Leistungsniveau erreicht werden.

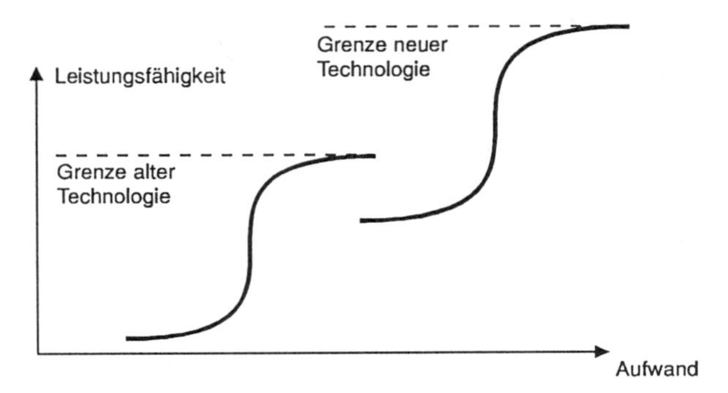

Bild 7-7 S-Kurve

Beide Vorgehensweisen lassen sich kombinieren:

- einerseits andauernde Verbesserungen im Tagesgeschäft;
- andererseits einschneidende Prozeß- und Verfahrensveränderungen in längerfristigem Rhythmus insbesondere dann, wenn man in die Nähe der Leistungsobergrenze gerät!

Bsp.: Materialflüsse versucht man in vorgegebenen Räumlichkeiten und vorgegebener Infrastruktur z.B. der Fördertechnik in aller Regel zzunächst schrittweise zu verbessern. Radikale Veränderungen bei den verwendeten Fördertechnologien und damit Leistungssprünge lassen sich häufig erst durch Neubau „auf der grünen Wiese“ realisieren.

Lebenskurve

Die Lebenskurve zeigt anhand eines ideal-typischen Ablaufs, daß Produkt- oder Verfahrensneuerungen zunächst erst allmählich im Markt Eingang finden, dann Akzeptanz und Absatz erlangen, um schließlich wieder vom Markt verdrängt zu werden. Das Modell beruht auf der Überlegung, daß zwischen dem biologischen Lebenslauf und dem Lebenslauf von Produkten und Leistungen Analogien bestehen.

Die Lebenskurven von Produkten und Leistungen können verlängert werden durch „Kosmetik“ und „Facelifting“, also oberflächliche Veränderungen.

Bsp.: Ausgeprägte Lebenskurven finden wir bei Pkw-Modellen. Regelmäßig wird bei Pkw's im Rahmen der Modellpolitik ein Facelifting betrieben. Selbst logistische Zielsetzungen scheinen Lebenszyklen zu durchlaufen: nach Abflachen der JIT-Welle überschwappt uns momentan die Schlankheitswelle: lean production, lean management, lean company, ja sogar lean controlling ist „in“.

Kernkompetenzen

Der Delphin zeigt Geschwindigkeitsspitzenleistungen im Wasser; auf dem Land sitzt er hilflos auf dem Trockenen. Mutter Natur lehrt uns also, daß man nicht in allen Lebensbereichen „Spitze“ sein kann. Diese Aussage läßt sich auf die Wirtschaft übertragen: Aufgrund begrenzter Ressourcen, z.B. bei Finanzierung, Fachleuten, Standorten, kann ein Unternehmen nicht in allen Geschäftsfeldern an der Spitze „mitmischen“: Man muß sich auf diejenigen Aktivitäten einschießen, die eine wesentliche Basis für den Kundennutzen sind und in denen man eine gute Ausgangsposition besitzt. Die erforderlichen Kernkompetenzen sollten gezielt im Unternehmen weiterentwickelt und nicht außer Haus gegeben werden. Randaktivitäten des Geschäftes sollten ausgelagert und von spezialisierten Zulieferern angeliefert werden(„outsourcing“). Wer alles macht, macht nichts richtig, sagt der Volksmund.

Bsp.: Speditionsunternehmen setzen auf ihre Kernkompetenzen in Transport und Lagerung und bauen die zugehörigen unterstützenden Systeme systematisch aus (Informationssysteme, Handlingsysteme etc.).

Erfahrungskurve

Die Erfahrungskurve sagt aus, daß mit jeder Ausbringungsverdoppelung von Produkten oder Leistungen bei eigener Wertschöpfung die Stückkosten pro ausgebrachter Einheit sich um ca. 20–30% reduzieren. Die Aussage wird in der Praxis bestätigt durch den Kostenverlauf in der Großserienproduktion (Bsp.: Fernsehröhren) und der Massenproduktion (Bsp.: Zementproduktion).

Multiplikation

Multiplikation bedeutet, Prozesse oder Systeme möglichst häufig einzusetzen. Dies erfordert zunächst eine (maßvolle) Segmentierung und Differenzierung. Multiplikation reduziert die Komplexität von Geschäftsabwicklungen und führt durch Erfahrungskurven-Vorteile zu einer Stärkung der Kernkompetenzen in den multipliziert eingesetzten Standards. Multiplikation kann also die Vorteile verschiedener einzelner strategischer Prinzipien vereinen.

Bsp.: Multiplikation von Prozessen findet man beim mehrfachen Einsatz von JIT-Systemen für alle Betriebsstätten eines Kfz-Herstellers. Multiplikation von Systemen findet man bei Handelsgesellschaften, die einen Filialtyp mehrfach einsetzen.

Bei allen aufgeführten strategischen Grundprinzipien ist zu unterscheiden, ob sie Erklärungs- oder Gestaltungsprinzipien darstellen. Auf der Basis von Gestaltungsprinzipien, wie z.B. der Erfahrungskurve, lassen sich „im Blick nach vorne“ Prozesse oder Systeme gezielt auslegen. Bei Erklärungsprinzipien dagegen läßt sich nur „im Blick in den Rückspiegel“ erläutern, warum sich Prozesse oder Systeme in einer bestimmten Art entwickelt haben. Zu den Erklärungsprinzipien zählen z.B. die Lebenskurve und die S-Kurve. Bei beiden Kurven ist es in der Praxis in aller Regel nicht möglich, den IST-Zustand hinreichend genau zu fixieren. Zukunftsorientiertes Gestalten ist damit bei diesen Modellen höchst problematisch.

7.4 Strategie in der Logistik

Logistikstrategie muß sich – wie die umfassendere Unternehmensstrategie – der Forderung der Markt- und Kundenorientierung stellen. Das strategische Dreieck – angepaßt an logistische Fragestellungen – gilt uneingeschränkt. Maßstab bei der Beurteilung der Nutzenvorteile ist der Wettbewerber mit seinen Leistungen. Als ***Kernfrage*** bei der Beurteilung oder Erarbeitung einer Logistikstrategie ergibt sich damit für alle Glieder der logistischen Ver- und Entsorgungskette:

Liefert die Durchführung der logistischen Aufgaben

- ***Transportieren***
- ***Lagern***
- ***Umschlagen***
- ***Verpacken***
- ***Signieren***

einen Nutzen für den Kunden?

Dieser Nutzen für den Kunden ist keine altruistische Leistung, sondern muß zu erhöhter Kundenbindung führen und/oder zur Bereitschaft des Kunden, für die erhaltenen Leistungen ein adäquates Entgelt zu entrichten. Es geht also nicht darum, die Leistung an Kunden-Nutzen aufzublähen! Ziel ist, genau diejenigen Kunden-Nutzenelemente zu leisten, die im bedienten Kundensegment Wertschätzung erfahren und geldwerte Vorteile bringen.

Bsp.: Die Kfz-Hersteller verlangen zunehmend JIT-Fähigkeit von ihren Lieferanten. Die Lieferanten, die diesen Anforderungen nachkommen, erhalten nicht unbedingt höhere Preise, haben aber den Vorteil, als Lieferanten gelistet zu bleiben.

Bei der Entwicklung einer Logistikstrategie bietet sich unter dem Gesichtspunkt der Kunden- und Wettbewerbsorientierung das in Bild 7-8 skizzierte Vorgehen an, das wir im folgenden erläutern.

Analyse

Die Vorgehensweise in der Analysephase ist entlang der logistischen Kette in Bild 7-9 skizziert. Zu beantworten sind die folgenden Fragen:

- Was will unser Kunde?
  Was erwartet er?
  Welche Probleme hat er derzeit oder in absehbarer Zukunft?
  Welcher Bedarf an Problemlösungen liegt demnach vor?
- Was macht die Konkurrenz?
  Welche strategische Prinzipien setzt sie ein?
  Welchen Kunden-Nutzen kann sie mit
  - Kernleistungen
  - Serviceleistungen

abdecken?

- Was machen wir?
  Welche strategischen Prinzipien setzen wir ein?

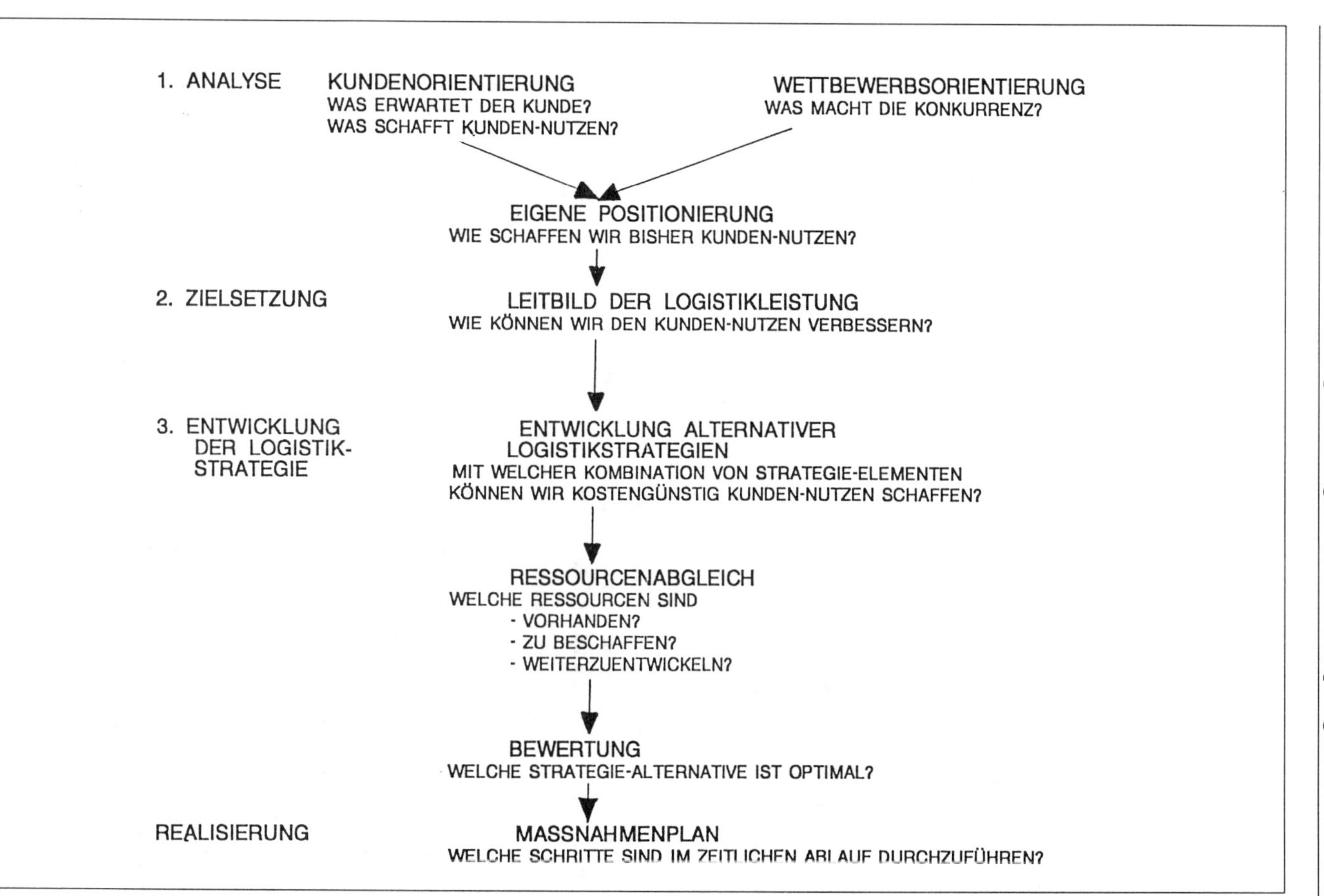

Bild 7-8 Ablauf bei der Entwicklung einer Logistikstrategie

Kundensegment:.......................

	Versorgungslogistik		
	Beschaffungslogistik	Produktionslogistik	Distributionslogistik
1. Analyse 1.1 Was will unser Kunde? (Erwartungen, Probleme/ IST + Zukunft)			
1.2. Was macht Konkurrenz? - Kernleistungen - Service			
1.3. Was machen wir? - Kernleistungen - Service			
2. Zielsetzungen			

Bild 7-9a Analyse und Zielsetzungen

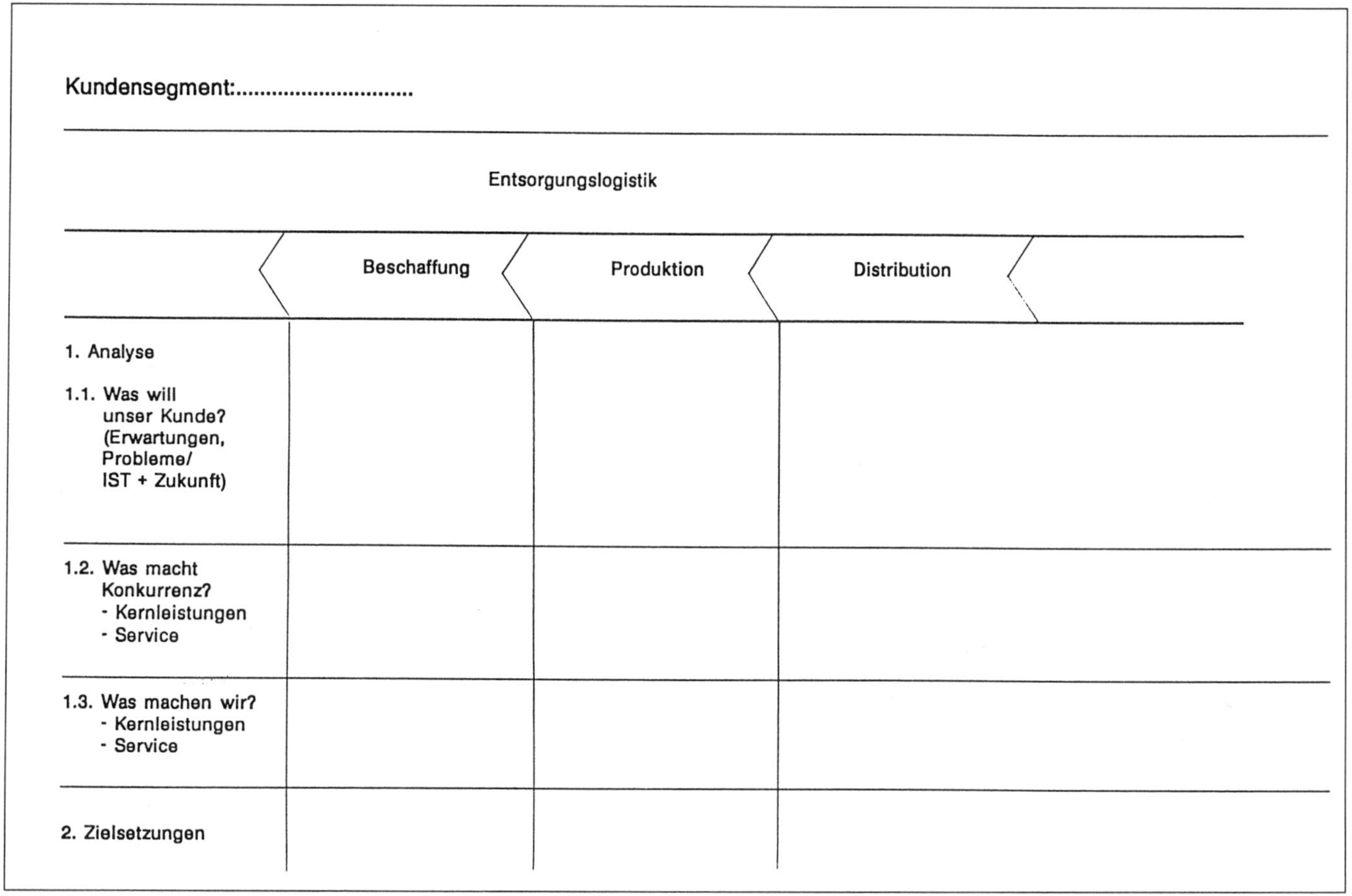

Kundensegment:..............................

Entsorgungslogistik

	Beschaffung	Produktion	Distribution
1. Analyse 1.1. Was will unser Kunde? (Erwartungen, Probleme/ IST + Zukunft)			
1.2. Was macht Konkurrenz? - Kernleistungen - Service			
1.3. Was machen wir? - Kernleistungen - Service			
2. Zielsetzungen			

Bild 7-9b Analyse und Zielsetzungen

Welchen Kunden-Nutzen decken wir mit
- Kernleistungen
- Serviceleistungen

im Vergleich zur Konkurrenz besser/schlechter ab?

Die vergleichende kritische Analyse sollte unmittelbar einmünden in Vorschläge für den nächsten Schritt der Zielsetzung.

Zielsetzung

Welchen Kunden-Nutzen sollten wir durch
- Kernleistungen
- Service anbieten?

Entwicklung der Logistik-Strategie

Eine Logistik-Strategie setzt sich aus sechs einzelnen Hauptelementen zusammen, die jeweils im Detail ausgestaltet werden müssen. Die Hauptelemente sind
- Grundstruktur der Material-/Warenversorgung (Input-Output-Struktur)
- Grundstruktur der Material-/Warenentsorgung (Feedback-Struktur)
- Materialfluß
- Informationsfluß
- Organisation
- Strategie-Realisierung

Wesentliche Kernentscheidungen sind in Bild 7-10 den einzelnen Hauptelementen der Logistik-Strategie zugeordnet. Bei der Ausgestaltung der einzelnen Alternativen ist der Umfang der notwendigen Ressourcen dem Umfang der vorhandenen oder beschaffbaren Ressourcen gegenüberzustellen. Anhand des 6-M-Diagramms (Bild 7-11) lassen sich für jede Strategie-Alternative Ressourcen-Schwächen und -stärken aufzeigen. Als Ressourcen werden dabei gesehen:
- Mensch (Bsp.: Qualifikation)
- Maschine (Bsp.: Leistungskapazität)
- Material (Bsp.: Qualitäten)
- Methode (Bsp.: Verfahrens-Knowhow)
- Milieu (Bsp.: Standortfaktoren)
- Moneten (Bsp.: Finanzierungsmöglichkeiten).

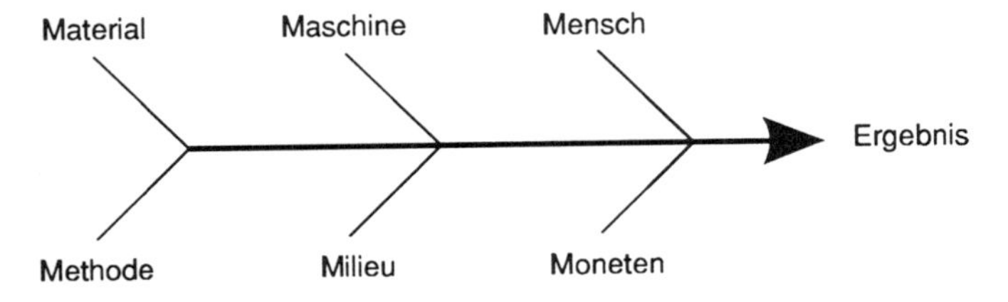

Bild 7-11 6-M-Diagramm

Grundstruktur der Material-/ Warenversorgung (Input-Output-Struktur)	- Anordnung/Lage der regionalen Versorgungsquellen/ Produktionsstätten sowie der Absatzmärkte/Senken - Programm/Volumen Kernentscheidungen: - Make-or-buy - zentral/dezentral ....
Grundstruktur der Material-/ Warenentsorgung (Feed-Back-Struktur)	- Anordnung/Lage der regionalen Entsorgungsstellen Verwerter und Verwender - Programm/Volumen Kernentscheidungen: - Make-or-buy - zentral/dezentral ....
Materialfluß	- Art der Verkettung von Transport/Handhabung/Lager/Verteilung... - Lay-out Kernentscheidungen: - Funktions-/Produkt-/Prozeßdenken - zentral/dezentral - Standardisierung ....
Informationsfluß	- Vernetzung/Integration/Vollständigkeit der Abläufe Kernentscheidungen: - Funktions-/Produkt-/Prozeßdenken - zentral/dezentral - Standardisierung ....
Organisation	- Art der Aufgabenwahrnehmung Kernentscheidungen: - zentral/dezentral ....
Strategie-Realisierung	- Stand und Fortschritt der Realisierung

Bild 7-10 Elemente der Logistik-Strategie

Gegebenenfalls muß aufgrund nicht kompensierbaren Ressourcenmangels iterativ eine alternative Strategie erarbeitet werden.

Realisierung

Aufgabe für die Realisierung ist zunächst, einzelne Realisierungsmaßnahmen nach Inhalt und zeitlichem Ablauf zu fixieren und ihre schrittweise Durchführung zu überwachen. Zur Begleitung dieser Aufgabe bieten sich die typischen Instrumente insbesondere des Projektmanagements an.

Die Praxis zeigt, daß der Haupt-Engpaß bei der Erarbeitung von Logistikstrategien ihre konsequente Realisierung ist. Viele gut durchdachte Logistikstrategien bleiben auf der Strecke und gehen im Tagesgeschäft unter.

Eine häufig wiederkehrende Schwachstelle bei Logistikstrategiekonzepten und ihrer Umsetzung ist, daß man drei Schritte auf einmal gehen möchte: Wenn ein Unternehmen bislang z.B. eine äußerst konservative Fertigung auf Versandlager aufwies, ist binnen eines Geschäftsjahres eine fast lagerlose Distribution in den Markt hinein nach JIT-Prinzipien nur in seltenen Fällen zu erreichen.

Die notwendige Umerziehungsarbeit im eigenen Haus, bei Lieferanten und den Abnehmern dauert....meist länger als gedacht!

Tiefergehende Neuerungen der Logistikstrategie werden in vielen Unternehmen aus gutem Grunde in neuer Umgebung und neuen Gebäuden mit junger Mannschaft eingeführt: Die Akzeptanz neuer Logistik-Modelle ist höher. Die Gefahr, daß alte Denkweisen wiedereinkehren, ist geringer.

7.5 Logistikstrategie ist Maßarbeit

Der Begriff „Strategie“ entstammt dem militärischen Bereich. Die grundsätzliche Leitidee und die Ziele der Militärstrategie können auf den Bereich der Wirtschaftsstrategie übertragen werden.

	Strategie/ Militärbereich	Strategie/ Wirtschaftsbereich
Leitidee:	<------------------ Überleben ------------------->	
Ziel:	<---------- Sich Einschießen auf den Feind ---------->	
	<----------- Kooperieren mit dem Freund ----------->	

Für den militärischen als auch den wirtschaftlichen Bereich gilt, daß die Fronten andauernd in Bewegung sind: Insbesondere veränderte Rahmenbedingungen und sich ändernde Ressourcenverfügbarkeit bei Freund und Feind fordern geänderte Strategie-Inhalte. Damit gilt:

Das Ziel bewegt sich!

Und daraus resultiert:

Die absolut richtige Strategie – speziell Logistikstrategie – gibt es nicht!

Im Verlauf der letzten Jahre erlebten wir andauernd, daß bestimmte Logistikstoßrichtungen als Allheilmittel propagiert werden: JIT und lean-production sind Beispiele der jüngsten Zeit. Ein kritischer Rückblick zeigt ergänzend, daß wir in der Logistik stark von Modeerscheinungen beeinflußt wurden, die insbesondere von Beratern und Logistik-Guru's in Gang gesetzt worden sind (Bild 7-12).

Neue Logistik-Modelle sollte man daher sicher nicht blindlings und ungeprüft übernehmen (selbst wenn sie aus Japan kommen!). Insbesondere sollte man sie nicht als General-Maxime für die Gesamt-Logistik in einem Unternehmen übernehmen! Beispielsweise ist JIT mit frequenzgenauer Anlieferung für *alle* angelieferten Teile in aller Regel unwirtschaftlich. Das konservative Eingangslager hat weithin für viele Teile immer noch bleibende Berechtigung. Logistik darf also nicht gemäß dem Strategiependel (Bild 7-12) ein ausschließendes Extrem-Denken des „Entweder-Oder" sein.

Für die intelligente Logistik sind zunächst *alle* Alternativen interessant, nicht nur die modischen Modelle. Die Kunst der Logistikers besteht dann darin, sich einen Überblick über interessante Strategie-Alternativen zu verschaffen und aus den einzelnen Alternativen für einzelne

- Teile-/Produkt-Segmente und
- Lieferanten-/Abnehmer-Segmente

die „richtige" Auswahl zu treffen und diese in zweckmäßiger Koexistenz zu kombinieren. Nicht das Denken im Extremen sondern Lösung mit Augenmaß ist die Devise!

Dabei sind die

- Leitideen
- Ziele
- Fähigkeiten/Ressourcen
- Stärken/Schwächen
- Rahmenbedingungen

des jeweiligen Unternehmens *und* ihre Veränderungen zu berücksichtigen.

Wir können daher zusammenfassen:

Logistikstrategie ist Maßarbeit!
Logistikstrategie erfordert andauernde Anpassungsarbeit!

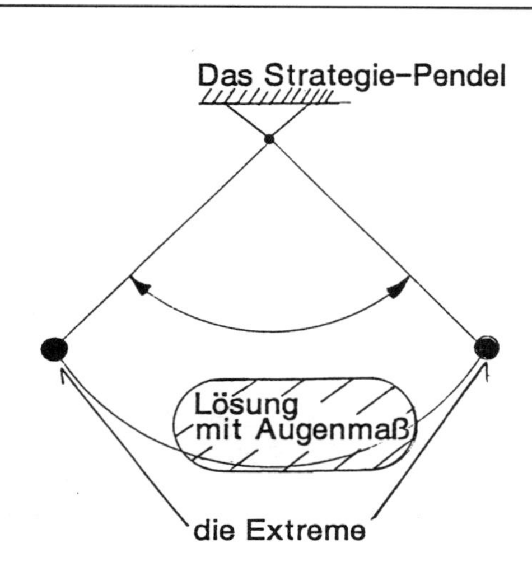

Hochregallager	JIT/lagerloses Arbeiten
Arbeitsteilung Taylor	Integration lean production
CIM, FFS – komplexe Systeme	Visualisierung, Flexible Maschinen – einfache Systeme
Hierachie/ zentrale Organisation	flache Organisation/ dezentrale Organisation
big is beautiful (Erfahrungskurve/ Synergie...)	small is beautiful (Flexibilität...)
stetige Verbesserungen ("Step by step" Kaizen)	sprunghafte Verbesserungen ("Bau auf der grünen Wiese" S-Kurve)
Japan-Hörigkeit	Anti-Japan-Haltung/ "Japan-Bashing"

Bild 7-12 Das Strategie-Pendel der Logistik

7.6 Leitlinien zur Logistikstrategie

1. *Strategien von Unternehmen haben sich generell an zwei Fixpunkten zu orientieren:*
   - Sie sollen Kunden-Nutzen schaffen.
   - Sie sollen durch Schaffen von Kunden-Nutzen das eigene Überleben sichern. Logistikstrategien sind Substrategien zur Förderung der Unternehmensgesamtstrategien.

2. *Logistikstrategie ist Gestaltung der Wertschöpfungskette!*

   Ziel ist das Eliminieren aller Aktivitäten, die keinen unmittelbaren oder mittelbaren Kundennutzen hervorrufen.

3. *Logistikstrategie schafft Wettbewerbsvorteile!*

   Logistische Probleme werden in vielen Unternehmen rein operational betrachtet. Im Bereich der Logistikstrategie herrscht dort ein spätes strategisches Reagieren und kein schnelles aktives Agieren vor. Doch wer zu spät kommt, den bestraft das Leben! Das wissen z.B. alle die Unternehmen, die im Rahmen von strategischen Entscheidungen auf der Suche nach attraktiven Standorten sind.

4. *Logistikstrategie braucht Logistikcontrolling!*

   Die Durchsetzung von Logistikstrategien wird durch unzureichendes Logistikcontrolling behindert. Logistikcontrolling-Systeme haben häufig den Mangel, daß Kosten-/Qualitäts-/Zeit-Beiträge der Logistik wegen zu großem Aufwand (Bsp.: Logistik-Kostenrechnung!) nicht umfassend erfaßt werden. IST-Analyse, geschätztes Verbesserungspotential und tatsächlich ausgeschöpftes Verbesserungspotential lassen sich dann nur in einzelnen Beurteilungsdimensionen verfolgen, deren Aussagekraft nicht immer überzeugend ist.

   Bsp.: Die Messung der JIT-Effizienz über eine Veränderung der Bilanzzahlen zum Umlaufvermögen ist unzureichend, solange keine Erfassung der JIT-Zusatzkosten (z.B. Taxi-Transporte bei Störungen) erfolgt.

5. *Implementierung der Logistikstrategie ist Mitarbeiterführung!*

   Wir sind in unserer Darstellung der Logistikstrategie primär auf Sach-/Methodenfragen eingegangen. Voraussetzung für eine erfolgreiche Strategie-Umsetzung ist eine situationsgerechte Sach-/Methodenorientierung *und* Personenorientierung. Strategischer Vorsprung läßt sich heute immer weniger allein durch Techniken und Methoden, Verfahren und Technologien erreichen. Die zügige Realisierung einer Strategie erfordert auch die Akzeptanz und das volle Engagement der Mitarbeiter.

6. *Der scharfe Wettbewerb in den Märkten erfordert andauernde, konsequente Strategiearbeit und schnelle Umsetzung!*

   Dies gilt neben der Logistik auch für alle anderen Unternehmensbereiche! Wer bei der Erarbeitung und Umsetzung von Strategien heute den Kopf in den Sand steckt, der knirscht morgen mit den Zähnen!

Literaturverzeichnis zu Kapitel 7

[1] Porter, Michael E.: Wettbewerbsvorteile, Frankfurt 1986.

[2] Imai, M.: Kaizen, New York 1986

Sachwortverzeichnis:

M

N

T

U

V

W

Z